高校无人机应用技术专业新形态系列教材（总主编：何先定

无人机

空气动力学

主　编　王永虎

副主编　袁　伟　何云华　曹跃杰

课程思政

资源库

校企合作

西南交通大学出版社
·成都·

图书在版编目（CIP）数据

无人机空气动力学 / 王永虎主编. —成都：西南
交通大学出版社，2022.6
ISBN 978-7-5643-8742-6

Ⅰ. ①无… Ⅱ. ①王… Ⅲ. ①无人驾驶飞机 – 空气动
力学 – 教材 Ⅳ. ①V279

中国版本图书馆 CIP 数据核字（2022）第 113156 号

Wurenji Kongqi Dongli Xue

无人机空气动力学

主编　王永虎

责任编辑　何明飞
封面设计　吴　兵

出版发行　西南交通大学出版社
　　　　　（四川省成都市金牛区二环路北一段 111 号
　　　　　西南交通大学创新大厦 21 楼）
邮政编码　610031
发行部电话　028-87600564　028-87600533
网址　　　http://www.xnjdcbs.com
印刷　　　四川森林印务有限责任公司

成品尺寸　185 mm × 260 mm
印张　　　24.25
字数　　　606 千
版次　　　2022 年 6 月第 1 版
印次　　　2022 年 6 月第 1 次
定价　　　68.00 元
书号　　　ISBN 978-7-5643-8742-6

课件咨询电话：028-81435775
图书如有印装质量问题　本社负责退换
版权所有　盗版必究　举报电话：028-87600562

高校无人机应用技术专业新形态系列教材
编写委员会

主任委员

刘建超　国家教学名师　成都航空职业技术学院

副主任委员

何　敏　云影系列无人机总设计师　成都飞机工业（集团）有限责任公司

李屹东　翼龙系列无人机总设计师　中航（成都）无人机系统股份有限公司

李中华　国家英雄试飞员　中国人民解放军空军指挥学院

冯文全　北京航空航天大学

任　斌　成都纵横自动化技术股份有限公司

董秀军　地质灾害防治与地质环境保护国家重点实验室

张泰罡　自然资源部第三航测遥感院

总　主　编

何先定　刘建超　李屹东

执行编委（按拼音排序）

陈世江	重庆电子工程职业学院	江启峰	西华大学航空航天学院
李　乐	国网乐山供电公司	李兴红	成都理工大学工程技术学院
刘清杰	四川航天职业技术学院	卢孟常	贵州航天职业技术学院
王福成	黑龙江八一农垦大学	王晋誉	上海民航职业技术学院
王利光	成都纵横大鹏无人机科技有限公司	王永虎	重庆交通大学
魏永峭	兰州理工大学	吴道明	重庆航天职业技术学院
许云飞	成都航空职业技术学院	徐绍麟	云南林业职业技术学院
查　勇	天府新区通用航空职业学院	周　军	厦门大学

委　　员（按拼音排序）

陈宗杰	成都航空职业技术学院	戴升鑫	成都航空职业技术学院
邓建军	成都航空职业技术学院	段治强	成都航空职业技术学院
范宇航	成都航空职业技术学院	房梦旭	成都航空职业技术学院
冯成龙	成都航空职业技术学院	付　鹏	成都纵横大鹏无人机科技有限公司
何　达	成都航空职业技术学院	何国忠	四川航天中天动力装备有限责任公司
何云华	成都工业学院	胡　浩	天府新区航空旅游职业学院
姜　舟	成都航空职业技术学院	蒋云帆	西华大学航空航天学院
李　恒	成都航空职业技术学院	李林峰	成都纵横大鹏无人机科技有限公司
李　艳	成都航空职业技术学院	李宜康	成都航空职业技术学院

李懿珂	成都纵横大鹏无人机科技有限公司	李志鹏	中航（成都）无人机系统股份有限公司
李志异	成都航空职业技术学院	廖开俊	中国人民解放军空军第一航空学院
刘　驰	四川航天中天动力装备有限责任公司	刘　夯	成都纵横大鹏无人机科技有限公司
刘佳嘉	中国民用航空飞行学院	刘　健	山西机电职业技术学院
刘　静	重庆科创职业学院	刘明鑫	成都航空职业技术学院
刘　霞	重庆航天职业技术学院	马云峰	成都纵横大鹏无人机科技有限公司
梅　丹	中国人民解放军海军工程大学	牟如强	成都理工大学工程技术学院
潘率诚	西华大学	屈仁飞	成都西南交大研究院有限公司
瞿胡敏	四川傲势科技有限公司	任　勇	重庆电子工程职业学院
沈　挺	重庆交通大学	宋　勇	四川航天中天动力装备有限责任公司
唐　斌	成都航空职业技术学院	田　园	成都航空职业技术学院
王　聪	成都航空职业技术学院	王国汁	中航（成都）无人机系统股份有限公司
王　进	成都纵横大鹏无人机科技有限公司	王朋飞	西安航空职业技术学院
王　强	成都航空职业技术学院	王泉川	中国民用航空飞行学院
王思源	成都航空职业技术学院	王文敬	中国民用航空飞行学院
王　旭	成都航空职业技术学院	王　洵	成都航空职业技术学院
魏春晓	成都航空职业技术学院	吴　可	重庆交通大学
吴　爽	中航（成都）无人机系统股份有限公司	谢燕梅	成都航空职业技术学院
邢海涛	云南林业职业技术学院	熊　斌	西南大学
徐风磊	中国人民解放军海军工程大学	许开冲	成都纵横自动化技术股份有限公司
闫俊岭	重庆科创职业学院	严向峰	成都航空职业技术学院
杨　芳	成都航空职业技术学院	杨谨源	中航教育科技（天津）有限公司
杨　琴	成都理工大学工程技术学院	杨　锐	成都纵横自动化技术股份有限公司
杨少艳	成都航空职业技术学院	杨　雄	重庆航天职业技术学院
杨　雪	成都航空职业技术学院	姚慧敏	成都航空职业技术学院
尹子栋	成都航空职业技术学院	游　玺	成都纵横大鹏无人机科技有限公司
张　捷	贵州交通技师学院	张　梅	成都农业科技职业学院
张　松	四川零坐标勘察设计有限公司	张惟斌	西华大学
张　伟	成都纵横大鹏无人机科技有限公司	赵　军	重庆电子工程职业学院
郑才国	成都理工大学工程技术学院	周　彬	重庆电子工程职业学院
周佳欣	成都航空职业技术学院	周仁建	成都航空职业技术学院
邹晓东	中航（成都）无人机系统股份有限公司		

近年来，我国无人机行业迅猛发展。根据工信部 2017 年 12 月发布的《关于促进和规范民用无人机制造业发展的指导意见》，以及我国航空运输协会发布的《2019 中国民用无人机发展报告》等文件，当前我国民用无人机产业发展势头强劲，包括无人机产品、企业、规模等都增长明显，全国开设无人驾驶系统工程专业的高等院校已多达 20 多所，这为无人机行业的发展提供人才储备打下了基础。

为了顺应无人机产业发展和满足行业单位用人需求，高质量建设高校无人驾驶系统工程专业及其相关专业方向，依据无人驾驶系统工程专业人才培养目标、最新专业课程标准以及《民用无人机驾驶员管理规定》，高等院校一般会将无人机空气动力学作为一门必修专业课程。通过与相关无人机企业的专业人士深度交流和探讨，结合多年的空气动力学授课经验，以及对 AOPA 无人机执照考试的理解，集合了各位参编者集体智慧，融合了他们的专业知识、工作经验和对行业的认知编写了本书。考虑到无人机的多样性，理论性与实用性相结合，本书力求结构合理，内容宽泛适度、深浅适中，在编写风格上，深入浅出，通俗易懂，图文并茂，给读者提供必要的基础知识与信息，具有基础性、系统性、应用性等特点。

为响应国家号召，将"立德树人"作为教育根本任务的一种综合教育理念，全面推进课程思政建设，本书积极探索思政元素融入教材的新路径、新方法。借助每一章的"航空思政讲坛"环节，西南大学马克思主义学院思政教育者熊斌副教授团队搜集大量相关资料进行整理和拓展，通过航空历史故事、航空发展的案例讲述，展现一代代中国航空人的理想信念、家国情怀、创新思想和工匠精神，在注重知识传授、智能培养过程中注重价值引领，让学生学习他们诚实守信、善于沟通、团结互助、爱岗敬业、感恩坚守等优良品质，在潜移默化中融入思政教育，提升读者的思想境界，真正让该书成为具有"思政味道"的航空工程专业书籍。

本书的绪论由王永虎编写；第 1 章由王永虎、吴可编写；第 2 章由王永虎、何云华编写；第 3 章由王永虎、何云华、周军编写；第 4 章由何云华、李宜康、袁伟、王福成编写；第 5 章由王永虎、袁伟编写；第 6 章由王永虎、曹跃杰、吴可编写；第 7 章由王永虎、曹跃杰、邵垒编写。另外，所有章节的"航空思政讲坛"由西南大学马克思主义学院熊斌、游志莲、邹欢编写，航空工程实验中心黄中桓参与。全书由王永虎统稿及修改校正。

本书编写得到西北工业大学民航学院、重庆交通大学航空学院、西南大学马克思主义学院、成都工业学院等高校和成都纵横无人机公司、重庆驼航科技公司的大力支持，在此表示感谢。同时，在本书编写的过程中，参考了大量教材、文献，并引用了网络资源资料和相关单位的影像、资料，有些引用体现在参考文献中，有些未能同原作者取得联系，在此一并表示感谢。

本书适合于高等院校无人机相关专业学生的专业教育课程，也适合于面向新时代要求的第二课堂前沿微课的辅助教材，以及从事无人机研发、制造、使用维护和培训工作人员，以及对于广大无人机爱好者也是一本合适的参考读物。

在本书的编写过程中，由于时间仓促和精力所限，书中难免会有疏漏之处，也存在一些不足，敬请各位同行、专家和读者指正。

编　者

2021 年 11 月

目录

0 绪 论

无人驾驶飞机，简称"无人机"，最早出现在 20 世纪 20 年代。无人机系统是一个高度复杂的系统，涉及空气动力学、发动机技术、机械与动力学、机构设计技术、航空材料技术、飞行控制学、惯性与卫星导航学、微电子技术、嵌入式软件技术、通信技术等多学科与技术。

无人机一般由飞机平台系统、有效载荷系统（信息采集系统）和地面控制系统三大部分组成（图 0.1）。飞机平台系统和有效载荷系统组成了整个飞行器，根据负载能力和实现任务的不同，一个平台可以搭载多套有效载荷系统，实现复杂功能。

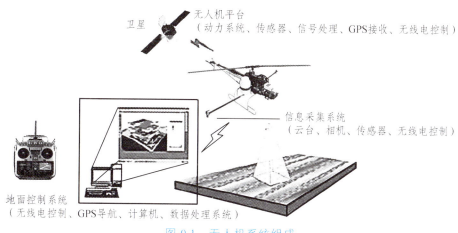

图 0.1　无人机系统组成

空气动力学是流体力学的一个分支，专门研究物体与空气之间相对运动时，空气（或物体）的运动及其作用力规律的学科。虽然当今飞行器空气动力学研究的问题越来越广泛，但主要研究仍然是空气对运动飞行器的作用力，一部分体现为垂直飞行方向的升力，用于克服重力；另一部分体现为阻力（与飞行方向相反），对飞行器起阻碍作用；还有一部分是飞行器表面上作用的分布压力所产生的合力矩，对飞行器姿态起控制作用。

在无人机平台研发和安全飞行过程中，必须了解飞行器空气动力学基本知识，弄清作用在无人机上的空气动力的来龙去脉。这常常依据相对运动原理，将飞行器穿过空气的运动等效为飞行器不动而空气绕过飞行器的运动。相对运动原理为无人机空气动力学的研究提供了便利，尤其是空气动力学实验基础。

无人机空气动力学的主要学习内容涉及低速、亚音速、跨音速和超音速空气动力学。按照按空气介质的运动速度，将空气动力学分为图 0.2 所示的几个部分。

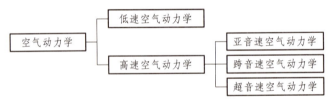

图 0.2　空气动力学分类

0.1　无人机的发展及现状

1914 年，第一次世界大战中有人研制一种不用人驾驶，而用无线电操纵的小型飞机。世界上第一架无人机诞生于 1917 年，现代战争是推动无人机发展的基本动力。而无人机真正投入作战始于越南战争，主要用于战场侦察。

1982 年以色列与叙利亚在贝卡谷战争中，以色列使用无人机进行侦察、干扰、诱敌取得了丰硕的战果，无人机的作用再次被重视和开发。

1991 年初的海湾战争中，无人机已成为"必须有"的战场能力。6 套先锋无人机系统参战，提供了高品质、近实时、全天时的侦察、监视、目标捕获、拦截和战损评估等战场服务。科索沃战争是历次战争中使用无人机架次最多的一次，也是发挥作用最大的一次。

战争中无人机主要担当侦察的角色，在阿富汗战争中，美国用"捕食者"作为载机，发射了 AGM-114C、海尔法空地导弹（图 0.3），首次在实战中实现了无人机发射导弹直接对地定点攻击，进一步发展了作战无人机的功能，也是对无人作战飞机的实战使用进行了验证，真正开始了无人化战争的起步。

图 0.3　美国"捕食者"无人机发射空地导弹

目前，美国根据战场需求不同开发了不同功能的无人机，如"全球鹰""影子-200""渡鸦""龙眼""沙漠鹰""扫描鹰""火力侦察兵"和"海上侦察兵"（图 0.4）。

（a）"全球鹰"无人机　　　（b）"捕食者"无人机　　　（c）"影子 200"无人机

（d）"扫描鹰"无人机　　　　　（e）"火力侦察兵"无人直升机

图 0.4　国外典型的军用无人机

现在，无人机前沿技术发展趋势体现在新概念无人飞行器设计、智能感知与自主飞行控制、新能源动力等方向，下一代无人机的技术创新将向着更高、更远、长航时、智能化、集群化的方向进发。

例如，中国航空工业集团公司下属多个研究机构和生产实体从事无人机研发和生产，包括贵州航空工业集团（贵航）、成都飞机设计研究所、成都飞机工业集团、沈阳飞机设计研究所、中国直升机设计研究所、洪都航空工业集团等。这些公司研制的"龙"系列、"剑"系列、"鹰"系列、"影"系列等无人机，正取得一个又一个具有世界先进水平的新突破、新成就。

其中，"翔龙"系中国新一代高空长航时无人侦察机（图 0.5），机身全长 14.33 m，巡航高度为 18 000～20 000 m，巡航速度大于 700 km/h，作战半径 2 000～2 500 km。该机的最大特色在于采取了罕见的连翼布局。

"翼龙"无人机是中航工业研制的一种中低空、军民两用、长航时多用途无人机，如图 0.5 所示。它可携带各种侦察、激光照射/测距、电子对抗设备及小型空地打击武器，可执行监视、侦查及对地攻击等任务，也可用于维稳、反恐、边境巡逻等。

图 0.5　"翔龙"和"翼龙"无人机

"彩虹 3"无人机为中程无人机，翼展 8 m，机长 5.5 m，可由无线电遥控设备或自身程序控制装置操纵。最远航程达 2 400 km，最长巡航时间 12 h。该飞机装有照相、摄像等装置，还可以挂载 AR-1 型空地导弹，可作为侦察机使用。

2006 年，影响世界民用无人机格局的大疆无人机公司成立，先后推出的 Phantom 系列无人机（图 0.6），在世界范围内产生深远影响，Phantom2 vision+还在 2014 年入选《时代》杂志。

2009 年，美国加州 3DRobotics 无人机公司成立，

图 0.6　大疆精灵 Phantom 4 Pro 2 无人机

这是一家最初主要制造和销售 DIY 类遥控飞行器的相关零部件的公司，在 2014 年推出 X8+ 四轴飞行器后而名声大噪，目前已经成长为与中国大疆相媲美的无人机公司。

2015 年，是无人机飞速发展的一年，各大运营产商融资成功，为无人机的发展创造了十分有利的条件。

0.2 无人机的定义及分类

无人机（Unmanned Aircraft，UA）是由控制站管理（包括远程操纵或自主飞行）的航空器，也称远程驾驶航空器（Remotely Piloted Aircraft，RPA）。显然，遥控驾驶航空器和自主航空器统称无人机。

无人机系统（Unmanned Aircraft System，UAS），也称远程驾驶航空器系统（Remotely Piloted Aircraft Systems，RPAS）是指由无人机、相关控制站、所需的指令与控制数据链路以及批准的型号设计规定的任何其他部件组成的系统。

美国联邦航空局(FAA)将无人机正式命名为 Unmanned Aerial Vehicle(UAV)或 Unmanned Aircraft System（UAS），即无人飞行载具，或称无人飞行器系统。虽然中国民航局（CAAC）将无人机的正式英文名命名为 Unmanned Aircraft，但国内外科技界很少使用这个单词，更多将其称为 "Drone"，如图 0.7 所示。

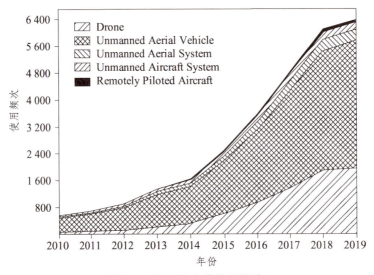

图 0.7　无人机名称使用频次

从某种角度来看，无人机可以在无人驾驶的条件下完成复杂空中飞行任务和各种负载任务，可以被看成 "空中机器人"。但真正的无人机是自主（控制）无人机，或可直称智能（AI）无人机，是指在飞行或执行任务时，完全不需要人去操纵和控制的无人机。

无人飞行器的种类繁多，从大小只有几厘米，甚至几微米的微型无人机（Nano Air Vehicles，NAV）到翼展可达几十米的高空长航时无人机（high-Altitude Long-Endurance，HALE）；从固定翼无人机到旋翼无人机；从重量（本书中重量均指质量）只有几百克到总重可达几吨的重型无人机等；从高精尖的军用无人机到各行各业应用普及的民用无人机。然而，现在无人机类型的划分并没有统一的标准，有按照动力划分的，有按照用途划分的，有按照应用技术划分的，有按照飞行方式分的，有按照飞行航程分的，只能说各有各的标准。具体如下：

（1）按照平台构型分为固定翼无人机、旋翼无人机、无人飞艇、伞翼无人机、扑翼无人机等。广义地看也包括临近空间飞行器（20～100 km 空域），如平流层飞艇、高空气球、太阳能无人机等。

（2）根据产生升力方式不同，可以分为固定翼与旋翼无人机（图 0.8）两类。

图 0.8　旋翼无人机（纵列式）

（3）根据机体的特征尺寸，可以分为微型、轻型、小型、中型、大型 5 类。这种分类方式是由中国民航局按照无人机运行风险大小进行的，具体见《无人驾驶航空器飞行管理暂行条例》。

（4）按照用途分为军用无人机和民用无人机，以用途作为划分无人机的标准，是比较常用的做法。军用无人机又分为侦察无人机、诱饵无人机、电子对抗无人机、通信中继无人机、无人机战斗机和靶机等，超过 70% 的无人机用于军事。民用无人机可分为巡查/监视无人机、农用无人机、气象无人机、勘探无人机以及测绘无人机等，民用无人机包括消费级无人机和工业级无人机等。2018 年，民航局将其规范为国家无人机和民用无人机，其中国家无人机是指民用航空活动之外的无人机，包括执行军事、海关、警务等飞行任务的无人机。

（5）按照动力进行分类，可分为油动无人机、电动无人机、固态氧化物燃料无人机、太阳能无人机、混合动力无人机。油动无人机采用燃油（如汽油）作为驱动，电动无人机采用电池（锂电池）作为驱动。根据燃料的不同，油动无人机又可分为甲醇、汽油、重油无人机等类型。混合动力无人机是一种新型双动力无人机，其动力系统由电驱动（太阳能或蓄电池）和常规燃油发动机（喷气或螺旋桨发动机）两种构成。

（6）依据多旋翼无人机的不同结构，可将其分为直驱多旋翼无人机和变距多旋翼无人机。前者是直接改变发动机的转速来操控无人机的姿势进行飞行；后者是通过改变桨叶桨距来改变其升力的大小。

（7）按航程或活动半径，可分为超近程、近程、短程、中程和远程无人机。超近程无人机的活动半径一般不大于 15 km；近程无人机一般指在低空工作，任务载荷不到 5 kg，飞行范围 15～50 km；短程无人机的活动半径在 50～200 km，续航时间在 8～12 h；中程无人机的活动半径为 200～800 km；远程无人机的活动半径超过 800 km。

（8）按任务高度，将无人机分为超低空无人机（飞行高度不大于 100 m）、低空无人机（飞行高度为 100～1 000 m）、中空无人机（飞行高度为 1 000～7 000 m）、高空无人机（飞行高度为 7 000 ~ 18 000 m）、超高空无人机（飞行高度大于 18 000 m）。

（9）按照行业应用分类。不同行业对无人机及其任务载荷有不同的细分需求，因此也衍生了各种"行业无人机"，如航拍无人机、农用无人机、航测无人机、巡线无人机、消防无人机、警用无人机……

0.3　无人机空气动力学特点

空气动力作用在物体上时，表现出来的形式有两种，一种是作用在物体表面上的空气压力，它是垂直于物体表面上的；另一种虽然也作用在物体表面上，却与物体表面相切，称为空气与物体表面的摩擦力。所以，物体在空气中运动所受的空气作用力就是这两种力的总和。

空气动力中由于黏性产生的空气摩擦力对无人机飞行是不利的，但空气压力对无人机运动有利也有害。在无人机气动设计中，通常追求气动外形产生最大的上下压力差和最小的前后压力差，也就是最大的升力和最小的阻力。

研究物体在空气中运动时，通常把物体表面所受的压力（大小和方向）用特定图表示出来，然后加以计算。航空界一般利用"风洞"测量物体所受的空气动力或空气压力，这是十分麻烦和复杂的研究工作。在风洞实验中，很容易测量出作用在模型上的气动合力 R，也可以分别测量出来升力和阻力，如图 0.9 所示。

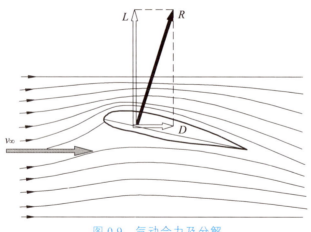

图 0.9　气动合力及分解

为了考虑问题方便，针对固定翼无人机而言，将空气动力分解为升力和阻力；将旋翼空气动力分解为拉力（沿飞行方向）和旋转阻力（沿桨叶旋转平面，且与旋转方向相反）。

根据无人机本身特点，大部分有人驾驶飞机的空气动力学理论可以推广使用。但大多无人机尺寸小，也没有人在机体内直接操纵和控制，这造成无人机空气动力学研究的特殊性。

空气流过无人机表面时会存在很薄的边界层，只有 2 ~ 3 mm。研究表明，由于空气黏性的影响，消耗了空气的一部分动能，沿着边界层厚度方向空气质点的速度不同，伯努利定理在边界层中不再适用，但它们的静压却是相同的。边界层分为层流边界层和紊流边界层，这两种边界层的性质各不相同，造成空气黏性产生的影响不尽相同。

决定物体表面边界层是层流还是紊流，依据以下 5 个因素：① 气流的相对速度；② 气流流过物体表面长度；③ 空气的黏性和密度；④ 气流本身的紊乱程度；⑤ 物体表面的光滑程度和形状。

气流的速度越大，流过物体表面的距离越长，或空气密度越大，层流边界层越容易变成紊流边界层。相反，如果黏性越大，空气流动起来越稳定，层流越不容易变成紊流。在考虑层流和紊流时，一般采用雷诺数 Re 进行表征：

$$Re = \frac{\rho \cdot v \cdot l}{\mu} \tag{0.1}$$

式中　ρ——空气密度（kg/m^3）；

　　　v——气流速度（m/s）；

　　　l——气流流经物体的长度，或其他制定的物体特征长度（m）；

　　　μ——空气黏度（kg/（m·s））。

微型和小型无人机涉及的空气动力学，由于航空器尺度小，空气的黏性效应起主要作用；而大型无人机或有人驾驶航空器的空气动力学中，惯性效应起主要作用。所以，模型飞机与全尺寸飞机之间空气动力学的最大区别在于边界层（层流或紊流）。

由于模型飞机的雷诺数小，黏性的作用大，这是不容忽略的；而大尺度飞机的雷诺数大，惯性作用大，黏性的影响小，在特定空气动力分析中可以忽略。故而大多数无人机会遇到小雷诺数空气动力学问题，这是非常重要的特点。

对于微型无人机而言，则雷诺数可以近似表示为：$Re = 68\,500 \cdot v \cdot l$。例如，某模型飞机的下滑速度为 6 m/s，翼弦弦长 10 cm（即 0.1 m），那么，这架模型的机翼来说，雷诺数为 $Re = 68\,500 \times 6 \times 0.1 = 41\,100$。此雷诺数值正处在对飞行性能有重大影响的临界值之下。在设计无人机时尽可能让其雷诺数接近临界雷诺数（由层流向紊流过渡的雷诺数）。

雷诺数除了决定边界层性质以外，还是机翼是否容易失速的重要参数。我们知道，翼尖的弦长比翼根小，则雷诺数也较小。例如，雷诺数平均为 68\,500 的模型，翼尖弦长为 0.08 m，而翼根弦长为 0.12 m，雷诺数从 54\,800 变到 82\,200，这对翼尖失速现象有着特殊的重要性，雷诺数越大越不容易失速。

另外，除了以上考虑之外，不管是固定翼无人机还是旋翼无人机的气动外形与任务需求有很大关系。例如，复合翼无人机（图 0.10）兼顾了固定翼空气动力学和旋翼空气动力学特征，其空气动力效应比较复杂。还有，高空长航时无人机的翼展长，展弦比大，续航时间长；而战斗无人机的展弦比要小，等等。军用无人机要求速度、高度和隐身性，要在气动性能和隐身性能之间进行很好的折中考虑等等。

图 0.10　复合翼无人机

0.4 研究方法

空气动力学是流体力学的重要分支学科，是航空航天技术的重要理论基础之一。飞行器空气动力学专注飞行器在同气体做相对运动情况下的受力特性、气体流动规律和伴随发生的物理化学变化。

空气等流体在流动过程中其物理参数（如速度、压力、温度和密度等）都会发生变化，它们在变化过程中遵循基本的物理定律，如质量守恒定律、能量守恒定律、牛顿第二定律和第三定律等。气流流过物体时其物理量的变化规律与作用在物体上的空气动力有密切的关系。

运动体在流体中运动所受的力，这是与其他流体力学的本质区别。无人机空气动力学研究无人机在不同飞行条件下流场与气动力变化规律，主要研究方法包括理论分析、实验研究和数值分析三种（图 0.11）。

图 0.11　空气动力学研究方法

这三种研究手段的共同出发点是被研究对象所遵循的空气动力学基本理论和描述所研究对象的微分方程组及其定解条件，但是它们所采用的方法却各不相同，具有各自的特点，而且是相互依赖、相互促进的。

实验研究是最先使用、应用广泛的空气动力学问题研究的方法，主要基于相对运动原理，借助风洞、水洞、气动部件或整机实验台架、测试系统等进行模型或原型实验，其流程如图0.12 所示。实验研究的优点是可提供大量的实验数据，使得研究者能从定量、定性的资料中发现、分析流动中的（新）现象或（新）原理，尤其是它的结果可作为校验其他两种研究方法所得结论是否正确的依据；缺点是实验结果的普适性和精度受限于模型尺寸、实验条件及测试系统精度等诸多因素，而且往往需要消耗大量的人力、物力和财力。

图 0.12　实验研究流程

理论分析是继实验方法之后出现的研究方法，限于空气动力学非线性控制方程组解析求解的困难性以及所研究物理现象的复杂性，理论分析需要根据所研究问题的特点，选取主要因素，忽略次要因素，应用基本概念、定律和数学工具建立某种简化、抽象的数学模型（包括控制方程组及其定解条件），并利用解析求解的方法获得问题的解析解，解析结果的精度、适用范围等需要通过必要的实验研究验证或修正，其流程如图 0.13 所示。理论分析的优点是能够利用数学方法求得解析的结果，利于揭示问题的内在规律，可明确给出各物理量之间的变化关系，有较好的普适性。但是，受到数学发展水平的限制，能够获得解析解的理论模型数量较少且多数局限于较简单的物理问题，远不能满足实际流动问题的需要。

图 0.13　理论分析流程

数值分析方法，主要利用数值离散方法（有限差分法、有限元法等），数值模拟流动现象。首先基于某种数值方法改写或简化空气动力学控制方程组及其定解条件；然后离散化处理后编写计算程序并计算；获得数值计算结果，并与实验或其他精确结果对比以验证其精度，其流程如图0.14所示。数值模拟或仿真的优点是可以获得某些无法进行实验或难以做出理论分析的问题的数值解（即流场中速度、压力、密度等未知量的时空分布信息），而且研究费用较少。其缺点是对于复杂而又缺乏完善数学模型的空气动力学问题无能为力，有时计算精度较差。

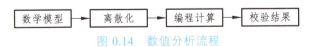

图 0.14　数值分析流程

现如今"风洞试验、数值计算、模型飞行"三大技术手段融合成为现实，三种方法相互配合、互为补充、相互促进。

理论和实验研究两者彼此密切结合，相辅相成。理论研究所依据的一般原理有：运动学方面遵循质量守恒定律，动力学方面遵循牛顿第二定律，能量转换和传递方面遵循能量守恒定律，热力学方面遵循热力学第一和第二定律，介质属性方面遵循相应的气体状态方程和黏性、导热性的变化规律，等等。

风洞是研制飞行器的先行官。决定一架飞机或其他飞行器的飞行性能，如速度、高度等，除飞机重量、发动机推力等要素外，最重要的因素是作用于飞机的空气动力。空气动力主要决定于飞机的外形。在设计和研制飞机时，首先是设计其外形，由此就可以确定作用于飞机的空气动力并推算飞行性能。

风洞试验在飞机气动力设计中占有极其重要的地位，它是认识气动力流动机理，进行气动力分析，获得可供设计使用的气动力原始数据的重要手段。由于模拟上更为真实、直接，因此其作用是数值模拟计算手段所无法取代的。飞机设计部门应用的气动力原始数据绝大部分取自风洞试验。

0.5　无人机适航管理

0.5.1　适航性的基本概念

适航性（Airworthiness）是专指民用航空器在预期的运行环境（机场、气象、航路、空中交通）和使用限制（速度、高度、重量、平衡）下的安全性和物理完整性的一种品质，是航空器的固有属性，它要求航空器应始终处于保持符合其型号设计和始终处于安全运行状态，它是保持航空器服役运行最低可接受安全水平的一种固有品质。

适航性的要求具体体现在技术方面是系统安全性与物理完整性，体现在管理方面是技术状态与过程控制的管理，可以说适航性是通过航空器全寿命周期内的设计、制造、试验、使用、维护和管理的各个环节来实现和保持的。

目前，我国适航标准是参照国际惯例又结合国情而制定的，具体体现在《中国民用航空规章》（CCAR）中。传统的有人机适航管理有型号合格批准、生产许可批准和单机适航批准等要求，需要局方人员进行监管和审批，对局方人力资源有较大的需求。而开展民用无人机适航审定，目的就是从设计制造源头，确保民用无人机满足公众可接受的最低安全水平。

适航标准是一类特殊的技术性标准，它是为保证实现民用航空器的适航性而制定的最低安全标准。适航标准与其他标准不同。适航标准是国家法规的一部分，必须严格执行。适航标准是通过长期工作经验的积累，吸取了历次飞行事故的教训，经过必要的验证或论证及公开征求公众意见不断修订而成的。

近年来，我国无人机产业近年来增速迅猛，截至 2021 年 6 月底我国无人机的注册数量突破 64 万，比 2020 年同期高出 52%，操控人员超过 10 万。全国共有无人机通用航空企业 11 430 家，运营商用无人驾驶航空器超过 14 万架，同比分别增长 38.63% 和 26.73%。无人机基数高、产品多样、运行复杂、新技术层出不穷、产品迭代快、运营模式多样等特点，对无人机适航管理提出了新的挑战。

随着各类无人机系统在民用和军事领域的应用越来越广泛，无人机系统进入国家空域已经迫在眉睫，制定相应的适航标准已经成为各国适航机构的一个主要任务。而无人机系统运行涉及众多的单位和部门，其运行环境的动态性、飞行任务的复杂性，对无人机在安全使用和适航性管理方面提出更高的要求。因此，对无人机的适航性管理，涉及无人机的设计、制造、使用和维修，影响无人机安全性的各方皆负有重要责任。

0.5.2　无人机适航管理要求

我国无人机适航管理要求根据《无人驾驶航空器飞行管理暂行条例》征求意见稿，国务院、中央军委空中交通管制委员会负责领导全国无人驾驶航空器飞行管理工作。

我国无人机分为国家无人机和民用无人机。民用无人机，指用于民用航空活动的无人机；国家无人机，指用于民用航空活动之外的无人机，包括用于执行军事、海关、公安等飞行任务的无人机，根据国际惯例，此类航空器暂不适用于适航性管理。而根据运行风险大小，民用无人机分为微型、轻型、小型、中型、大型。其中，大型无人机是指最大起飞质量超过 150 kg 的无人机。中型无人机是指最大起飞质量超过 25 kg 不超过 150 kg，且空机质量超过 15 kg 的无人机。根据《无人驾驶航空器飞行管理暂行条例》征求意见稿：中型、大型无人机，应当进行适航管理。微型、轻型、小型无人机投放市场前，应当完成产品认证；投放市场后，发现存在缺陷的，其生产者、进口商应当依法实施召回。

根据我国无人机发展现状和发展趋势，我国民航局提出基于运行风险的无人机适航审定，并印发《基于运行风险的无人机适航审定指导意见》（2019 年），就《大型货运无人机适航标准》草案征求意见（2019 年），发布《民用无人驾驶航空器系统适航审定管理程序（试行）》（2020 年）、《民用无人机系统适航审定项目风险评估指南（试行）》（2020 年）、《高风险货运固定翼无人机系统适航标准（试行）》（2020 年）和《中高风险无人直升机系统适航标准（试行）》（2020 年）等文件，从无人机实名登记现状、适航管理思路、指导原则、实施路线图等多个方面，对基于运行风险的无人机适航审定进行阐述。

民用有人机的适航要求一般都具备形式的法规性、制定的务实性、标准的稳健性以及经济与安全要求的平衡性特点。我国适航管理部门坚持面向运行场景、基于运行风险、实施分类管理的无人机适航审定总体思路，坚持审定标准与运行场景相结合，坚持正向审定，标准来自于工业实践。

所以，我国无人机适航管理的特点如下：

（1）整个无人机适航审定坚持"基于运行风险"原则，保证安全底线，对不同风险等级无人机的审查方法、审查重点、技术标准各有区别和侧重。

（2）在审定方法上考虑运行审定和适航审定结合，在企业建立委任机构，承担适航主体责任，承担安全责任，并从源头搜集安全运行数据。

（3）在审定路径上采取从工业标准提炼审定标准的正向审定路线并进行推广。

（4）在审定模式上坚持证件合一、放管结合，鼓励各类企业进行创新和实践。

0.5.3　无人机适航法规和标准

近年来，民航局以及相关部门又陆续提出了《民用无人机生产制造管理办法》《民用无人机空中交通管理办法》《民用无人机适航管理工作会议纪要》《民用无人驾驶航空器系统驾驶员管理暂行规定》《使用民用无人机驾驶航空器系统开展通用航空经营活动管理暂行办法》和《民用航空飞行标准管理条例》等多份适航性方面的文件。以上文件更多侧重的是生产、行业标准，但是对于无人机系统的适航性规章、具体要求和验证方法没有明确要求。

国内现行的无人机行业标准有《无人机通用规范》（GJB 2347—1995）、《民用无人驾驶航空器系统分类及分级》（GB/T 35018—2018）、《无人机系统通用要求》（GJB 5433—2005）、《民用多旋翼无人机系统试验方法》（GB/T 38058—2019）和《无人机系统控制和其他安全关键通信空地链路无线电设备》（CTSO-C213）等。

作为国家航空器重要使用部门的公安部，也从涉及公共安全的行业标准角度出发出台了《警用无人驾驶航空器系统　第 1 部分：通用技术要求》（GA/T 1411.1—2017）、《警用无人驾驶航空器系统　第 2 部分：无人直升机系统》（GA/T 1411.2—2017）、《警用无人驾驶航空器系统　第 3 部分：多旋翼无人驾驶航空器系统》（GA/T 1411.3—2017）和《警用无人驾驶航空器系统　第 4 部分：固定翼无人驾驶航空器系统》（GA/T 1411.4—2017）。

根据国务院办公厅印发的《国务院 2021 年立法工作计划》（国办发〔2021〕21 号），已将无人驾驶航空器飞行管理暂行条例的制定纳入国务院 2021 年立法工作计划，由中央军委联合参谋部、交通运输部负责起草。随着条例的制定，无人机的适航规章将会在不久的将来出台（CCAR-92 部），届时涉及无人机系统、人员、飞行和运营等管理将清晰明了。

西北工业大学让"国之重器"无人机翱翔蓝天
——西北工业大学研制的三型先进无人机系统纪实

2017 年 7 月 30 日，在庆祝中国人民解放军建军 90 周年阅兵式上，由西北工业大学自主研制的三型无人机系统编队威武亮相，飞翔在朱日和训练基地的长空中。

这是西北工业大学研制的无人机继国庆 60 周年阅兵式后，第二次以整个方队形式入列阅兵式，接受党和人民的检阅。

自 1958 年研制成功我国第一架无人机，60 年来，西工大人用一片赤诚和担当，书写了一段关于翱翔的精彩传奇。当日，安置在发射车上，飞过阅兵场的三个型号无人机，集中展示了一所大学为国家研制属于自己的先进无人机系统筚路蓝缕的历史，彰显了西工大人为国防建设做出贡献的实绩和荣光。

1 破壁突围 做世界领先

7 月 30 日，当无人机在朱日和训练基地的长空中翱翔时，经历了连续 20 多天高温的古城西安，迎来了难得的清凉。尽管是周日的休息时间，但在西北工业大学无人机所（即西安爱生技术集团公司）内，研究室和厂房里，仍然是一派火热而忙碌的景象。

"这是国家给予我们的至高荣誉。我军首次以庆祝建军节为主题举行专项阅兵，也是我军革命性、整体性改革重塑后的全新亮相。无人机方队在如此重要的场合亮相，就更加具有特殊意义。"公司负责人王俊彪感慨地说。在阅兵直播中展示的三型无人机，分别是某新型通信干扰无人机、某新型雷达干扰无人机和某新型反辐射无人机，是我军无人机装备的重要组成部分，能对敌预警探测，能对敌指挥通信体系进行断链、致盲、破网，达到预期作战目的。反辐射无人机更是近年来无人机在电磁对抗领域重点发展的方向之一。

反辐射无人机是作战"多能手"，欧美等多个国家从 20 世纪 70 年代末开始进行技术研制工作，20 世纪 90 年代已有多个型号反辐射无人机装备部队，并先后多次被应用于战场实践。而其中无论是关键技术，还是原材料、加工工艺等都设有壁垒，是对我国封锁的。

"怎么样？有没有信心做世界领先的反辐射无人机？"部队首长向西安爱生的负责人询问道。

"我们西工大是无人机研制领域的'国家队'，要做就一定要做好。"西安爱生负责人的回答铿锵有力。经过积极筹划，20 世纪末，由西安爱生担任总师单位的某型反辐射无人机系统正式列入国家重大工程项目。

在先进无人机系统的研制领域，我们是后来者。与欧美等技术发达国家相比，我们在技术上没优势，能力上没优势，在经验上更近乎空白。要想直接从"填补空白"到"世界领先"，艰难可想而知。

"军令状"立下了，可是横亘在项目团队面前的难关依然重重。

团队不会忘记的是，2001 年的 7 月，项目初样机已进入联调联试阶段，原本计划用进口发动机进行试验时，出口国却单方面撤销了该型发动机的出口许可，实施了技术封锁。

没有了发动机，这给项目组带来了严峻的考验。"中国需要自主研制高质量的航空发动机，否则老是让别人掐着脖子，国家就没有安全！"项目总师的话，如石击水，激起层层涟漪。

在各级组织的支持下，团队废寝忘食地投入了研究试验，不知道翻了多少书，查了多少资料和数据，也不知道做了多少次试验，终于，首批 7 台样机研制出来了，成功打破了国外的技术封锁。

2 攻坚克难 铸"国之重器"

在西安爱生，身着蓝色工装的研发和生产人员最清楚：他们的工作，一边关系着国家安危、国防强盛，一边关系着前方将士的生命安全。他们是身处和平时代，却时常思量"谋打赢"的一群人。在西安爱生的科研人员看来，在信息时代，空中预警机、空中加油机、大型电子战飞机被称作"军事力量的倍增器"，属于"关键的少数"，如果受制于人，无异于给自己套上了一个战略枷锁。先进无人机系统，它集中体现了中国航空人的创新能力，也是当代中国创新能力的蓝天写照。

就像西安爱生另外一个名字——"365 研究所"所预示的那样，一年 365 天无间断的攻坚克难成了团队的常态，很多同志甚至把"家"也搬进了办公室：一张行军床、一件军大衣、一个塞满了烟蒂的烟灰缸，蓬头垢面、满眼血丝，成为彼时项目组成员的"标准形象"。曾经有热心肠的阿姨，张罗着为项目组的单身小伙子介绍对象，可是约了两个月，也排不上"相亲档期"，最后只好作罢。

"我们要用自己的智慧，为国家做点实在的事情。"团队成员 J 表示。

作为新上马的重大工程，J 体会深刻地说道："新型无人机系统必须依靠大集团作战才行，这种大系统就需要大合作、大协调、大组织。"

西安爱生分别作为三型无人机系统的总师和副总师单位，负责协调组织学校内外，积极对接其他研制生产单位，保证政令和信息的畅通。据粗略统计，三型无人机系统分别聚合了几十家单位，如果算上零部件和原材料供应商，数量达到上百家。

参与研制的单位分布于全国各地，如何实现资源的优化？"365"工作制、并行工程、异地协同，虽然立项时间不同，但是三型无人机系统项目从一开始发起的就是全线集群冲锋，是在全国范围的"非线性"作战，每个成员都是冲锋陷阵的战士。

当国家把一项重大使命交给他们的时候，他们以钢铁般的意志和坚韧不拔的精神，克服了无数困难，交出了一份让国家、让人民满意的答卷。

3 忠诚担当 树报国情怀

"干军工项目这么多年，我深深地感到，这份工作不仅需要奉献和攻坚克难的精神，还需要点不怕死的精神。"团队成员 K 回味道。

时光回转，一个秋天的下午，某型无人机系统第二次科研试飞准备完毕可以进行了。飞机起飞正常后，按程序飞行到预定高度，开始进行规定试验。

突然，"系统出现异常，没有按规定完成任务。"对讲机里传来急促的声音。

"系统复位，重新进入试验程序。"现场指挥的指令沉着而冷静。

"第二次试验失败，故障无法排除，采取紧急迫降措施。"之后，对讲机静默了。

这一刻，气氛顿时紧张起来，大家担心会发生安全事故。要知道，这可是一架携带了战斗部的无人机。幸好，飞机坠落在 10 多公里外的荒野。

按照一般的操作规程，携带战斗部的设备试验失败，应该现场组织销毁。为了最大限度地保障人员生命安全，不允许组织抢救拆解。

"数据还在里面，要把数据抢出来！"几个技术人员一边喊着一边冲出去。

"你们疯了！太危险！飞机万一爆炸怎么办？"在场的部队官兵把他们死死抱住。

然而，这些参试者完全忘记了危险。"那些数据太珍贵了，几年的心血呀！同志，飞机要是毁了，型号就要从零开始，时间来不及啦!"

在场的部队官兵和参与单位被他们无畏的气概打动了，经过短暂的考虑，K和另外一名同志，在部队官兵的陪同下，硬是把数据抢了出来，并安全地"救回了"飞机。

经过连续缜密的排查，原来是一个元件焊接头上的松香，因为受潮产生松动，导致故障。"现在回想起来，才觉得有点后怕。"K唏嘘道。

近年来，领跑军用无人机领域的西工大，更是不断拓展军民融合新路径，致力于做中国无人机产业格局构建的"拓路者"，打造中国无人机产业新名片。

2012年，西安爱生就在某国建成了我国出口的第一条无人机生产线；

2014年，西安爱生抓住牵头筹建国家唯一的"无人机系统国家工程研究中心"的重大发展机遇，明确了"产业链创新，产业化发展"的新思路，确立了"陕西为总部，向全国布局，国际化发展"的产业化发展目标，规划了"一基地两中心"（无人机产业化基地、无人机研发中心、无人机试验测试中心）的产业化发展格局。

2017年，由西北工业大学联合西咸新区沣西新城等共同建设的西北工业大学"翱翔小镇"暨无人机产业化基地建设项目启动，这是我国最大的高端中小型民用无人机产业化基地。西工大人以"航空报国""科技强军"的赤诚爱国之心，谱写了一曲不辱使命不负重托的壮丽凯歌。

《陕西日报》2017年8月11日讯（通讯员 王凡华 记者 吕扬）

http：//jyt.shaanxi.gov.cn/jynews/mtsj/201708/11/70107.html

1 空气动力学基本理论

1.1 空气动力学简介

空气动力学的英文为"Aerodynamic"，"Aero"是空气的，"Dynamic"则是动力学，指对物体的移动（Displacement）、速度（Velocity）和加速度（Acceleration）所做的研究。空气动力学是研究空气与物体之间有相对运动（即物体在空气中运动或空气流过静止物体）时，了解空气的运动规律及作用力（空气内部的和空气对物体的）所服从的规律。总的来说，空气动力学是研究物体如何在空气中运动的学科。

空气动力学是航空航天最重要的科学技术基础之一，空气动力学专注运动体在流体中运动所受的力，这与其他流体力学有本质的区别。在航空界，空气动力学与飞机的产生、发展联系在一起，涉及飞机的飞行性能、稳定性和操纵性等问题，对于飞机设计和工程学科不可或缺。因此，传统意义上的空气动力学，通常指的是飞行器的空气动力学，尤其是指普通飞机的空气动力学。当然，现代空气动力学研究所涉及的领域远不限于飞机或其他航空飞行器，如无人机空气动力学。

空气对物体的作用力在垂直于来流方向的分力体现为升力，其是使物体离开地面的作用力；而在平行于来流方向的分力体现为阻力，其对物体在空气中运动起阻力作用（图 1.1）。

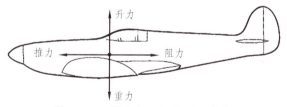

图 1.1　飞机空中飞行受到 4 个力

空气动力学是现代流体力学的分支之一，它是从流体力学发展而来的。17 世纪下半叶至 18 世纪是流体力学的创建与发展时期，逐渐建立和形成了流体力学的理论与实验方法。

公元前 350 年，亚里士多德首先给出了一种描述空气的连续性模型，发现物体在连续空气中运动时会受到阻力。文艺复兴时期，意大利全才科学家达·芬奇通过对鸟飞行的大量观测与研究，发现在鸟翼下翼面存在高密度、高压的空气，从而使鸟翼受到向上的力（升力），认为鸟是一台按照数学法则（力平衡法则）工作的仪器，在飞行时鸟的重心与压力中心不重合，以及对空气流动和流线型物体可以减阻等给出定性描述。

1673 年法国物理学家马略特（Edme Mariotte，1620—1684）通过大量水射流对平板冲击力测量试验首次发现，机翼的升力与飞行速度的平方成正比。1668 年，荷兰物理学家惠更斯（Christiaan Huygens，1629—1695）首先估算出物体在空气中运动的阻力，在研究物体降落特性时，发现物体的阻力正比于速度的平方，而非达·芬奇提出的一次方。

微积分问世后，科学研究进入到定量化的时代，其中创立的连续可微函数与质点力学结合的经典连续介质力学理论，构成力学快速发展的理论基础。1687 年，牛顿（Newton，1642—1727）在其《自然哲学之数学原理》中首次定量给出机翼升力和阻力表达式。1726 年，牛顿应用力学原理和演绎方法得出：在空气中运动的物体所受的力，正比于物体运动速度的平方和特征面积以及空气的密度，这一工作可以看作是空气动力学经典理论的开始。同时，他还基于孤立质点（或粒子）运动力学原理，提出了一种计算物体在流体中运动时所受阻力的近似理论，即牛顿撞击理论，虽然没有考虑流体的流动性（或者说粒子间相互作用的影响）而导致其预测结果与实际偏差较大，但对于高超声速流动，该理论却可以给出较好的预测结果。

1738 年，瑞士科学家伯努利（Daniel Bernoulli，1700—1782）首先提出了无黏流动的流速和压力之间的关系，指出流速随着压强减小而增加，这就是著名的"伯努利原理"。后来，欧拉利用此原理推导出了著名的理想流体定常流动能量方程（后称为伯努利方程），见式（1.1）。伯努利方程的发现可以正确地回答机翼上翼面吸力对升力的贡献缘由。后来的风洞试验表明：上翼面吸力的贡献约占翼型总升力的 60% ~ 70%。

$$\frac{p}{\rho} + \frac{v^2}{2} + gz = p_0 = c \qquad (1.1)$$

式（1.1）适用于无黏性流体的一维定常流动，表明了无黏流体定常流动中的能量守恒定律。其中，等号左侧第一项代表静能；第二项表示动能；第三项表示势能；等号右侧表示总能量，即为伯努利常数。

1752 年，达朗贝尔建立了质量守恒方程，即连续方程。此外，他还提出了"达朗贝尔佯谬"，即根据无黏不可压缩流体无旋流动理论，一个有限大小的物体在无边际的流体中匀速运动时，只要是附体流动、没有分离，则无论物体的形状如何，都不会受到阻力。但实验结果表明，流速较高时物体所受阻力大致与流速成正比。

1755 年，瑞士数学家欧拉（Leonard Euler，1707—1783）得出了描述无黏性流体运动的微分方程，即欧拉方程，见式（1.2）。对于质量力有势、理想不可压缩流体的定常流动，沿着流线积分欧拉方程组。这些微分形式的动力学方程在特定条件下可以积分，得出很有实用价值的结果，如伯努利方程。

$$\frac{d\vec{v}}{dt} = \vec{f} - \frac{1}{\rho}\nabla p \qquad (1.2)$$

英国乔治·凯利（George Cayley，1773—1857）被称为经典空气动力学之父，对鸟类飞行原理进行了大量的研究，通过对鸟翼面积、鸟的体重和飞行速度的观察，估算出速度、翼面积和升力之间的关系。发现机翼的升力除了正比飞行速度的平方和机翼面积外，还随机翼的迎角发生变化。同时建议，人造飞行器应该将推进动力和升力面分开考虑。

后来，美国飞行先驱兰利（Samuel Pierpont Langley，1834—1906）提出了机翼升力计算公式。1896 年，他制造了一个带动力的飞机模型飞到了 150 m 的高度，留空时间达近 3 h，这是历史上第一次重于空气的动力飞行器实现了稳定持续的飞行，在世界航空史上具有重大的意义。

英国空气动力学家兰彻斯特（F. W. Lanchester，1868—1946）在 1891 年的论文中指出重于空气飞行器的飞行原理，发现了机翼的翼尖涡，1894 年首先解释了机翼产生升力原理，提出了正确的计算方法。

进入 19 世纪，流体力学重点发展了理想流体无旋运动的求解，建立了理想流体旋涡运动理论和黏性流体运动微分方程组等。1845 年，德国流体力学家亥姆霍兹（H. L. F. von Helmholtz，1821—1894）引进了一系列关于旋涡的基本概念，提出了旋涡运动定理。1858 年，提出流体质团的速度分解定理，研究了理想不可压缩流体在有势力作用下的有旋运动。1860 年，亥姆霍兹将流体质点运动分解为平动、转动与剪切变形三种形式，从而成为无黏有旋运动研究的创始人。而且，他还提出亥姆霍兹旋涡运动的三大定律，同时，建立了理想流体旋涡运动理论，提出速度环量概念。

根据英国数学家和力学家斯托克斯（G. G. Stokes，1819—1903）线积分与面积分公式，在速度矢量场中，沿任意封闭曲线的速度环量等于该封闭曲线所张的任意曲面的涡通量。即

$$\Gamma = \oint_L \vec{v} \cdot d\vec{s} = \iint_S 2\vec{\omega} \cdot d\vec{S} = \iint_S \nabla \times \vec{v} \cdot d\vec{S} \tag{1.3}$$

式中　Γ——为通过围线 L 区域内的涡强（速度环量）；

　　　$\vec{v}$——速度场；

　　　$\vec{\omega}$——液体微团的旋转角度速；

　　　$\nabla \times \vec{v} = 2\vec{\omega}$——液体微团的涡量。

20 世纪初，库塔、儒科夫斯基等学者将运动物体在空气中所受的升力与绕物体的环量联系起来，建立了升力理论，从而奠定了低速飞机设计基础，使重于空气的飞行器空中飞行成为现实。

$$L = \rho v_\infty \Gamma \tag{1.4}$$

法国科学家纳维（Navier，1785—1836）与英国科学家斯托克斯分别于 1827 年和 1845 年独立推导出黏性流体运动的不可压缩流体动量守恒的运动方程，后称为纳维-斯托克斯方程（N-S 方程），从而奠定了黏性流体力学的理论基础，欧拉方程是 N-S 方程的黏性极限（即黏度趋于 0 的极限）。纳维和斯托克斯首次将黏性植入流体力学方程中，从此这个偏微分方程终于包含了黏性的本性。其实，流体黏性早在 100 多年前就被牛顿基于实验验证，但是欧拉方程局限于三维空间无法体现黏性，因此欧拉方程也称为无黏流体方程。由于 N-S 方程为非线性偏微分方程，方程的解应该是位置和时间的函数，且求解起来相当困难。

$$\underbrace{\rho}_{\substack{\text{质量} \\ \text{流体密度}}} \Bigg(\underbrace{\frac{\partial \vec{v}}{\partial t}}_{\substack{\text{速度随} \\ \text{时间变化}}} + \underbrace{\vec{v} \cdot \nabla \vec{v}}_{\substack{\text{流体运动的} \\ \text{速度和方向}}} \Bigg) = \underbrace{\nabla p}_{\substack{\text{流体的内部} \\ \text{压力梯度} \\ \text{（压力的变化）}}} + \underbrace{\rho g}_{\substack{\text{作用在流体} \\ \text{上的外力} \\ \text{（如重力）}}} + \underbrace{\mu \nabla^2 \vec{v}}_{\substack{\text{作用在流体上} \\ \text{的内部应力} \\ \text{（考虑到黏性} \\ \text{效应）}}} \tag{1.5}$$

加速度：一个粒子的速度如何随时间变化

力：所有作用在流体上的力

1872 年，玻耳兹曼提出了气体分子运动论基本方程，即玻耳兹曼方程，可用于描述稀薄气体流动，N-S 方程是玻耳兹曼方程的流体力学极限。1842 年，迈尔在几十位相关学者工作的基础上，提出了能量守恒定律，其后焦耳、亥姆霍兹等也独立发现了这一定律。德国物理学家亥姆霍兹（1821—1894）引入涡流的概念，为求解 N-S 方程提供一个新方法，且涡流理论也成为 1906 年出现的环量理论的基础。

19 世纪下半叶，关于湍流的研究从理论上预估出流体摩擦力，成为至今仍在使用的湍流分析理论依据。1883 年，奥斯本·雷诺（1842—1912）通过实验发现了流动的两种状态，即层流和湍流，得到层流转变为湍流的条件，即判断流态的雷诺数。1894 年，他又引进了雷诺应力的概念，应用时均方法建立了湍流运动基本方程，即雷诺方程，为湍流的理论研究奠定了基础。

19 世纪下半叶至 20 世纪 30 年代是空气动力学的初步奠基时期，其工程应用背景是蒸汽机、炮弹及爆炸技术所涉及的气体流动的可压缩性问题。1808 年泊松和 1848 年斯托克斯分别研究了等温气体中的简单波和间断面，后者根据质量、动量守恒定理建立了间断面前后流动参数所应满足的关系式，这是对可压缩气体运动理论研究的开始。1870 年兰金和 1887 年雨贡纽分别提出了激波前后气体参数间的关系式。1887 年，马赫研究了抛射体以超声速运动时产生的波，得到了马赫角关系式。1929 年，阿克莱将流速与声速之比定义为马赫数。

需要特别提到的是，低速飞机设计理论也是在这时期逐渐完善的。1891 年，兰彻斯特提出了速度环量产生升力的概念，为建立升力理论创造了条件，他也是首位提出有限翼展机翼理论的人。1902 年库塔、1906 年儒科夫斯基分别提出了库塔-儒科夫斯基定理与假定。1910 年，布拉修斯与恰普雷金分别提出了一般二维物体受力公式。上述工作使得二维升力理论得以完善。1903 年，莱特兄弟在美国成功实现了飞机试飞，从此开创了飞行的新纪元，人类得以实现征服天空的愿望。

这一时期的另一项具有重要意义的理论是普朗特于 1904 年提出的附面层理论。他认为流场可以分为两个区域分别处理：远离物面区域用无黏理论处理，而黏性仅在贴近物面的薄层（即附面层或边界层）流体内才是必须加以考虑的，这使得 N-S 方程得以简化，为空气动力学中黏性理论的研究开辟了新的道路。

20 世纪初，随着飞行器飞行速度、高度和航程的急速发展，航空实践推动空气动力学飞速发展，而空气动力学的相关成果也进一步促进了航空事业的发展。在这一时期，气体的可压缩性影响及激波研究逐渐成为热点。1882 年，拉瓦尔发明了收缩-扩张型喷管，即拉瓦尔喷管，并由斯多道拉（1903 年）、普朗特和迈耶（1908 年）观测了这种喷管的流动特性。1908 年，普朗特和迈耶提出了激波与膨胀波理论。1910 年，瑞利和泰勒研究了激波的不可逆性。1928 年布泽曼、1933 年泰勒和马可尔提出了圆锥激波的图解法和数值解。此外，小扰动线性化方法、特征线方法、速度图法等也在 20 世纪初相继被提出。这一时期的研究成果由泰勒和马可尔在《可压缩流体力学》一文中加以总结，为空气动力学研究奠定了基础。

从第一次世界大战至 20 世纪 30 年代末期是低速空气动力学取得重大发展并对航空事业做出重要贡献的时期，真正实用的低速飞机相继问世。1919 年，普朗特提出了大展弦比机翼升力线理论。1925 年，阿克莱提出了超声速翼型的线性化理论。1930 年，普朗特提出了可在亚声速范围内修正翼型升力压缩性影响的相似准则。1939 年，戈泰特提出了亚声速三维机翼的相似法则。1944 年，冯·卡门和钱学森采用速度图法得到了比普朗特-葛劳渥法则更为准确的亚声速相似律公式。

20 世纪 30 年代至 50 年代是空气动力学飞速发展阶段。1935 年，在罗马召开了讨论航空中高速流动问题的学术会议，众多流体力学先驱者的参加使得这次会议成为通向近代气体动力学的里程碑。其后，随着涡轮喷气发动机、火箭发动机等的出现及发展，飞行器的飞行速度持续提高且逐渐接近并突破了声速，实现了超声速飞行。这一时期的空气动力学与热力学的结合越来越紧密，也被称为气动热力学的发展阶段，其特点是完全气体假设下的空气动力学理论和实验愈加成熟。

这个时期可压缩空气动力学理论迅速发展，特别是跨声速面积律的发现和后掠机翼概念的提出，使得飞行的临界马赫数大幅提高，帮助人们突破音障，实现了跨声速、超声速飞行；而三角翼、边条翼等气动构形可得到较大的涡升力，大大改善了飞行范围的升力特性，提高了飞机的机动性。

基于这些空气动力学成果，20 世纪 50 年代中期研制成功了性能优越的第一代战斗机。20 世纪 50 年代之后是超声速空气动力学发展时期，出现了性能更为先进的第二代战斗机。在这一阶段，航天方面的重点放在高超声速飞行器和再入飞行器的气动力与推进系统问题，特别是着重解决高超声速飞行和飞行器再入大气层时严重的气动加热引起的"热障"问题。而航空方面的重点放在了发展高性能作战飞机、超声速客机、垂直短距起降飞机、变后掠翼飞机等，尤其是超临界机翼技术的使用，显著提高了机翼的临界马赫数和飞机跨声速范围的升阻比，在载荷相同的情况下还可降低飞机的结构质量。

20 世纪 50 年代至今是气动热化学动力学、高超声速空气动力学与计算流体力学的发展阶段。介质性质在高温条件下的物理、化学变化（如气体分子的电离化、飞行器头部烧蚀层的气化及其与气体分子的化学反应等）使得空气动力学必须与化学热力学、统计物理、化学动力学结合，研究者不仅关注所研究对象的气动力特性，而且还包括高温气流的传热率及温度分布。

20 世纪 70 年代后，脱体涡流型和非线性涡升力的发现和利用是空气动力学的又一重要成果，并促使了第三代高性能战斗机（F-15，SU-27）的出现。20 世纪 80 年代，在军事需求的强力推动下，世界各军事强国开始研制第四代战斗机和高超声速飞行器、跨大气层飞行器，其中最有代表性的是 1981 年美国发射的"哥伦比亚"号航天飞机，并由此形成了现代空气动力学发展的新时期。目前，正在发展的第四代战斗机，将高机动性、敏捷性、超声速巡航能力、高隐身能力、超视距作战、更宽广的速度范围等诸多优异性能集于一身，对空气动力学、动力推进、电子、控制、材料及工艺等技术提出了更高要求。

自 1946 年第一台电子计算机问世以来，随着计算机技术的迅猛发展，逐渐形成了计算流体力学这一新的分支，基于先进数值求解方法和高性能计算机的数值仿真技术，已经可以实现从飞行器部件、组合体甚至整机的复杂绕流或内流流场的计算，而且计算结果的精确度与可靠性也随着计算机、计算机技术及空气动力学知识、实验验证技术的进步与完善而不断得以提高，并可直接应用于飞行器的空气动力学设计中，从而大大缩短了新型飞行器及其气动部件的研制周期，并大幅度降低研制成本。可以预见，计算流体力学将进一步发展并在实际空气动力学问题研究中发挥越来越大的作用。

自 20 世纪以来，实验技术也在迅速发展，热线风速仪（HWA）、激光测速仪（LDV 及

PIV）、压敏漆及示温漆、高速数据采集及处理系统等为研究空气非定常三维流场细微结构创造了良好条件，各种先进的流场测试技术及显示技术提供了丰富而准确的流场信息。实验技术的发展为空气动力学的发展起到重要的推动作用。

尽管空气的具体运动和研究这些运动的目的有所不同，但它们都有一些共同的流动现象，遵循一些共同的流动规律。研究空气的运动问题通常是以流体动力学与热力学中的一些基本物理定律为基础的，其控制方程组包括以下四方面内容：

（1）运动学方面：质量守恒定律。

（2）动力学方面：牛顿第二定律（即动量定理）。

（3）热力学方面：能量守恒定律（即热力学第一定律）和熵方程（即热力学第二定律）。

（4）空气的物理和化学属性方面：如空气状态方程、空气组元间的化学反应速率方程、空气的输运性质（黏性、热传导及组元扩散的定律）等。

上述四方面内容组成的控制方程组是非线性的和强相互耦合的，再加上给定求解域上空气物理量所应满足的初值、边值条件（即定解条件），使得它在数学上的解析求解和数值求解变得极为困难。

1.2 流体介质——空气

无人机在大气里飞行中，无人机产生的气动力、油动发动机性能等都与空气流体介质密切相关，故必须了解大气中空气的物理特性。

地球周围大气分为 5 层：对流层、平流层、中间层、暖层和散逸层。无人机空中飞行大多处在最低的对流层，少数无人机在平流层底部（即同温层）巡航。所以，这里介绍的空气介质主要是处在这两层中。

一般，描述大气的物理参量有 5 个，分别是压强、密度、温度、黏性和压缩性。其中，压强、密度、温度是描述流体基本属性的物理量，称为大气的状态参数。黏性和压缩性这两个参数称为性质参数。空气的黏性一般用黏度系数 μ 或运动黏度系数 ν 来表示；空气的压缩性一般用空气的体积弹性模量或声速来表示。

1.2.1 大气压强

空气流动中内部产生切向力和法向力，其中切向力只有在流动时才会表现出来；而法向力总是有的，不论空气是静止还是流动的。空气中的法向应力，即垂直作用在单位表面面积上的力称为压强（或压力）。

大气压力即气压是指空气的压强，即单位面积上物体所承受的空气的垂直作用力。从数量上来说，在静止的大气中，大气压力就是物体单位面积上所承受的大气柱的重量。根据连续介质模型，大气压强是连续函数，表示为

$$p = p(x, y, z, t) \tag{1.6}$$

大气压力随高度增加，呈非线性下降，对流层中的气压随高度的变化近似为线性变化，如图 1.2 所示，高度每增加 1 000 ft（305 m）气压降低约 1 inHg（3.386 kPa）。在 5 468 m 的高度上，气体压力约为海平面压力的一半（500 hPa）。

若已知某点的气压值，可以估算该点的高度值。固定翼无人机的气压高度的计算，就是根据大气压来对飞行高度进行判断的。

在国际单位制中，压强的单位为帕斯卡（Pa），即 N/m²。航空界常用的压强单位还有百帕（hPa）、毫米汞柱（mmHg）、大气压（atm）、巴（bar）、毫巴（mbar）、PSI（lbf/in²）等。各常用压强单位之间的换算见表 1.1。

表 1.1　压强单位换算表

帕斯卡 (Pa(N/m²))	大气压 (atm)	毫米汞柱 (mmHg)	毫巴 (mbar)	英寸汞柱 (inHg)	千克力/米² (kgf/m²)	磅力/英寸² (lbf/in²)
1.000	9.866×10^{-5}	7.500×10^{-3}	1.000×10^{-2}	2.953×10^{-4}	1.029×10^{-1}	1.450×10^{-4}
1.013×10^{5}	**1.000**	7.600×10^{2}	1.013×10^{3}	2.992×10	1.033×104	1.469×10
1.333×10^{2}	1.316×10^{-3}	**1.000**	1.333	3.937×10^{-2}	1.359×10	1.933×10^{-2}
1.000×10^{3}	9.870×10^{-4}	7.500×10^{-1}	**1.000**	$2.953\times10^{-}$	1.020×10	1.450×10^{-2}
3.386×10^{3}	3.342×10^{-2}	2.540×10	3.385×10	**1.000**	3.452×10^{2}	4.910×10^{-1}
9.800	9.670×10^{-5}	7.353×10^{-2}	9.800×10^{-2}	2.895×10^{-3}	**1.000**	1.42×10^{-3}
6.894×10^{3}	6.800×10^{-2}	5.171×10	6.896×10	2.036	7.031×10^{2}	**1.000**

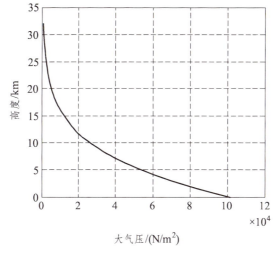

图 1.2　大气压强随高度变化

1.2.2　大气密度

根据连续介质的概念，密度的数学定义为

$$\rho = \lim_{\Delta V \to 0} \frac{\Delta m}{\Delta V} \qquad (1.7)$$

所以，密度就是单位体积气体的质量。在任意时刻，空间任意点上的气体质点的密度都具有确定的数值，因此密度是坐标点及时间 t 的函数。

$$\rho = \rho(x, y, z, t) \qquad (1.8)$$

大气密度随高度的变化而变化，高度增加，空气密度减小，如图 1.3 所示。

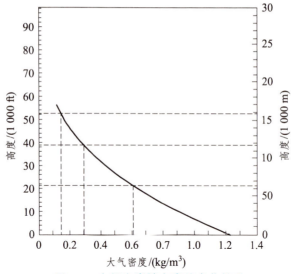

图 1.3 大气密度随高度的变化关系

如果空气是标准大气，则在海平面上压力为 1 013 hPa，温度为 15 ℃，这时的空气密度为 1.225 kg/m³；而在 22 000 ft 的高空（6 500 m），空气密度降为海平面密度的一半。

如果空气不是标准大气，则根据当时温度和压力用下式求出空气密度：

$$\rho = 0.465p/(273+t) \qquad (1.9)$$

式中　p ——大气压力（mmHg）；

　　　t ——大气温度（℃）。

1.2.3　大气温度

空气温度是指空气的冷热程度。在 11 km 以下的对流层中，高度增加，气温降低，近似为线性变化。气温降低的数值，随地区、季节、高度的不同而有所差异。一般情况下，高度每升高 1 km，气温降低约 6.5 ℃。在平流层下半部分，从 11～20 km，气温大体不变，保持在 −56.5 ℃ 左右（图 1.4）。

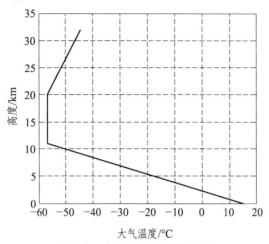

图 1.4　大气温度与高度关系

气温主要由三种标定方法：摄氏温度、华氏温度和绝对温度。大多数国家和我国一样，使用摄氏温度，摄氏温度以标准气压下的纯水的冰点为 0 ℃，以水的沸点为 100 ℃。有的国家和地区如美国，使用华氏温度，单位符号是℉，把纯水的冰点（ice point）温度定为 32 ℉，把标准大气压下水的沸点温度定为 212 ℉，中间分为 180 等份，每一等份代表 1 ℉。两种单位的换算关系为

$$T_C = (T_F - 32) \times \frac{5}{9} \tag{1.10}$$

在理论计算中，常用热力学温度来表示。热力学温度和摄氏温度的换算关系为

$$T_K = T_C + 273.15 \tag{1.11}$$

式中　T_K——热力学温度。

1.2.4　空气湿度

湿度是指空气的潮湿程度，气象学中经常使用相对湿度的概念。相对湿度是空气中所含湿气与空气中所能包含的最大湿气之比。空气的温度越高，它所能包含的水分就越多。当相对湿度等于 100%时，空气中包含的水分达到最大，称为饱和状态。对于给定体积的气体来说，当温度降低时，其相对湿度增大，当温度降低至相对湿度为 100%时的温度称为露点温度。

露点高低只与空气中水汽含量有关，水汽含量越多，露点温度越高。露点温度的高度反映了空气中水汽含量的多少。但空气处在未饱和状态时，其露点温度低于气温，两温差成为气温露点差。气温露点差反映了空气饱和程度，气温露点差越小，空气越潮湿。相对湿度增加时，温度露点差减小。

露点温度对飞行来说非常重要，因为它表示了空气中水分的临界状态。当气温降至其露点温度时，大气中的水分开始凝结，变成看得见的雾、云、降水等天气现象。所以航空气象预报中通常同时给出大气的温度值和露点温度值。温度和露点温度越接近，空气的湿度越大，空气的密度就越小。

1.2.5　空气黏性

大气的黏性是空气在流动过程中表现出的一种物理性质，主要是通过相邻大气之间相互运动时产生的牵扯作用力，也就是内摩擦力。空气分子的不规则运动，是造成空气黏性的主要原因。相邻两层空气之间有相对运动时，会产生相互牵扯的作用力，这种作用力称为空气的黏性力。实验和研究表明，空气黏性力大小取决于以下几个方面：

（1）速度梯度：相邻两层空气的速度差与两层间距之比，称为速度梯度。速度梯度大，相邻两层空气间的摩擦剧烈，黏性力大。

（2）空气温度：空气温度高，分子运动速度大，空气层间交换的分子多，黏性力大。

（3）气体性质：不同类型的气体，分子运动速度不同，黏性力不同，如空气的黏性比氧气的黏性大。

（4）接触面积：空气层间接触面积越大，交换的分子数就越多，黏性力就越大。

流体的黏性大小一般用黏度系数来衡量。黏度系数分为动力黏度系数和运动黏度系数。

运动黏度系数与动力黏度系数不同，它没有任何物理意义，只是人为地将其定义为动力黏度系数与流体密度的比值，即

$$\gamma = \frac{\mu}{\rho} \tag{1.12}$$

运动黏度系数单位符号为 m^2/s，因为包含了运动学单位，所以被称为运动学黏度系数。空气的运动黏度为 $14.8 \times 10^{-6} \ m^2/s$；空气的动力黏度为 $17.9 \times 10^{-6} \ Pa \cdot s$。

运动黏度系数只能用来比较同一种流体的相对黏度大小，它不代表黏度的绝对值，更不能用它进行不同种类流体间黏度大小的比较。通常用动力黏度系数的数值衡量流体黏度的大小。而运动黏度系数与动力黏度系数有本质的区别，只能代表流体黏度的相对大小，若用来比较不同流体之间的黏度就会引起严重的错误。

在温度 $T < 2\ 000\ K$ 时，气体黏度可用萨特兰公式计算：

$$\frac{\mu}{\mu_0} = \left(\frac{T}{288.15}\right)^{1.5} \frac{288.15 + B}{T + B} \tag{1.13}$$

式中 $\mu_0 = 1.79 \times 10^{-5}$（15 ℃ 时的黏度；
        B——与气体种类有关的常数，空气的 $B = 110.4K$。

1.2.6　空气压缩性

温度一定时，流体受压力的作用而使体积发生变化的性质称为可压缩性。一定质量的空气，当其压强或温度改变时，其密度（或体积）也会发生相应的变化。空气的这种物理性质，称为空气的可压缩性。

流体的可压缩性也可以通过定义可压系数 k 来表达：

$$k = -\frac{1}{V}\frac{dV}{dp} \tag{1.14}$$

单位压力增加所引起的体积相对变化量。由于压力增大时气体的体积减小，因此上式的右边必须加一负号，以使 k 值为正。可压缩系数根据压缩过程中的情况可定义为等温可压系数与等熵可压系数。可压系数 k 为流体的重要特性。一般地，液体的可压系数非常小，如常压下水的等温可压系数为 $5 \times 10^{-10}\ Pa^{-1}$，而气体则为 $10^{-5}\ Pa^{-1}$，比水大 4 个数量级以上。对于单位质量的流体，密度 $\rho = 1/V$，因此上式变为

$$k = \frac{1}{\rho}\frac{d\rho}{dp} \tag{1.15}$$

因此，当流体受到外力 dp 时，其相应的体积变化为 $d\rho = \rho k dp$。流体因受力而产生流动时，会使其压力发生变化。特别对于高速流，压力梯度变化较大。当压力梯度变化不大的流动视为不可压流动，而气体因为可压系数较大，较大的压力梯度则可导致密度的变化，同时产生大速度流动，则视为可压流动。

气体的可压系数的倒数称为气体的体积弹性模量，简称体积模量，用 K_p 表示。

$$K_\text{p} = \frac{1}{k} = -\frac{\Delta p}{\Delta V}V \qquad (1.16)$$

体积弹性模量 K_p 表示气体产生单位体积相对变化量时所需要的压力增量。在使用中，可用 K_p 值来说明气体抗压缩能力的大小。

空气动力学所讨论的空气的压缩性，是指空气在流动的过程中，由于气流的压力和温度发生变化而引起空气密度的变化。当空气流过物体时，在物体周围各处，气流速度会有增大或减小的变化，相应地，气体压力会有减小或增大的变化，进而气体密度会有减小或增大的变化，这就是空气具有压缩性的体现。所以，空气的压缩性是指一定量的空气，当压力或温度改变时，其密度和体积发生变化的物理特性。

空气流动速度不大时，空气的压缩性表现不明显，但当空气的流速较大时，由速度变化所引起的压力和密度的改变就比较大。所以，空气压缩性效应会显著影响着作用在飞行器上气动力和飞行性能，如会使失速速度增加。当无人机飞行速度低于 300 kt（483 km/h），空气压缩性造成的影响只有 5%左右；当飞行速度超过 500 kt（805 km/h），空气压缩性效应的影响超过 15%。

空气的弱压缩过程可以认为是一个可逆的绝热过程，满足等熵关系式，即

$$p = C\rho^k \qquad (1.17)$$

由上式和气体状态方程 $p = \rho RT$ 可得

$$\frac{\text{d}p}{\text{d}\rho} = kC\rho^{k-1} = k\frac{p}{\rho} = kRT \qquad (1.18)$$

式中　C ——常数；

　　　k ——绝热指数，空气的 $k = 1.4$；

　　　R ——气体常数，空气的 $R = 287$ J/（kg·K）。

式（1.18）表明，随着温度的升高，dp/dρ 增大，空气将变得难以压缩；反之，温度降低，空气将变得容易压缩。例如，体积和质量相同的两个皮球，一个被太阳晒过，温度较高；一个没有晒过，温度较低。用手在皮球上增加同样多的压力，就会发现：晒过的皮球不容易变形，体积减小得少，密度增加得少；没有晒过的皮球，容易变形，体积减小得多，密度增加得多。

理论推导表明，气体中的声速 $a = \sqrt{\Delta p / \Delta \rho}$，因此，可用声速的大小来衡量空气的可压缩性。$a$ 大，表示空气难压缩，可压缩性小；a 小，表示空气易压缩，可压缩性大。

压缩性对气体流动的影响通常用马赫数 Ma 来表示（$Ma = v/a$，v 是气流速度），马赫数 Ma 越大，说明空气的压缩程度越大。$Ma = 0.3$ 通常作为空气可压缩性可忽略的上限，超过 0.3，则必须考虑空气可压缩性的影响。

1.3　气体状态方程

理想气体状态方程（Ideal Gas Law）是描述理想气体在处于平衡态时，压强、体积、温度间关系的状态方程，由法国科学家克拉珀龙于 1834 年提出。

理想气体是人们对实际气体简化而建立的一种理想模型。理想气体具有如下两个特点：① 分子本身不占有体积；② 分子间无相互作用力。实际应用中把温度不太低、压强不太高条件下的气体可近似看作理想气体，而且温度越高、压强越低，越接近于理想气体。

大气可以采用气体状态方程来表示，即

$$p = \rho R T \tag{1.19}$$

式中　T——绝对温度（K），它与摄氏度 t（℃）之间的关系为 $T = t + 273$；

　　　R——大气气动常数，$R = 287.05 \text{ J/(kg·K)}$。

无人机飞行中，空气动力的大小和飞行性能的好坏都与气体状态有关，其中某个参量改变时，另外的一个或两个参量也要相应地发生改变。

当温度不变时，压力和密度成正比，即一定质量的气体，保持温度不变，但压力增加，会使气体体积缩小，密度增加；反之，压力减小，密度也随之减小。

当密度不变时，压力与温度成正比，即一定质量的气体，如保持体积不变（也就是密度不变），温度升高时，压力会增大。比如，充足气的轮胎，在高温环境下，由于压力增大会自动爆胎。

当压力不变时，密度与温度成反比。如瘪了的足球在火炉旁烤，足球会重新鼓起来。这说明一定质量的空气，如保持压力不变，温度增高时，会引起空气膨胀，体积变大，密度变小。

有时候使用温度比、压强比和密度比会更为方便，分别为

温度比　　　$\theta = \dfrac{T}{T_0}$ $\tag{1.20}$

压强比　　　$\delta = \dfrac{p}{p_0}$ $\tag{1.21}$

密度比　　　$\sigma = \dfrac{\rho}{\rho_0}$ $\tag{1.22}$

其中，T_0、p_0 和 ρ_0 分别为标准海平面大气参数，$T_0 = 288.15 \text{ °K}$、15 ℃ 或 59 °F；$p_0 = 1\,013.25 \text{ mBar}$、$1\,013.25 \text{ hPa}$、$29.92 \text{ inHg}$ 或 760 mmHg；$\rho_0 = 1.225 \text{ kg/m}^3$。

则，此时的气体状态方程表示为

$$\delta = \theta \times \sigma \tag{1.23}$$

根据所研究问题的性质，突出问题的主要方面，忽略流体的某些次要物理属性，建立简化的流体模型，便于研究，提出几种流体模型化方式，包括：

1. 理想流体

不计黏性（黏度为零）的流体。由于不计黏性，在任意定点流速不随时间改变的流体。现实中并不存在理想流体，但理想流体模型可应用于一些黏性影响较小的情况中，使问题得以简化。瑞士 L. 欧拉在忽略黏性的假定下，建立了描述理想流体运动的基本方程。

空气属于黏性流体，这给空气动力的研究以及数学模型的建立都带来极大困难，但由于空气的黏性系数比较小，对于有些问题的研究（尤其是低速气流的研究）结果影响甚微，忽略其黏性的存在，在研究这类问题时会大大简化研究过程，又不影响问题的基本结论。这时

我们就把空气看成是理想流体。理想流体和完全气体是两个不同的概念，前者指流体没有黏性，后者指状态参量满足克拉珀龙方程的气体。

2. 不可压流体

空气渡过机翼时，随着流速和压力的变化，空气密度要发生变化，其变化量的大小取决于马赫数。当 $Ma<0.3$ 时，空气密度的变化小到可以忽略的程度，因此把密度为常量的流体视为不可压流体。

不可压流体应满足的数学表达式为

$$\frac{\mathrm{d}\rho}{\mathrm{d}t}=0 \tag{1.24}$$

3. 绝热流体

这种流体模型不考虑气体热传导属性。在低速流体中，除了专门研究热问题（如发动机的散热）外，一般是不考虑气体的热传导属性的。在高速流动中，温度梯度不太大的地方，如附面层以外的气体，气体微团间传热是很微小的，也不必考虑。这种不考虑热传导属性的流体称为绝热流体。

4. 定常流体

在流场中的任何一点处，如果流体微团流过时的参数（速度、压力、温度、密度等）不随时间变化，这种流动就称为定常流。定常流体应满足的数学表达式为

$$\frac{\partial(v,p,t,\rho)}{\partial t}=0 \tag{1.25}$$

1.4　守恒定律

流体力学基本方程组是将流体运动时所应遵循的物理定律用方程的形式表达出来，其目的是从这些方程中求解得到流动的未知量。一般说来，流体力学必须遵循的定律有：

（1）质量守恒定律。

（2）动量守恒定律。

（3）能量守恒定律（即热力学第一定律）。

（4）熵不等式（即热力学第二定律）。

其中，前两个是力学的，后两个是热力学的。上述定律对流体运动的数学描述就是流体运动基本方程组，但这个方程组是不封闭的，为了能从中解出未知量，还要补充诸如本构方程、状态方程等有关物性方面的方程。

此外，对具体的流体运动，不一定需要应用所有定律，如对不可压缩流体、不考虑热效应的流动，前两个定律就已经足够了。

流体运动基本方程组的数学表达式可以是积分形式的，也可以是微分形式的。积分形式的方程通过对流体取有限体积的控制体，应用基本定律经积分得到。微分形式的方程可以根据积分域的任意性而从积分形式的方程直接得出，也可以对流体取微体积元，运用基本定律直接得到。

1. 质量守恒定律

质量守恒定律是俄国科学家罗蒙诺索夫于 1756 年最早发现的。1977 年，法国拉瓦锡通过大量的定量试验得以验证，这一定律才获得公认。在任何与周围隔绝的物质系统（孤立系统）中，不论发生何种变化或过程，其总质量保持不变，这个规律就叫作质量守恒定律（Law of conservation of mass）。也称物质不灭定律。它是自然界普遍存在的基本定律之一。

在空气动力学中，依据质量守恒定律可以推导出连续性定理。

2. 动量守恒定律

动量守恒定律是最早发现的一条守恒定律，法国哲学家兼数学、物理学家笛卡儿对这一定律的发现做出了重要贡献。一个系统不受外力或所受外力之和为零，这个系统的总动量保持不变，这个结论叫作动量守恒定律（Law of conservation of momentum）。

3. 能量守恒定理

能量既不会凭空产生，也不会凭空消失，只能从一个物体传递给另一个物体，而且能量的形式也可以互相转换，在能量转换和传递过程中能量的总量恒定不变，称为能量守恒定律（Energy conservation law）。1738 年，瑞士科学家丹尼尔·伯努利通过能量守恒定律提出伯努利定理。

热力学第一定律（first law of thermodynamics）是能量守恒定律在热力学中的应用。这涉及热现象领域内的能量守恒和转化定律，反映了不同形式的能量在传递与转换过程中守恒。表述为物体内能的增加等于物体吸收的热量和对物体所做的功的总和。

4. 熵不等式（热力学第二定律）

热力学第二定律（second law of thermodynamics）指明了能量相互转换是有条件的、有方向性的，即朝着一个方向的变化过程可以实现，而反方向的变化过程不能实现或者有条件实现。据此，在热力学上有可逆过程和不可逆过程之分。如果将变化过程一步一步倒回去，介质的一切热力学参数均回到初始值且外界情况也都复旧，则是可逆过程，否则就是不可逆过程。

在绝热变化过程的孤立系统中，如果过程可逆则熵值保持不变，称为等熵过程；如果过程不可逆，熵值必增加。可以表述为一个孤立系统达到平衡态以后熵最大。因此，热力学第二定律也可以称为熵增原理。熵增原理是不等式。

熵增原理是适合热力学孤立体系的，能量守恒定律是描述自然界普遍适用的定律。当系统不再人为地被孤立的时候，它就不再是只有熵增，而是既有熵增，又有熵减了。于是可以看到能量守恒定律仍然有效。

1.5 流场的描述方法

这里研究的流体介质——空气由大量的分子所组成，从微观的角度看，流体的物理量在空间分布上是不连续的，且随时间而不断变化，但我们并不以分子作为对象而是以一个引进的连续介质模型进行研究：认为流体是由连续分布的流体质点所组成的。这就是 1753 年由欧拉首先建立的"连续介质模型"。

上述连续介质模型描述的流体叫流场，或流体流动的全部范围叫流场。这样，流体的速度、压强、温度、密度、浓度等属性都可看作时间和空间的连续函数，从而可以利用数学上连续函数的方法来定量描述。

流体运动分类包括：① 以流体运动形式为标准，流体运动可分为无旋流和有旋流。若在整个流场中流体微元的旋转角速度都为 0，则称此运动为无旋流动，反之称为有旋流动。② 以时间为标准，流体运动可分为定常流动和非定常流动。若所有物理量皆不依赖时间，则称此运动为定常流动，反之称为非定常流动。③ 以空间为标准，根据有关物理量依赖于一个空间坐标、二个空间坐标和三个空间坐标，流体运动可分为一维流动、二维流动和三维流动。平面运动和轴对称运动是二维流动的两个重要例子。

研究空气动力学中，一般采用两种不同方法：一种是拉格朗日方法，它是着眼于研究各个流体质点的运动，描述的流体质点自始至终的运动过程以及其物理量随时间的变化规律。另一种是欧拉方法，它是着眼于空间点，描述的是各个时刻，各个空间点中流体质点物理量的变化情况。所以，欧拉法研究空间流场，是场的观点；而拉格朗日法着眼于流体质点。

1.5.1 拉格朗日法

拉格朗日法（Lagrange method）是描述流体运动的两种方法之一，又称随体法、跟踪法。拉格朗日法是记录质点在运动过程中物理量随时间变化规律。以流场某一个流体质点的运动作为研究对象，观察这一质点在流场中由一点移动到另一点时，其运动参数（如速度、加速度、压强和密度等参数）的变化规律，并综合众多流体质点的运动来获得整个流场的运动情况。

拉格朗日法实质上就是质点动力学研究方法的延续，三维空间中单个流体质点的位置坐标 $x_i(t)$、$y_i(t)$ 和 $z_i(t)$ 是时间 t 的函数（下标 i 表示第 i 个流体质点）。通过对时间求导数，可以得到每一个流体质点的运动速度和加速度。

为了研究第一个流体质点的运动，首先要区别出各个流体质点。可以取起始瞬时 $t = t_0$ 时各个质点在空间的坐标（a，b，c）来标明它们，不同的空间坐标（a，b，c）值将代表不同的流体质点。这样，在瞬时 t，任一流体质点的位置，即空间的坐标（x，y，z）可以用（a，b，c）及 t 的函数来表示，即

$$\left. \begin{aligned} x &= f_1(a,b,c,t) \\ y &= f_2(a,b,c,t) \\ z &= f_3(a,b,c,t) \end{aligned} \right\} \tag{1.26}$$

当 a，b，c 取确定值时，式（1.26）代表确定的某个流体质点的运动轨迹；当 t 确定时，式（1.26）代表 t 时刻各质点所处的位置，所以，式（1.26）可以描述所有质点的运动。

根据上式，任一流体质点的速度和加速度分别表示为

$$\left. \begin{aligned} v_x &= v_x(a,b,c,t) = \frac{\partial_x(a,b,c,t)}{\partial t} \\ v_y &= v_y(a,b,c,t) = \frac{\partial_y(a,b,c,t)}{\partial t} \\ v_z &= v_z(a,b,c,t) = \frac{\partial_z(a,b,c,t)}{\partial t} \end{aligned} \right\} \tag{1.27}$$

$$a_x = a_x(a,b,c,t) = \frac{\partial v_x(a,b,c,t)}{\partial t} = \frac{\partial^2 x(a,b,c,t)}{\partial t^2}$$

$$a_y = a_y(a,b,c,t) = \frac{\partial v_y(a,b,c,t)}{\partial t} = \frac{\partial^2 y(a,b,c,t)}{\partial t^2}$$

$$a_z = a_z(a,b,c,t) = \frac{\partial v_z(a,b,c,t)}{\partial t} = \frac{\partial^2 z(a,b,c,t)}{\partial t^2}$$

（1.28）

拉格朗日法很容易理解，看起来似乎也简单，实际比较复杂，因为函数 f_1，f_2，f_3 不容易找到，使得这种方法遇到困难。即要求追随着每个流体质点进行观察和研究，便得到整个流场的运动规律，这样难度很大，所以拉格朗日法很少使用。

1.5.2　欧拉法

欧拉法（Euler method）是以流体质点流经流场中各空间点的运动，即以流场作为描述对象研究流动的方法。欧拉法不直接追究质点的运动过程，而是以流场为对象，所以也称为流场法。将个别流体质点运动过程置之不理，而固守于流场各空间点，研究各时刻质点在流场中的变化规律。通过研究运动流体所占空间中某固定空间点流体的速度、压强和密度等物理量随时间的变化，从而得出整个流体的运动情况。

可以看出，欧拉法着眼点是流场中的空间点，一切描述流体运动的参数都是空间点坐标（x，y，z）和时间 t 的函数（图 1.5）。以空间点 A 上流体质点的速度为例，表示为

$$v = \frac{\mathrm{d}r}{\mathrm{d}t} = f(r,t)$$

或

$$v_x = \frac{\mathrm{d}x}{\mathrm{d}t} = v_x(x,y,z,t)$$

$$v_y = \frac{\mathrm{d}y}{\mathrm{d}t} = v_y(x,y,z,t)$$

$$v_z = \frac{\mathrm{d}z}{\mathrm{d}t} = v_z(x,y,z,t)$$

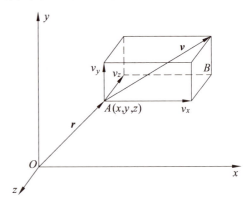

图 1.5　空间点 A 上流体质点的速度

式中　v——流体质点在 A 点处的速度；

r——A 点的向径（坐标原点到 A 点的矢量）；

v_x，v_y，v_z——速度矢量 v 在三个坐标轴上的投影；

x，y，z——A 点的坐标。

这些变量称为欧拉变量。则，加速度为

$$a_x = \frac{\mathrm{d}v_x}{\mathrm{d}t} = \frac{\partial v_x}{\partial t} + v_x \frac{\partial v_x}{\partial x} + v_y \frac{\partial v_x}{\partial y} + v_z \frac{\partial v_x}{\partial z}$$

$$a_y = \frac{\mathrm{d}v_y}{\mathrm{d}t} = \frac{\partial v_y}{\partial t} + v_x \frac{\partial v_y}{\partial x} + v_y \frac{\partial v_y}{\partial y} + v_z \frac{\partial v_y}{\partial z}$$

$$a_z = \frac{\mathrm{d}v_z}{\mathrm{d}t} = \frac{\partial v_z}{\partial t} + v_x \frac{\partial v_z}{\partial x} + v_y \frac{\partial v_z}{\partial y} + v_z \frac{\partial v_z}{\partial z}$$

（1.29）

可见，在欧拉坐标下，加速度由两部分组成（当地项与对流项之和），其中的等式右边第一项只与时间相关，表示的是流体在空间某点处由于流动的非定常性而体现出来的加速度，称为当地加速度。而右边后三项表示的是流体质点从一点运动到另一点的过程中，由于流场的不均匀性而产生的加速度，称为对流加速度。

应用欧拉法研究物体运动时，由于空间点坐标是固定的，变化的只是流体质点的速度、加速度、密度、温度、压强等参数，而这些参数都可以写成空间点坐标和时间的函数，所以在数学上的困难比较少，因此在空气动力学中，欧拉法得到广泛应用。例如，在气象观测中广泛使用欧拉法。

在拉格朗日方法中，流体质点运动规律的几何表示是迹线。在欧拉方法中，则利用流线几何地描述流体的运动。在非定常流动中，流线和迹线一般是不重合的；而在定常流动中，两者必然重合。

1.5.3 流线谱

空气沿着物体表面流过会产生空气动力，运动的空气所处的空间就是流场，空气的流动可以通过流线、流管和流线谱进行描述。

1. 流 线

在流场中，流线是一条空间曲线。在某一瞬间，流场上某条曲线上每一个流体微团的速度矢量都与该曲线相切，则这条曲线称为流线，如图 1.6 所示。流线适于欧拉方法。流线可以形象地给出流场的流动状态。

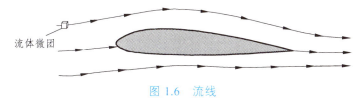

图 1.6　流线

通过流线，可以清楚地看出某时刻流场中各点的速度方向，由流线的密集程度，也可以判定出流速的大小。

两条流线不可相交，否则在交点处将会出现两个切线方向，即在交点处流体微团将同时具有两个运动方向。同样，一条流线也不能分叉成为两条。只有在流场中速度为零或无穷大的那些点，流线可以相交，这是因为，在这些点上不会出现在同一点上存在不同流动方向的问题。速度为零的点称为驻点，速度为无穷大的点称为奇点。

流体质点的运动轨迹称作迹线，这是拉格朗日方法研究的内容。流场中所有的流体质点都有自己的迹线，迹线是流体运动的一种几何表示，可以用它来直观形象地分析流体的运动，清楚地看出质点的运动情况。

由上所述，流线是某一瞬时各流体质点的运动方向线，而迹线则是某一流体质点在一段时间内所经过的路径，是同一流体质点不同时刻所在位置的连线。

在非定常流动中，由于空间上同一点流体运动速度的方向会随时间变化而改变，所以通过该点的流线形状一般也会发生变化，显然，这种流动中，流线与迹线是不相同的。而在定常流动中，由于流动与时间无关，流线不随时间而改变，流体质点沿着这条流线运动。所以，在定常流动中，流线与迹线重合。

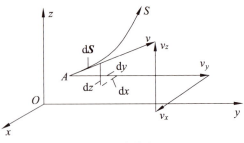

图 1.7　流线方程

为了用数学理论确定流线，必须先导出流线的数学表达式，也就是流线方程。如图 1.7 所示，曲线 S 是一条流线，流线上任意一点 A 上的流体点速度 v 在坐标轴 x，y，z 上的投影分量为 v_x，v_y，v_z，由 A 点取一微无段流线 dS。dS 的三个分量分别为 dx，dy，dz，由于 S 是一条流线，所以速度 v 和 dS 的方向一致，因此它们的分量对应成比例，从而可以得到

$$\frac{dx}{v_x} = \frac{dy}{v_y} = \frac{dz}{v_z} \tag{1.30}$$

或者写成矢量形式

$$d\mathbf{r} \times \mathbf{v} = \mathbf{0} \tag{1.31}$$

这就是流线方程。

2. 流　管

由流线所围成的管状曲面就是流管，如图 1.8 所示。因为两条流线不可相交，所以流体不会穿过流管壁进出流管，那么也可以把流管想象成实际的管道。

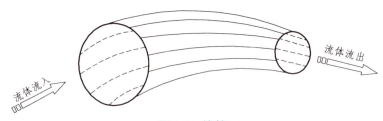

图 1.8　流管

由于流管是空间中的三维曲面，所以在二维流动中，利用两条流线（即取一平面和流管相交，得到的两条交线）表示一个流管。若两条流线间的距离减小，则表明流管收缩，横截面减小；若两条流线间的距离增大，则表明流管扩张，横截面变大，如图 1.9 所示。

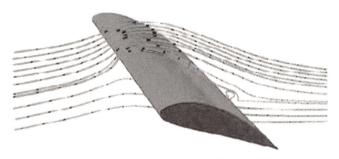

图 1.9　翼的二维流管

所以，流管特点为：① 流体不能穿出或穿入流管管壁；② 对于定常流动而言，流管好像真实的管子。

3. 流线谱

流线谱是流场中所有流线的集合，也称流谱。流线谱反映出流体流动的完整状态，如图 1.10 所示。可以采用烟风洞直接观察空气流过物体的流态，包括二维流线谱和三维流线谱。

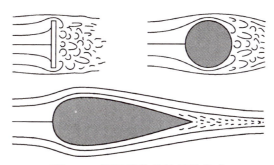

图 1.10 不同形状物体的流线谱

流线谱的形状主要由物体的外形和物体与气流的相对位置决定。通过观察流线谱的形状，并结合流线、流管的概念与性质，可以得到以下几个结论：

（1）在低速流动中，流线谱的形状与流场中物体的剖面形状有关，并不受流体流动速度的影响。

（2）流线与物体的相对位置对流线谱的形状构成影响。

（3）流体经过物体形状的外凸处或受到物体形状挤压时，流管收缩，反之，流体流动受到物体的阻挡，流管变粗。

（4）流体经过物体后，都会在物体的后方产生涡流。

1.6 雷诺数

雷诺数（Reynolds number，Re）是流体力学中表征黏性影响的相似准则数，为纪念雷诺（Osborne Reynolds，1842—1912）而命名，他也是第一个真正详细研究湍流发生条件的人，通过著名的雷诺实验，发现流动是层流还是湍流基本上只与某个无量纲数有关，这个无量纲数就是雷诺数，其公式表示为

$$Re = \frac{\rho v L}{\mu} \tag{1.32}$$

式中　ρ、μ——流体密度和动力黏性系数。

　　v、L——流场的特征速度和特征长度。对外流问题，v、L 一般取远前方来流速度和物体主要尺寸（如机翼弦长）。内流问题则取通道内平均流速和通道直径。

雷诺数在物理上也表示为惯性力和黏性力量级的比。两个几何相似流场的雷诺数相等，则对应微团的惯性力与黏性力之比相等。模型飞机的雷诺数小，黏性力的作用大，不可忽略；

而全尺寸飞机的雷诺数大，惯性作用大，黏性的影响小。

雷诺数较小时，黏滞力对流场的影响大于惯性，流场中流速的扰动会因黏滞力而衰减，流体流动稳定，为层流；反之，若雷诺数较大时，惯性对流场的影响大于黏滞力，流体流动较不稳定，流速的微小变化容易发展、增强，形成紊乱、不规则的紊流流场。

开始出现紊流时的雷诺数叫临界雷诺数，用 Re^* 表示，当 $Re<Re^*$，流动为层流；当 $Re>Re^*$，流动为紊流。

临界雷诺数也是判断附面层流态的一个标准。在雷诺数较大时，湍流边界层会使机翼气流分离晚些。所以，雷诺数过低，可能造成飞机过早失速。在设计无人机时尽可能让其雷诺数接近临界雷诺数，这样性能会好些。但是，这需要增加飞行速度或翼弦长度，即减小展弦比，而带来的坏处就是诱导阻力变大。故设计无人机时应尽量使雷诺数大于拟采用的翼型的临界雷诺数，这是一个综合平衡问题。

雷诺数对翼型性能有重要影响，是确定翼型设计指标的前提。对于给定的翼型，当雷诺数很小的时候，前缘分离气泡的存在、发展和破裂对雷诺数十分敏感，使最大升力系数随雷诺数的变化可能有某种不确定性。如果来流速度增大，则 Re 增大，附面层空气的惯性力增大，从而抵抗逆压梯度能力增强，从而延缓气流分离，故最大升力系数和失速迎角都增加。所以，雷诺数小的翼型上表面尚未从层流过渡到紊流，就已经产生气流分离，造成失速。当雷诺数较大时，翼型的最大升力系数随雷诺数增加而增加。

雷诺数对新的高升力翼型最大升力系数的影响大于经典的 NACA 翼型。此外，对新的高升力翼型，当 $Re<6\times10^6$ 时，最大升力系数随雷诺数有较快的增大；当 $Re>6\times10^6$，最大升力系数随雷诺数的增加趋于平缓。

大多数固定翼无人机低速飞行，相应的雷诺数一般为 $2\times10^5\sim5\times10^5$，甚至更小，这使得无人机处于完全不同传统飞行器的空气动力范畴。低雷诺数下空气黏性力的影响更为显著，因此，由黏性力会带来的阻力增加、升阻比降低和螺旋桨效率下降。无人机 UAV 总质量与雷诺数的关系如图 1.11 所示。

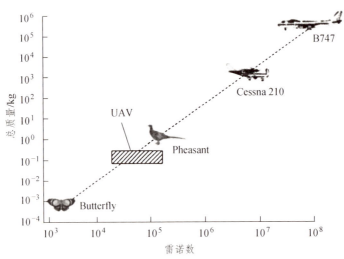

图 1.11　固定翼无人机总质量与雷诺数的关系

例如，普通飞机的雷诺数的量级一般超过百万，小型无人机的雷诺数一般要低一个或两个量级，飞翔中蝴蝶的雷诺数一般为 7 000。平均雷诺数见表 1.2。

表 1.2 平均雷诺数

飞机类型		雷诺数
商务机		10 000 000 以上
轻型飞机		1 000 000 以上
滑翔机在最大速度时，翼根部位		5 000 000
滑翔机在最小速度时，翼尖部位		500 000
标杆竞赛模型飞机最大速度		1 000 000（翼根）
		500 000（翼尖）
悬挂滑翔机、超轻型飞机		200 000（翼尖）
		600 000（翼根）
多任务 R/C 滑翔机	速度任务	400 000
	翱翔时	100 000
大型模型滑翔机	热气流翱翔	100 000
	穿越	250 000
A-1、A-2 滑翔机，韦克菲尔德		80 000 最大
Coupe d'Hiver		30 000 最小

1.7 边界层（附面层）

边界层（boundary layer）概念是由近代流体力学的奠基人，德国空气动力学家普朗特（Ludwing Prandtle）于 1904 年首先提出的，这为解释飞行中摩擦阻力和压差阻力的产生原因奠定了理论基础。至此边界层研究就成为流体力学中的一个重要课题和领域。

实际流体都有黏性，流体在运动中必然会出现一些与理想流体不同的规律，仅体现在紧贴物面、黏性力作用不可忽略的一个空气薄层内。流体在大雷诺数下做绕流流动时，在离固体物面较远处，黏性力比惯性力小得多，可以忽略；但在固体物面附近的薄层中，黏性力的影响则不能忽略，沿物面法线方向存在相当大的速度梯度。我们把流体绕固态物体流动时，在紧贴物面附近形成的，流速沿物面法线方向逐渐增大的薄层空气称为边界层（也称附面层）。

边界层包括层流附面层和湍流（紊流）附面层，如图 1.12 所示。边界层内的流动状态，在低雷诺数时是层流，在高雷诺数时是紊流。随着离前缘的距离的不断增加，雷诺数也逐渐加大，层流边界层流动随雷诺数增加会出现不稳定现象。流体中不可避免地存在着扰动，使层流发生变化，向紊流过渡，最终完全变成了紊流。

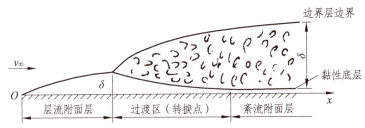

图 1.12　附面层分类

附面层的研究内容包括低速附面层和高速附面层，一方面是在低速附面层中计算气流绕物体的摩擦阻力；另一方面是在高速附面层中估算物体上各点的热流量（气动热），最终目的是寻求减小摩擦阻力，减轻气动加热的途径。

这里将介绍空气低速流动时附面层内的流动现象和规律，以及空气高速流动时附面层还将出现气动增温等现象。

1.7.1　低速附面层

沿物面法线流速不再变化的气流称为主流。从理论上讲，沿物面法线向外，只有在离物面无限远处，其流速才能等于主流速度。空气黏性的影响仅局限于边界层内的，气流速度的明显变化主要是在附面层这个薄层内完成的，而整个流场中空气黏性的影响，也是通过边界层来体现的。虽然空气的黏性会影响全流场，但对边界线之外的主流则不必考虑空气黏性，可以当作理想流体来处理。所以，飞行器在空气中飞行时，黏性作用主要表现在附面层里，附面层内的黏性对飞机的摩擦阻力、气流分离的影响都很大。

1. 附面层的产生

为什么沿物面法线方向向外流体速度逐渐增大呢？考虑空气流过固体物体时的情况，如图 1.13 所示，由于物面不是绝对光滑且空气具有黏性，所以，紧贴物面的一层空气受到阻滞，空气的流速减小为零。这层流速为零的空气又通过黏性的作用，影响与之相邻的上一层空气的流动，使上层空气流速减小。如此一层影响一层，在紧贴物面的地方，就出现了流速沿物面法线方向逐渐增大的薄层空气，这一黏性不可忽略的薄层空气就是边界层。沿物面法向的速度分布称为附面层的速度型。

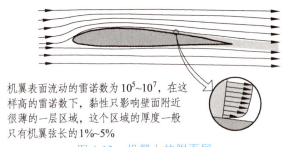

机翼表面流动的雷诺数为 $10^5 \sim 10^7$，在这样高的雷诺数下，黏性只影响壁面附近很薄的一层区域，这个区域的厚度一般只有机翼弦长的 1%～5%

图 1.13　机翼上的附面层

2. 附面层的特点

（1）附面层的厚度随气流流经物面距离的增长而增厚。

空气沿物面流动时，紧贴附面层的主流空气不断受到附面层内空气黏性的影响，逐渐减速变化变成附面层内的气流。从边界层内的流动过渡到外部流动是渐变的，所以边界层的厚度通常定义为从物面到约等于 99% 的外部流动速度处的垂直距离，它随着离物体前缘的距离增加而增大。从机翼前缘开始，翼面附面层逐渐增厚，距机翼前缘 1~2 m 处的附面层厚度从数毫米到数十毫米。

其实，边界层也是高雷诺数绕流中紧贴物面的黏性力不可忽略的流动薄层。流体的雷诺数越大，边界层越薄。

（2）附面层内沿物面法线方向压强不变且等于法线主流压强。

在附面层内有一极其重要的特点：如果沿物面法线方向（以 y 表示）测量附面层沿着 y 方向的静压强 p 的变化，其结果是压强 p 在附面层内沿 y 方向几乎不变，即

$$\frac{\partial p}{\partial y} = 0 \tag{1.33}$$

附面层内沿物面法线方向的压强不变且等于法线主流压强这个特点非常重要。只要测出了附面层边界主流的静压强，便可得到物面上各相应点的静压强，它使理想流体的结论有了实际意义。

3. 附面层厚度

由实际测量可知，附面层很薄。以机翼为例，通常附面层厚度仅为弦长的几百分之一，可见附面层的厚度大大小于物体的特征长度。

沿物面各点的法线上，速度达到主流速度的 99% 处为附面层的边界。由边界层边界到物面的垂直距离为边界层厚度，即名义厚度，常用 δ' 表示，公式为

$$\delta' = 5.0\sqrt{\frac{\upsilon L}{v_\infty}} \tag{1.34}$$

式中　υ——运动黏度，$\upsilon = \dfrac{\mu}{\rho}$，$\mu$ 为动力黏度。

因此可以看出，$\delta' \sim Re^{-\frac{1}{2}}$，高雷诺数边界层的厚度是极薄的。

要注意的是，边界层的外边界并不是流线，流线是伸入边界层内，与外边界相交的。

附面层厚度主要说明由于黏性的作用，边界层动量的损失情况和质量的损失情况。附面层名义厚度并没有太多的实用意义，工程计算中更有意义的是排挤厚度、动量损失厚度、能量损失厚度。

（1）排移厚度：设想边界层内的流体为无黏性时，以均流速度 U 流过平板；而实际流体具有黏性，以相同速度流过平板时，由于壁面无滑移条件，速度从 U 跌落至 0。如此形成的边界层对流动的一个影响，就是使设想中的无黏性流体流过该区域的流量亏损了。将亏损量折算成无黏性的流量，并假设这些质量以来流速度 U 流过边界层，那么，此时亏损的质量就是排移厚度，用 δ^* 表示，如图 1.14 所示。

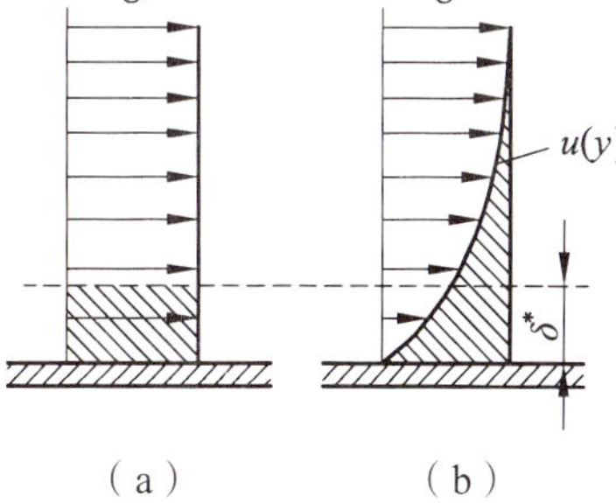

图 1.14　附面层的位移厚度

（2）动量损失厚度：与边界层的排挤厚度定义的方法类似，可以定义边界层的动量损失厚度，边界层对流动的影响使设想中的无黏流体流过该区域的动量流量亏损了，按平板单位宽度计算动量流量亏损量，并将其折算成无黏性流体的动量流量对应的厚度，这个厚度称为动量损失厚度，简称动量厚度。

（3）能量损失厚度：边界层厚度也可以基于因边界层存在而导致势流中流体能量的损失来定义，称为边界层能量损失厚度，简称能量厚度。其意义是，在边界层内，为了保证用无黏流计算得到的能量通量与黏性流的实际情况一致，需要将原固壁位置沿法向外推的距离为位移厚度和能量厚度之和。

4. 附面层的类型

根据附面层的流动特点，将附面层分为层流附面层和紊流（湍流）附面层，如图 1.15 所示。边界层内的层流与紊流两种流动形态根据雷诺数的大小来判断，一般气流沿物面流动时，上游为层流边界层，下游从某处以后转变为紊流，且边界层会急剧增厚。层流和紊流之间有一过渡区，称为转捩点。

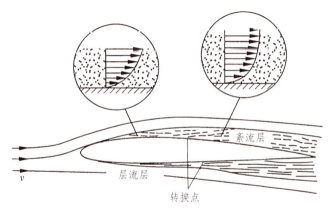

图 1.15　层流附面层与紊流附面层

所谓层流，就是气体微团沿物面法向分层流动，互不混淆。也就是说，空气微团没有明显的上下乱动的现象（从微观角度看，层流中的分子运动仍是杂乱无章的，否则就不存在黏性了）。

所谓紊流，就是气体微团除了沿物面流动外，还有明显地沿物面法向上下乱动的现象，使各层之间有强烈的混合，形成紊乱的流动。

附面层由层流转捩为紊流的内因是层流本身的不稳定，外因是物面的扰动作用。层流附面层本身为什么不稳定，有一种解释，如图 1.16 所示，取 a、b、c 流线，如果流线 b 受到扰动而变形，则 1～2 之间 ab 流管截面变细，流速增大，压强降低；而 bc 流管截面变粗，流速减慢，压强增高（这是由于流管变形而影响流速变化，而不是黏性力影响，所以仍可应用伯努利定律）。流线 b 在两侧压力差的作用下，不但不能自动恢复到原来位置，而且还要继续增大变形，同时流线 a、c 在两侧压力差作用下也要发生变形，可见层流本身是不稳定的。

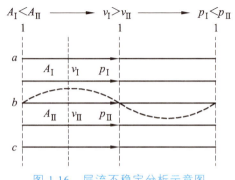

图 1.16　层流不稳定分析示意图

物面是怎样对气流施加扰动的呢？这是由于物面不是绝对光滑的，凹凸不平的物面使低层气流出现上下脉动，并通过气流的不稳定性，逐步将扰动传给相邻的上层气流，使上层气流也随之出现上下脉动。

随着气流流过物面的距离增长，附面层上层气流不断受到扰动，气流上下脉动也将越来越剧烈，当脉动增大到一定程度时，层流附面层也就转捩为紊流附面层。

5. 层流与紊流的区别

（1）两类边界层的流动状态不同。

在层流边界层内，空气分层流动，各层互不混淆，空气微团没有强烈的上下乱动现象；在紊流边界层内，空气微团上下乱动明显，各层之间强烈混合，呈现局部的微小旋涡，速度也出现脉动，空气微团的流动是一种紊乱的流动。

值得注意的是，当所绕流的物体被加热（或冷却）或高速气流掠过物体时，在邻近物面的薄层区域有很大的温度梯度，这一薄层称为热边界层。

（2）层流边界层和紊流边界层的厚度不同。

层流附面层与紊流附面层的厚度不同，前者较薄，后者较厚。紊流边界层的厚度较大，这是因为物面对边界层内的空气的扰动积累到一定程度时，才出现紊流边界层。

转捩点的位置靠前，表明边界层的层流段短，紊流段长。同一翼型，转捩点的位置与气温、来流速度、气流原始紊乱程度以及飞机表面光滑程度等因素有关。如果来流速度大，原始紊乱程度大，物体表面粗糙，边界层空气便容易产生局部的微小旋涡而由层流变为湍流，这时转捩点会靠前；如果气温高，则黏度大，层流边界层流动的稳定性增强，不易转变为紊流，转捩点就靠后。

（3）层流边界层和紊流边界层的速度型不同。

层流附面层与紊流附面层的速度型也不同，与层流附面层相比，紊流附面层由于空气微团上下乱动的结果，相邻各层的动量交换多，因而使相邻各空气层之间的流速差减小，沿法向的速度梯度减小。在紊流附面层靠近物面部分，由于空气微团的上下乱动受到物面的限制，仍保持为层流（称为紊流的层流低层），就紊流的层流低层来看，物面处的速度梯度要比层流附面层大得多（图1.17）。

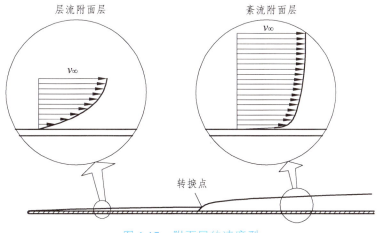

图 1.17　附面层的速度型

因此，对于紧邻物面的附面层来说，紊流附面层的黏性比层流附面层的黏性要大，即

$$\frac{\mathrm{d}v}{\mathrm{d}y}_{|y=0,紊} > \frac{\mathrm{d}v}{\mathrm{d}y}_{|y=0,层} \tag{1.35}$$

为此，有了层流翼型的诞生。层流翼型是一种为使翼表面保持大范围的层流，以减小阻力而设计的翼型。

1.7.2 边界层分离

如图 1.18 所示，气流以正迎角流过机翼时从前缘起，上表面主流流管逐渐变细，流速逐渐加快，压力逐渐减小，存在顺压梯度；主流向后流动至某一点，流管最细，流速最快，压力最小；再往后，流管变粗，流速减慢，压力又逐渐增大，存在逆压梯度。由于边界层内沿物面法线方向各点的压力不变，且等于主流压力，机翼表面沿主流流动方向从前缘至后缘的压力变化规律与主流的相同。

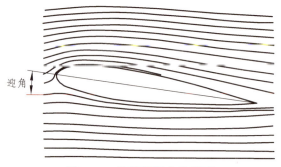

图 1.18　流管截面变化情况

从图 1.19 中的边界层中的压力梯度和流速变化情况可以看出，从 1 点到 3 点，流线逐渐变密，流速增快，压强降低，称为顺压梯度，此刻 $\mathrm{d}p/\mathrm{d}x<0$；从 3 点到 S 点，流线逐渐变稀，流速减慢，压强升高，称为逆压梯度，$\mathrm{d}p/\mathrm{d}x>0$。压力最低位置在 3 点，此点为最低压力点。$S$ 点为分离点，它一定出现在逆压梯度区，在分离点处的流速为零。

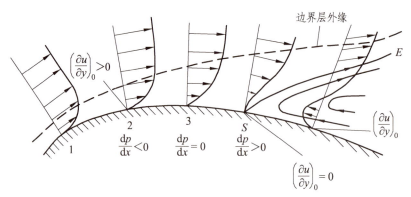

图 1.19　顺压梯度和逆压梯度、气流分离

由此可见，在顺压梯度段，压力沿程减小，速度沿程增加；在逆压梯度段（分离点前），压力沿程增加，速度沿程减小。实验结果表明，涡流区内各处的压强几乎是相等的，且等于

分离点处的压强。以最低压力点为界，靠近前缘侧为顺压梯度段，靠近后缘侧为逆压梯度段；以分离点为界，前侧是顺流，后侧是倒流。

逆压梯度增大可使边界层厚度增加，转捩点前移。由于湍流边界层各层流速差别小，层内流体平均动量大，在逆压梯度段向前推进的能力强，因此，在同样的逆压梯度下，湍流边界层不易发生气流分离。也就是说，湍流边界层的分离点比层流的靠后一些。

边界层内的空气在沿机翼表面流动的过程中，其速度一方面受摩擦影响要不断减小，另一方面还会受沿途压力变化的影响。在顺压梯度段，边界层底层空气所受到的摩擦力使顺压的作用减弱，故速度增加不多；而在逆压梯度段，摩擦力和逆压的方向都与流动方向相反，故边界层底层空气减速很快，到某点时（图 1.19 中的 3 点），非常贴近机翼表面的那层空气流速减小为零，即 3 点的速度梯度等于 0。过 S 点再往后缘方向，边界层底层空气在逆压的作用下开始从后往前倒流，倒流而上的与顺流而下的空气相遇，使边界层空气堆积拱起而脱离翼面，并被主流卷走产生大量旋涡，导致很大的能量耗散。这样，边界层气流不能紧贴翼面流动，发生了边界层分离（又称为气流分离）。边界层气流开始离开翼面的 S 点称为分离点。分离点的位置及涡流区的大小与迎角有关。

从以上边界层气流分离的过程可以看出，发生气流分离的根本原因是逆压梯度和空气的黏性。在定常流动中，边界层分离是逆压梯度和壁面黏性力阻滞的综合作用的结果。层流边界层和紊流边界层都能发生分离，但由于紊流内脉动运动引起的动量交换，使边界层内的速度剖面均匀化，增大壁面附近流体的动能，所以紊流边界层比层流边界层承受较大的逆压梯度，而不易分离。

附面层分离后，涡流区的压强降低（这种压强的降低是相对物体前部而言的）。其原因是：在涡流区，由于产生了旋涡，空气迅速旋转，一部分动能因摩擦而损耗，这样压强就降低了。例如，汽车在行驶中，车身后部的灰尘被吸在车后，就是由于车身后部涡流区内的空气压强比其周围的大气压强低的缘故。

附面层气流产生分离时，旋涡一方面被相对气流吹离机翼，一方面又连续不断地从机翼表面产生，如此周而复始地变化，这样就在分离点后形成了涡流区。这种旋涡运动的周期性，是引起飞机机翼、尾翼和其他部分产生振动（或抖振）的重要原因之一。除了机翼低速大迎角流动分离造成下游尾翼抖振之外，跨音速局部激波/边界层干扰流动分离也会导致机翼自身抖振。

1.7.3 高速附面层

高速边界层是高速气流流经物体时，在贴近物体表面的气体薄层内，气流的速度、温度和气体组元浓度（当有离解等化学反应或有烧蚀时）的法向梯度很大，高速气流与物面之间存在动量交换和传热、传质，此层称为高速边界层。

由于附面层内速度梯度很大，黏性内摩擦引起动能损失并产生大量的摩擦热，使层内温度升高，出现而形成空气层间以及空气与飞行器之间的热传导，多带来的影响主要有：

首先，由于密度、温度为变数使得高速附面层问题复杂得多。

其次，黏性摩擦所形成的高温对飞行器壁面传入大量的热，即出现所谓的气动加热现象，气动加热对飞行器的结构强度、仪表设备等工作条件产生不利影响。

此外，如果气流中有激波，激波和附面层还会相互干扰而显著改变流场和物面上的压强分布。

高速附面层和低速附面层相比，具有以下三个特点：一是，出现温度附面层和气动加热现象；二是，摩擦阻力系数减小；三是，激波与附面层要相互干扰。

1. 气动热和温度附面层

高速气流流过飞行器部件时，由于摩擦生热使边界层内温度升高，主要限制在受黏性影响的边界层内。在附面层中，速度梯度是自下而上逐渐减小的，这说明气流各层间的内摩擦力也是自下而上逐渐减小的，因而气流动能转化为热能使温度升高的规律也应该相同，这就在物面形成了一个温度明显变化的薄层，称为温度附面层。通常把附面层内温度达到理想气体对应的物面温度的99%的高度，称为温度附面层的外边界。

当高速气流流经物体，经过一段时间后，物面就会处在绝热壁。绝热壁面紧贴物面的空气温度（也称物面温度），实际总低于主流的总温。虽然紧贴物面的空气速度为零，绝热壁不会向物面传热，但其温度要比距物面稍远处的空气温度高，物面附近空气要向上层空气传热，从而使壁面温度比总温低。物面温度可用下式进行估算：

$$T_r = T_\infty \left(1 + R \frac{\gamma - 1}{2} Ma^2 \right) \tag{1.36}$$

式中　R——恢复系数，在层流附面层中，$R = 0.85$，在紊流附面层中，$R = 0.89$。

由此可见，随着飞行 Ma 增加，飞行器表面温度迅速增加。

高速气流流过飞行器部件时，以下三种情况会导致气体温度明显升高。一是气流在机翼前缘受到阻滞，速度减为零，因而在机翼前缘局部的范围内温度会升高；二是气流流经激波，波后气体温度会突然升高；三是由于附件层中气流的黏性力作用，使气流速度降低而温度升高。凡气流受阻滞产生的热，统称为气动热。

现代高速飞机具有良好的气动外形，机翼前缘的阻滞作用较小，激波强度通常也不会很大，因此附面层内的增温是气动热的主要成分。

温度边界层的概念是流动边界层概念在非等温流动情况下的推广。温度边界层也称热边界层，流体流过壁面时，边界附近因加热或冷却而形成的具有温度梯度的薄层，也就是对流传热热阻所在的区域。在此区域之外，温度梯度和热阻都可忽略。因此，关于对流传热的研究，仅限于温度边界层范围之内。

2. 气动热对摩擦系数的影响

气动热是通过改变附面层底层的速度梯度和空气的黏性系数影响摩擦系数的。

对于绕平板的流动，一方面由于壁面温度升高，黏性系数随之增大，使壁面剪应力有增大的趋势；另一方面，根据气体状态方程，在压力不变条件下，密度与温度成反比，气动热的产生使得附面层温度增加，引起密度减小，导致速度附面层增厚，从而使壁面处速度梯度减小，剪应力下降。两方面的影响以后者为主，故随着马赫数增加，壁面摩擦系数减小。

高速边界层包括可压缩流动边界层和高超声速流动边界层。20 世纪 50 年代以来，随着远程导弹、航天飞船等高超声速飞行器的研制，提出了飞行器的防热问题，形成高超声速边界层理论。

1.8　一维定常流的基本方程

一维定常流动是一种最简单的理想化的流动模型。一维定常流动是指垂直于流动方向的同一截面上，流动参数（如速度、压强、温度、密度等）都均匀一致且不随时间而变化的流动。由于流体在空间内的实际流动一般都不是真实的一维流动，我们可以将整个流场划分为许多流管，在每一个十分细小的流管中，流体的流动就可以近似看成是一维的。另外，严格地讲，在同一坐标对应的截面积上的各状态参数也不一样，但对于截面积上的不同参数，我们可以通过采用平均值的方法，将实际流动当作一维流动来近似处理。

本节将根据自然界的三大定律，推导空气动力学中的三大基本方程（基于一维定常流），并说明各方程的物理意义、使用条件以及实际应用。这三个方程建立了气体各状态参数（如流管截面积 A、流速 v 和压强 p 等）之间的定量关系，根据这些关系，就有可能从理论上来研究和计算一些基本的低速流动特性问题。

1.8.1　连续性方程

质量守恒定律是应用于研究空气运动的基本物理定律，其数学表达式成为连续性方程（continuity equation）或质量方程。连续性方程是质量守恒定律在空气动力学中的具体表述形式，它是空气动力学最基本和最常用的方程之一。

每一种连续性方程都可以以积分形式表达（面对控制体使用通量积分），描述任意有限区域内的守恒量；也可以以微分形式表达（面对质点使用散度算符），描述任意位置的守恒量。应用散度定理，可以从微分形式推导出积分形式，反之亦然。

如果将质量守恒定律用于一维定常的管道流动中，具体表现为当流体流过流管时，流体将连续不断并稳定地在流管中流动，在同一时间流过流管任意截面的流体质量相等。因此，也称为连续性定理。

前面已经指出，我们将气流当成连续介质看待，对于定常流，流场中任一固定点的空气密度不随时间变化。这里空气流过收缩扩张管——文丘里管（Venturi Tube）时，经过截面 1 和截面 2 的参数如图 1.20 所示，根据连续性定理，同一时间流过任意截面的流体质量相等，即

$$\rho_1 v_1 A_1 = \rho_2 v_2 A_2 \tag{1.37}$$

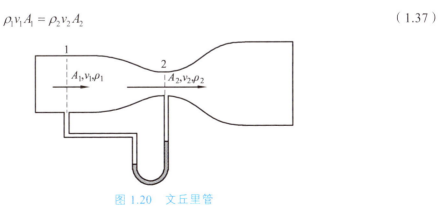

图 1.20　文丘里管

所以，对于一维定常流，连续性方程可以写为

$$\rho v A = c \tag{1.38}$$

对于一维定常流的连续性方程，其物理意义在于：在一维定常流中，单位时间通过同一流管任一截面的流体质量都相等，反映了空气密度、流速和截面积三者之间的关系。

对于密度发生显著变化的一维不定常流，考虑两个相隔不远的横截面，则流进第一个横截面的流体比流出第二个横截面的流体多出的质量就积累在这两个横截面之间，因而引起两个横截面之间流体密度随时间的增长。

对于不可压缩的低速气流，即流速小于 $0.3Ma$，可以认为空气密度是常数，那么，公式（1.37）和（1.38）中的空气密度可以消掉，则

$$v_1 A_1 = v_2 A_2 = vA = c \tag{1.39}$$

对于不可压缩流体的一维定常流的连续性方程，其物理意义在于：在不可压缩一维定常流中，单位时间通过同一流管任一截面的流体体积都相等，只反映流速与截面积二者之间的关系。

所以，当空气稳定连续地在一流管中低速流动时，流管收缩，流速增大；流管扩张，流速减慢，即流速大小与流管截面积成反比。

连续性定理在日常生活中也有所体现。比如，"穿堂风"比院子里的风大；平坦河道的河水在河道窄的地方比在河道宽的地方流得快；没有完全堵住水龙头时，水龙头出口的流速会大大加快等。

另外，从推导过程来看，式（1.39）仅适用于不可压流体，而式（1.38）对于可压和不可压流体都适用。另外，在方程推导时，对流动的黏性未加限制，因此，它既适用于理想流体，也适用于黏性流体。

有些资料中给出质量守恒的微分方程式，表示如下：

$$\frac{\partial \rho}{\partial t} + \frac{\partial (\rho u)}{\partial x} + \frac{\partial (\rho v)}{\partial y} + \frac{\partial (\rho w)}{\partial z} = 0 \tag{1.40}$$

无论是稳态流（定常流）与非稳态流（非定常流）、可压缩流或不可压缩流均可以适用。还可以写成矢量形式，则

$$\frac{\partial \rho}{\partial t} + \nabla \cdot \rho \boldsymbol{v} = 0 \tag{1.41}$$

有两种特殊情形我们特别感兴趣，一是可压缩流体的稳态流动，可得

$$\nabla \cdot \rho \boldsymbol{v} = 0 \tag{1.42}$$

或

$$\frac{\partial (\rho u)}{\partial x} + \frac{\partial (\rho v)}{\partial y} + \frac{\partial (\rho w)}{\partial z} = 0 \tag{1.43}$$

在稳态流动下，流体的密度 ρ 将不是时间的函数，但是可能会是位置的函数。至于在不可压缩流体流动下，在整个流场中将会保持不变，因此上式可以改写为

$$\nabla \cdot \boldsymbol{v} = 0 \tag{1.44}$$

或

$$\frac{\partial u}{\partial x} + \frac{\partial v}{\partial y} + \frac{\partial w}{\partial z} = 0 \qquad (1.45)$$

在不可压缩流体流动中，上式均可适用在稳态与非稳态流动。在上式中，如果我们设定体积膨胀率为零，则所得结果将会与上式相同，因为这两个数学关系式，均是以不可压缩流压的质量守恒为基础所得到的。

再者，针对高速气流，如果通过激波或两种不同密度的流体的交界面，由于空气密度和流速都不连续，上述方程不再适用，则质量守恒定律具有另外的形式。

1.8.2 动量方程

动量方程是把牛顿第二定律应用在运动流体所得到的数学表达式。动量方程有微分形式和积分形式的两种，如图 1.21 所示。微分形式的动量方程是就微团所受的力和它的加速度建立的关系。积分形式的动量方程则是划定一个有限大小的控制体，并就体内那些流动的动量变化和控制体边界上的作用力建立的关系式。

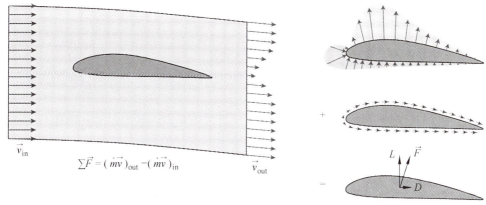

图 1.21 气动力计算的两种方法（左：积分方法；右：微分方法）

通过测量气流经过机翼的动量改变来计算机翼施加给气流的作用力，如图 1.21 左侧所示；通过测量机翼表面所有点的压力和黏性力，如图 1.21 右侧所示，将这些力与微元面积的乘积进行积分，从而得到气流对机翼的力，即气动合力。

如果将牛顿第二定律用于一维管道的定常流动，可以表述为：对于一个确定的控制体，在某一瞬时，体系的动量对时间的变化率等于该瞬时作用在该体系上全部外力的合力，而且动量的时间变化率的方向和合力的方向一致。

在运用动量方程计算控制体上的作用力时，只需要知道进出口截面上的流动情况就可以了，而不必详细地了解控制体内部的流动情况，这是动量方程的最大优点。

在定常流动中，沿着一个基元流管的轴线 S 方向，取截面 aa 和 bb，它们之间的距离为无限小量 dS，如图 1.22 所示。在截面 aa 上，面积为 A，各流动参数分别为 p，ρ，v；在截面 bb 上，面积则为 A + dA，各流动参数也分别为这 p + dp，ρ + dρ，v + dv。取 $aabba$ 为控制体，沿着 S 方向，对控制体适用动量方程。

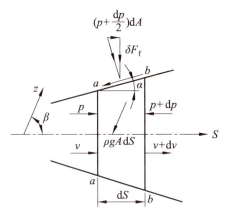

图 1.22　微分形式的动量方程

沿着 S 方向，控制体外的物质作用在控制体内流体的外力有：

（1）作用在截面 aa 处流体压强的合力 pA；

（2）作用在截面 bb 处流体压强的合力 $(p+\mathrm{d}p)(A+\mathrm{d}A)$；

（3）作用在流管侧面表面上的平均压强的合力在 S 方向上的分量：

$$\left(p+\frac{\mathrm{d}p}{2}\right)\frac{\mathrm{d}A}{\sin\alpha}\sin\alpha-\left(p+\frac{\mathrm{d}p}{2}\right)\mathrm{d}A$$

式中　α——管壁与线的夹角。

（4）作用在流管侧面表面上的摩擦力在 S 方向的分量 δF_f，其方向沿 S 轴的负方向，对于无黏性流体的流动，摩擦阻力 $\delta F_\mathrm{f}=0$；

（5）作用在控制体内流体的质量力，这里仅仅考虑重力，其方向沿 z 轴负方向，大小为 $\rho g A \mathrm{d}S$。设 z 轴与 S 轴的夹角为 β，则质量力在 S 方向的分量为 $\rho g A \mathrm{d}S \cos\beta = \rho g A \mathrm{d}z$。

流体在单位时间内从截面 aa 流入控制体的动量为 $\dot{m}v$；在单位时间内从截面 bb 流出控制体的动量为 $\dot{m}(v+\mathrm{d}v)$。根据动量方程可以得到

$$-\rho g A \mathrm{d}z + pA - (p+\mathrm{d}p)(A+\mathrm{d}A) + (p+\mathrm{d}p/2)\mathrm{d}A - \delta F_\mathrm{f} = \dot{m}[(v+\mathrm{d}v)-v]$$

略去高阶无穷小量，则上式可以化简为

$$-A\mathrm{d}p - \rho g A \mathrm{d}z - \delta F_\mathrm{f} = \dot{m}v \tag{1.46}$$

式（1.46）叫作微分形式的动量方程。将连续方程 $\dot{m}=\rho v A$ 代入，则式（1.46）在无黏流动中可以化简为

$$\rho g \mathrm{d}z + \mathrm{d}p + \rho v \mathrm{d}v = 0 \tag{1.47}$$

沿着流管流动方向，忽略微小距离的变化，$\mathrm{d}z=0$，则公式可以变为

$$\mathrm{d}p + \rho v \mathrm{d}v = 0 \tag{1.48}$$

或

$$\mathrm{d}p = -\rho v \mathrm{d}v \tag{1.49}$$

这是无粘流体一维定常流动的微分方程，也称之为欧拉方程。该式子表达了沿着任意一根流线，流体质点的密度、压强和速度之间的变化关系。

1.8.3 伯努利方程

伯努利方程是能量守恒定律在低速空气动力学中的应用。

将式（1.47）沿流管积分，即对微分形式的动量方程（欧拉方程）积分，可得

$$gz + \int \frac{\mathrm{d}p}{\rho} + \frac{v^2}{2} = c \qquad (1.50)$$

式（1.50）适用于无黏流动的一维定常流动，常数 c 与空间无关。为了求出式中的积分 $\int \frac{\mathrm{d}p}{\rho}$，必须知道流体在流动过程中 ρ 和 p 之间的函数关系。

1. 不可压缩流体的伯努利方程

当流动为不可压缩时，$\rho =$ 常数，则式（1.50）进一步可以变为

$$\frac{p}{\rho} + \frac{v^2}{2} + gz = c \qquad (1.51)$$

式（1.51）称为不可压缩流体的伯努利方程，左侧第一项代表压力能；第二项代表动能；第三项代表是势能。因此，式（1.51）表明，对于无黏定常流，单位质量流体的压力能、动能和势能之和沿流管是一个常量，所以式（1.51）也可以称为无黏不可压流体的能量方程。

如果流体流动时在同一水平面内进行，或者流场中坐标 z 的变化与流动参数相比可以忽略不计时（比如对于气体），则（1.51）可以简化为

$$p + \frac{1}{2}\rho v^2 = p_0 \qquad (1.52)$$

式中 $\frac{1}{2}\rho v^2$ ——动压。这是一种附加的压力，是空气在流动中受阻，流速降低时产生的压力；

p ——静压。在静止的空气中，静压等于当时当地的大气压；

p_0 ——总压（全压），它是动压和静压之和，总压可以理解为，气流速度减小到零时的静压。

式（1.52）是不可压气体的伯努利方程。伯努利方程表明：空气在低速一维定常流动中，同一流管的各个截面上，静压与动压之和（全压）都相等，这个结论被称为伯努利定理。由此可知，在同一流管中，流速快的地方，压力小；流速慢的地方，压力大。所以说，伯努利方程是自然界机械能守恒定律在气体的低速定常流动规律上的表达式，故又称为低速气流的能量方程。

根据伯努利方程的结论：低速一维定常流动中同一流管的各处全压相等。不过，当我们考虑的流场高度变化不大时，通常认为同一时刻全流场各处的全压都相等。要注意：飞行中的全压不变是有条件的。当飞行高度和飞行速度一定时，全流场的全压是一个不变的数值；当飞行高度或飞行速度改变时，由于 p，ρ，v 变化，这个常数值通常都是变化的。但不管全压变与不变，只要远前方来流的 p，ρ，v 不随时间变化，则全流场中各处的全压就是相同的，即各个地方的静压与动压之和相等。

如图 1.23 所示，1，2，3 等点的静压与动压之和都相等，即

$$p_1 + \frac{1}{2}\rho v_1^2 = p_2 + \frac{1}{2}\rho v_2^2 = p_3 + \frac{1}{2}\rho v_3^2 = p_\infty + \frac{1}{2}\rho v_\infty^2 \qquad (1.53)$$

当飞行速度（v_∞）变化或飞行高度变化时，全压数值变化，但 1，2，3 等点的全压仍相等，只是变化后的全压等于一个不同的数值。

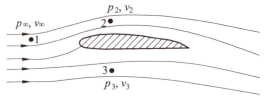

图 1.23　定常流场中各点全压都相等

严格来说，伯努利方程在下列条件下才是适用的：

① 气流是连续、稳定的，即流动是定常的。

② 流动的空气与外界没有能量交换，即空气是绝热的。

③ 空气没有黏性，即空气为理想流体。

④ 空气密度不变，即空气为不可压流。

⑤ 在同一条流线或同一条流管上。

2. 空速管测速原理

在飞机的机头或机翼上一般都会有一根或多根细长的方向朝着飞机的正前方的管子，这就是空速管，也称为皮托管（Pitot tube）或总压管。它主要用来测量气流总压和静压以确定气流速度，由法国 H.皮托发明而得名。严格地说，皮托管仅测量气流总压，同时测量总压、静压的才称为空速管。

当飞机向前飞行时，空速管正对来流方向的小孔（总压孔），由于气流在这里完全停止，气流完全受阻，流速为零，在气流完全受阻速度降低到零处的压力，叫全压或总压，即测得总压。在空速管侧方有垂直于来流方向的小孔——静压口，用于感受静压，如图 1.24 所示。

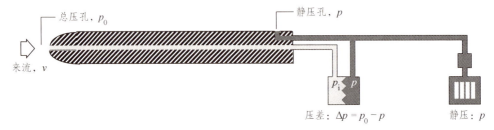

图 1.24　空速管工作原理

总压包括两部分：一部分是由动能变成的压力，叫动压；一部分是气体未受扰动时本身实际具有的压力，称为静压，也就是大气压。比较两种压力的工具是一个用上下两片很薄的金属片制成的表面带波纹的空心圆形盒子，称为膜盒。通过比较总压和静压就可以得到压差，即动压。如果飞机速度快，动压增大，膜盒内压力增加，膜盒会鼓起来。用一个由小杠杆和齿轮等组成的装置，可以将膜盒的变形测量出来并用指针显示，这就是最简单的飞机空速表。

空速管测量的飞行速度是根据伯努利方程（1.53）转换得到：

$$v = \sqrt{\frac{2(p_0 - p)}{\rho}} = \sqrt{\frac{2\Delta p}{\rho}} \qquad (1.54)$$

空速管是飞机上极为重要的测量传感器，由两根同心圆管组成，它的安装位置一定要在飞机外面气流较少受到飞机影响的区域，一般在机头、垂尾或翼尖前方。例如，TB20 型飞机的空速管安装在左机翼下部，如图 1.25 所示，两个主用静压孔安在机身两侧，一个备用静压孔，安装在非密封的机舱内。

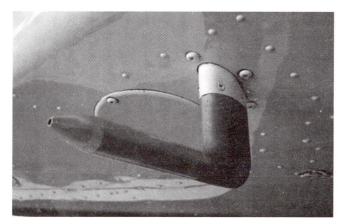

图 1.25　安装在机翼下的空速管

空速管测量出来的速度并非飞机真正相对于地面的速度，而只是相对于大气的速度，所以称为空速。如果有风，飞机相对地面的速度（称地速）还应加上风速（顺风飞行）或减去风速（逆风飞行）。另外，空速管测速利用了动压，而动压和大气密度有关。同样的相对气流速度，如果大气密度低，动压便小，空速表中的膜盒变形就小，所以相同的空速，在高空指示值比在低空小，这种空速一般称为"表速"。

在实际飞行中，通常使用的是指示空速和真空速，指示空速用于飞行操作，而真空速用于气动力计算。

现代的空速表上都有两根指针，一根比较细，一根比较宽。宽的指针指示"表速"，而细的一根指示的是经过各种修正的相当于地面大气压力时的空速，称为"真空速"。表速（v_I）与真空速（v_T）的关系，可以表示为

$$v_I = v_T \sqrt{\frac{\rho_H}{\rho_0}} \qquad (1.55)$$

上式表明，在海平面飞行时，空气密度 $\rho_H = \rho_0$，则真速等于表速；飞行高度增加，这时候对应高度的空气密度 $\rho_H < \rho_0$，则真速要大于表速。表速和真速的指示对飞行而言都很重要，缺一不可。

除了指示空速和真空速之外，在航空界还经常用到校正空速和当量空速。校正空速是对指示空速修正安装误差（气源误差）和仪表误差后得到的空速。当量空速是对特定高度上的校正空速修正空气压缩性误差后得到的空速。

3. 可压缩流体的伯努利方程

对于可压缩气体，重力的影响可以忽略不计，在流管的两个任意截面 1、2 之间的公式（1.53）可变化为

$$\int_1^2 \frac{\mathrm{d}p}{\rho} + \frac{v_2^2 - v_1^2}{2} = 0 \tag{1.56}$$

同样，为了求出式（1.56）中的积分，也必须要知道 p 和 ρ 之间的函数关系，这就必须知道流体的热力过程。在这里仅仅讨论可逆的绝热过程，也就是等熵过程。对于气体的等熵过程，有过程方程 p/ρ^k = 常数，则有 $p/\rho^k = \frac{p_1}{\rho_1^k} = \frac{p_2}{\rho_2^k} = C$，因而

$$\int_1^2 \frac{\mathrm{d}p}{\rho} = \frac{kRT_1}{k-1}\left[\left(\frac{p_2}{p_1}\right)^{\frac{k-1}{k}} - 1\right]$$

代入式（1.56）中，可以得到

$$\frac{k}{k-1}RT_1\left[\left(\frac{p_2}{p_1}\right)^{\frac{k-1}{k}} - 1\right] + \frac{v_2^2 - v_1^2}{2} = 0 \tag{1.57}$$

因为式（1.57）是由式（1.53）积分得来的，而在推导式（1.53）时采用的物理模型假设了流体是无黏性一维定常流动，所以式（1.57）的限制条件是一维定常绝能等熵流动。

对气体，式（1.53）的积分也可以写成

$$\int \frac{\mathrm{d}p}{\rho} + \frac{v^2}{2} = 常数 \tag{1.58}$$

将等熵关系式 $\frac{p}{\rho^k}$ = 常数代入式（1.58），则可以得到

$$\frac{k}{k-1}\frac{p}{\rho} + \frac{v^2}{2} = 常数 \tag{1.59}$$

对于常用的理想气体，有理想气体状态方程 $p = \rho RT$，则有

$$\frac{k}{k-1}\frac{p}{\rho} = \frac{k}{k-1}RT = c_\mathrm{p}T = h$$

式中 c_p——定压比热比，$c_\mathrm{p} = \frac{k}{k-1}R$。

另外还存在如下关系式：

$$\frac{k}{k-1}\frac{p}{\rho} = \frac{1}{k-1}\frac{p}{\rho} + \frac{p}{\rho}$$

$$\frac{1}{k-1}\frac{p}{\rho} = \frac{1}{k-1}RT = c_\mathrm{v}T = u$$

式中　c_v——定容比热比，$c_v = \dfrac{k}{k-1}$。

因此，式（1.59）又可以写成

$$h + \frac{v^2}{2} = 常数 \tag{1.60}$$

$$\frac{kC^2}{k-1} + \frac{v^2}{2} = 常数 \tag{1.61}$$

$$u + \frac{p}{\rho} + \frac{v^2}{2} = 常数 \tag{1.62}$$

式中　$h = u + \dfrac{p}{\rho}$——单位质量流体的焓；

　　　u——单位质量流体的内能。

式（1.62）的物理意义是：在理想气体一维定常流等熵流动中，在流体流管任一截面上单位质量流体的内能、压强势能和动能之和保持不变。

为了反映流速与压力之间的关系，对于满足等熵关系的完全气体而言，空气的绝热指数 $k = 1.4$，代入式（1.59），则可压缩气流的伯努利方程可以表示为

$$\frac{v^2}{2} + 3.5\frac{p}{\rho} = c \tag{1.63}$$

可以看出，在可压缩情况下，伯努利方程与能量方程完全一样，这似乎表明伯努利方程反映了能量守恒，而伯努利方程确实是由动量方程推导出来。动量方程和能量方程本应该是独立的方程，为何导出同一结果？原来，可压缩流动的伯努利方程，用了等熵假设。等熵代表的方程，实际上就是在等熵假设下的能量方程的某种形式。

1.9　高速气流特性

低速流动时，空气受压缩的程度很小，常常可以忽略，即把空气看成是不可压缩的介质，其密度不变，这样可以使复杂问题变得非常简单。一旦进入高速流动，空气压缩性的影响将变得非常明显，出现一系列与低速流动截然不同甚至相反的现象，如高速流动规律与低速流动规律的质的差异性，如果再忽略密度变化对空气动力的影响，会使得计算结果与实际流动结果相差非常大。例如，流管扩张，超音速气流不是减速而是加速，并产生一系列膨胀波；流管收缩，超音速气流反而减速，会产生压力突变的激波。所以，低速流动和高速流动最大的区别就在于空气压缩性的影响。

除此之外，飞机的高速空气动力特性与低速空气动力特性也存在差异，这种差异，在亚音速飞行阶段就已表现出来，到了跨音速和超音速阶段表现尤为突出。而这种差异都源于高速流动中的特有现象——激波的出现。

1.9.1　扰动和音速

1. 扰　动

物理学中曾指出，在气体所占的空间中某点的压强、密度和温度等参数发生了改变，这

种现象被称为气体受到了扰动。任一点的流动参数相对于原先状态的变化都称为扰动。例如，扰动密度 $\Delta\rho$、扰动压强 Δp 和扰动速度 Δv 等。无人机在空中飞行时，它对周围的空气产生作用，使空气的物理参数发生变化，也就是说飞机对空气产生了扰动。

如图 1.26 所示，造成扰动的来源（如击鼓时鼓膜的振动，谈话时声带的振动）叫作扰动源。扰动在介质中的传播速度叫作波速。在扰动传播过程中，受扰动的空气与未受扰动的空气之间的分界面称为扰动的波面。

图 1.26　扰动源与扰动波

扰动分为弱扰动和强扰动。如果扰动前后介质的状态参数变化量与原来的参数量相比很微小，则称这种扰动为弱扰动（Weak disturbance）或小扰动。如果扰动前后介质的状态参数发生突变，则称这种扰动为强扰动（Strong disturbance）。

扰动在介质中是以波的形式向四周传播的。声波是最常见的弱扰动波，以纵波形式传递，是一连串压缩和膨胀行为。微弱扰动的传播速度就是声速。激波是一种强扰动波，是一种非线性传播波。

扰动也分为压缩扰动（$dp>0$）和膨胀扰动（$dp<0$），对应的扰动波就是压缩波和膨胀波。压缩波分为弱压缩波和强压缩波，强压缩波称为激波。其中，弱压缩波和弱膨胀波都属于弱扰动波。

2. 声速（音速）

研究高速飞行问题，经常要用到声速的概念。声音的传播是人们经常感受到的一种弱扰动传播，习惯上把弱扰动波称为声波。弱扰动波在可压缩介质中的传播速度叫声速，或音速。在空气动力学中，声速专指弱扰动波在空气中的传播速度，它是空气动力学中一个非常重要的参数。

声速的大小因介质的性质和状态而异，在标准大气条件下海平面处的空气的声速约为 340 m/s。声波也有强弱，测量其强弱的单位是"分贝"，但它不影响传播速度的大小。

为简单起见，我们用一维流动的例子来推导声速公式。如图 1.27 所示，取一根很长的直管子，管内空气原是静止的，左端有一活塞。将其向右推动一下，原来静止的空气受到微小扰动，扰动波将以声速 a 向右传播。假设未受扰动的空气的压力、密度、温度和空气微团的运动速度分别是 p、ρ、T、v（$v = 0$）。在受扰与未受扰的分界面上取一矩形微控制区，如图 1.27（b）所示。

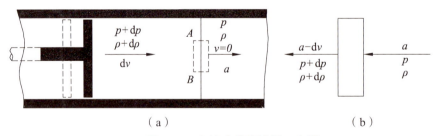

（a）　　　　　　　　　　　　　　　　（b）

图 1.27　声速公式的推导示意图

设微控制区的截面积为 A，根据连续方程得

$$paA = (\rho + d\rho)(a - dv) \cdot A$$

消去 A 并略去二阶小量，化简后得

$$a \mathrm{d}\rho = \rho \mathrm{d}v \tag{1.64}$$

根据动量方程得

$$(p+\mathrm{d}p)A - pA = \rho aA[a-(a-\mathrm{d}v)]$$

消去 A 并化简得

$$\mathrm{d}p = \rho a \mathrm{d}v \tag{1.65}$$

由（1.64）和（1.65）两式消去 $\mathrm{d}v$，得

$$a^2 = \mathrm{d}p/\mathrm{d}\rho$$

即得声速常用表达公式：

$$a = \sqrt{\mathrm{d}p/\mathrm{d}\rho} \tag{1.66}$$

声波或小扰动对空气形成的压缩是绝热压缩，压力 p 和密度 ρ 之间的存在以下关系：

$$p = c\rho^\gamma \tag{1.67}$$

对上式求对数，则

$$\ln p = \ln(c) + \gamma \ln \rho \tag{1.68}$$

利用完全气体的状态方程，则公式变化为

$$\frac{\mathrm{d}p}{\mathrm{d}\rho} = \gamma \frac{p}{\rho} = \gamma RT \tag{1.69}$$

同样可以得到声速公式：

$$a = \sqrt{\frac{\mathrm{d}p}{\mathrm{d}\rho}} = \sqrt{\gamma RT} \tag{1.70}$$

式中　γ——空气的比热比，$\gamma = c_\mathrm{p}/c_\mathrm{V}$；

c_p——空气的比定压热容；

c_V——空气的比定容热容，$\gamma = 1.4$；

R——空气的气体常数，$R = 287\ \mathrm{N \cdot m/(kg \cdot K)}$。

因此，有

$$a = 20\sqrt{T} = 20\sqrt{t+273}\ \ (\mathrm{m/s}) \tag{1.71}$$

或

$$a = 39\sqrt{T} = 39\sqrt{t+273}\ \ (\mathrm{kt}) \tag{1.72}$$

式中　T——绝对温度（K）；

t——摄氏度（℃）。

对于同一种气体而言，声速只取决于当地温度，所以 a 也是一个状态参数。声速与温度的关系如图 1.28 所示。

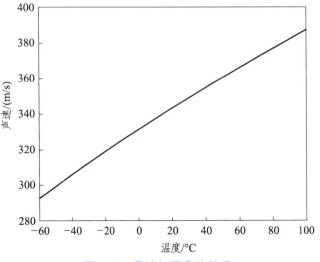

图 1.28　声速与温度的关系

在对流层内（0~11 km），气温随高度升高而降低，声速也就随高度（H）升高而降低。高度每升高 250 m，声速减小 1 m/s。

声速在对流层中随高度的变化关系，如图 1.29 所示，表达式为

$$a = 340 - \frac{H}{250} \tag{1.73}$$

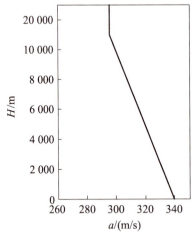

图 1.29　声速与高度的关系

1.9.2　马赫数

在分析固定翼飞机的低速空气动力特性中，只要迎角相同，翼型压力分布和气动特性（如升力系数、阻力系数等）基本都是一样的；而高速空气动力特性中，除了需要迎角相同之外，还要考虑空气的压缩性，以及局部马赫数的影响。

1. 马赫数的概念

空气的压缩性是空气的压力、温度等条件改变而引起密度变化的属性。判断是否为压缩流动的唯一标准是流体微团的体积在运动过程中是否发生改变。这包括：由温度变化引起的可压缩流动，如发动机的内流；由体积力引起的可压缩流动，如无人机飞行高度的变化；由惯性力引起的可压缩流动，如流经螺旋桨的气流。实际上，大多可压缩流动都是惯性力造成的，特别是流动速度较高时，惯性力对流体微团的压缩与膨胀起决定性作用，如：接近音速或超音速情况。

马赫数和音速不能混为一谈。马赫数是气流速度与当地声速的比值，它是一个无量纲的数。马赫数因奥地利物理学家 E.马赫而得名。马赫数表示惯性力与弹性力的比值，马赫数越大，惯性力主导流体流动，类似于弹簧的质量很大但弹性模量小，比较容易压缩或伸缩。这说明，马赫数越大，空气介质的压缩性的影响越显著。

马赫数的公式为

$$Ma = \frac{v_{\mathrm{T}}}{a} \tag{1.74}$$

式中　v_{T}——真空速；

　　　a——当地的声速。

飞行器在空气中的运动速度与该高度远前方未受扰动的空气中的音速的比值，称飞行马赫数。由于流场中的各点速度不同，那么某一点的流速与该点音速的比值称为当地马赫数（局部马赫数）。

2. 马赫数的物理意义

前面提及不可压缩流和可压缩流，一般来说，可压缩流动经常特指跨音速和超音速流动。所以，可以采用马赫数区分可压缩和不可压缩流动。

（1）马赫数也是划分气流速度范围的尺度。当 $Ma<1$，表明气流速度小于当地声速，即为亚音速流；当 $Ma>1$，表明气流速度大于当地声速，即为超音速流；当 $Ma=1$，即为等音速流。

（2）马赫数也是划分飞行速度范围的尺度。当 $Ma<0.3$，属于低速飞行；$0.3 \leqslant Ma<0.8$，属于亚音速飞行；$0.8 \leqslant Ma<1.2$，属于跨音速飞行；$1.2 \leqslant Ma<5.0$，属于超音速飞行；$Ma \geqslant 5.0$，属于高超音速飞行。

（3）马赫数的大小是衡量空气被压缩程度的标志。从飞行角度而言，空气的压缩性取决于飞行速度（外因）相对于声速（内因）的大小。飞行马赫数大，表明飞行器的飞行速度大或声速小。如果飞行速度大，空气流过飞行器表面沿途的压力变化大，导致密度变化也大，也就是说空气压缩得厉害；如果声速小，空气容易压缩，在相同的压力变化量的作用下，空气密度变化也就大。

一般，最大指示空速和最大飞行马赫数都会被高速飞行所限制。低空飞行参照指示空速；而高速飞行参照飞行马赫数，这是因为低空空气密度大，指示空速容易超过规定；而高空空气密度小，指示空速小，飞行马赫数大。即使指示空速未超过规定值，飞行马赫数却可能超限，说明空气压缩性的影响超过动压的影响。所以，高空高速飞行，只看指示空速不能真正了解飞行性能的变化，应参照飞行马赫数操纵飞行。

3. 马赫数的大小反映弱扰动的传播范围

飞行器在大气中飞行，机体表面每一个点都可以看成一个扰动源。设想有一个小扰动源在静止空气中产生小扰动波。视小扰动源在静止空气中的移动速度 v 的大小，会有 4 种情况发生。

（1）扰动源静止，即 $v=0$ 的情况。

当气流速度等于零，扰动源速度为零，此时每个扰动波面都以扰动源 O 为球心向四周传播，如图 1.30（a）所示。球面内的空气均能感受到扰动的源的存在，而球面外的空气尚未受到扰动。但只要有足够的时间，弱扰动波会波及整个空间。

（2）扰动源以亚音速运动，即 $v<a$ 的情况。

当气流速度小于音速，此时弱扰动波的传播对扰动源 O 不再是球对称，而是向扰动源运动方向那边偏，如图 1.30（b）所示。但只要时间足够，弱扰动波仍然会波及整个空间。

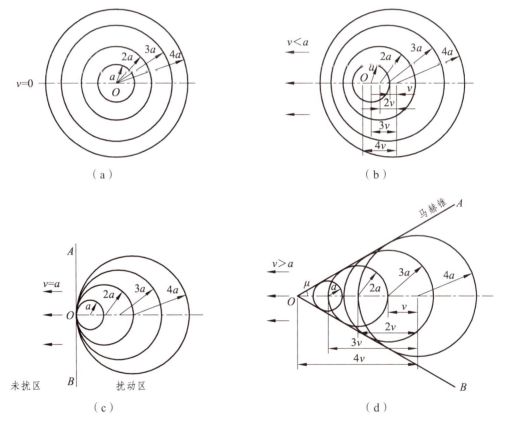

图 1.30　弱扰动传播区的划分

（3）扰动源以等音速运动，即 $v=a$ 的情况。

当气流速度等于音速，即 $v=a$，因此在运动方向上弱扰动波的相对运动速度等于零，这样，每次从弱扰动源 O 发出的弱扰动波就不能波及全部空间，如图 1.30（c）所示。它的分界面是由弱扰动波面构成的公共切平面 AOB。切平面右侧的半个空间是弱扰动源的影响区，切平面左侧的半个空间是无扰区。

（4）扰动源以超音速运动，即 $v>a$ 的情况。

当气流速度大于音速，在扰动源超音速运动过程中，扰动源 O 的影响区只在以扰动源为顶点的圆锥范围内，圆锥以外的空气完全没有受到干扰，如图 1.30（d）所示。这个圆锥分界面是由一系列互相邻近的弱扰动波组成的，因此叫弱扰动"界限波"。空气通过弱扰动边界波之后，压力、密度只发生非常微小的变化。由一系列的弱扰动波的公切面形成的圆锥面称为马赫锥（图 1.31）。因此，马赫锥是把被干扰的空气和未被干扰的空气分开来的分界面，对应的界限波称为马赫波。马赫波不仅可以是微弱压缩波，也可以是膨胀波。故马赫波分为压缩马赫波和膨胀马赫波。

马赫锥的锥顶半角称为马赫角（μ），其大小为

$$\mu = \arcsin\frac{1}{Ma} \tag{1.75}$$

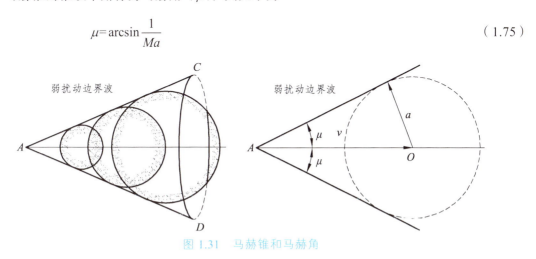

图 1.31　马赫锥和马赫角

从式（1.74）可以看出，Ma 越小，马赫角（μ）越大；当 $Ma=1$ 时，马赫角达到最大（$\mu=\pi/2$）；$Ma<1$ 时，就不存在马赫波了，也就不存在马赫角了。从以上分析可见，在亚声速气流（$Ma<1$）中，弱扰动可以向四面八方传播，扰动无界；在超声速气流中（$Ma>1$），弱扰动不能逆气流方向向前传播，只能在扰动锥里传播，扰动有界。这是超声速流同亚声速流的本质区别。

1.9.3　高速一维流的基本方程

1. 连续性方程

由于高速流动要考虑空气的压缩性，空气密度是变量，根据一维定常流公式 $\rho vA = c$，对等式左右取对数，则

$$\ln(\rho vA) = \ln\rho + \ln v + \ln A = \ln c \tag{1.76}$$

然后，求导得到连续方程的微分形式：

$$\frac{\mathrm{d}\rho}{\rho} + \frac{\mathrm{d}v}{v} + \frac{\mathrm{d}A}{A} = 0 \tag{1.77}$$

前面提到，根据低速定常流的连续性方程，流速与流管截面积成反比。对于高速定常流，就要考虑空气密度变化的影响，才能判断出流速与流管截面积的关系。

2. 动量方程

根据定常流的动量方程，即无黏流体的一维定常流动的运动微分方程（1.47），结合声速的公式，忽略势能的影响，则进一步推导得出

$$\mathrm{d}p + \rho v \mathrm{d}v = a^2 \cdot \mathrm{d}\rho + \rho v \mathrm{d}v = a^2 \frac{\mathrm{d}\rho}{\rho} + v \mathrm{d}v = 0$$

上式等号左右同时除以 v^2，得

$$\frac{\mathrm{d}v}{v} + \frac{1}{Ma^2} \frac{\mathrm{d}\rho}{\rho} = 0 \tag{1.78}$$

或

$$\frac{\mathrm{d}v}{v} = -\frac{1}{Ma^2} \frac{\mathrm{d}\rho}{\rho} \tag{1.79}$$

由上式可知，在速度相对变化量 $\mathrm{d}v/v$ 一定时，密度相对变化量 $\mathrm{d}\rho/\rho$ 取决于马赫数 Ma 的大小。当 Ma 很小时，如 $Ma<0.3$，则 $\mathrm{d}\rho/\rho$ 接近零，可将气体视为不可压缩流体；当 Ma 较大，$\mathrm{d}\rho/\rho$ 不可忽略，必须考虑空气密度的变化，即考虑空气压缩性的影响。可见，空气流动时 Ma 的大小是空气压缩性强弱的标志。

还可以看出，不管是低速流动还是高速流动，$\mathrm{d}v/v$ 与 $\mathrm{d}\rho/\rho$ 成反比，即流体加速，则密度减小，体积膨胀；反之流体减速，则密度增加，体积收缩。但是，当 $Ma>1$ 时，dV/V 增加 1%，$\mathrm{d}\rho/\rho$ 减小大于 1%；当 $Ma<1$ 时，$\mathrm{d}v/v$ 增加 1%，而 $\mathrm{d}\rho/\rho$ 减小小于 1%，这说明，物理参量的变化不是按照同一比例变化，量变不一样。

3. 流速与流管截面积的关系

进一步，将公式（1.79）进行转变：

$$\frac{\mathrm{d}A}{A} = (Ma^2 - 1) \frac{\mathrm{d}v}{v} \tag{1.80}$$

上式揭示了可压缩气流流管截面积相对变化量与流速相对变化量之间的关系，具体如下：

（1）亚音速流动时，$(Ma^2-1)<0$，则流管截面积变小，流速增大；流管截面积变大，流速减小，这与低速流动的规律相同，但是高亚音速流动与不可压低速流动相比，存在可压缩性引起的量变。结论：流管收缩，流速加快；流管扩张，流速减慢（图 1.32）。

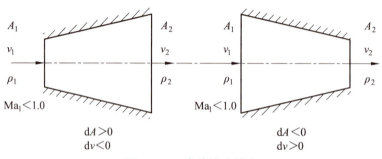

图 1.32　亚音速流动情况

（2）当超音速流动时，$(Ma^2-1)>0$，则流管截面积变小，流速反而减小；流管截面积变大，流速反而增大。这表明，超音速流动与亚音速流动相比发生了质变。结论：流管收缩，流速加快；流管扩张，流速减慢（图1.33）。

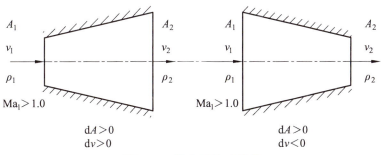

图1.33 超音速流动情况

4. 能量方程

对于不计黏性作用的绝热高速一维流，空气微团的运动过程是等熵过程。此时的能量方程可由欧拉方程并利用等熵关系沿流线积分求出，所谓理想流体的一维等熵的能量方程，或高速伯努利方程。

根据一维流的等熵关系式：$p=c\rho^k$，微分后代入微分形式的动量方程，可以推导得到一维等熵流动能量方程的各种表达形式：

$$\frac{v^2}{2}+\frac{k}{k-1}\frac{p}{\rho}=\frac{v^2}{2}+3.5\frac{p}{\rho}=c \tag{1.81}$$

$$\frac{v^2}{2}+c_pT=\frac{v^2}{2}+1\,000T=c \tag{1.82}$$

$$\frac{v^2}{2}+c_VT+\frac{p}{\rho}=c \tag{1.83}$$

式中 $k=c_p/c_V$；

c_p——定压比热容；

c_V——定容比热容。

（1.83）式中$\frac{v^2}{2}$、c_VT、$\frac{p}{\rho}$分别为空气的动能、内能和压力能。它表明在理想绝热流动过程中，空气的动能、内能和压力能可以相互转换，总和保持不变。空气沿流管从一截面流到另一截面，如果动能增大（流速增大），则压力能和内能（焓值）之和必然同时减小（压力、温度、密度同时减小）；反之，流速减小，温度、压强、密度增加。

在定常流动条件下，通过积分动量方程，得到所谓的伯努利方程。伯努利方程将压力与速度联系起来，反映了压力和速度不是独立地变化，而是协同变化，保持各自代表的能量的总和为常数。根据是否考虑空气压缩性，将伯努利方程分为高速能量方程（高速伯努利方程）与低速能量方程（伯努利方程），考虑到通过伯努利方程可以获得压力，则这里给出两者的区别：

（1）低速流动时，内能不参与转换，密度、温度保持不变，伯努利方程中只有动能和压

力能相互转换。常用的低速伯努利方程为

$$p + \frac{1}{2}\rho v^2 = c$$

（2）高速流动时，温度、密度的变化不能忽略，因而高速能量方程中有动能、内能和压力能三种能量参与转换。常用的高速伯努利方程为

$$\frac{v^2}{2} + 3.5\frac{p}{\rho} = c$$

高速能量方程是在绝热无黏的条件下推导出来的。如果气体内部有摩擦现象，方程仍然适用，因为尽管气体摩擦做了功，摩擦热保留在气体内部，所以也适用于黏性气体。

1.9.4　拉瓦尔喷管工作原理

拉瓦尔喷管（Laval nozzle）是一种外形类似喇叭形的喷管，可以获得超音速气流，因瑞典人拉瓦尔发明而得名，也称之为跨音速喷管。拉瓦尔喷管因喷截面积的变化让管中的气流速度发生改变：气流从亚音速到音速，直至加速至超音速。可见，拉瓦尔喷管与外形相似的文丘里管作用完全不同，拉瓦尔喷管实际上起到了一个"流速增大器"的作用。

拉瓦尔喷管中的气流运动，在亚声速收缩段中，遵循"流体在管中运动时，截面小处流速大，截面大处流速小"的原理，因此气流不断加速。当到达窄喉时，流速已经超过了声速。而超声速扩张段中，跨声速气流在运动时却不再遵循"截面小处流速大，截面大处流速小"的原理，而是恰恰相反，截面越大，流速越快，如图 1.34 所示。

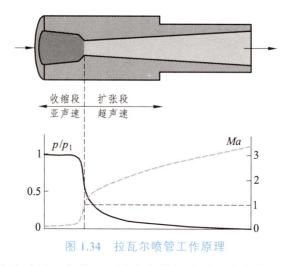

图 1.34　拉瓦尔喷管工作原理

拉瓦尔喷管中气流流动属于变截面一维定常等熵流动。在变截面一维定常流动中只考虑截面积变化，忽略摩擦、传热、重力等影响因素，因此这种流动是绝热无摩擦的，即等熵流动。收敛管道中的亚音速可压缩气流和扩张管道中的超音速气流是膨胀加速的，沿管道流速不断增加（Ma 也增加），而压强、密度和温度不断减小。从最窄截面 A^* 处起，气扩张段的气流继续加速，直到出口处流速变为超音速气流，如图 1.35 所示。

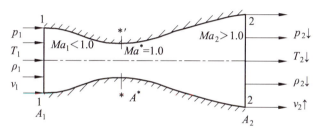

图 1.35　一维定常等熵流动示意图

截面积变化对各流动特性的影响可概括为，一维定常等熵流动具有膨胀加速或压缩减速的流动特性。要想获得超音速气流，流管截面积应该先减后增；气流上下游要有足够的压力比。

火箭发动机就是利用拉瓦尔喷管增大出口截面马赫数，来达到增大推力的目的。另外，这种喷管也用在超声速风洞实验设备上，用来研究超声速飞行时，作用在超声速飞机上的空气动力大小，为飞机设计提供原始气动数据。

1.9.5　气流的滞止参数

通常用压强、温度、密度、速度等参数来描述流场中某一点的状态，工程上通常给出的是该点气流的滞止参数（Stagnation Parameters）。气流从某一状态等熵地滞止到速度为零的状态称为气流滞止，又称为气流滞止状态。滞止状态下的气流参数称为滞止参数，又称为驻点参数或总参数。在实际中，由于驻点参数便于测量，因而在气动计算中得到了广泛的应用。

不少空气动力学问题中，可以忽略黏性与热传导的影响，认为流动变化过程是可逆的绝热过程，即等熵过程。

滞止状态是一种假想的参考状态（也可以是真实状态），真实流动中，气流的每一个状态都有相应的该状态的滞止状态，因而每一点都有相应的滞止参数。由于滞止参数是人为引入的参考参数，其定义与所研究的实际流动过程无关。滞止参数可以是流场中实际存在的参数，如飞行器飞行时驻点处的参数。

滞止参数包括以下：

（1）驻点温度（又称滞止温度或总温 T_0）：气流速度在绝热条件下滞止到零时所对应的温度。

（2）驻点压力（又称滞止压力或总压 p_0）：气流速度等熵滞止到零时的压力，它是气流中静压与动压之和，即总压。

（3）滞止密度（又称总密度ρ_0）：将气流速度绝能等熵地滞止到零时的密度。

飞机手册中将总温称为全温，将总压称为全压。

如果给定流场中任一点的气流总参数：驻点温度、驻点压强和滞止密度，那么就可分别算出该点的气流温度、压强、密度（这些参数称为静参数），并进一步计算出速度。反之，也可以通过某点气流的静参数确定其总参数。

根据公式（1.82），可得

$$T_0 = T + \frac{v^2}{2\,000}$$

由于 $Ma = v/a$ 及 $a = 20.05\sqrt{T}$，所以上式可改写为

$$\frac{T_0}{T} = 1 + 0.2Ma^2 \tag{1.84}$$

由等熵关系式 $p = a\rho^k$ 可得

$$\frac{p_0}{p} = \left(\frac{\rho_0}{\rho}\right)^k$$

利用状态方程 $p = \rho RT$，上式可改写为

$$\frac{T_0}{T} = \left(\frac{\rho_0}{\rho}\right)^{k-1} = \left(\frac{p_0}{p}\right)^{\frac{k-1}{k}}$$

所以

$$\frac{\rho_0}{\rho} = \left(\frac{T_0}{T}\right)^{\frac{1}{k-1}} = \left(\frac{T_0}{T}\right)^{2.5} \tag{1.85}$$

$$\frac{p_0}{p} = \left(\frac{T_0}{T}\right)^{\frac{k}{k-1}} = \left(\frac{T_0}{T}\right)^{3.5} \tag{1.86}$$

$$\frac{\rho_0}{\rho} = (1 + 0.2Ma^2)^{2.5} \tag{1.87}$$

$$\frac{p_0}{p} = (1 + 0.2Ma^2)^{3.5} \tag{1.88}$$

式（1.84）、（1.87）和（1.88）称为等熵流动关系式，它表示流场中某点的温度、压力、密度与该点气流马赫数之间的关系。当 $Ma = 1$ 时，$T_0/T = 1.2$；$\rho_0/\rho = 1.577$；$p_0/p = 1.89$。可以看出，对于可压缩流，有了温度还可以计算出密度；但仅仅知道总压和静压还不足以计算出气流速度，还需要知道温度。

可见，高速气流的规律为：驻点参数随着流速增大为增大；随着流速减小而减小。当流速加快时，静参数（压力、密度和温度）都同时降低；流速减慢时，则静参数都同时升高。

例如，飞机飞行高度为 $H = 11$ km，以 $Ma = 5$ 平飞，从 ISA 表中获知 $T = 216.5$ K，可以计算得到总温：$T_0 = 1\ 299$ K $= 1\ 026$ ℃。所以，高马赫数飞行，会出现"热障"问题。

飞行马赫数的测量方法：通过总温表测量出全温，静温表测量出静温或 OAT，然后利用式（1.84）计算出飞行马赫数。在 $Ma = 0.3$ 时，计算得到的气流速度比真实值大 1% 左右，这个误差是可以接受的，所以，以 $Ma = 0.3$ 作为不可压缩和可压缩进行分界是有道理的。

1.9.6 激波与膨胀波

当飞行器跨音速或超音速飞行时，与小扰动传播情况相似，同样可以产生扰动波面。所

不同的是，这时的波面是由无数较强的波叠加而成的，在边界波面处受到强烈压缩，波前波后空气的物理性质发生突变。当超声速气流遭遇突跃式减速时会产生一种流动现象——激波，激波是一种强压缩波。例如，在超音速飞行时，机头和机翼前缘会阻碍超音速气流而产生激波。如果超音速气流流过凸曲面或凸折面时会发生膨胀。当超音速气流遭遇加速时会产生一种流动现象——膨胀波，膨胀波是一种弱扰动波。

超音速气流流经钝体产生的激波和膨胀波，如图 1.36 所示。

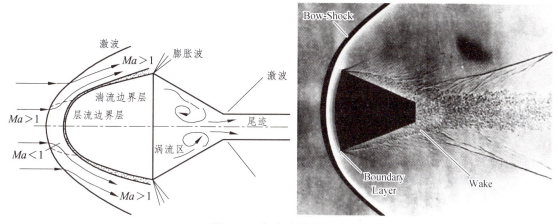

图 1.36　超音速钝体绕流

1. 激波的形成

气体中弱扰动是以当地音速向四周传播的。如果飞行器以亚音速飞行时，或者气流以超音速流过机体表面，气流受到机头和机翼前缘的阻挡产生扰动（例如，压力增加量 Δp），由于扰动传播速度比飞行器飞行速度大，压缩波超过飞行器逆气流向前传播，所以扰动集中不起来，这时整个流场上流动参数（包括流速、压强等）的分布是连续的。而当飞行器以超音速飞行时，扰动来不及传到飞行器的前面去，结果前面的气体受到飞行器突跃式的压缩，形成集中的强扰动，这时出现一个压缩界面，称为激波。

由于机头和机翼前缘压缩产生一个强压力波，压力波前后压力差较大，在向前传播的过程中，压力将逐渐降低，使压力差逐渐减小，传播速度减慢。当压力波向前传播的速度与迎面气流速度相等时，压力波将相对飞行器保持不动，于是便在此形成了一道压力、密度、温度都突然增高的分界面，这就是激波。激波就是气体压强、密度和温度在波面上发生突跃变化的压缩波。

既然超音速流动过程中扰动无法传递到上游，来流没有减速直接撞到物体。对于头部不是完全尖锐的物体，其正前方紧挨着物体的流体速度显然应该被滞止为零，所以存在一个亚音速区，如图 1.37 所示，此区域与来流超音速存在一个压缩界面，即激波。

激波是弱扰动（如弱压缩波）的叠加而形成的强间断，带有很强的非线性效应。激波之前的气动参数仍将保持不变；气流经过激波的气流参数突变，压力、密度、温度都会突然升高，流速则突然下降。压力的跃升产生音爆。如飞机在较低的空域中作超音速飞行时，地面上的人可以听见这种响声，即所谓音爆，如图 1.38 所示。

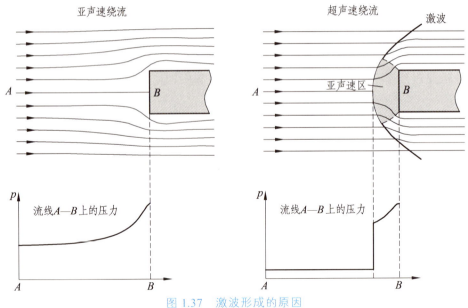

图 1.37　激波形成的原因

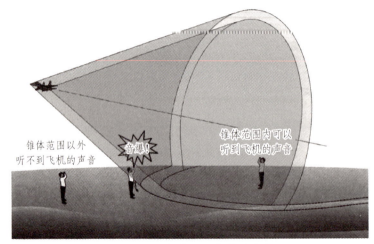

图 1.38　超音速飞机发出的音爆

　　理想气体的激波没有厚度，是数学意义的不连续面。实际气体有黏性和传热性，这种物理性质使激波成为连续式的，不过其过程仍十分急骤。因此，实际激波是有厚度的，但数值十分微小，只有气体分子自由程的几倍，波前的相对超音速马赫数越大，厚度值越小。对于标准状况下的空气，激波厚度约为 10^{-5} mm。

　　激波传播的速度大于音速，其大小表示为

$$v' = \sqrt{\frac{p_2 - p_1}{\rho_2 - \rho_1}} \cdot \sqrt{\frac{\rho_2}{\rho_1}} \tag{1.89}$$

式中　p_1，p_2——激波前后的压力；

　　　　ρ_1，ρ_2——激波前后的空气密度。

　　显然，对于弱扰动，p_1 与 p_2、ρ_1 与 ρ_2 相差微小，上式将变为音速公式；但对于有一定强度的压缩波（激波），波后参数有突变，ρ_2 比 ρ_1 大得多，所以，传播速度大于音速。激波前后气流参数相差越大，激波就越强，传播速度就越大。飞行速度越大，激波传播速度也就越大，激波就越强。

总而言之，产生激波的条件是激波前是超音速气流，且超音速气流方向改变或受到阻碍减速或直接减速。产生激波的原因是强压力波不能逆气流一直传播。超音速气流受阻后，通过激波减速，有气流参数突变的界面；而亚音速气流受到阻碍是逐渐减速的，不存在气流参数的突变。这是超音速气流与亚音速气流的一个质的差别。

2. 激波的分类

在超声速来流中，随着飞机外形和飞行马赫数的不同，可能会产生脱体激波或附体激波。激波依附于物体表面的称附体激波。不依附于物体表面的称脱体激波，或称弓形激波。尖头体头部通常形成附体激波，如菱形机翼（图 1.39）。

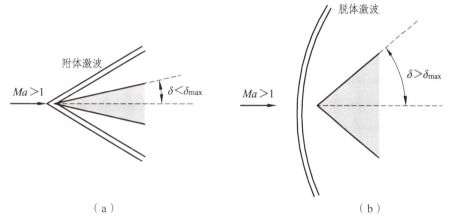

图 1.39　尖前缘的机翼产生的激波形式

还可以看出，楔形体的尖前缘半角（转折角 δ）不太大时产生附体激波，当在前缘半角大时，类似前部钝头体常形成脱体激波。当转折角小，飞行马赫数大时，则产生附体激波；反之，产生脱体激波。

激波面与运动方向垂直的部分称为正激波，弓形激波的中间一段可近似为正激波。与运动方向不垂直的部分称为斜激波。斜激波是从尖锐物体前缘气流滞止点开始，形成两道与来流成一定角度的激波，如图 1.39（a）所示。

斜激波的速度分解如图 1.40 所示，其中，法向分速等于当地音速，即 $v_n = a$，切向速度 $v_{t1} = v_{t2}$。超音速气流经过斜激波，法向分速减为亚音速气流，而切向分速不变，两者的合速度可能为亚音速，也可能为超音速，流向发生偏转。斜激波波面与波前来流方向的夹角称之为激波角，用 β 表示，反映了斜激波向后倾斜的程度，其范围为

$$\arcsin \frac{1}{Ma_1} < \beta < \frac{1}{2}\pi \qquad (1.90)$$

当 $\beta = 90°$ 时斜激波变为正激波，斜激波其实就是法向分速的正激波。当马赫数一定时，激波角越大，说明激波波速大，激波强；反之，激波弱。激波角的大小反映了波前气流速度与激波波速之间的比例关系。

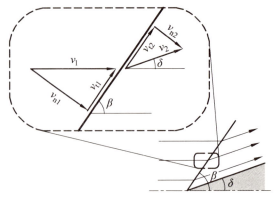

图 1.40　斜激波的速度分解

物面转折角 δ（图 1.40）或气流转折角越大，对气流的阻滞作用越强，则激波角越大，气流通过激波后的压力、温度、密度变化也就越多。当转折角达到一定程度，转折处就会产生正激波；当转折角增加到一个最大值时，形成脱体激波，如图 1.41 所示。

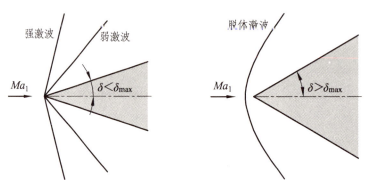

图 1.41　转折角与激波形式的关系

总而言之，气流通过正激波，流速由超音速降为亚音速，压力、密度、温度均升高，经过激波的方向不变。气流通过斜激波，压力、密度、温度均升高，但它不像通过正激波后变化那样剧烈，激波后的速度可能是亚音速也可能是超音速。正激波是超音速气流需要减速时形成的；而斜激波是超音速气流需要转向而形成。在同一超音速马赫数下，正激波波强最大，气流穿过正激波的能量损失是最大的。

激波可以是平面的，也可以是曲面的或锥形的，超音速气流流过圆锥所形成的激波称为圆锥激波，如图 1.42（b）所示。圆锥激波的一个特点是其强度比平面激波弱；另一特点是气流流经圆锥激波后，气流方向并不立刻与锥面平行，而是不断改变其速度大小和方向，也就是说，圆锥激波后的流线是弯曲的。

在超声速流动中，一般会产生激波。超音速气流经过激波是一个绝热不等熵过程：总温不变，总压减小，这是由于空气黏性作用的结果。超音速气流通过激波后的总压损失称为激波损失。在同一马赫数下，斜激波比正激波的损失小。为了提高飞机性能，就要想办法减弱激波强度以减小激波损失。为此，超音速飞行器的头部变尖，机翼变薄，尽量将正激波变为斜激波。

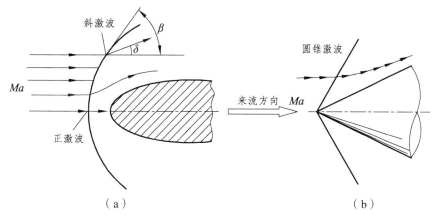

图 1.42　正激波、斜激波和圆锥激波

3. 膨胀波

膨胀波与激波是超音速气流中的重要现象。使压力升高的压力波为压缩波，激波就是强压缩波；使压力降低的压力波为膨胀波。所以，超音速气流减速时一般会产生激波；超音速气流加速时，会产生膨胀波。

多数实际流动中压缩波和膨胀波同时存在。图 1.43 表示在不同迎角下，超音速气流经过菱形翼型时产生激波和膨胀波（虚线）。可以看出，当迎角不为零时，超音速气流发生转折变化，内折或外折。内折气流将发生激波，而外折气流将发生膨胀波。当上下翼面的超音速气流流到后缘时，必然产生两道斜激波或一道斜激波和一道膨胀波，经过增压减速和减压增速过程，使在后缘处汇合的气流有相同的流向和相同的压力。

（a）小正迎角　　　　　　　　　　　　　　（b）大正迎角

图 1.43　菱形翼型上的激波和膨胀波

如图 1.44（a）所示，如果流速为 $Ma = 1$ 的定常直匀超音速气流沿直壁 AOB 流动，略去壁面的摩擦作用，直壁 AOB 和气流完全平行，它对气流是不产生任何扰动的。假定在壁面的 O 点（壁面转折）产生扰动源，会对流场产生一个极微弱的扰动。

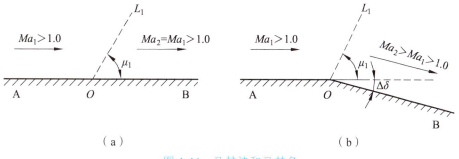

（a）　　　　　　　　　　　　　　　　　（b）

图 1.44　马赫波和马赫角

如果超音速气流 $Ma>1$ 沿物面流动，在扰动源 O 之前，气流与壁面平行，气流也未受扰。流到 O 点处会产生马赫波，如果壁面转折，流动空间扩大，气流膨胀加速，外折一个角度，继续沿壁面流动，如图 1.44（b）所示。

显然，转折点 O 为扰动源。由于超音速气流扰动是有界的，所以这里只限于 OL_1 为锥面的马赫锥内，通过 O 点的马赫线 OL_1 为一道弱扰动波，也是一道膨胀波，称为马赫波，此时马赫角为 $\mu = \arcsin(1/Ma_1)$。超音速气流通过马赫波前，气动参数没有任何变化；而通过马赫波后，速度增加，温度、压力、密度均减小，是一个等熵过程，将图 1.45 所示。

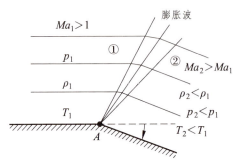

图 1.45　膨胀波前后参数变化

超音速气流流过连续微小外凸角和外凸物面的情况如图 1.46 所示，每转折一个角度，就产生一道膨胀波，气流就膨胀加速一次，即 $Ma_4 > Ma_3 > Ma_2 > Ma_1$。原因：流动空间扩大，气流膨胀加速，流向转向，继续沿壁面流动。所以，气流方向的改变不是一次完成的，而是经过无数条膨胀波。由于马赫数越大，马赫角就越小，扰动源无限靠近，这就是超音速气流流过一个外凸角的情形。超音速气流流过外凸曲面，就可以看出气流经过许多转折角很小的外凸角。

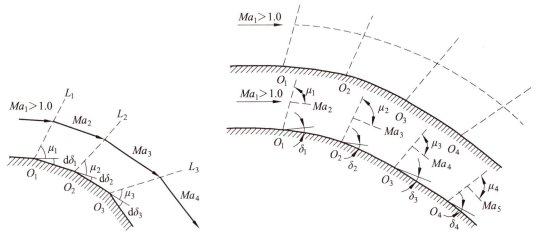

图 1.46　超音速气流流过外凸壁面

两者的结论一样，超音速气流每经过一道膨胀波，流动方向就改变一次，流速就增加一点，压力、密度、温度就降低一点。而在膨胀波束之外，气流参数保持不变。

产生膨胀波的条件是膨胀波前一定是超声速气流 $Ma>1.0$，经过膨胀后，流速增加，压力下降；波后马赫数进一步增大。

4. 小 结

由于空气的压缩性，在超音速时，气流因阻滞而产生激波，因扩张而产生膨胀波。激波是超音速气流减速时产生的现象；膨胀波是超音速气流加速时所必然产生的现象。

激波使波前、波后参数发生突跃式变化，气流穿过激波时受到突然的压缩，压力、密度和温度升高，而速度和马赫数下降；而膨胀波波前、波后参数发生的是连续变化。

此外，激波虽然厚度很小，但气流经过激波时，在激波内部气体黏性引起的内摩擦却很强烈，气流会因消耗于摩擦而变热而使自身温度急剧升高（这种现象就是气动加热现象），而膨胀波没有上述现象。这种损失类似于附面层，因气体黏性使气体动能变成了热能，造成了动能损失，通常把这一损失所引起的阻力称为激波阻力。

1.9.7 激波与附面层的干扰

高速气流流过翼型时，产生的局部激波的形状与附面层性质有关。空气以超音速流过机翼表面时，附面层按其速度可分为两层，一层贴近机翼表面，速度小于音速，是亚音速底层；另一层稍靠外，流速大于音速，是超音速外层。在这两层的分界线上，流速等于音速，是音速线。所以，高速附面层包括：亚音速底层、等音速线、超音速外层。机翼表面的局部激波只能达到附面层的超音速外层，而达不到附面层的亚音速底层。激波实际上并不与机翼表面直接接触，如图 1.47 所示。

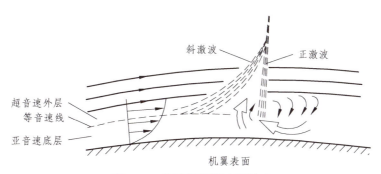

图 1.47　高速附面层（层流）

激波与层流附面层的干扰，不同于激波与紊流附面层的干扰。层流附面层受到激波影响会产生气流分离，激波形状也改变为"λ"形。原因：层流附面层虽然厚度较薄，但其流速分布由附面层外到机翼表面是逐渐减小的。底层的速度梯度最小，所以附面层的亚音速底层较厚。激波后面突然升高的压强，通过附面层的亚音速底层可以逆气流传到激波前面。使得附面层亚音速底层气流受到阻滞，并产生倒流，形成气流分离。气流分离波及附面层的超音速外层，引起超音速气流向离开翼面方向偏斜，像流过内凹曲面一样，在原来正激波之前又产生一系列的斜激波，形成像字母"λ"，故称λ激波，如图 1.47 所示。

紊流附面层底层的速度梯度大，靠近机翼表面的流速，比起邻近外层的流速小得多，附面层大部分是超音速外层，而亚音速底层很薄。在这种情况下，激波后面突然升高的压强，不容易通过亚音速底层传到激波前面去，这样激波前的气流不会受到强烈的阻滞，也就不会产生气流分离，当然也不会产生斜激波，只有一道较强的正激波，如图 1.48 所示。

层流附面层底层厚度大；紊流附面层底层厚度小。虽然紊流附面层的亚音速底层很薄，激波后面突然升高的压强，使得附面层底层气流受到阻滞，不会产生倒流。所以，紊流附面层受激波影响一般不产生分离，不产生斜激波，而是一道较强的正激波。而层流附面层受激波影响会产生气流分离，即高速气流分离，形成包括斜激波和正激波的 λ 激波。飞行马赫数增加，激波处附面层的气流分离加剧。

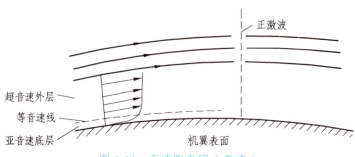

图 1.48　高速附面层（紊流）

中国风洞：助力 C919 直冲云霄

风洞是现代航空航天技术发展中无论如何都不能跨过去的一个坎。飞机在试飞之前必须要经过密集的风洞测试，才能确定其气动性能，测量出飞机模型表面的压力、压强和流场，这样一来才能够获得飞机的各种数据，包括阻力、升力、加热特性等，使得后续飞机的研制工作事半功倍。风洞的作用如此重要，以至于有人说飞机是"吹出来的"。

风洞即风洞实验室，是以人工的方式产生并且控制气流，用来模拟飞行器或实体周围气体的流动情况，并可量度气流对实体的作用效果以及观察物理现象的一种管道状实验设备，它是进行空气动力实验最常用、最有效的工具之一。

风洞试验简单来说，是根据运动的相对性原理，将飞机模型固定在地面，人为制造气流流过，模拟真实飞行时飞机周围的空气流动情况，以研究飞机与空气流动的相互作用，了解飞机的空气动力学特性。

世界上公认的第一个风洞是英国人韦纳姆于 1869—1871 年建成，并测量了物体与空气相对运动时受到的阻力。我国建造风洞的历史可以追溯到 1936 年。当年建造的第一个风洞，在战争中被日军炸毁了，随后建造的风洞依然难逃厄运。

好在中国风洞虽然起步晚，步子却不小。1968 年钱学森、郭永怀倡议，在四川组建气动中心。目前，中国空气动力研究与发展中心已经成为我国规模最大、综合实力最强的风洞试验基地，是中国国家级空气动力试验、研究和开发中心，也是亚洲最大的风洞群。包括低速、高速、超高速以及激波、电弧等风洞，具备开展低速试验、高速试验、噪声试验、结冰试验等一系列试验的能力。其中，用于解决飞机飞行降噪问题的航空声学风洞，背景噪声只有 75.6 分贝，目前是国际最高水平。此外，还包括亚洲首座大型结冰风洞、首次在 2.4 米风洞建立了工程实用的虚拟飞行试验平台、首次发现了漩涡破裂区域存在多螺旋结构等。

中国空气动力研究与发展中心为我国武器装备发展和国民经济建设作出了重大贡献。从"歼-10""枭龙"战机和"神舟"系列飞船，到磁悬浮、"和谐号"高速列车；从高达 300 多米的东方明珠塔，到横跨 30 多千米海面的杭州湾跨海大桥，都在这里进行过风洞试验。2010 年 5 月，发展中心启动科研试验新区建设。多种新型飞机在科研试验新区首次实现了模型飞行试验，上百万组数据分类入库，中心目前已全面具备了风洞试验、数值计算和模型飞行三大手段。我国 C919 大型客机的许多风洞试验都是在这里开展的。

风洞试验并不像看起来那样简单，"仿真性"是解决一切试验共同的难题。飞机在不同飞行阶段，遭遇各种气候条件，只要有试验需求，就要能够在风洞里面模拟出来相应的空气流动情况。要控制空气这个看不见摸不着的东西，难度着实不小。飞机飞行时，空气可是没有边界的，那在风洞这个有边界的地方，如何模拟没有边界的气流？飞机飞在空中是腾空而起，在风洞中却是支在一个架子上，气流受支架影响，其周边的气流会不会发生改变？这些问题的解决都必须靠风洞试验的数据来说话。

说到风洞试验，离不开空气动力学上两个非常重要的概念：一是马赫数。马赫数是风洞试验必须模拟的相似参数，风洞通常按照来流马赫数进行分类。马赫数 = 飞行速度/声速，用于表征飞行器的飞行速度，反映飞行器飞行时周围空气的压缩程度。按照马赫数的大小，风洞分为低速风洞——主要用于开展飞机起飞、着陆等空气动力试验研究。高速风洞：高速风洞又可细分为跨声速风洞和超声速风洞，主要用于各种航空飞行器空气动力试验研究。超高速风洞——主要用于开展各种航天飞行器空气动力试验研究。二是雷诺数。雷诺数＝惯性力/黏性力，用于表征飞机飞行时受到的黏性力，反映气流对飞机表面的黏性阻滞作用。

飞机操纵面嗡鸣实验，对马赫数的大小很敏感。嗡鸣是飞机作跨声速飞行时由于翼面上的激波、波后的边界层分离和操纵面偏转的相互作用而产生的单自由度不稳定运动。发生嗡鸣会降低操纵效率甚至使操纵失效，严重时将导致结构的疲劳破坏。通过嗡鸣实验，可以确定飞机操纵面振动的性质，提供排除振动的方法和确定刚度指标。

飞机结冰一直是飞行安全的大敌。实践表明，飞机结冰是飞机安全飞行的致命弱点之一，在世界军、民用飞机失事案例中占60%以上。以往，我们国家的飞机都要到国外去开展结冰风洞试验，2013年，我国终于建成了自己的结冰风洞，成为世界上第三个可以开展民机全研制过程结冰风洞试验的国家。通过结冰风洞试验，设计师们可以获得在不同气象条件下飞机的结冰位置和结冰冰型等，从而确定结冰容限及必须防除冰的表面，为飞机防除冰提供安全设计的依据。

噪声水平是民机的重要技术指标。气动噪声风洞试验是飞机研制重要的地面试验项目，是评估飞机的适航符合性、舒适性、环保性以及声隐身等性能的重要依据。2019年5月20日，我国型号研制首次8米低速风洞（FL-10风洞）气动噪声试验在航空工业气动院顺利完成，宣告我国正式形成8米量级低速风洞气动噪声试验能力。风洞在建造之初便预留了消声室空间，通过风扇低噪声设计、动力段降噪、消声拐角导流片等多种手段，确保风洞自身具有低背景噪声特性。

风洞试验测取的数据并不能完全代表真实情况，需要进行一系列的数据修正，才能获得压力分布这些后续设计必需的分析数据。而这是真正考验飞机设计师水平的地方。因此，现代飞机还必须开展高雷诺数风洞试验、动力影响试验、气动弹性风洞试验等一系列用于数据修正的风洞试验，建立起一套从"风洞数据"到"真实数据"的修正模型，保证试验数据的有效性。

静气动弹性风洞实验是测量模型刚度对气动特性影响的实验。通常风洞实验中的模型都是用强度和刚度较大的金属制作的，而飞机的刚度比模型低得多。因此，需制造一种由金属作骨架、用轻木或塑料作填料、能模拟飞机各部件弯曲和扭转刚度的弹性模型，把它放在风洞中作模拟飞行条件的高动压实验，测量对模型刚度的影响，修正刚体模型实验的数据。

可见，飞机的设计对风洞的依赖性很大。风洞试验作为飞机气动设计的重要手段，其最广为人知的作用就是飞机的气动布局设计。从第一架飞机约20小时的风洞试验，到现在一般飞机型号所需的上万小时风洞试验，风洞试验技术一直伴随着飞机研制技术的发展而不断提高，重要性也愈加凸显。因此，在学术界，风洞被称为"航空航天飞行器的摇篮"，流传着"有什么样的风洞，才能有什么样的飞机、飞船、火箭、导弹"的说法。同时，风洞也被世界各国视为重要的战略资源。例如，20世纪50年代美国B-52型轰炸机的研制，曾进行了约1万小时的风洞实验，而80年代第一架航天飞机的研制则进行了约10万小时的风洞实验。

我国C919大型客机气动布局设计实现了综合减阻5%的目标，风洞试验功不可没。C919的气动布局是"常规布局"，但要实现这个"常规布局"也不是简单的事儿。"差之毫厘，谬以千里"这句古话用在飞机气动布局设计上再合适不过。拿飞机气动设计的核心——机翼设计来说，机翼剖面哪怕差个几毫米，对于飞机整个气动性能都有巨大影响，发动机吊在机翼的不同位置也颇多讲究。飞机的气动外形不存在"照葫芦画瓢"，每个型号都有独特的气动外形，飞机的主制造商对飞机的气动外形拥有完全自主知识产权。

面向未来，风洞还承担着载人航天、火箭、航空发动机等众多启动数据的测量和关键结构设计任务，作为科技较量的制高点，我国空气动力研究能力将稳居第一梯队。

空气动力学，被誉为研制航空航天飞行器的"先行官"，而风洞就是进行空气动力学试验研究的必备手段。只有具备一流的航空气动力技术，发挥好飞行器设计"先行官"作用，才能打造出一流的航空飞行器产品。建设高水平的风洞本身不是目的，用好风洞、深入开展"战略性、整体性、前瞻性、基础性、共用性"技术研究，做好航空设备众多启动数据的测量和关键结构设计任务，把握科技较量的制高点，不断推动气动力技术的创新发展才是根本。

http://news.carnoc.com/list/503/503967.html

2019-08-21　民航资源网　作者：卞士生

2 机翼空气动力特性

空气动力特性包括了升力特性、阻力特性、俯仰力矩特性和升阻比特性等，主要的空气动力性能参数包括临界迎角、升力系数斜率、最大升力系数、最小阻力系数和最大升阻比等。通过风洞实验可以测定出固定翼无人机的翼型和机翼在不同迎角下的升力系数、阻力系数和俯仰力矩系数，绘制出升力系数、阻力系数、升阻比和俯仰力矩系数随迎角变化的曲线，通过这些曲线可以详细了解空气动力特性。

2.1 机翼的几何特性

机翼是飞机产生升力的主要部件，为了获得良好的气动外形，通常机翼被做成三维的薄形细长翘体结构，布置在机身两侧，它的外形多种多样，一般会根据飞行任务和飞行速度进行优化选择。

沿着与飞机对称面平行的平面在机翼上切出的剖面称为机翼的翼型，又叫翼剖面，如图2.1 所示。翼型的气动特性，直接影响着机翼及整机的气动特性。成功的机翼取决于翼型的设计和选择，这会影响着飞机的起降、巡航性能、失速速度、操纵品质和空气动力效率，在空气动力学理论和飞机设计中具有重要地位，故翼型是机翼的"心脏"。除了机翼的剖面，尾翼的剖面也属于翼型的研究范畴。

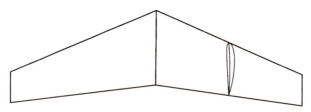

图 2.1 机翼的翼剖面（翼型）

2.1.1 翼型的几何参数

翼型的几何参数如图 2.2 所示，包括弦长、弯度、厚度、中弧线等。翼弦是翼型的基准线，通常是翼型前缘与后缘的连线。机翼或尾翼的迎角指的是机翼或尾翼翼弦与相对气流方向的夹角。机翼或尾翼的安装角指的是机翼或尾翼翼弦与安装基准的夹角。

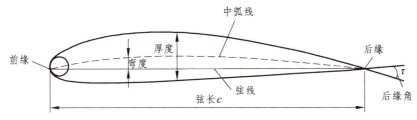

图2.2　翼型的几何参数

1. 弦长（Chord）

翼型前端叫作前缘，后端叫作后缘。翼弦前缘与后缘之间的连线叫作翼弦，或弦线。对某些下表面大部分为直线的翼型，也将此直线定义为几何弦。

翼型前缘和后缘之间的距离，称为翼型的弦长，用 c 表示。对于平直底的翼弦，弦长定义为前、后缘在弦线上投影之间的距离。

2. 中弧线（Mean camber line）

中弧线是为翼型上下表面内切圆圆心的连线。中弧线是对翼型气动性能影响最大的一个几何参数。中弧线与翼弦的垂直距离称为弧高。

中弧线是一条直线（与弦线重合）的翼型是对称翼型；如果中弧线是曲线，则此翼型有弯度，为非对称翼型。

3. 弯度（Camber）

弯度的大小可以用中弧线最高点到弦线的垂直距离表示，中弧线最高点的翼弦的距离一般是翼弦长的 4%～8%。描述翼型弯度的参数还有相对弯度，表示翼型上下表面外凸程度差别的大小，反映翼型的弯曲程度。

相对弯度是中弧线最高点（最大中弧高）与翼弦的比值，用百分比表示。对称翼型的相对弯度为 0。

中弧线弯度对翼型升力和阻力有直接关系。在一定范围内，弯度越大，升阻比越大，但太大会使阻力增加较快，升阻比反而下降。

4. 相对厚度

厚度是翼型上下表面在垂直弦线方向的距离。翼型的厚度随弦线的不同位置而变化。最大厚度和最大厚度位置是翼型设计的重要因素。

最大厚度位置是最大厚度所在位置到翼型前缘的距离。相对厚度，又称厚弦比，是翼型最大厚度与弦长的比值，用百分比表示。

翼型相对厚度不仅影响机翼的刚度和强度，也影响翼型的性能。一般来讲，厚度越大，阻力也越大。在低雷诺数下，较厚的翼型容易保持层流边界层。

5. 前缘半径和后缘角

前缘半径是翼型轮廓线在前缘处的曲率半径。翼型前缘半径决定了翼型前部的"尖"或"钝"，前缘半径小，在大迎角下气流容易分离，使飞机稳定性变差；前缘半径大对稳定性有好处，但阻力又会增加。一般亚音速飞机采用圆前缘翼型，超音速飞机采用较尖的前缘翼型。

翼型上下表面在后缘处切线间的夹角称为后缘角，用 τ 表示。

2.1.2 翼型的分类

最早的机翼是模仿风筝的，在骨架上张蒙布，基本上是平板。之后在实践中发现弯板比平板好，能用于较大的迎角范围。1903年，莱特兄弟研制出薄而带正弯度的翼型。自从茹科夫斯基的机翼理论出来之后，明确低速翼型应是圆头，应该有上下缘翼面。圆头能适应于更大的迎角范围。

随后的十几年内，通过反复试验研制出了大量的翼型，比较著名的翼型有茹科夫斯基翼型、德国Gottingen翼型、英国的RAF翼型、美国的Clark-Y、苏联的ЦАГИ翼型以及美国的NACA翼型。NACA翼型是美国国家航空咨询委员会（NACA）开发的一系列翼型。每个翼型的代号由"NACA"这四个字母与一串数字组成，将这串数字所描述的几何参数代入特定方程中即可得到翼型的精确形状。

固定翼无人机采用的翼型多种多样，一般根据外形特定可以分为6种，如图2.3所示。

（a）对称型　　　　　　　　　　　　　　（b）双凸型

（c）平凸型　　　　　　　　　　　　　　（d）凹凸型

（e）S型　　　　　　　　　　　　　　（f）特种型

图 2.3　翼型的分类

（1）对称翼型。翼型上线弧线对称，这种翼型阻力系数较小，但升阻比也小。一般作为特技无人机或线控航模机翼翼型，或者作为尾翼翼型。

（2）双凸翼型。上下弧线都是外凸的，但上弧线的弯度大于下弧线，所以中弧线是向上凸起的。这种翼型的阻力要比对称翼型大，但可以获得较大的升阻比。

（3）平凸翼型。下弧线是一条直线。中弧线的弯度要比双凸翼型大。最大升阻比也比双凸翼型大。

（4）凹凸翼型。下弧线向内凹陷，所以中弧线弯度比平凸翼型大，阻力也比较大。但能产生较大的升力，升阻比也较大。

（5）S形翼型。中弧线像S形。前面四种翼型，其压力中心将随着迎角增加而逐渐前移，所以力矩特性是不稳定的，无人机的稳定性要靠水平尾翼来保证。但S形翼型本身的理解特性就是稳定的，所以可以用作没有水平尾翼的飞翼无人机上。

（6）特种翼型。为满足特种性能指标或要求而设计的非常规翼型，包括：层流翼型、超临界翼型、增强型翼型等，以及在后缘下弯增加机翼升力的"弯后缘翼型"。

2.1.3 典型翼型

对于不同的飞行速度，无人机机翼的翼型形状是不同的。对于低亚音速无人机，为了提高升力系数，翼型形状为圆头尖尾形。对于高亚音速无人机，为了提高阻力发散马赫数，采用超临界翼型，其特点是前缘丰满、上翼面平坦、后缘向下凹。对于超音速飞机，为了减小激波阻力，采用尖头、尖尾形翼型。

由于风洞实验受到模型尺寸、流场流动、测量精度的限制，有时可能很难通过试验的方法得到满意的结果。计算流体力学（Computational Fluid Dynamics，CFD）恰好克服了风洞实验的弱点，在 20 世纪 60 年代到 70 年代，采用 CFD 方法和风洞实验开发了层流翼型、高升力翼型、超临界翼型等。这些翼型也是高性能固定翼无人机首选的翼型。

1. 层流翼型

层流翼型是翼型发展最著名的一种翼型，是翼型发展的里程碑。这是一种为使翼表面保持大范围的层流，以减小阻力而设计的翼型。与普通翼型相比，层流翼型的最大厚度位置更靠后缘，前缘半径较小，上表面比较平坦，能使翼表面尽可能保持层流流动，从而可减少摩擦阻力。层流翼型基本原理是在气流达到接近机翼后缘升压区之前，尽可能在更长的距离上继续加速，就可以推迟由层流向湍流的转捩。最著名的层流翼型有 NACA 6 族翼型，其压力分布如图 2.4 所示。

美国"全球鹰"无人机采用了层流翼型，相对厚度为 16.3%，翼型压力分布如图 2.5 所示，选择这种翼型可能不算理想，因为还有其他考虑，是综合平衡的结果。

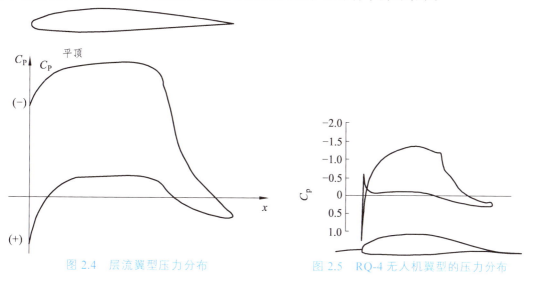

图 2.4　层流翼型压力分布　　　　图 2.5　RQ-4 无人机翼型的压力分布

NACA 6 族翼型一般用 6 个数字和中弧线来标记。如图 2.6 所示，第一个数字表示族号；

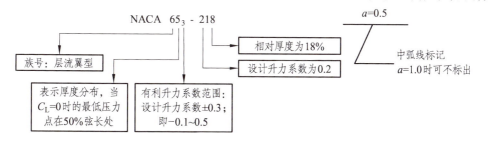

注：用"A"代替"-"的六位数字翼型，表示翼型上下弧线从 0.8 位置至后缘都是直线。

图 2.6　NACA 6 族翼型标记示例

第二个数字表示在零升力时基本厚度翼型最小压力点相对横坐标的十倍数值；第三个数字表示低阻的升力系数范围，即高于或低于设计升力系数的十倍数值；第四个数字表示设计升力系数的十倍数值；最后两个数字表示相对厚度的百倍数值。a 是说明中弧线载荷特性的，从前缘起到某个弦向位置 a 载荷是常值，此后载荷线性下降，到后缘处降为零。

对于相对厚度小于 12% 的 6 族翼型，低阻升力系数范围小于 0.1，这时表示低阻范围的第三个数字可以不标出，如 NACA 65-210 翼型。NACA 6A 族翼型是修改了 6 族翼型后缘外形而得到的一族层流翼型，其数字标记与 6 族相似，6 族标记中的 "-" 改为 "A"。NACA 6A 族翼型的气动特性与 NACA 6 族翼型基本相同，但其后缘加厚，便于制造加工，特别是在非设计条件下也有比较满意的气动特性，所以 NACA6A 族翼型应用较为广泛。

2. 高升力翼型

高升力翼型的典型代表如美国的 GAW-1、GAW-2 翼型，主要用于通用航空的先进翼型，还有用于低速通用航空的五位数字系列翼型：NACA 44 族、NACA 24 族和 NACA 230 族。美国的早期翼型 Clark Y 和英国的 RAF6 翼型也是高升力翼型，在短程支线飞机、农业飞机及其他低速通航飞机上得到广泛使用。

GAW-1 翼型是一种高升力翼型，如图 2.7 所示。1972 年由 NACA 兰利研究中心的理查德·惠特科姆和其同事设计的，使用了 CFD 技术，且专门用于通航飞机。在该翼型的详细性能数据中，其 $Re = 2 \times 10^6 \sim 20 \times 10^6$ 和 $Ma = 0.15 \sim 0.28$ 的范围下，其 $C_{l\max}$ 的范围为 $1.6 \sim 2.0$，在爬升时，其升力系数为 1.0，对应的升阻比为 $65 \sim 85$，可见其性能非常优异。

图 2.7　GAW-1 翼型

中高空长航时固定翼无人机要求翼型具有较高的升阻比，以维持较长的巡航飞行时间，高升力翼型满足这种无人机的要求，该类无人机也要求机翼采用大展弦比、小后掠或平直翼。例如，美国的"捕食者"（中空）、"全球鹰"（高空）、以色列的"苍鹭"等无人机。

3. 超临界翼型

超临界翼型是一种为提高临界马赫数而设计的特殊翼型，能够使机翼在接近音速时阻力剧增的现象推迟发生。超临界翼型的外形特点是前缘半径大，上下表面较为平坦，后缘弯度较大，下表面有反凹。

普通翼型与超临界翼型的外形和压力分布比较如图 2.8 所示，普通翼型在超过临界马赫数后会产生强激波，激波后压力恢复很快，大的逆压梯度引起严重的附面层分离。而超临界翼型在马赫数较高时具有屋顶状的压力分布，达到阻力发散马赫数前仅可能存在弱激波，激波后的压力平台有稳定附面层的作用，可以推迟气流分离。

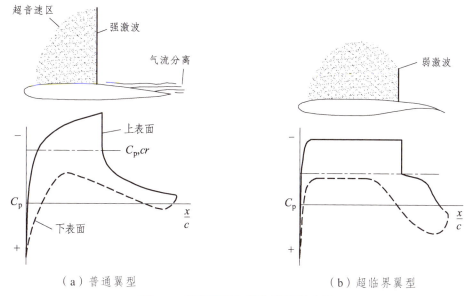

（a）普通翼型　　　　　　　　　　　（b）超临界翼型

图 2.8　普通翼型与超临界翼型比较

超临界翼型的气动特性表现在消除了前缘负压峰，使气流不至过早达到音速，压力分布比较平坦，提高了临界马赫数，也有利于减小激波强度。后部下弯有利于缓和激波诱导边界层分离，下表面反凹产生正压形成后部加载，使后部升力增加，弥补了上表面平坦而引起的升力不足，但也带来较大的低头力矩，有可能引起配平阻力的增加，而且超临界翼型的弯度很大的后缘也给襟翼设计带来困难。

超临界翼型比普通翼型有更高的临界马赫数和更大的超临界马赫数使用范围，如图 2.8 所示。能够在同样的相对厚度下得到更高的阻力发散马赫数，或在同样的阻力发散马赫数下，可以提高相对厚度，这样对于无人机的机翼而言，可以在不加大重量的情况下，提高强度和刚度以及增大展弦比，提高升阻比。

4. 尖峰翼型

尖峰翼型（图 2.9）出现于 20 世纪 60 年代，用于跨音速飞行器。传统翼型加速至高亚音速时，$Ma < 1$ 时也会形成激波。此时，流经翼型的当地速度达到或超过音速。激波出现后，翼型阻力会急剧上升。在 1955 年，皮尔西的试验表明，修改翼型前缘形状可能会减小激波强度。此时，允许流动从驻点处快速膨胀，并在前缘区域内变成超音速，从而形成一系列的压缩波使当地马赫数减少，最后形成的激波强度显著减少，这样将会减少翼型阻力。最终的压力分布在前缘附近有一个明显的峰值，称之为尖峰。尖峰翼型的上翼面相对平坦，后缘为尖端形状（以增大升力系数）。

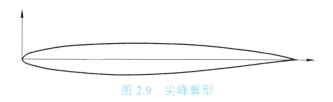

图 2.9　尖峰翼型

以上讲到的层流翼型、高升力翼型、超临界翼型和尖峰翼型是按照气动特性进行分类的，除此之外还有超音速翼型、低力矩翼型等。如果将翼型按照用途分类，则包括飞机机翼翼型、尾翼翼型、直升机旋翼翼型、尾桨翼型、螺旋桨翼型等。还可以按照使用雷诺数分类，包括低雷诺数翼型和高雷诺数翼型。

2.1.4　机翼的形状

机翼的形状会影响作用在机翼上的空气动力的大小和方向，这也是影响飞机性能的很重要因素。机翼的形状包括平面形状和剖面形状，机翼的平面形状为机翼外形，机翼的剖面形状称为翼型，前面已经介绍过了，下面重点介绍机翼外形。

最早的机翼形状为平板，如中国风筝的外形，平板翼的升阻比最小，一般为 2 ~ 3；然后是弯板形机翼，其升阻比可达到 5 以上；后来设计的机翼外形产生的升阻比可达到 20 以上，如无人机用翼型 LA2573A 的升阻比高达 102，代表举起 100 N 的重力只需要克服约 1 N 阻力。但受到机翼翼梢的影响，三维机翼的升阻比要小于二维翼型的升阻比。

机翼按照俯视平面形状的不同，可以分为多种类型，主要包括平直翼、三角翼和后掠翼等，如图 2.10 所示。平直翼的后掠角大约在 20°以下，后掠翼的后掠角多在 25°以上，三角翼俯视投影呈三角形状，机翼前缘后掠角约 60°，后缘基本无后掠。可以看出，除了矩形机翼外，机翼不同位置的弦长一般不相等。

良好的气动外形，是指机翼的升力大、阻力小、操纵稳定性好。对于低速机翼，为了减小诱导阻力，常采用较大展弦比的平直翼；对于高速无人机，为了抑制激波产生，减少波阻，一般采用后掠翼或三角翼。机翼的设计水平决定了飞机 80%以上的性能。

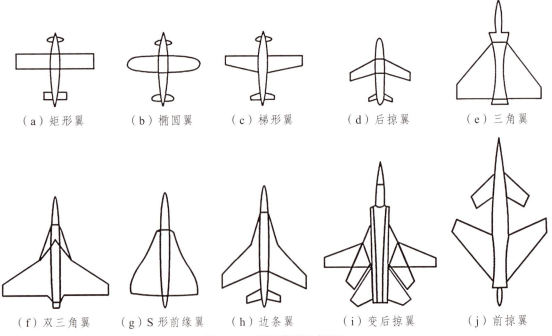

（a）矩形翼　　（b）椭圆翼　　（c）梯形翼　　（d）后掠翼　　（e）三角翼

（f）双三角翼　　（g）S 形前缘翼　　（h）边条翼　　（i）变后掠翼　　（j）前掠翼

图 2.10　各种类型的机翼

描述机翼外形的主要几何参数包括：

（1）机翼展长（翼展），指机翼两侧翼尖之间的长度，用符号 b 表示。

（2）机翼面积，指机翼在水平基准面上的投影面积。机翼面积是衡量飞机产生升力的能力的重要指标。机翼面积作为飞机设计的主要参数之一，是在飞机概念设计阶段确定的。

（3）展弦比，是机翼翼展 b 与平均弦长 c_{avg} 的比值，用符号 AR 表示，即 $AR = b/c_{avg}$。平均弦长等于机翼面积与翼展之比。展弦比表示机翼平面形状长短和宽窄的程度。低速情况通常采用大展弦比的机翼，高速情况采用小展弦比的机翼。

（4）梢根比，是机翼翼尖弦长 c_t 与机翼翼根弦长 c_t 的比值，用符号 λ 表示。有时候采用根梢比来表示，是梢根比的倒数。梢根比表示机翼翼尖到翼根的收缩度，矩形机翼的梢根比等于1，梯形机翼的梢根比小于1，三角形机翼的梢根比等于0。

以上这 4 个参数的合理选择对机翼的气动特性有重要影响，并进一步影响全机性能。通常与飞机重量归为一个相对参数——翼载；机翼展弦比、梢根比和后掠角的选择则是机翼气动布局设计的重要内容。

机翼面积是整个固定翼无人机气动力数据的参考物，而气动力数据则是无人机进行详细设计的基础。在高速巡航状态下，机翼面积影响巡航升力系数，进而影响巡航效率；在低速状态下，机翼面积影响无人机的翼载，进而影响飞机低速性能；同时，机翼面积的大小，还影响机翼的内部布置和机翼的结构重量。

展弦比的大小对固定翼无人机飞行性能有明显的影响。展弦比增大时，机翼的诱导阻力会降低，从而可以提高无人机的机动性和增加亚音速航程，但波阻就会增加，以致会影响超音速飞行性能，所以长航时固定翼无人机飞机一般选用大展弦比机翼。

除了以上 4 个关键参数之外，机翼参数还包括后掠角、上反角、扭转角、安装角等。

（1）后掠角，一般是机翼 1/4 弦线与机身横轴之间的夹角，用符号 Λ 表示，它表示机翼的平面形状向后倾斜的程度，如图 2.11 所示。除此之外，航空界还有前缘后掠角、后缘后掠角和 1/2 弦线后掠角概念。通俗上讲，后掠角可以认为是机翼与机身之间的夹角，目的是提高飞行临界马赫数。

（2）上反角，是指机翼基准面和水平面的夹角，如图 2.11 所示。当机翼有扭转时，则是指扭转轴和水平面的夹角。低速机翼采用一定的上反角改善横向稳定性。一般是下单翼与上反角的组合，或上单翼与下反角组合。当上反角为负时，即为下反角。一般上反角在 $-7° \sim 3°$。

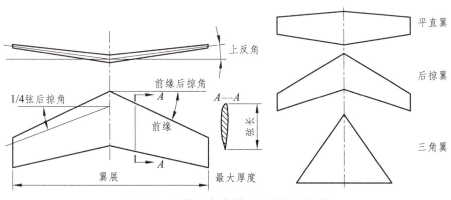

图 2.11　机翼几何参数和三种基本机翼

（3）扭转角，是指翼根弦线与翼尖弦线的夹角，通常将翼梢相对翼根向下扭转。扭转的目的是使翼梢迎角减小，以防止翼梢先失速。这里指的扭转为几何扭转，后面也会提及气动扭转（不存在扭转角）。

（4）安装角，是指机翼翼根弦线与机身轴线之间的夹角，即为翼根的安装角。如果机翼存在几何扭转，代表着翼根的安装角与翼尖的安装角不一样。

2.2 低速空气动力特性

作用在飞行器上的空气动力与相对运动速度有很大关系，飞行器周围空气的运动使得沿整个流场的压力和速度发生变化。无人机在大气中飞行时，不同的飞行速度范围，空气动力各有不同的特点。这里主要讨论低速时（$v<0.3Ma$）的空气动力特性。

在低速流动中，可以将流场视为：

（1）理想流体，此时不考虑流体黏性的影响。

（2）不可压流体，此时不考虑流体密度的变化。

（3）绝热流体，不考虑流体温度的变化。

此时，在理论上，根据第 1 章知识，采用连续性方程分析流速与流管截面积的关系；利用伯努利方程确定流速与压力之间的关系。

2.2.1 升力特性

升力是支撑无人机在空中飞行的空气动力。相对气流流过无人机产生总空气动力，垂直于飞行速度方向的分力叫升力，克服无人机的重力，将无人机托在空中使其自由翱翔。平行的分力叫阻力，阻碍无人机的飞行，如图 2.12 所示。

图 2.12　无人机受到的力

1. 升力产生的原理

由于机翼上下翼面气流存在速度差、气压差，从而产生升力。机翼上下翼面速度差的成因解释较为复杂，只有理解了翼型产生升力的机理，才能进一步理解机翼升力产生的原理。航空界常用二维机翼理论，主要依靠库塔条件、绕翼环量、库塔-茹科夫斯基定理和伯努利定理来解释升力产生的原理。

根据科学出版社出版的《空气动力学》在无黏流条件下的认知，解释升力产生的原理都有一定的局限性。目前还没有一种观点能够令人满意地解释翼型产生升力的原因。实际上，各理论适应于翼型扰流不同的区域，如图 2.13 所示。

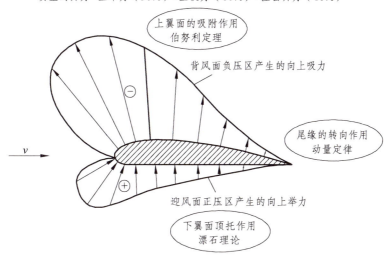

翼型的升力=上举力（30%）+上吸力（60%）+撞击升力（10%）

上翼面的吸附作用
伯努利定理

背风面负压区产生的向上吸力

尾缘的转向作用
动量定律

迎风面正压区产生的向上举力

下翼面顶托作用
漂石理论

图 2.13　基于理想流体的翼型扰流各理论适应性

19 世纪初，流体力学环量理论彻底改变了人们的传统观念。升力产生的原理就是因为绕翼环量（附着涡）的存在导致机翼上下翼面流速不同压力不同，方向垂直于相对气流。

为了确定翼型升力，1902 年德国数学家库塔和 1906 年俄国物理学家茹科夫斯基，将有环量圆柱绕流升力计算公式推广到任意形状物体的绕流。对于任意形状物体的绕流，只要存在速度环量，就会产生升力，升力方向沿着来流方向按反环量旋转 90°，后人称为库塔-茹科夫斯基升力环量定律（图 2.14）。

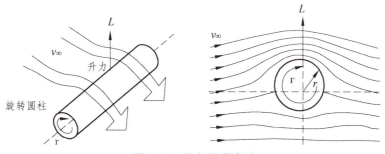

图 2.14　升力环量定律

2. 压力中心

机翼升力实际上是一个合力，其作用点叫作压力中心（Center of Pressure，CP）。压力中心是气动力合力与翼弦的交点。

对称翼型和非对称翼型在不同迎角下的压力中心位置如图 2.15 所示。其中，对称翼型的零升力压力中心如图 2.15（a）所示；对称翼型的正升力压力中心如图 2.15（b）所示；外凸形非对称翼型的零升力压力中心如图 2.15（c）所示；外凸形对称翼型的正升力压力中心如图 2.15（d）所示。

如图 2.15（a）和（b）所示，对称翼型上下翼面的正负压力方向相反且在同一作用点上，虽然随着迎角变化会引起升力变化，但也不会产生额外俯仰力矩，所以压力中心不变。如图 2.15（c）和（d）所示，非对称翼型上下翼面的正负压力方向相反，但不在同一作用点上。

在小于临界迎角范围之内，随着迎角增加，压力中心会前移；反之随着迎角减小而后移。所以，这种特性造成 CP 很难用于气动分析。

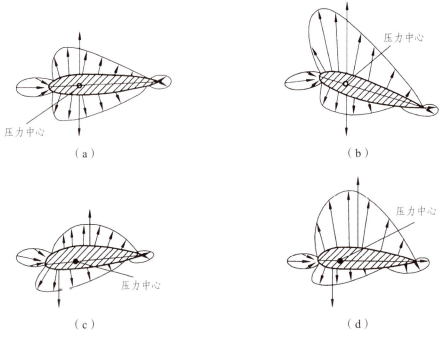

图 2.15　压力中心位置（对称翼型、非对称翼型）

在一定雷诺数下，当翼型迎角改变时，翼型所受到的空气动力对于此点的合力矩不变，那么这一点就称为该翼型在当前雷诺数下的气动中心（Aerodynamic Center，AC），又称为焦点。低速飞行情况，飞行器的焦点位置不随迎角改变而变化，大概位于平均弦长的 25% 处；而高速飞行时，焦点位置约在平均弦长的 50% 处。

气动中心与压力中心不同：焦点主要用于研究飞行器稳定性和操纵性的，而研究气动力采用压力中心。压力中心是力系合成到一个特殊点时，使得这个点的合力矩为零的点，压力中心在气动中心的后面，而气动中心是使得合力矩不变的点。压力中心的位置随着迎角的改变而改变，当迎角增大，升力增大，压力中心前移，这同时使得压力中心与气动中心的距离缩短，增大的升力与缩短力臂乘积刚好是不变的力矩，这也正是气动中心的定义所要求的。

3. 升力特性

升力特性是在各种不同迎角下所产生的升力系数、阻力系数和力矩系数的变化规律。这里重点介绍二维翼型和三维机翼的升力特性。

NACA 4412 翼型在 $Re = 9 \times 10^6$ 时的升力特性曲线，如图 2.16 所示。升力特性曲线表达了升力系数随迎角变化的规律，可以看出：

① 当 $\alpha < \alpha_{cr}$，升力系数随迎角增大而增大。在中小迎角时，呈线性变化，从 O 点到 A 点；在较大迎角时，呈非线性变化，从 A 点到 B 点。

② 当 $\alpha = \alpha_{cr}$，升力系数为最大，即 B 处。

③ 当 $\alpha > \alpha_{cr}$，升力系数随迎角的增大而减小，进入失速区，从 B 到 C 处，包括更大迎角。

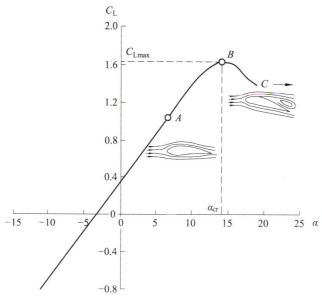

图 2.16 升力特性曲线

（1）零升迎角。

零升迎角是升力系数为零时的迎角，用 α_0 表示。

对于对称翼型，零升迎角 $\alpha_0 = 0$，这是因为当迎角为零时，机翼上下翼面的流线形状完全对称，压力差为零，所以升力系数为零。

对于非对称翼型，在迎角为零时，机翼上翼面的流线向上弯曲，与下翼面流线形状不同，存在一定压力差，所以此时 $C_L > 0$，所以非对称翼型的零升迎角为较小的负值。

零升迎角只与中弧线形状有关。相对弯度增加，零升迎角减小。零升迎角还与增升装置有关，放襟翼或有地面效应，零升迎角减小。

（2）临界迎角和最大升力系数。

升力系数曲线最高点对应的升力系数为最大升力系数，用 C_{Lmax} 表示，所对应的迎角为临界迎角，用 α_{cr} 表示。最大升力系数是决定飞机起飞和着陆性能的重要参数。对于相同的重量，C_L 越大，所对应的速度就越小，这样可以缩短飞机的起飞滑跑距离和着陆滑跑距离，提高飞机的起飞和着陆性能。同时，飞机在临界迎角处获得最大升力系数，再增加迎角，升力系数突然下降，飞机的升力就不足以平衡重力，从而进入失速，不能保持正常的飞行状态。

（3）升力系数斜率。

升力系数曲线斜率是影响飞机操纵性和稳定性的重要参数。升力系数曲线斜率与翼型、雷诺数有关。在迎角较小时，升力系数基本上是迎角的线性函数，升力系数变化曲线是一条斜直线。升力系数斜率可以由实验确定，也可以由下式估算。

$$C_L = C_L^{\alpha} \cdot (\alpha - \alpha_0) \Rightarrow C_L^{\alpha} = \frac{C_L}{\alpha - \alpha_0} \tag{2.1}$$

如果已知二维翼型的升力系数 C_l，可以表示为无限长机翼，则有限长三维机翼的升力系数为

$$C_L = \frac{C_l}{1 + \dfrac{2}{AR}} \tag{2.2}$$

任意平面形状机翼的升力系数斜率可以通过对椭圆翼升力系数斜率修正得到。有限椭圆翼的升力系数斜率表示为

$$C_{\mathrm{L}}^{\alpha} = \frac{2\pi}{1 + \dfrac{2}{AR}}$$ （2.3）

可以看出，展弦比越大，升力系数斜率越大，当 $AR \rightarrow \infty$，机翼为无限长机翼时，升力系数斜率接近 2π。对于薄翼而言，升力系数斜率也为 2π。椭圆翼如果迎角改变 1°，则升力系数斜率变化为 0.109 6；再如 NACA 23012 翼型的升力系数斜率为 0.105/（°）。

4. 升力公式

为了确定翼型升力，1902 年德国数学家库塔和 1906 年俄国物理学家茹科夫斯基，将有环量圆柱绕流升力计算公式推广到任意形状物体的绕流。由满足库塔条件所产生的绕翼环量导致了机翼上表面气流向后加速，由伯努利定理可推导出压力差并计算出升力，这一环量最终产生的升力大小亦可由库塔-茹科夫斯基方程计算（适用于不可压缩流体），所以升力公式可以表示为

$$L = \rho \cdot v \cdot \Gamma$$ （2.4）

上式表示升力等于空气密度与气流流速 v 和环量值 Γ 的乘积。其中，环量是流体的速度沿着一条闭曲线的路径积分，即 $\Gamma = \oint_C v \cdot \mathrm{d}s$，环量的量纲是长度的平方除以时间。这一方程同样可以计算马格努斯效应的气动力。

相对气流以一定角度流经翼型后会产生气流偏转，翼型前方为气流上洗而后方为气流下洗，见图 2.17 所示。这种流场变化就像在机翼原位置放置一个顺时针的空气柱，即"附着涡"，这样涡导致气流的偏转、上洗和下洗，与真实机翼造成的效果非常相似，涡的旋转速度大小将决定产生多大的作用力。涡旋转速度越大，代表涡强越大，产生的升力越大。

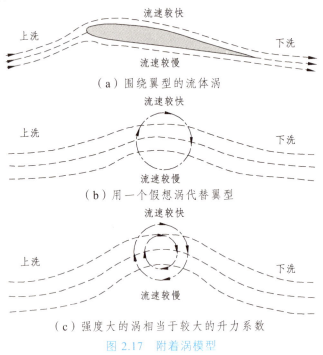

（a）围绕翼型的流体涡

（b）用一个假想涡代替翼型

（c）强度大的涡相当于较大的升力系数

图 2.17　附着涡模型

由于采用顺时针旋转的附着涡作为替代模型,可以得到与风洞实验一致的结论,即上翼面的流速增加,而下翼面的流速减慢。附着涡模型的主要价值在于,使得流经翼型的流动可以通过理想环流的涡强进行计算,升力公式(2.4)就是采用环量得到的。

不过以上理论仅适用于亚音速(更准确地说是 $Ma<0.3$),在超音速飞行时由于空气是可压缩的,伯努利定理不成立,此时无环流运动,升力主要靠机翼上下表面的激波所导致的压力差产生。当飞机以一定迎角在超音速流中飞行时上表面前端处与来流成一个凸面,形成膨胀波,气流流过膨胀波时压力下降,而下表面与来流形成一个凹面,导致激波,气流流过激波时压力增加。因此上表面压强小,下表面压强大,产生升力。

固定翼无人机的升力绝大部分是由机翼产生,尾翼通常产生负升力,飞机其他部分产生的升力很小,一般不考虑。机翼升力的产生主要靠上表面吸力的作用,而不是靠下表面正压力的作用,一般机翼上表面形成的吸力占总升力的 60% ~ 80%,下表面的正压形成的升力只占总升力的 20% ~ 40%。所以不能认为飞机被支托在空中,主要是空气从机翼下面冲击机翼的结果。

固定翼无人机的升力公式可以表示为

$$L = C_{\mathrm{L}} \cdot \frac{1}{2} \rho v^2 \cdot S \qquad (2.5)$$

或

$$L = C_{\mathrm{L}} \cdot q \cdot S$$

式中 C_{L}——升力系数,表明了机翼迎角、翼型等因素对整机升力的影响,按照惯例通常仅由机翼决定;

$\frac{1}{2} \rho v^2$——飞机的飞行动压,一般用 q 表示;

S——机翼面积。

便于分析和应用,在空气动力学中常用无量纲系数来表达各气动参数,如升力系数、阻力系数、力矩系数等。这里二维翼型和三维机翼的升力系数分别表示为

$$C_{\mathrm{l}} = \frac{L}{\frac{1}{2} \rho v^2 \cdot c} \qquad (2.6)$$

$$C_{\mathrm{L}} = \frac{L}{\frac{1}{2} \rho v^2 \cdot S} \qquad (2.7)$$

要注意,整机或机翼的升力系数 C_{L} 与翼型的升力系数 C_{l}(风洞实验数据)有区别,不能混淆。真实机翼的升力系数不可能从翼型风洞实验数据进行简单转换得到,原因是翼尖涡造成升力系数沿着机翼展向出处不同。所以,这里所理解的整机或机翼升力系数其实是一个近似平均值。

其实,机翼的升力是由上下翼面的压力差产生的,想要了解机翼各部分在产生升力时的贡献多少,就要弄清楚机翼表面的压力分布状态,一般通过风洞实验或数值模拟方法获得压力分布图进行研究分析。

经过分析可知，机翼产生升力是通过上下表面的压力差，即"下顶上吸"的作用实现的。机翼上翼面气流的吸力区明显大于下翼面气流的正压区，所以机翼产生升力主要是利用上翼面的吸力作用。

这里引入压力系数 C_p 表示压力分布，公式为

$$C_p = \frac{p - p_\infty}{\frac{1}{2}\rho v^2} \tag{2.8}$$

式中　p_∞——远前方气流的压强。

根据伯努利方程，对于不可压缩气流，物面压力系数可由物面近区的速度分布表示。则压力系数可进一步写成：

$$C_p = \frac{\left(\frac{1}{2}\rho v_\infty^2 + p_\infty - \frac{1}{2}\rho v^2\right) - p_\infty}{\frac{1}{2}\rho v_\infty^2} = 1 - \left(\frac{v}{v_\infty}\right)^2 \tag{2.9}$$

式中　v——机翼表面某点的流速；

　　　v_∞——来流速度。

5. 升力的影响因素

（1）机翼面积。

机翼面积越大，则机翼上、下表面压力差的总和越大，所以升力也就越大。升力与机翼面积成正比。

机体重力与机翼面积的比值为翼载（W/S）。无人机水平飞行时，或其他稳定飞行状态情况下，如果姿态角不大，这时 $W/S = L/S = C_L \cdot \frac{1}{2}\rho v^2$。当迎角一定时，飞行速度取决于翼载，如机翼面积增加，相同机重下，则需要减小飞行速度来保持飞行。

（2）翼型。

翼型不同所产生的流线谱也就不同，因此所产生的升力也就不同，影响翼型的参数包括翼型相对厚度、最大厚度位置和翼型弯度。

翼型相对厚度：相对厚度大，机翼上表面的弯曲程度也大，空气流过机翼上表面流速增快，压力降低很多，升力增大。

最大厚度位置：最大厚度位置靠前，机翼前缘势必弯曲厉害，导致流管在前缘变细，流速加快，吸力增大，升力增加。

相对弯度：在厚度相同情况下，相对弯度大，表明上表面弯曲比较厉害，流速大、压力低，所以升力较大。在相同迎角下平凸型翼型比双凸型翼的升力大，对称型翼型升力最小。

（3）迎角。

在一定迎角范围内，迎角增大，升力增大。机翼的升力随迎角增大而增加，这是因为随着迎角的增大，在翼型上表面的前部流线更加弯曲，流管更细，使流速进一步加快，压力降低更多，机翼下表面则阻挡气流的作用更大。流管变得更粗，流速更减慢，压力提高更多，

上下表面的压力差更大，因而升力增大。

但是迎角增加超过一定数值时，气流在上翼面的中后部严重分离，大量的旋涡占据了机翼上表面的吸力区。随着涡流区的扩大，吸力减少，升力会突然降低，阻力迅速增加，这种现象被称为"失速"。失速刚刚出现时的迎角叫作"临界迎角"，也叫"失速迎角"，此迎角一般为15°～20°。飞机不能以大于或接近临界迎角的迎角飞行，如果飞机陷入失速，飞机会进入螺旋状态，从而发生高度迅速降低的现象，如果操纵不当，可能发生严重的后果。

（4）雷诺数。

雷诺数体现了气体流动黏性的影响程度，可以看出，雷诺数对升力系数斜率影响很小，但对最大升力系数有明显的影响。随着雷诺数的增加，临界迎角和最大升力系数均增大，如图 2.18 所示，因为雷诺数越大，黏性的影响就越小，延缓气流分离。

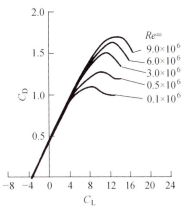

图 2.18　雷诺数对升力特性的影响

（5）展弦比。

展弦比对升力特性的影响绘制在图 2.19 中。可以看出，展弦比对零升迎角没有影响，它几乎完全取决于机翼弯度。一方面，大展弦比机翼的升力系数斜率比低展弦比机翼大。对于低展弦比和大下洗的情况，为了获得相同的升力系数，必须采用更大的几何迎角。另一方面，由于机翼失速主要取决于边界层流动，因此大展弦比和中展弦比的最大升力系数几乎相同。

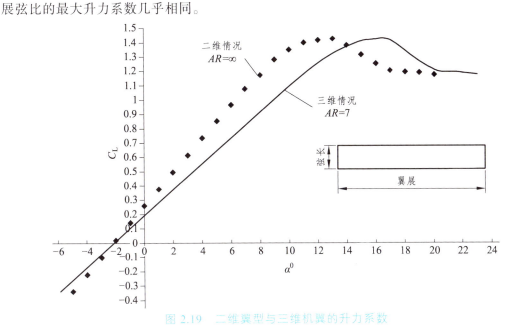

图 2.19　二维翼型与三维机翼的升力系数

展弦比无限大的机翼（二维机翼情况）将具有最大可能的升力系数斜率，如图 2.20 的点画线。实际的升力系数斜率依赖翼型，一般而言，许多翼型在低雷诺数下具有更陡的升力系数斜率，超过 0.11/（°），这使得大展弦比机翼的俯仰操纵更灵敏。飞行器低速飞行中，外界突风会轻易改变几度迎角，甚至更容易造成飞行器丧失升力，这主要原因是迎角接近零升迎角或失速迎角。从图 2.20 中显示，大展弦比机翼的失速迎角较小，因此可使用的迎角范围较小。

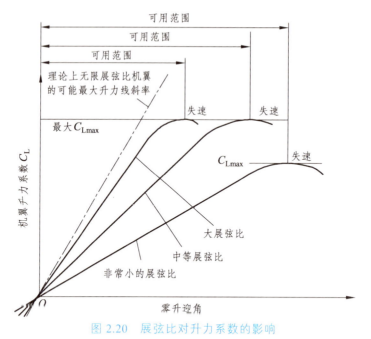

图 2.20　展弦比对升力系数的影响

根据矩形翼的风洞测试数据可知，展销比小于 1.25 的机翼，升力曲线呈现很强的非线性，其特征是具有很大的失速迎角和非线性升力线斜率。反之，展弦比越大，升力和迎角之间的线性关系越好。

2.2.2　阻力特性

阻力是阻碍无人机前进的空气动力，其方向与运动方向相反，与相对气流方向一致。在低速飞行中，总阻力可以按照其形成的原因分为两大类，包括废阻力和诱导阻力。其中，诱导阻力的产生与升力相关；废阻力又叫作寄生阻力，它的形成与空气的黏性相关，由摩擦阻力、压差阻力和干扰阻力组成，其中摩擦阻力和压差阻力又可以被称为型阻。在高速飞行时，飞行器还会产生激波阻力。

1. 摩擦阻力

空气流过机翼时，由于紧贴着无人机表面的空气受到阻碍作用流速降低到零，就像粘在机体表面随着无人机一同运动一样，这是由于流动的空气受到了机翼表面给它的向前的力的作用结果。由作用力与反作用力定律可知，这些速度减慢的空气也必然会给机翼一个反作用力，这个反作用力就是摩擦阻力。

摩擦阻力的大小受到附面层类型的影响，层流附面层的摩擦阻力相对较小。而摩擦阻力在总阻力构成中所占比例较大，那么，控制附面层保持在层流状态就可以减小总阻力。所以可以根据这一性质，设计出层流翼型，可以有效控制附面层保持层流状态。

另外，摩擦阻力大小还受到空气与飞机的接触面积和飞机表面粗糙程度的影响。飞机表面积越大，摩擦阻力越大；飞机表面越粗糙，摩擦阻力越大。

2. 压差阻力

气流在流经机翼之后，在机翼的上翼面后缘部分首先出现附面层分离，形成涡流区，压强减小；气流流经机翼前缘，气流受阻压力增加，这样就在机翼前后缘形成压力差，其方向与飞机飞行方向相反，就是压差阻力。

压差阻力大小与机翼迎角相关。由于分离区内的空气压强几乎相等，且等于分离点处的压强，所以当机翼迎角增加分离点不断前移向最低压力点靠近的过程中，分离点处以及气流分离区内的压强也在不断降低。所以迎角增加，分离点越向前移动，机翼前缘和分离区的压力差越大，压差阻力越大。

同时，压差阻力的大小也与迎风面积和形状相关。物体迎风面积越大，前方气流流动受阻程度加剧，压强增加较多，使得物体前后压差增加，增大压差阻力，所以流线型物体的压差阻力较小。例如，在固定式起落架外安装流线型的整流罩就可以有效减小其形成的压差阻力。

除机翼外，机身、尾翼等其他部位也会在飞行中产生压差阻力。

3. 干扰阻力

飞机上的各部件，包括机翼、机身和尾翼等，各自都会产生一定的阻力，在将各部件组装成一个完整的飞机时，产生的总阻力将大于其各自单独的阻力之和。这就说明各部件气流运动时产生相互干扰，出现干扰阻力。

机翼安装在飞机机身上部时，可忽略干扰阻力影响；安装在机身中部时影响不大；安装在机身下部时影响最大。干扰阻力在飞机总阻力中所占比例较小。

4. 诱导阻力

对于有限翼展的机翼而言，由于翼尖涡的诱导，导致气流下洗，在平行于相对气流方向出现阻碍飞机前进的力。这种由于产生升力而诱导出来的附加阻力称为诱导阻力。可以说，诱导阻力是为产生升力而付出的一种"代价"。

正常飞行时，下翼面的压强比上翼面大，由于机翼翼展有限，在上下翼面压强差的作用下，下翼面的气流就会绕过翼尖流向上翼面，就使下翼面的流线由机翼的翼根向翼尖倾斜，上翼面反之，如图 2.21 所示。

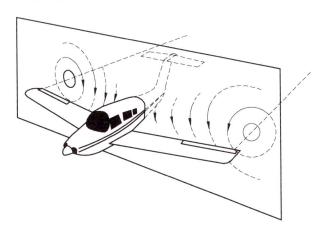

图 2.21 翼尖涡的运动方向

由于上、下翼面气流在后缘处具有不同的流向，于是就形成旋涡，并在翼尖卷成翼尖涡，机翼上产生的升力越多，翼尖涡也就越强。翼尖涡向后流即形成翼尖涡流。

翼尖涡可以产出附体涡延续，因为附体涡不能在机翼端头处立即停止，可以假定附体涡翻转 90°形成 U 形或马蹄涡，在翼尖后面形成顺气流减弱的涡，两个涡系之间的有效翼展小于几何翼展，如图 2.22 所示。在机翼下游，用马蹄涡来计算和分析机翼的气动力和流场可以得到较好的结果。

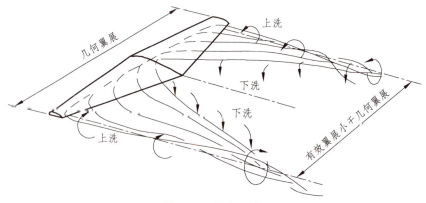

图 2.22 翼尖涡流

由于翼尖涡的作用，在翼展范围内，诱导出一个向下的速度场，使气流在压着机翼向后运动的同时向下运动，称为下洗速度 ω。由翼尖涡流产生的下洗速度，在两翼尖处最大，向中心逐渐减少，在中心处最小。相对气流 v 从远前方流到机翼位置，将会与下洗速度合成一个倾斜向下的速度 v'，称为下洗流，其方向就是实际流过机翼剖面的相对气流方向。

在日常生活中，也可观察到翼尖涡流的现象。例如，大雁南飞（图 2.23），常排成人字或斜一字形，领队的大雁排在中间，而幼弱的小雁常排在外侧。这样使得后雁处于前雁翅梢处所产生的翼尖涡流之中。翼尖涡流中靠翼尖内侧面，气流向下，靠翼尖外侧，气流是向上的即上升气流。这样后雁就处在前雁翼尖涡流的上升气流之中，有利于长途飞行。

图 2.23 大雁成群结队飞行队形

在下洗流和相对气流速度之间的夹角叫作下洗角，用α_i表示，如图 2.24 所示。下洗流和翼弦之间的夹角称为有效迎角，用α_e表示。有效迎角等于迎角与下洗角的差值，即$\alpha_e = \alpha - \alpha_i$。

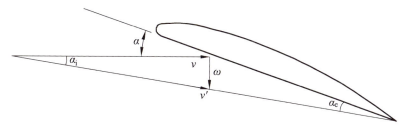

图 2.24　下洗流和有效迎角

所以，对于有限展长机翼，由于存在翼尖涡和下洗速度场，导致总空气动力向后倾斜，即其总空气动力出现了沿飞行速度方向（即远前方相对气流方向）的分量，这增加的阻力即为诱导阻力，如图 2.25 所示。

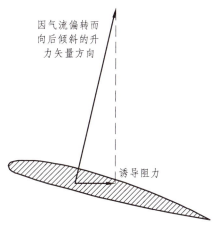

图 2.25　诱导阻力的产生

诱导阻力的大小和机翼的平面形状相关，椭圆翼的诱导阻力最小，矩形翼的诱导阻力最大。同时，诱导阻力的大小受到机翼展弦比的影响。在机翼面积相同时，展弦比小的机翼平面形状是翼展较小、翼弦较大。在产生相同升力的情况下，翼尖位置的升力所占比例更大，导致翼尖涡增强，使翼展范围内平均下洗速度提高，增加诱导阻力。所以展弦比越大，诱导阻力越小。

减小诱导阻力对高空长航时无人机以及大型飞机具有重要意义。早在 20 世纪 20 年代，Munk 等人对翼型的诱导阻力进行了理论研究。20 世纪 50 年代，Robert 等人基于 Munk 的理论研究了在给定机翼的诱导阻力与机翼沿展向升力分布之间的关系。

诱导阻力在巡航时约占总阻力的 40%，在爬升时会占总阻力的一半还多，有时达 70%。根据 Breguet 关系式，诱导阻力的减小可以提高升阻比，降低燃油消耗率，从而增加航程，降低飞行成本。因此，降低诱导阻力是固定翼无人机研制的关键技术。

5. 阻力公式

在低速飞行中，阻力的形成方式有两种：一种是空气黏性所引起的废阻力，包括了摩擦阻力、压差阻力和干扰阻力；另一种是由飞机产生升力，从而形成的诱导阻力。废阻力与诱导阻力之和就是低速飞行中的总阻力。

可以通过阻力公式对阻力的大小进行计算。

$$D = C_D \cdot \frac{1}{2} \rho v^2 \cdot S \qquad (2.10)$$

其中，C_D 阻力系数，综合地表达了机翼迎角、机翼形状和表面质量对阻力大小的影响。所以，飞机阻力与阻力系数、飞行动压和机翼面积成正比。

则二维翼型和三维机翼的阻力系数分别为

$$C_d = \frac{D}{\frac{1}{2} \rho v^2 \cdot c} \qquad (2.11)$$

$$C_D = \frac{D}{\frac{1}{2} \rho v^2 \cdot S} \qquad (2.12)$$

6. 阻力特性

阻力特性曲线反应了阻力系数随迎角的变化趋势，横坐标为迎角 α，纵坐标为阻力系数 C_D，如图 2.26 所示。

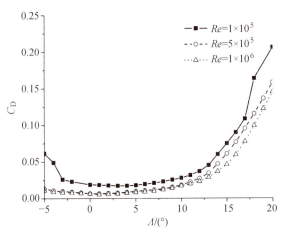

图 2.26　阻力特性曲线

从图 2.26 可以看出，阻力系数随迎角的增加而增大，特别是超过临界迎角，阻力系数急剧增加。

（1）在中小迎角处，飞行器的阻力主要表现为摩擦阻力，受迎角的影响较小，所以在中小迎角处，阻力系数随迎角变大而增加较慢。

（2）在迎角较大时，飞行器的阻力主要表现为压差阻力和诱导阻力，随着迎角增加，这两种阻力均变大，所以在较大迎角处，阻力系数随迎角变大而增加较快。

（3）在迎角接近或超过临界迎角时，由于机翼上翼面气流分离变得更为严重，导致压差阻力急剧增加，使飞机总阻力增速更快。

从图 2.26 中还可以看出，雷诺数对翼型和机翼性能有重要影响。

只要飞行器运动，就一定会产生阻力，所以阻力系数永远不能等于零。但阻力系数有一个最小值，即最小阻力系数，用 C_{Dmin} 表示，就是阻力特性曲线上纵坐标最小的点。

在中小迎角处，阻力公式可以用下式表示：

$$C_D = C_{D0} + A C_L^2 \qquad (2.13)$$

式中 C_{D0}——零升迎角时的阻力系数，即零升阻力系数。在数值上，最小阻力系数和零升阻力系数比较接近，所以一般可以认为零升阻力系数 C_{D0} 就是最小阻力系数 C_{Dmin}；

A——诱导阻力因子，大小与机翼形状相关，$A = \dfrac{1}{\pi \cdot AR \cdot e}$。

则，常用的阻力系数公式为

$$C_D = C_{D0} + \frac{1}{\pi \cdot AR \cdot e} C_L^2 \qquad (2.14)$$

式中 AR——展弦比；

e——Oswald 因子，经验公式为

$$e = 4.61(1 - 0.045 AR^{0.68})(\cos \Lambda_{LE})^{0.15} - 3.1 \qquad (2.15)$$

式中 Λ_{LE}——前缘后掠角。

2.2.3 升阻比特性

升阻比是相同迎角下，升力系数与阻力系数的比，用 K 表示，所以升阻比可以表示为

$$K = \frac{L}{D} = \frac{C_L \cdot \frac{1}{2}\rho v^2 \cdot S}{C_D \cdot \frac{1}{2}\rho v^2 \cdot S} = \frac{C_L}{C_D} \qquad (2.16)$$

升力系数和阻力系数均随迎角变化，所以升阻比的大小也随着迎角而改变。在低速飞行时，升阻比 K 是飞行的气动效率参数，升阻比越大，说明相同迎角下的升力系数比阻力系数大得越多，飞行器的空气动力性能越出色。

当 $K = K_{max}$，零升阻力系数等于诱导阻力系数，即 $C_{D0} = A \cdot C_L^2 = C_{Di}$。对应的迎角为最小阻力迎角。此时，总阻力为零升阻力系数的 2 倍，即 $C_D = 2C_{D0}$。

图 2.27 所示为典型的升阻比特性曲线，可以看出：

（1）从零升迎角开始，随着迎角增加，升力系数增速较快，而阻力系数增速较小，所以升阻比变大。

（2）迎角增加到最小阻力迎角时，可以获得最大升阻比；超过这一迎角，随着迎角增加，阻力系数的增速超过升力系数，所以升阻比开始减小。

（3）当迎角超过临界迎角后，再增加迎角，飞机进入失速区，升力突然减小，由于压差阻力的急剧增大，使升阻比迅速降低。

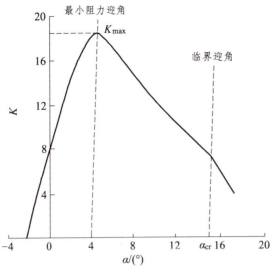

图 2.27　升阻比特性曲线

2.2.4　量纲分析

大量的风洞实验表时，影响翼型升力的主要物理量包括空气密度 ρ、飞行速度 v、空气的黏性系数 μ、音速 a、翼型弦长 c、厚度 t、弯度 f、翼型的迎角 α。写成函数关系为

$$L = f(\rho, \quad V, \quad \mu, \quad a, \quad c, \quad t, \quad f, \quad \alpha) \tag{2.17}$$

经过量纲分析，得到无量纲系数，则

$$C_l = f\left(Re, \quad Ma, \quad \frac{t}{c}, \quad \frac{f}{c}, \quad \alpha\right) \tag{2.18}$$

同样，对于阻力系数和力矩系数，则为

$$C_d = f\left(Re, \quad Ma, \quad \frac{t}{c}, \quad \frac{f}{c}, \quad \alpha\right) \tag{2.19}$$

$$C_m = f\left(Re, \quad Ma, \quad \frac{t}{c}, \quad \frac{f}{c}, \quad \alpha, \quad \frac{x_p}{c}\right) \tag{2.20}$$

式中　x_p——取矩的位置。

对于低速翼型绕流，空气的压缩性忽略不计，但必须考虑空气的黏性。因此，气动系数实际上是来流迎角和雷诺数的函数。对于高速流动，压缩性的影响必须考虑，因此马赫数也是其中的主要影响因素。

2.2.5　气流分离形态

基于低速附面层分离，可以进一步分析低速气流分离及其失速的原理及特点。

在气动研究中，习惯把 $Re < 1.1 \times 10^6$ 归于低雷诺数范围。在低雷诺数时，即使小迎角，机翼上翼面也会产生气流分离，称为气泡分离。

在大雷诺数下，根据实验研究表明，不同厚度的翼型会产生三种失速形式：后缘分离、前缘长泡分离和前缘短泡分离。具体如下：

1. 后缘分离（湍流分离）

对于较厚的翼型（如厚度在 12%以上），上翼面前段负压不是特别大，分离从上翼面后缘开始，随着迎角增加，分离点前移，同时升力系数增加，到达一定位置后，升力系数到达最大值，然后开始下降，如图 2.28（a）所示。后缘分离发展缓慢，流线谱变化连续，失速区变化缓慢，升力系数在临界迎角附近变化平缓，失速特性好。

这种气流分离一般对应的是厚翼型。

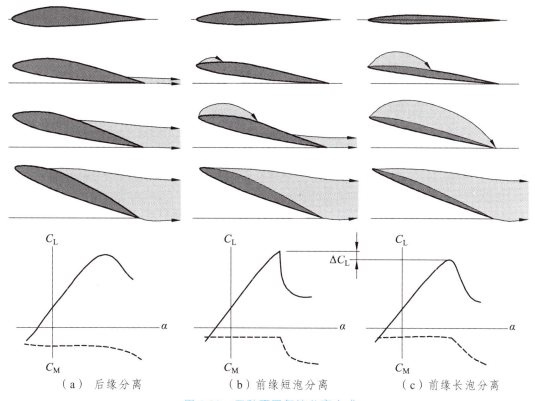

（a）后缘分离　　　　　（b）前缘短泡分离　　　　　（c）前缘长泡分离

图 2.28　三种不同气流分离方式

2. 前缘短泡分离（前缘分离）

对于中等厚度的翼型（6%～9%），前缘半径小，上翼面前段负压很大，从而产生很大的逆压梯度。当迎角不大时，就发生附面层分离。因为前缘较尖，吸力峰特别高，峰后逆压梯度过强，层流附面层很快转捩为紊流，产生分离气泡重新附着在翼面上，如图 2.28（b）所示。这种气泡很短，只有弦长的 0.5%～1%，随着迎角增加，气泡扩展拉长。拉长一定程度，气泡突然破裂，脱离翼面，升力系数突然下降。这种气泡出现，相当于换了翼型，升力系数斜率变小，随着气泡拉长升力系数斜率更小。

这种气流分离一般对应的是前缘半径小的翼型，这种翼型的最大升力系数小。

3. 前缘长气泡分离（薄翼分离，层流分离）

对于前缘半径很小的薄翼型，当迎角不很大时，在翼型前缘形成分离气泡。视翼型和雷诺数不同，前缘气泡有长泡和短泡之分，长泡只发生在很薄的翼型上，在雷诺数很大时，发生短泡分离的可能性很小。长泡开始时约占弦长的 2%～3%。超过临界迎角后失速时，升力系数随迎角的变化也较平缓，如图 2.28（c）所示。这种气流对应的翼型是较薄翼型。

可以看出，由于气流分离而造成失速的原因，大致可归纳为：

（1）上翼面的气流从驻点开始加速到最低压力点，这是顺压梯度阶段；然后减速、增压到后缘点处，这是逆压梯度阶段。随着迎角的增加，上翼面前缘处的吸力峰增加，逆压梯度增加，造成气流向后流动变得越来越困难，气流的减速现象越来越严重。

（2）翼面沿气流方向的附面层厚度增厚，层流逐渐变成紊流，当迎角增加到一定程度后，逆压梯度达到一定数值，气流无力顶着逆压减速而发生分离。

（3）在分离边界上，主流通过黏性的作用不断地带走分离区内的空气，分离区的气流从后面来填补，形成分离区气流的倒流。所以，分离点成了顺流和倒流的分隔点。

例如，在雷诺数 $Re = 250\,000$、马赫数 $Ma = 0.1$，对一种高空固定翼无人机上翼面确实会产生分离气泡，但一般不会形成机翼失速状态。当雷诺数增加到 $Re = 620\,000$、马赫数 $Ma = 0.6$ 时，上翼面甚至会产生激波。当迎角比较小时，即使马赫数不大，上翼面也会产生激波，激波与边界层相互干扰导致气流局部分离，产生激波分离，甚至激波失速。

固定翼无人机失速意味着机翼上产生的升力突然减少，从而导致飞行高度快速降低。固定翼无人机低速飞行阶段，机动能力弱，很容易产生由姿态改变而引发迎角的急剧增加。特别是在起降阶段，一方面处于低速飞行状态，容易产生失速；另一方面由于改变了构型和气动外形，使得无人机的操纵性和稳定性降低，驾驶员操控频繁复杂，容易产生状态的突然变化，即人机耦合振荡，从而引发失速。

在危险天气条件下的飞行，侧风、强对流、风切变等天气情况，会使无人机的气动力发生显著的变化，操纵失误是引发的失速事故的一个重要原因。

动力不足也是导致飞机失速的重要原因，一方面由于动力不足速度难以增加，固定翼无人机的机动能力较弱，容易产生由于操作失误所引发的失速；另一方面，弱动力飞行时很容易产生速度的急剧衰减和能量的急剧损耗，无人机容易进入低速飞行状态。

2.2.6　失　速

飞行器设计过程中必须考虑具备飞行器良好的失速特性，这需要理解机翼气流分离机理、演变规律以及失速特性。

机翼上的气流分离有时候是无法避免的，这与机翼的几何形状有关系。机翼上的气流分离区开始的扩展位置与机翼的形状等因素有关，气流分离引起的涡流区扩展情况如图 2.29 所示。

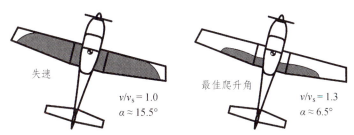

失速 $v/v_s = 1.0$ $\alpha \approx 15.5°$

最佳爬升角 $v/v_s = 1.3$ $\alpha \approx 6.5°$

图 2.29 机翼气流分离的演变过程

在巡航条件下，机体上不应该存在任何气流分离区，这对提高巡航效率是很有帮助的，因为气流分离是压差阻力增大的原因之一。如果飞行速度降低时，迎角将增大，气流分离区域开始形成并导致阻力增大。一旦飞行速度降低接近经济巡航速度（或最优爬升空速）时，分离区将在机翼中间翼展处和机翼机身连接处两个位置处形成。

但必须区分大迎角下机翼表面的气流分离与翼身连接处的气流分离，前者发生在超过临界迎角的大迎角时，后者在相对小的迎角时就会发生在机翼和机身连接处，由于空速突然增大，导致分离气泡过早产生。较大的空速使得翼身连接处形成了一个低压区，这将产生一个很大的逆压梯度，使来流流动减速并导致分离。由于分离气泡内部的压力小于周围大气压力，因此会增大飞机阻力。

若飞行速度进一步降低，如降至最优爬升空速时，机翼和翼身连接处两个分离区会合并为一个分离区。当飞机接近失速时，机翼表面的分离区域越来越大。飞机完全失速时，机翼表面气流大部分发生分离，但如果翼梢处仍未失速，则飞机仍具有滚转稳定性。

良好的失速特性有助于提高飞行安全性。飞机在失速时常向左或向右滚转，可能进入尾旋状态。若飞机离地面较近时由失速进入尾旋，则由于没有足够的时间（或高度），不论飞机的尾旋恢复特性多么好，或者驾驶员驾驶技术多么娴熟，一般都无法避免坠毁。

机翼平面形状对失速发展的影响如图 2.30 所示，如果考虑翼型和机翼扭转的影响，则结果会更加复杂，翼型、展弦比、梢根比甚至表面粗糙度都会对失速发展产生影响。这些影响包括失速发展时的非对称性、初始流动分离区域、间歇性失速和完全失速。这表明对于每种机翼布局，都必须基于其几何特征来评估失速特性。

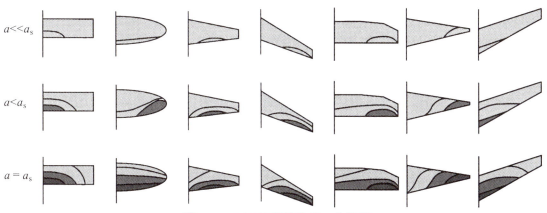

图 2.30 不同机翼的失速区的扩展

对于平直翼而言，失速是从翼根开始，往翼尖部位拓展，这反而对飞机横侧操纵有利。

在这个阶段的飞行过程中，飞机可能进入不稳定的飞行状态中，左右机翼开始出现升力的不平衡现象。

后掠翼具有翼尖先失速的特点，原因有两方面。一方面，在机翼上表面的翼根部分，因翼根效应，平均吸力较小；在机翼上表面的翼尖部分，因翼尖效应，平均吸力较大。于是，沿翼展方向，从翼根到翼尖存在压力差。这个压力差促使附面层内的空气向翼尖方向流动，以致翼尖部分的附面层变厚，动能损失较多，容易产生气流分离。另一方面，由于翼尖效应，在翼尖部分的上表面前段，流管变细，吸力增大；而在上表面后段，流管变粗，吸力减小。于是，翼尖上表面的后缘部分与最低压强点之间的逆压梯度增大，这就增强了附面层内空气向前倒流的趋势，容易形成气流分离。由于上述两方面原因，当迎角增大到一定程度，机翼上表面的翼尖部分首先产生气流分离，形成翼尖先失速。

椭圆翼的失速方式是沿机翼后缘均匀分布，并且向机翼前缘同时移动。这是因为椭圆翼从翼根到翼尖有一个恒定的升力系数，表明椭圆翼局部同时达到失速迎角。椭圆翼除了制造工艺复杂难度大之外，在接近失速运行时，副翼的操纵效率较弱，而且在完全失速之前，几乎没有提前警告。

对于矩形翼而言，由于翼尖涡造成翼尖处气流下洗作用最强，翼根处气流下洗作用最弱，因此在同一个迎角下，翼根的有效迎角比翼尖的有效迎角大，所以翼根先失速，这种发展模式是由机翼根部的升力系数比翼尖的升力系数大得多造成的。机翼的下洗流经过尾翼将产生足够的自然失速抖动，同时直到失速前副翼都起作用。

由于梯形翼的升力分布与椭圆翼相似，因此失速区沿后缘均匀分布，并向前缘移动，但在翼根处比翼尖处的移动更快。这种机翼形状易于制造且非常有效。

翼尖先失速和翼根先失速的优缺点主要是从升力损失和操纵性两个层面考虑。从操纵性角度考虑，比较理想的失速特性是从翼根先失速，再向翼尖部位扩展。优点在于，位于翼尖部位的副翼可以有效地进行横侧操纵，翼根先失速可以提前发出失速警告，在失速时不容易产生机翼自转而进入螺旋状态。例如，平直翼可以通过机翼几何扭转或者气动扭转，让翼尖先失速。

一般而言，T 形尾翼高平尾布局的飞行器在正常飞行姿态下，由于平尾离机翼比较远，在正常飞行状况下，流过机翼气流作用于平尾引起的下洗和动压损失也较小，飞行比较平稳，并且可以获得很好的平尾和升降舵效率，但 T 形尾翼飞机在大迎角下比较容易出现深失速问题，容易造成严重飞行事故。

所谓深失速，就是飞机失速后，迎角自动增大，远超临界迎角的某一迎角被紧锁，前飞速度急剧减少，下沉速度急剧增大的一种失速状态。

当飞机到达一定的迎角范围（深失速迎角范围）内，机翼失速后产生的尾流覆盖 T 形尾翼，如图 2.31 所示，从而导致升降舵效率降低，这就使失速改出变得非常困难。在深失速状态下，即使驾驶员推杆到底，升降舵下偏最大，也很难使飞机迎角减小而退出深失速状态。

深失速现象不仅在有人驾驶飞行器上产生，在无人机上也可能产生。为了避免深失速，最简单的解决方法是恢复低平尾的布局。为了提高正常飞行时安定面的气动效率，则需要将其面积增加（增大平尾的展长）或者增大平尾的上反角。

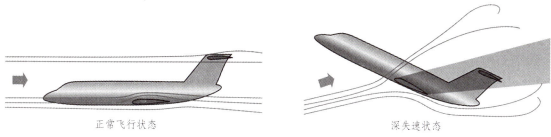

正常飞行状态　　　　　　　深失速状态

图 2.31　深失速

2.3　高速空气动力特性

空气流过固定翼无人机表面，由于流场中局部流速不一样，所以产生的气动力也不一样。空气虽是一种可压缩介质，但当流场中流速比音速小得多，如 $v \le 0.3Ma$ 时，由于流速变化引起压强变化而产生的密度变化不大，这时可以将空气当成不可压缩流来处理。本节所研究空气的流速 $v > 0.3Ma$，要考虑空气的压缩性影响后的机翼空气动力特性。

2.3.1　翼型的亚音速空气动力特性

前面讲的低速空气动力特性是建立在不可压缩假设条件下，这在低速飞行时与实际情况基本相符。但随着飞行 Ma 的增加，空气压缩性影响越来越显著，必须在低速空气动力特性的基础上，进行压缩性修正，从而得到亚音速空气动力特性。

1. 空气压缩性对压力系数的影响

在不可压气流中，由于 $\rho = c$，$AV = c$，翼型表面的压力系数分布仅取决于迎角和翼型，而与来流马赫数的大小无关。但在亚音速可压气流中，空气流过翼型表面，由于 $\rho \ne c$，$\rho AV = c$，从流线谱上可以看出，在负压区（吸力区），流速增加，根据动量方程 $\mathrm{d}\rho / \rho = -Ma^2 \cdot \mathrm{d}v / v$，密度减小；流管收缩处，截面积的减小就比不可压缩流少一些，流管收缩得小；反之，在流管扩张处，可压缩的流管比不可压缩的要少扩张一些，如图 2.32 所示。

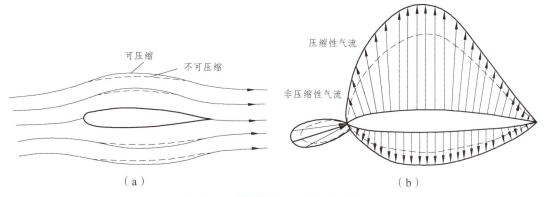

（a）　　　　　　　　　　　　（b）

图 2.32　翼型上的压力分布比较

亚音速流中密度变化和流管变化会影响到翼型上的压力分布。根据高速伯努利方程：

$$\frac{v^2}{2} + \frac{\gamma}{\gamma-1}\frac{p}{\rho} = \frac{v^2}{2} + 3.5\frac{p}{\rho} = c \tag{2.21}$$

可以看出，在负压区，由于流速增加，密度减小，压力会进一步降低，即"吸力更吸"。同理，在正压区，流速减慢，密度增大，压力会额外升高，即"压处更压"。

亚音速可压缩流动时，机翼翼型的压力系数分布规律不变，只是数值大小发生变化，即"量变"。且飞行马赫数越大，压缩性的影响越明显。或者说，亚音速来流中，翼面上压力系数分布规律是在原来低速不可压流的规律基础上"吸处更吸，压处更压，零处仍为零"。

普朗特对可压缩性问题进行了研究，提出普朗特-格莱渥（Prandtl-Glauert）修正公式（P-G公式），可以近似计算薄翼型机翼在中小迎角下的压力系数。

$$C_{p,c} = \frac{C_{p,ic}}{\sqrt{1-Ma^2}} \tag{2.22}$$

式中　$C_{p,c}$——可压缩气流中机翼表面的压力系数；

　　　$C_{p,ic}$——不可压缩气流中机翼表面的压力系数；

　　　Ma——飞行马赫数。

说明：文中下标 c 表示考虑压缩性；而 ic 表示不考虑压缩性。这意味着在可压缩流中翼型的压强系数相当放大了 $\frac{1}{\sqrt{1-Ma^2}}$ 倍，如图 2.33 所示。

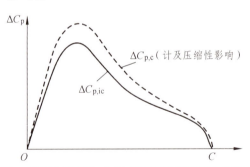

图 2.33　翼型表面压力分布（可压缩与不可压缩比较）

2. 翼型的亚音速空气动力特性

（1）马赫数增大，升力系数和升力系数曲线斜率增大。

根据普朗特-格莱渥（P-G）公式，因为亚音速时 $0 < Ma < 1$，$\sqrt{1-Ma^2} < 1$，所以，$|C_{p,c}| > |C_{p,ic}|$。然后，根据式（2.22）代入到升力公式，得

$$C_1 = \frac{C_{1,ic}}{\sqrt{1-Ma^2}} \tag{2.23}$$

以及，高速情况下的升力系数斜率公式为

$$C_1^{\alpha} = \frac{C_{1,ic}^{\alpha}}{\sqrt{1-Ma^2}} \tag{2.24}$$

这表明，在亚音速阶段，翼型的升力系数 C_1 和升力系数斜率 C_1^α 都随马赫数的增大而增大，放大的倍数为 $\dfrac{1}{\sqrt{1-Ma^2}}$。

例如，低速气流经过薄翼翼型表面某处的压力系数为 -0.3，升力系数为 $2\pi\alpha$，当来流速度增加到 $0.7Ma$，则此时的压力系数为 -0.42，升力系数变为 8.8α。

这里给出某飞机升力系数 C_L 随飞行马赫数变化曲线以及不同马赫数下的升力系数随迎角 α 的变化曲线，如图 2.34 所示。从图中可以看出，迎角一定，随马赫数增大，升力系数增大。随着马赫数的增大，尽管马赫数仍小于 1，但翼型的升力系数分别在某一马赫数下开始下降。其原因将在跨音速空气动力特性中讨论。

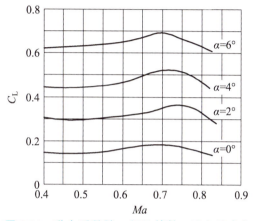

图 2.34 升力系数随飞行马赫数、迎角的变化

（2）马赫数增大，临界迎角和最大升力系数减小。

正迎角时，飞行马赫数增大，翼型表面的压力系数虽都按 $\dfrac{1}{\sqrt{1-Ma^2}}$ 成比例增长，使机翼上表面的附加吸力增加，但各点附加吸力增加的数值却不同。在最低压力点附近，因流速增加得多，密度减小得多，附加吸力增加得就多；而在上表面后缘部分，流速增加得少，密度减小得少，所以额外吸力增加得少（图 2.35）。结果，随马赫数增大，后缘部分的压力比最低压力点处的压力大得更多，逆压梯度增大，导致附面层空气更容易倒流，这就有可能在比

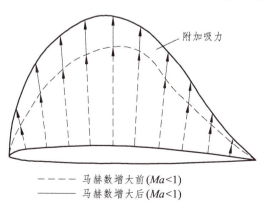

图 2.35 翼型的压力分布比较（马赫数增大前后）

较小的迎角下，出现严重的气流分离。所以，在亚音速范围内，临界迎角和最大升力系数一般随马赫数的增大而降低。

同理，飞机的抖动迎角和抖动升力系数一般也随飞行马赫数的增大而减小。在高空飞行，飞机的抖动表速会随高度升高而增大，这是因为随高度增加，相同表速时真速增大而音速降低，致使飞行马赫数增大，引起抖动迎角对应的升力系数降低的缘故。

（3）马赫数增大，型阻系数基本不变。

随马赫数增大，一方面，前缘压力额外增加，压差阻力系数增大，但增大有限。另一方面，飞行马赫数增大是因为气流速度大或音速小，而音速小说明温度低，空气的黏性系数小，空气微团的黏性力小，从而使摩擦阻力系数减小，但减小也有限。一般压差阻力系数的增大与摩擦阻力系数的减小大体相抵，结果是机翼型阻系数基本不随飞行马赫数变化。

考虑到诱导阻力是由于升力而产生的阻力，则针对有限翼展机翼的总阻力也应该增加 $\dfrac{1}{\sqrt{1-Ma^2}}$ 倍，而且沿着翼展方向的阻力不一样，翼尖处最大。

（4）马赫数增大，压力中心前移。

根据普朗特-格莱渥公式，亚音速飞行时，在空气压缩性的影响下，整个翼型表面各点的压力系数都增大为原来的 $\dfrac{1}{\sqrt{1-Ma^2}}$ 倍，各点的压力也都为原来的 $\dfrac{1}{\sqrt{1-Ma^2}}$ 倍，翼型表面的压力分布图的形状没有改变，所以，从理论上讲，翼型各处升力的合力的作用点——压力中心位置基本不变。

然而，在亚音速阶段，翼型压力中心位置实际上是随马赫数的增大而前移的。其实，普朗特-格莱渥只是一个近似公式，低亚音速下较准确，高亚音速就不准确了。更精确的理论计算表明，翼面上各点的压力系数并不为原来的 $\dfrac{1}{\sqrt{1-Ma^2}}$ 倍。两者之间的精确关系，可用由我国著名科学家钱学森和他的导师冯·卡门提出的卡门-钱公式进行计算。

卡门-钱公式是航空界第一次发现了在可压缩的气流中，机翼在亚音速飞行时的压强和速度之间的定量关系。当航空器飞行接近音速时，空气的可压缩性对机翼和机身升力的影响究竟有多大？卡门-钱公式回答了这个问题，这是空气动力学中的一项重大科研成果。

卡门-钱（Karman-Tsien，K-T）公式为

$$C_{p,c} = \dfrac{C_{p,ic}}{\sqrt{1-Ma^2} + \dfrac{Ma^2}{1+\sqrt{1-Ma^2}} \cdot \dfrac{C_{p,ic}}{2}}$$

或者

$$C_{p,c} = \dfrac{C_{p,ic}}{\sqrt{1-Ma^2} + \dfrac{1}{2}\left(1-\sqrt{1-Ma^2}\right) \cdot C_{p,ic}} \tag{2.25}$$

由于式（2.25）计算出的翼型压力分布，不仅在低亚音速是准确的，而且在高亚音速也是准确的，上式表明飞行马赫数越大的地方，$C_{p,c}$ 绝对值改变的倍数也越多。K-T 公式不像 P-G 公式那样，单纯增加翼型厚度，当 $C_{p,ic}$ 很小时，两者非常接近。式（2.25）更为

准确地表达了在上翼面前段，由于 $C_{p,ic}$ 绝对值较大，则马赫数的增大时 $C_{p,c}$ 绝对值增大的倍数多；而在后段，绝对值增大的倍数少。这样，随飞行马赫数的增大，压力中心就会逐渐向前移动。

除了卡门-钱公式可以进行空气压缩性修正之外，1951 年美国加利福尼亚大学的赖特（E.V. Laitone）用当地马赫数代替普朗特-格莱渥法则中的飞行马赫数，给出了一种新的压缩性修正方法。如果采用飞行马赫数，则 Laitone 公式为

$$C_{p,c} = \frac{C_{p,ic}}{\sqrt{1-Ma^2} + \frac{Ma^2}{\sqrt{1-Ma^2}}\left(1+\frac{\gamma-1}{2}Ma^2\right) \cdot \frac{C_{p,ic}}{2}} \qquad （2.26）$$

这个修正关系在推导中利用了标准的等熵关系 $p = C\rho^{\gamma}$ 关系，其与普朗特-格莱渥修正公式、卡门-钱修正公式的关系如图 2.36 所示。

2.3.2　翼型的跨音速空气动力特性

当飞行器高速飞行中，如果飞行马赫数小于 1 时，机翼表面的局部区域，有可能出现超音速气流并产生激波，这时，飞行器进入跨音速飞行阶段。跨音速飞行是指从飞行器表面某一点出现超音速气流到航空器的整体都在超音速流场中为止的飞行。

跨音速飞行的飞行器表面既有亚音速气流，又有超音速气流。从飞行速度讲，跨音速飞行的上限马赫数为 1.2 ~ 1.4，它的下限马赫数因航空器产生局部激波的速度不同而不同，一般在 0.7 ~ 0.9。

由于这种超音速气流和激波是在机翼表面的局部区域出现的，故称为局部超音速区和局部激波。局部超音速区和局部激波的出现，会显著改变翼型表面的压力分布，使翼型的空气动力特性发生急剧变化。

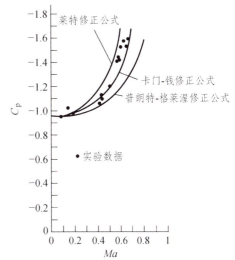

图 2.36　三种考虑空气压缩性的模型对比

1. 临界马赫数（Ma_{cr}）

飞行器以一定的速度做亚音速飞行时，空气流过翼型上表面凸起的地方，由于流管收缩，局部流速加快。局部流速加快，又引起局部温度降低，从而使局部音速减小。所以，当飞行速度增大时，上翼面最低压力点的气流速度随之不断增大，而该点的局部音速则不断减小。于是，局部流速与局部音速逐渐接近。

当飞行速度增大到某一速度时，翼型表面最低压力点的气流速度首先达到该点的局部音速，该点叫等音速点。此时的飞行速度叫临界速度 v_{cr}。飞行器以临界速度飞行时的飞行马赫数叫临界马赫数（或称为下临界马赫数）。显然，临界马赫数在数值上等于临界速度与飞机所在高度音速 a 的比值。

$$Ma_{cr} = \frac{v_{cr}}{a} \qquad （2.27）$$

当飞行马赫数小于临界马赫数时，翼型表面各点气流速度都低于音速，全流场为亚音速流，气流特性不发生质变；若飞行马赫数大于临界马赫数，翼型表面就会出现局部超音速区，并产生局部激波。在超音速区内，气流为超音速，其特性会发生质变。

因此，临界马赫数的大小，说明翼型上表面出现局部超音速气流时机的早晚，可以作为空气动力特性即将发生显著变化的标志。

根据等熵流动中的压力公式，当出现等音速点时，临界压力系数与来流马赫数之间的关系如下：

$$C_{p,cr} = f(Ma_{cr}) = \frac{2}{\gamma Ma_{cr}^2}\left[\left(2 \times \frac{1+\left[(\gamma-1)/2\right]^{Ma_{cr}^2}}{\gamma+1}\right)^{\gamma/(\gamma-1)} - 1\right] \qquad (2.28)$$

利用公式（2.28）与普朗特-格莱渥修正公式、卡门-钱修正公式或莱特修正公式可以确定出临界马赫数，如图 2.37 所示。

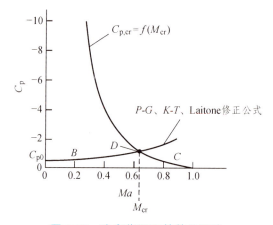

图 2.37　确定临界马赫数的图线

例如，对于 NACA0012 翼型，在不可压缩流中的最低压力系数为 – 0.43，这里利用 K-T 修正公式可以确定出临界马赫数为 0.74。

临界马赫数不是一个固定的数值。临界马赫数的高低会因迎角（和机翼形状）的不同而不同。迎角增大时，翼型上表面最低压力点处的气流速度更快，局部音速更为减慢，于是在较小的飞行速度下，翼型上表面就可能出现等音速点，即临界速度和临界马赫数有所降低，所以，迎角增大，临界马赫数降低；反之，迎角减小，临界马赫数提高。

2. 局部激波的形成和发展

（1）局部激波的形成。

当飞行马赫数大于临界马赫数时，等音速点的后面流管扩张，空气膨胀加速，出现局部超音速区。在超音速区内，压力下降，比大气压力小很多，但翼型后缘处的压力却接近大气压，这种较大的逆压梯度，使局部超音速气流受到阻挡，产生较强的压力波，压力波逆着翼型表面的气流向前传播。由于是强压力波，故开始的传播速度大于当地音速，又因超音速区内的气流速度是大于局部音速的，所以，压力波可以逆气流前传，当压力波传到某一位置，其传播速度减慢到迎面的局部超音速气流速度时，就不能再继续向前传播了，结果该压力波相对于翼型稳定在这一位置上。

于是，翼型上表面出现一压力、温度、密度突增的分界面，这个分界面就是局部激波，如图 2.38 所示。气流通过局部激波后，即减速为亚音速气流，波后压力、温度、密度突然升高。在局部激波前等音速线后的区域是局部超音速区，流场中的其他区域则是亚音速区。此时，翼型周围既有亚音速气流，又有超音速气流，流动较复杂，这就是跨音速飞行的特点。

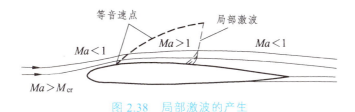

图 2.38　局部激波的产生

例如，翼型 RAE 2822 在 $\alpha = 1°$ 和 $Ma = 0.76$ 条件下产生的超音速区和激波，如图 2.39 所示。

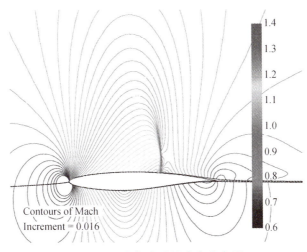

图 2.39　跨音速时的速度分布图

还有，翼面上的局部激波，根据翼型形状而定，可能是斜激波，也可能是正激波。

（2）局部激波的发展。

为便于分析机翼局部激波发展的一般规律，现以某实验结果为例来说明局部超音速区出现和局部激波的发展的一般规律。

如果相对气流中的翼型是正迎角，翼型的上表面流速比下表面快，所以首先达到等音速点并超过局部音速，从而出现局部超音速区和局部激波，如图 2.40（a）~（f）所示。上翼面首先出现等音速点，此时飞行马赫数即为临界马赫数[图 2.40（b）]。随着相对气流流速马赫数增加，翼型下表面的局部流速也会超过局部音速，而出现局部超音速区和局部激波，并伴随着激波分离。当 $Ma>1$ 以后，翼型的前缘还会出现头部激波[图 2.40（f）]，此时翼型上下表面的局部激波将移到后缘，形成尾部激波。

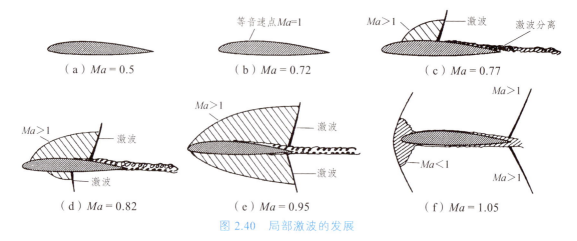

（a）$Ma = 0.5$　　　（b）$Ma = 0.72$　　　（c）$Ma = 0.77$

（d）$Ma = 0.82$　　　（e）$Ma = 0.95$　　　（f）$Ma = 1.05$

图 2.40　局部激波的发展

局部激波的发展可归纳为以下几点：

① 翼型上表面首先出现等音速点，产生激波。

② 随相对气流马赫数的增大，等音速点前移，局部激波后移。这是因为随相对气流马赫数增大，翼型上表面对应点的局部气流速度都增大，超音速区扩大，故等音速点前移；局部激波之所以后移，是因为马赫数增大后，激波前的当地速度增大，迫使激波后移，激波强度和激波传播速度都增大，当激波的传播速度等于气流速度时，激波的位置就稳定下来。

③ 下翼面的局部激波后移快，较上翼面先到达翼型后缘。这是因为正迎角时，下翼面前部流管较上翼面前部的粗，且流管最窄的地方较上翼面靠后，所以，等音速点出现时机和位置也较上翼面晚和靠后。在增大飞行马赫数的过程中，激波后移快，也就较上翼面先到达后缘。

3. 翼型的跨音速升力特性

跨音速的空气动力特性包括：压力分布情况（压力中心 CP 随 Ma 变化的情况）、升力特性（C_L 与 Ma 的关系）、阻力特性（C_D 与 Ma 的关系）、俯仰力矩特性（焦点 AC 位置随 Ma 变化的情况）等。

不同翼型的气动特性不同，例如普通翼型（图 2.41），左图是 NACA0012 翼型的超音速区和激波，右图是该翼型上下表面的压力系数分布。

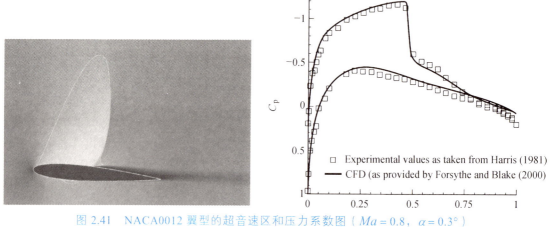

图 2.41　NACA0012 翼型的超音速区和压力系数图（$Ma = 0.8$，$\alpha = 0.3°$）

为了减小超音速区，减小激波强度，提高临界马赫数，从而提高阻力发散马赫数，采用层流翼型、超临界翼型等都可以实现此目的。经过比较发现，相对厚度较薄的翼型也具有提高临界马赫数的作用，所以 NACA-64 系列翼型具有较高的临界马赫数。如果要保持一定的相对厚度，且具有高的临界马赫数，则超临界翼型成为高速飞行器设计的首选。

由于超临界翼型的前缘半径较大，气流很容易就在翼型的前缘加速到音速，但由于超临界翼型的上表面较为平坦，这样流过上表面时流管的变化很小，因而其当地超音速区域内的流动马赫数要比普通翼型的当地马赫数小，即超临界翼型上表面的超音速区域会很小，这样将导致其结束激波的强度也相对较弱，因而减小了翼型阻力。超临界翼型的主要作用可以提高阻力发散马赫数，但它也有一些缺点。比如，升力系数比较小。原因是超临界翼型的上表面相对平缓，整个翼型大约 60% 为负弯度，这必然引起升力的损失。

将图 2.41 的左图和图 2.42 的左图进行比较，可以看出普通翼型（NACA0012）上翼面有很明显的负压区，升力较大。而超临界翼型的上翼面的负压值比普通翼型小得多。也可以通过压力系数分布图得出同样的结论。为了弥补超临界翼型升力的不足，在翼型的后缘大约 30% 处采用了正弯度翼型，特别是翼型下表面的反凹的设计，就是为了能够提供足够的升力，这个也称为后部加载。然而这又引起了另外一个问题，就是由于超临界翼型后缘的后部加载会引起很大的低头力矩。

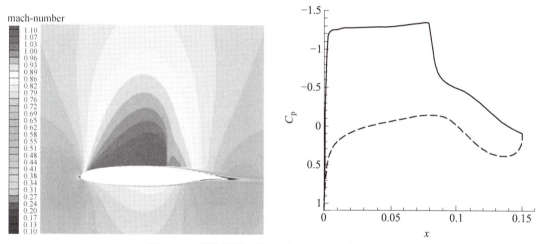

图 2.42　超临界翼型的压力云图和压力系数图

（1）升力系数随飞行马赫数的变化。

以图 2.41 所示的实验结果为例，这是在某一迎角下翼型升力系数 C_L 随飞行马赫数变化的特性曲线，说明升力系数随马赫变化的一般趋势。从图 2.43 中曲线的变化可以看出，在跨音速阶段，随飞行马赫数的增大，升力系数曲线变化呈马鞍形的"两起两落"，即升力系数先增大，随后减小，接着又增大，然后又较快地减小。具体如下：

① 在 A 点前的直线段对应于飞行马赫数约小于 0.3 时的情形，翼型上下表面全部是低速气流，低速时翼型的升力系数取决于迎角和翼型的形状，基本不随马赫数变化。

② 当飞行马赫数小于临界马赫数时，翼型上下表面全是亚音速气流，升力系数按亚音速规律变化。即马赫数增大，升力系数增大，如图中 B 点以前的曲线段所示。

③ 图中 B 点所对应的马赫数为临界马赫数。飞行马赫数超过临界马赫数后，升力系数随马赫数的增大迅速增加。这是因为，此时翼型上表面已出现了局部超音速区和局部激波，并随马赫数的增大而扩大。在超音速区里，流速不断增加，压力不断减小，即吸力不断增大。这种迅速增加的额外吸力，导致升力系数迅速增大，如图中曲线 B-C 段所示。

④ 飞行马赫数进一步增大，翼型下表面也出现局部超音速区，随马赫数增大，上下表面的局部超音速区都在扩展，由于下表面的局部超音速区比上表面的扩展得快，所以在马赫数增大的过程中，翼型下表面产生的附加吸力更大，结果使翼型升力系数随飞行马赫数的增大而减小，如图中 C-D 段所示。

⑤ 在翼型下表面的局部激波移到后缘而上表面的局部激部尚未移到后缘的情况下，随着飞行马赫数的增大，上表面的局部激波继续后移，超音速区向后继续扩大，上翼面的附加吸力不断增大。于是，升力系数又重新增大，如图中曲线 D-E 段所示。

⑥ 在马赫数大于 1 以后的超音速阶段，翼型出现尾部激波和头部激波，升力系数随飞行马赫数的增大而不断下降，如图中 E 点以后的曲线段所示。

可以看出，升力系数之所以有如此起伏变化，有时升高，有时降低，这是因为翼型上下表面出现了局部超音速区和局部激波的结果。

（2）压力中心随飞行马赫数的变化。

翼型在跨音速时的力矩特性可以用压力中心的位置随飞行马赫数变化来表示。高速时大都采用对称薄翼，焦点和压力中心的位置是重合的。由薄翼理论可知，低速时，翼型的压力中心和焦点的位置在 $c/4$ 处；在超音速时，压力中心和焦点位于 $c/2$ 处，如图 2.44 所示。

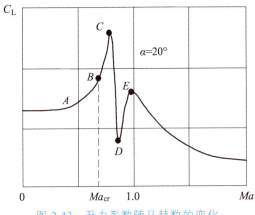

图 2.43　升力系数随马赫数的变化

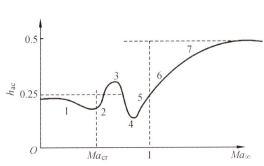

图 2.44　跨音速阶段压力中心位置的变化

在跨音速飞行阶段，随飞行马赫数增大，翼型压力中心先后移，接着前移，而后又后移。

飞行马赫数超过临界马赫数后，翼型上表面首先出现了局部超音速区和局部激波。随马赫数增大，激波后移，超音速区扩大。局部超音速区位于翼型中后段，且流速最快点位于激波前，这就引起翼型上表面中部和后段的吸力增大，产生正的附加升力，翼型压力中心向后移动。出现自动俯冲现象（Mach Tuck），导致跨音速区的速度稳定性丧失。

飞行马赫数再增大，翼型下表面也出现了局部超音速区和局部激波。由于下表面的局部激波靠后，并随马赫数增大迅速移至后缘，这就引起翼型下表面后半段吸力增大，产生负的附加升力，致使压力中心前移。

当下表面局部激波移至后缘后，飞行马赫数继续增大，由于上表面局部激波继续后移，超音速区扩大，后半部吸力增大，导致压力中心又后移。

（3）C_{Lmax}和α_{cr}随飞行马赫数的变化。

在小于临界马赫数范围内，C_{Lmax}和α_{cr}按亚音速规律变化。

超过Ma_{cr}以后，翼上表面出现了局部超音速区和局部激波。在局部激波前的超音速区，压强降低，激波后，压强突然升高，逆压梯度增大，引起附面层分离。当激波增强到一定程度，发生严重气流分离时，阻力系数急剧增大，升力系数迅猛下降，这种现象称为激波失速。随飞行马赫数的增大，激波增强，飞机将在更小的迎角（或升力系数）下开始出现激波失速，因而C_{Lmax}和α_{cr}均继续降低，如图2.45所示。

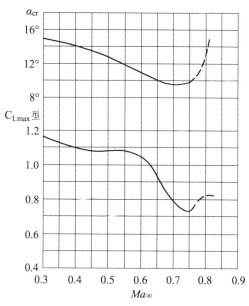

图3.45　C_{Lmax}和α_{cr}随飞行马赫数的变化

（4）升力系数曲线斜率随飞行马赫数的变化。

升力系数曲线斜率随飞行马赫数的变化趋势比较复杂，有增有减。基本规律是在该翼型的临界马赫数前随马赫数的增加而增加，超过临界马赫数，随马赫数的增加，先增加，后减小，而后又增加。

4. 翼型的跨音速阻力特性

飞行马赫数超过临界马赫数以后，阻力急剧增加。这是因为翼型上下表面出现了局部激波。这种由于出现激波而产生的额外阻力，简称波阻。

（1）跨音速飞行时波阻产生的原因。

飞行马赫数超过临界马赫数以后，翼型表面出现了局部超音速区和局部激波，局部超声速区内吸力增大，且吸力增加较多的地方位于翼型的中后段，故总的增加的吸力方向向后倾斜，如图2.46所示。由于增加的吸力向后倾斜，使翼型前后平行于飞行速度方向的压力差额外增加。这种由于增加的吸力向后倾斜所产生的阻力，是跨音速阶段激波阻力产生的主要原因。

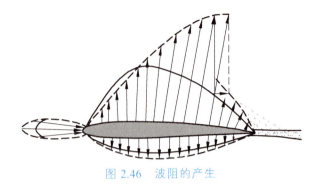

图 2.46　波阻的产生

因为激波是一种强压缩波，因此当气流通过激波时产生的波阻也特别大。波阻大小与物体的外形有关。

另外，激波与附面层干扰而引起的附面层分离，也是激波阻力产生原因之一。λ 激波的激波损失比正激波小，从激波本身引起的压差阻力看，层流附面层的 λ 激波的波阻比紊流附面层的正激波的波阻小。

因此，所谓波阻，是指激波本身和激波分离而引起的压差阻力之和。

（2）影响激波阻力大小的因素。

飞行马赫数、迎角及翼型表面的粗糙程度均会对激波阻力大小产生影响。

飞行马赫数越大，激波阻力越大。在飞行马赫数小于1的跨音速阶段，马赫数增加，激波强度增强，导致激波阻力越大，如图 2.47 所示。

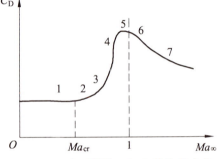

图 2.47　阻力系数随飞行马赫数的变化

迎角增加，激波阻力越大。由于迎角增加，临界马赫数减小，翼型表面会更早地出现局部超音速区和局部激波。迎角增加，翼型上表面的吸力增大，且更加向后倾斜，致使前后压力差增大，阻力系数增加，如图 2.48 所示。

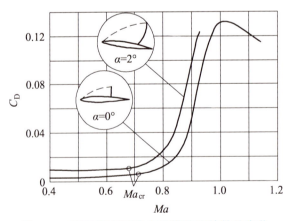

图 2.48　不同迎角下阻力系数随马赫数的变化

翼型表面越粗糙，激波阻力越大。翼型表面越粗糙，阻力发散马赫数减小，层流附面层提前变为紊流附面层，波阻增加。

（3）阻力发散马赫数。

通常，阻力发散马赫数（Drag Divergence）是指阻力系数随飞行马赫数变化时，阻力系数关于飞行马赫数偏导数等于0.1时所对应的马赫数，用符号M_{dd}表示。$M_{dd} \approx (1.1 \sim 1.15)Ma_{lj}$。

或者说，当飞行马赫数增加到一定程度，激波强度增强，出现了激波分离，波阻变急剧增大，此时对应的飞行马赫数就是阻力发散马赫数。

在$Ma_{lj} < Ma < 1$范围内，翼型的波阻系数大致随$(Ma - Ma_{lj})^3$成正比变化。马赫数增加到1附近，阻力系数达到最大，如图2.49中C点所示。飞行马赫数继续增大，由于翼型压力分布基本不变，而来流动压却变大，因而阻力系数渐渐下降。

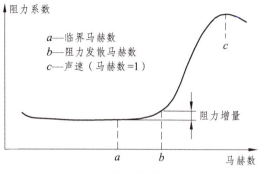

图2.49　阻力系数随Ma的变化

2.3.3　翼型的超音速空气动力特性

超音速飞行器机翼的翼型，其相对厚度都比较小，一般都采用对称翼型，而且迎角很小，在气动计算时可以将其看出平板翼型，然后对其厚度进行修正。

1. 平板翼型的升阻力特性

当超音速气流以正迎角流过平板翼型时（图2.50），来流经过前缘上表面外凸角，产生扇形膨胀波。气流经过膨胀波后，膨胀加速，压力降低，产生吸力。气流经过前缘下表面凹角，流动方向内折，产生斜激波。气流经过斜激波后，气流压缩减速，压力增大，产生正压力。由于气流是等速流过平板上下表面，所以，吸力和正压力沿平板保持等值，如图2.50（b）所示。可见，平板的总空气动力作用在平板翼型弦线的中点，并与平板垂直。

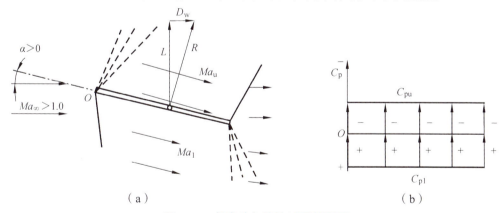

（a）　　　　　　　　　　　　　　（b）

图2.50　超音速气流流过平板翼型

总空气动力的分力升力L垂直于来流方向；平行于来流方向的分力为阻力。由于这种阻力是由于超音速气流流过物面，出现膨胀波和激波而产生的，故称之为激波阻力。

理论和实验都证明，平板翼型在超音速气流小迎角条件下的升力系数和升力系数斜率分别表示为

$$C_1 = \frac{4\alpha}{\sqrt{Ma^2 - 1}} \qquad (2.29)$$

$$C_1^\alpha = \frac{4}{\sqrt{Ma^2 - 1}} \qquad (2.30)$$

这说明，当飞行 Ma 数大于 1 时，升力系数和升力系数斜率均随着 Ma 的增大而减小，如图 2.51 所示。其中，升力系数等于升力系数斜率与迎角的乘积。

在低速情况下，普通翼型的升力系数斜率大概为 0.1/（°）；而在超音速情况下，如 $Ma = 2.0$，则升力系数斜率约为 2.3 rad^{-1}，即为 0.04/（°），比低速情况下下降了 60%。

由于迎角很小，则超音速气流经过平板翼型的激波阻力为 $D_w = R\sin\alpha = L\cdot\alpha$，则阻力系数为

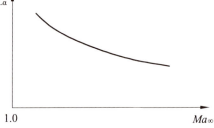

图 2.51 升力系数斜率随 Ma 的变化

$$C_{d,w} = \frac{4\alpha^2}{\sqrt{Ma^2 - 1}} = C_L \cdot \alpha \qquad (2.31)$$

这说明，平板翼型产生的激波阻力等于升力与迎角的乘积。

2. 对称翼型的升阻力特性

超音速气流经过对称翼型时也会产生膨胀波和激波，如图 2.52 所示。在小正迎角下，超音速气流经过前缘，产生两道斜激波，而后经过外凸表面，又产生系列的膨胀波，气流连续加速。当上下翼面的超音速气流到达后缘时，由于上下气流指向不一致（二者之差为后缘角），压力也不相等，故而又产生两道斜激波，使汇合后的气流具有相同的指向和压力。

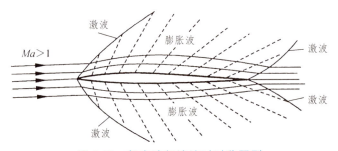

图 2.52 超音速气流流过对称翼型

在正迎角条件下，下翼面比上翼面气流转折大，激波强度大，波后马赫数小，压力大，因而上下翼面产生压力差。压力差为气动合力，垂直来流方向的分力就是升力；平行来流方向的分力就是阻力。

对称薄翼型的超音速空气动力特性与平板翼型的相比较，其升力系数公式一样，即

$$C_1 = \frac{4\alpha}{\sqrt{Ma^2 - 1}}$$

在翼型很薄时，跨音速范围较小，忽略厚度的影响，则升力系数只取决于迎角和飞行马

赫数。通过减少相对厚度方法是缩短跨音速范围的有效措施。

但是，阻力特性有差异，对称薄翼型的阻力系数为

$$C_{d,w} = \frac{4\alpha^2}{\sqrt{Ma^2-1}} + \frac{4k\overline{c}^2}{\sqrt{Ma^2-1}} \qquad (2.32)$$

式中　k——形状修正系数，翼型形状不同，k 值不同。双弧形翼型，$k = 16/3$；对称翼型，$k = 10 \sim 16$。

由式（2.32）可以进一步推导出：

$$C_{d,w} = C_{d0,w} + C_{dl,w} = \frac{k\overline{c}^2}{\sqrt{Ma^2-1}} + \frac{\sqrt{Ma^2-1}}{4} C_1^2 \qquad (2.33)$$

式中第一项为零升波阻系数，与翼型的形状和相对厚度有关，而与升力无关，所以也称为翼型波阻系数，零升波阻系数也是废阻力的一部分；第二项称为升致波阻系数，其大小与升力系数有关，所以升致阻力包括诱导阻力和升致波阻。

对于超音速翼型，一般采用对称薄翼、超临界翼型以减少波阻。

3. 压力中心与焦点

对称薄翼型的压力中心位于翼弦中点，并不随着马赫数变化。其他翼型的压力中心也在翼弦中点，在超音速阶段也不随马赫数变化。这是因为在超音速阶段，翼型上下表面的局部激波均已后移到后缘，局部超音速区已无法扩大，在飞行马赫数增加的过程中，翼型上下表面各点的压力均大致按统一比例变化，升力沿着弦线近似均匀分布，所以，压力中心也基本不随飞行马赫数变化。

前面讨论过，低速流动时，翼型的 AC 在 $0.25c$ 处，升力主要来源于翼型的上表面前部位。而超音速流动时，由平板翼型情况可知，翼型的 AC 在 $0.5c$ 处。

在超音速情况下，翼型的零升力矩系数大小，取决于翼型的相对厚度与最大相对厚度的乘积，是一个高阶小量，这与低速情况不同。由于超音速飞行器机翼采用的翼型的相对厚度更小，所以，翼型的零升力矩系数越为零，此时，压力中心与焦点基本重合。

2.3.4　后掠翼的空气动力特性

1. 高速机翼特点

高速飞行中，升力系数的起伏变化和阻力系数的急剧增加，会导致飞行器性能变差。为了安全、有效地高速飞行，特别是跨音速、超音速飞行，现代高速飞行器（包括固定翼无人机）在几何外形上采取一些有效措施，改善飞机的高速空气动力特性。例如，采用后掠翼（图2.53）和小展弦比机翼，选用薄翼型或高速翼型等。

由于气流流过不同平面形状的机翼时，所呈现的气动特性会不同。通常情况下，低速飞机多采用平直机翼；高速飞机多采用后掠机翼。后掠翼是机翼沿着翼展方向的轴线与机身具有一个向后的角度，即掠角为锐角，适用于较高的飞行速度。后掠翼在跨音速飞行时能提高临界马赫数，也就推迟了局部激波的产生，并削弱激波的强度；超过临界马赫数以后，也能进一步减小波阻。同时，机翼后掠还可以解决重心问题。

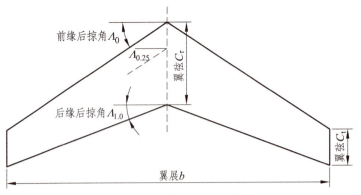

图 2.53　后掠翼平面形状

后掠翼所采用的翼型与平直翼所采用的翼型有所不同。近年来发展了一些适用于高亚音速飞机的新翼型，如超临界翼型（supersonic airfoil profile）和尖峰翼型（peaky airfoil profile）等。高速翼型的主要特点包括：

（1）相对厚度较小。

（2）相对弯度较小。

（3）最大厚度位置后移。

（4）前缘半径小。

2. 后掠翼能提高临界马赫数

相对气流流经后掠机翼，流速方向与机翼前缘不垂直，可分解成两个分速：一个是垂直分速 v_n，与机翼前缘垂直；另一个是平行分速 v_t，与机翼前缘平行，如图 2.54 所示。空气流过后掠翼时，其气动特性主要取决于垂直于机翼前缘的垂直分速，我们把垂直于机翼前缘的分速称为有效分速。

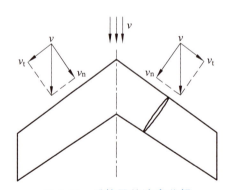

图 2.54　后掠翼的速度分解

由于机翼表面沿前缘线是平行的，所以平行分速 v_t 不发生变化，对机翼的压力分布不产生影响。而垂直分速 v_n 恰如气流以沿翼弦方向流过平直翼一样，不断发生变化，从而引起机翼沿翼弦方向的压力分布发生变化。也就是说，只有 v_n 才对机翼的压力分布起决定性的影响，所以，v_n 为有效分速度，其大小为

$$v_n = v \cos \Lambda \qquad (2.34)$$

很显然，有效分速度与后掠角有关，后掠角越大，有效分速度越小。

这里给出了同一气流速度流经后掠翼和平直翼的流动对比情况，如图 2.55 所示。当来流以 0.75Ma 速度流经平直机翼时，机翼上表面流速增加至 0.80Ma，由于来流速度与机翼前缘垂直，因此，能产生气动力的有效分速为 0.80Ma。当来流以 0.75Ma 速度流经后掠机翼时，机翼上表面流速同样增加至 0.80Ma，由于该来流速度与机翼前缘不垂直，能产生气动力的有效分速是与机翼前缘垂直的速度为 0.69Ma。由此可知，同样大小的气流速度流经平直翼和后掠翼时，流过后掠翼的速度将减小，气动性能变差。当飞行速度增加至平直翼的临界马赫数时，后掠翼上表面还未出现等音速点和超音速区域。只有当飞行速度增加至更大值时，后掠翼上才会出现等音速点，即后掠翼的临界马赫数比同翼型的平直翼的临界马赫数大。后掠角越大，其垂直分速越小，临界马赫数也相应越大。

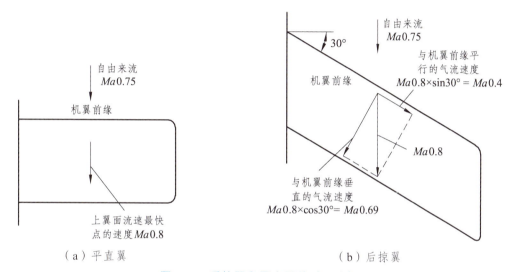

（a）平直翼　　　　　　　（b）后掠翼

图 2.55　后掠翼和平直翼的对比分析

后掠翼的临界马赫数 $Ma_{cr\chi}$可按下列公式估算：

$$Ma_{cr\chi} = \frac{2Ma_{cr}}{1+\cos \varLambda} \tag{2.35}$$

若平直翼的临界马赫数为 0.75，则 50°后掠角的后掠翼的临界马赫数为 0.91，比平直翼的临界马赫数大得多。

后掠翼的临界马赫数比相同剖面平直翼的临界马赫数大是高亚音速飞行器采用后掠翼的主要原因。

通过让翼型压力（或速度）分布均匀化，以推迟超音速区的出现，可以提高临界马赫数。机翼可以采用小弯度薄翼，最大厚度位置靠近翼弦的中部；采用高速翼型，此翼型前缘不像低速翼型那样钝，可以防止产生脱体激波和正激波，从而减小头部激波强度；采用超临界翼型。

3. 翼根效应和翼尖效应

当空气流过后掠翼时，由于 v_t不变，而 v_n不断变化，所以像流过平直机翼那样径直向后流去，流线会出现左右偏斜现象，如图 2.56 所示。

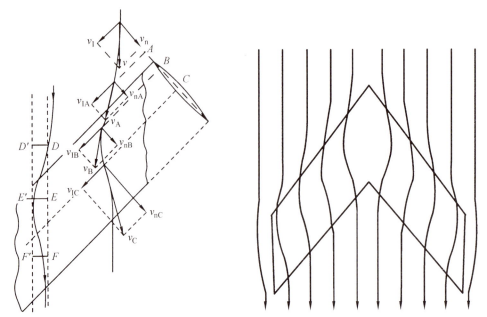

图 2.56　气流流过后掠翼产生左右偏斜现象

相对气流从机翼远前方流向机翼前缘，其垂直分速受到阻滞，越来越慢，平行分速则不受影响，保持不变。这样一来，越近前缘，气流速度不仅越来越慢，而且方向越来越向翼尖方向偏斜；经过前缘以后，气流沿上表面流向最低压力点（图中 C 点）途中，垂直分速又逐渐加快，平行分速仍保持不变，所以流速又逐渐加快，其方向则转向翼根；而后，又因垂直分速逐渐减慢，气流方向又再转向翼尖；于是便形成流线左右偏斜的现象。

流线左右偏斜的结果，引起所谓"翼根效应"和"翼尖效应"。

在翼根部分的上表面前段，流线偏离对称面，流管扩张变粗，而在后端，流线向对称面偏折，流管收敛变细。在亚音速气流条件下，前段流速减慢，压力升高，吸力峰降低；后段流速加快，压力降低，压力分布较正常平缓。与此同时，流管最细的位置后移，最低压力点向后挪动。这种现象称为翼根效应或中间效应。

至于翼尖部分，则情况相反。因翼尖外侧气流径直向后，而翼尖部分表面前段流线向外偏斜，故流管收敛变细，流速加快，压力降低，吸力峰变陡；而在后段，因流线向里偏折，流管扩张变粗，流速减慢，压强升高，吸力峰减小。与此同时，流管最细位置前移，最低压强点向前挪动，这种现象称为翼尖效应。

因此，后掠翼的翼根效应使得翼根处升力减小，翼尖效应使得翼尖处升力增加。翼根效应使翼根部位机翼的吸力峰减弱，升力降低，焦点位置后移；翼尖效应使翼尖部位的吸力峰增强，升力增加，翼型焦点位置前移，如图 2.57 所示。

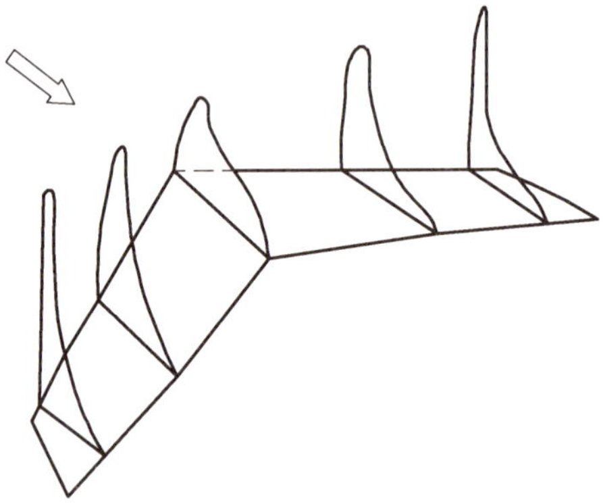

图 2.57　后掠翼的翼根效应和翼尖效应

4. 后掠翼的失速特性

对于后掠机翼，由于翼根和翼尖效应，使得整个机翼失速的步调不一致，翼尖比翼根先失速。其主要原因如下：

一是在翼根的上表面，因翼根效应（即中间效应），平均吸力较小，而翼尖的上表面，因翼尖效应，平均吸力较大，于是，沿翼展从翼根到翼尖存在压力差，它促使附面层空气向翼尖方向展向流动，致使翼尖部分的附面层变厚，容易产生气流分离。

二是由于翼尖效应，翼尖部分上翼面前段流管变得更细，压力变得更低，在翼尖部分上翼面后段流管变得更粗，压力变得更高，于是翼尖上表面的后缘部分与最低压力点之间的逆压梯度增大，增强了附面层内空气的倒流趋势，容易形成气流分离。

于是，当迎角增大到一定程度，后掠翼机翼上表面的翼尖部分首先产生气流严重分离，造成翼尖先失速。

后掠翼的翼尖先失速，会对飞行安全产生一定的影响，主要表现在：

（1）后掠翼的"上仰"问题。

随着迎角的增加，气流分离从翼尖开始，然后逐渐蔓延到整个机翼。所以，后掠翼飞机在没有到达临界迎角以前，会较早地出现抖动，抖动升力系数同最大升力系数相差较大，约为 $0.85C_{Lmax}$，后掠翼翼尖区段出现的分离，使得翼尖部分的升力大量损失，导致压力中心前移，使得压力中心到重心的距离减小，飞机出现抬头趋势，使得飞机迎角进一步增加，导致飞机进入全机失速。

（2）后掠翼横侧操纵效能丧失。

由于后掠翼的气流分离从翼尖部位开始，且气流分离是从后缘逐渐向前缘发展的，而副翼正好安装在机翼的翼尖后缘位置，这就意味着，副翼将首先陷入分离区，致使其效能减弱，甚至完全丧失进而引起机翼自转，使得飞机的横侧稳定性和操作性减小。

5. 改善翼尖先失速的措施

一般，后掠翼的翼尖部位在飞行器重心之后，大迎角时翼尖先失速不仅会引起飞行器倾斜（实际飞行中左右翼不大可能同时失速），而且还会引起飞行器抬头，使其更进一步失速而失去控制，所以需要尽力避免。

目前改善后掠翼翼尖先失速的措施，与改善有限翼展机翼失速特性采取的相同，如几何扭转、气动扭转和前缘装置缝翼等。然而，针对后掠翼的流动特点而采取的措施，如翼上表面翼刀、前缘翼刀、前缘翼下翼刀、前缘锯齿、涡流发生器等。

（1）机翼扭转（Wing twist）。

机翼各剖面翼弦不在同一平面内的现象叫机翼扭转，也称为几何扭转。或者说，几何扭转是指机翼翼根和翼尖的安装角不等。通常将翼尖剖面相对翼根剖面向下扭转（负扭转），使翼尖剖面迎角减小，如图2.58所示。由于后掠翼翼尖先失速，为了保证后掠翼失速步调一致，通常，通过几何扭转让翼根的安装角大于翼尖的安装角。

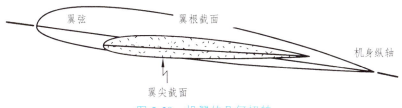

图 2.58　机翼的几何扭转

（2）气动扭转（Aerodynamic twist）。

气动扭转是指翼根和翼尖使用不同的翼型。通常，翼尖处所选翼型的失速特性要优于翼根处的，目的是推迟翼尖失速。这时，虽然机翼各剖面翼弦在同一平面上（无几何扭转），但沿机翼展向采用了不同弯度的非对称翼型。从空气动力的角度来看，气动扭转实际上与几何扭转的作用相同，也起控制机翼展向升力分布的作用，让翼根先失速。在实际机翼上常见的是气动扭转，或气动扭转和几何扭转两者兼有。

所以，气动扭转与几何扭转的作用一样，都是让翼根先失速，翼尖后失速。不同之处在于，气动扭转的机翼翼根与翼尖采用不同的翼型，但两者的安装角相同；而几何扭转的机翼翼根与翼尖采用相同的翼型，但两者的安装角不同，翼根的安装角大于翼尖的安装角。

具有气动扭转和几何扭转的机翼，气流分离首先从翼根开始，副翼所在的翼尖部分气流分离要比翼根部位要晚，可以保证飞行器在接近临界迎角时，让翼尖后侧的副翼具有足够的气动效能进行操纵。此外，翼根处首先出现大迎角气流分离，引起机体抖动，此时抖动迎角小于临界迎角，如某飞机的抖动迎角为 15°，临界迎角为 19°。这样飞行器在接近失速时，就会通过各种失速警告预先感知失速，有利于及时识别并采取措施预防和改出失速，保证飞行安全。

（3）翼刀（Wing Fence）。

翼刀是在机翼上表面顺气流方向设置的具有一定高度的垂直薄片（图 2.59）。目的是利用物理方法阻止附面层向外翼流动，以缓和翼尖分离。

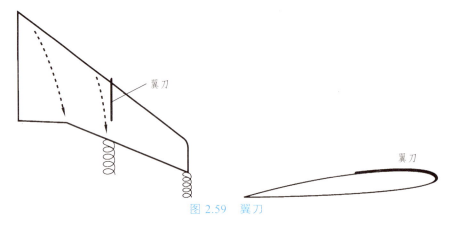

图 2.59　翼刀

翼刀主要装在后掠翼上，它可以阻止机翼表面低能量气流（附面层）向翼梢聚集，同时也改变机翼升力沿展向的分布，因而能够避免在大迎角时翼尖先失速的缺点。

（4）前缘缺口（Notched Leading Edge）。

机翼前缘缺口多开在后掠翼和三角翼半翼展中间前缘处（图 2.60）。在大迎角时缺口处气流产生强烈的漩涡，改变机翼升力沿展向的分布，同时也起防止翼梢气流分离的作用。

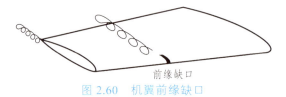

图 2.60　机翼前缘缺口

（5）前缘锯齿（Sawtooth Leading Edge）。

机翼的翼尖部位的翼弦向前延伸 10%左右，使机翼前缘呈锯齿状（图 2.61）。它多用于后掠和三角薄机翼，其作用与翼刀相似。在很多前缘较尖的薄机翼上，前伸部分的前缘适当修圆一些，并像前缘襟翼那样下偏一个角度（前缘下垂）。它可以改善翼尖气流流动状况，改善机翼在大迎角时的纵向稳定性。

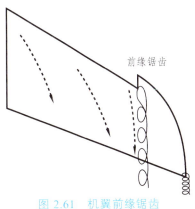

图 2.61　机翼前缘锯齿

（6）失速诱导边条（Stall Strip）。

失速诱导边条是利用细长边条产生的分离涡对机翼流动进行干扰，提高大迎角的升力和降低大迎角时的阻力。边条的干扰来源于分离涡流经机翼表面所起的有利干扰，一方面来自前缘涡产生的涡升力，同时边条与机翼的有利干扰，可以推迟气流分离的发生和发展，起到重要的作用，如图 2.62 所示。

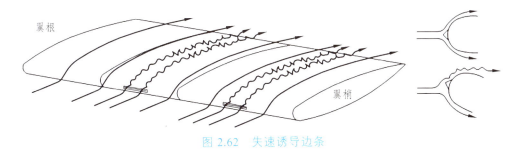

图 2.62　失速诱导边条

（7）涡流发生器（Vortex Generators）。

涡流发生器实际上是以某一安装角垂直地安装在机体表面上的小展弦比小机翼（图2.63），在迎风气流中和常规机翼一样能产生翼尖涡，但是由于展弦比小，因此翼尖涡的强度相对较强。这种高能量的翼尖涡与其下游的低能量边界层流动混合后，就把能量传递给了边界层，使处于逆压梯度中的边界层流场获得附加能量后，能够继续贴附在机体表面而不致分离，可使升阻比提高一倍以上。

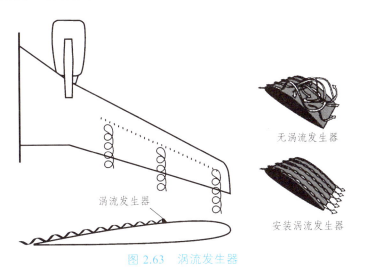

图 2.63　涡流发生器

这类微型涡流发生器的高度相对当地边界层厚度小，甚至仅为当地边界层厚度的 1/10，它可增加边界层底层的流场能量，能阻止大的逆压梯度形成并延缓边界层分离，而且又不产生大的附加阻力。

根据前面所述，当超过临界迎角时，无论飞行姿态如何，飞行器会在任何空速和任何高度上失速，需要提前识别并改出，保证飞行安全。

6. 后掠翼的亚、跨音速空气动力特性

在亚音速阶段，后掠翼的升力系数斜率同翼型一样，随着飞行马赫数的增加而增加。在跨音速阶段，后掠翼的高速空气动力呈现出不同的特性，这里仅给出常见的结论。

针对低速情况，已知平直翼的升阻力特性（用 C_L、C_D 和 C_L^α 表示），则后掠翼的升阻力特性与后掠角 Λ 有关，可以表示为

$$
\left.
\begin{aligned}
C_{L\chi} &= C_L \cdot \cos^2 \Lambda \\
C_{D\chi} &= C_D \cdot \cos^3 \Lambda \\
C_{L\chi}^\alpha &= C_L^\alpha \cdot \cos \Lambda
\end{aligned}
\right\}
\tag{2.36}
$$

（1）后掠翼的临界马赫数。

与平直翼相比，具有后掠角的机翼可以提高机翼的临界马赫数。后掠翼的临界马赫数可以表示为

$$
Ma_{\text{cr}\chi} = Ma_{\text{cr}} \frac{2}{1 + \cos \Lambda}
\tag{2.37}
$$

例：后掠角为 50°，如平直翼的临界马赫数为 0.75，则后掠翼的临界马赫数为

$$
Ma_{\text{cr}\chi} = Ma_{\text{cr}} \frac{2}{1 + \cos \Lambda} = 0.75 \times \frac{2}{1 + \cos 50°} = 0.91
$$

当飞行马赫数大于临界马赫数后，由于后掠翼的翼尖效应，首先在翼尖附近首先出现局部超音速区，并产生局部激波，即"翼尖激波"。其方向与来流方向几乎垂直，但是激波强度还比较弱。随着飞行马赫数的增大而向后缘移动。

后掠翼在跨音速流中会产生激波系，除了产生翼尖激波之外，随着飞行马赫数增加，还会产生后激波、前激波和外部激波，甚至在翼面上产生严重的气流分离。

（2）后掠翼的升力系数。

在高速情况，与平直翼相比，后掠翼的升力系数随着马赫数的变化比较缓和；后掠角越大，升力系列越缓和（图 2.64），主要有以下三个特点：

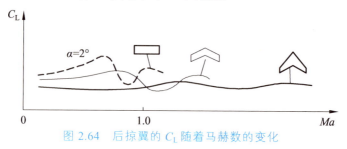

图 2.64 后掠翼的 C_L 随着马赫数的变化

① 后掠翼的升力系数在较大的马赫数下才开始增加；

② 随着马赫数的增加，升力系数的增减都比较缓慢；

③ 随着马赫数的增加，升力系数的增加幅度较小。

这是因为，一方面后掠翼的临界马赫数比较大，使 C_L 显著增减对应的马赫数增大；另一方面，C_L 在跨音速阶段的增减幅度比较小。

（3）机翼的升力系数斜率。

前面提到，任意平面形状机翼的升力系数斜率可以通过对椭圆翼的升力系数斜率修正得到，见表2.1。当展弦比无限大，即无限长机翼的升力系数斜率趋于 2π。

表 2.1 机翼的升力系数斜率公式汇总

翼型	升力系数斜率	翼型	升力系数斜率
薄翼	$C_l^\alpha = 2\pi$	椭圆翼	$C_L^\alpha = \dfrac{2\pi AR}{2 + AR}$
任意平面形状 大展弦比 平直翼 （低速）	$C_L^\alpha = \dfrac{2\pi AR}{2 + \sqrt{\left(\dfrac{AR}{k}\right)^2 + 4}}$	平直翼 （高速） $Ma < Ma_{cr}$	$C_L^\alpha = \dfrac{2\pi AR}{2 + \sqrt{\left(\dfrac{AR}{k}\right)^2 (1 - Ma^2) + 4}}$
后掠翼 （低速）	$C_L^\alpha = \dfrac{2\pi AR}{2 + \sqrt{\left(\dfrac{AR}{k}\right)^2 (1 + \tan^2 \Lambda_{0.5}) + 4}}$	后掠翼 （高速） $Ma < Ma_{cr}$	$C_L^\alpha = \dfrac{2\pi AR}{2 + \sqrt{\left(\dfrac{AR}{k}\right)^2 (1 - Ma^2 + \tan^2 \Lambda_{0.5}) + 4}}$

注：$k = \dfrac{C_L^\alpha}{2\pi}$，指的是椭圆翼。

与平直翼相比，后掠翼的 C_L^α 减小，且变化缓慢。则，后掠角对升力系数斜率的影响如图2.65所示。

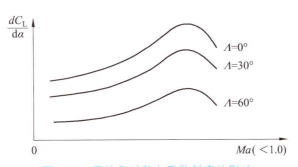

图 2.65 后掠角对升力系数斜率的影响

（4）展弦比对气动特性的影响。

展弦比对机翼高速空气动力特性的影响，主要表现为：

① 展弦比越小，机翼的临界马赫数就越高。

② 展弦比小的阻力系数小，且随 Ma 数变化缓和。

③ 展弦比小，C_L^α 减小，且变化和缓。

④ 小展弦比机翼在亚音速飞行时，有较大的诱导阻力。

（5）后掠翼的阻力系数。

飞行马赫数超过临界马赫数而进入超音速后，由于产生波阻，使阻力系数开始急剧增加，但不同后掠角的后掠翼的阻力系数变化趋势不同，后掠角越大趋势越明显。与直机翼比较，在同一来流马赫数下，后掠翼的阻力系数值较小，且随来流马赫数的变化缓慢，如图 2.66 所示。具体表现在：

① 阻力系数在较大的马赫数下才急剧增加。

② 后掠翼的最大阻力系数，只有在超过音速更多的飞行速度下才会出现，且数值较小。

③ 后掠角越大，同一飞行马赫数下的阻力系数越大，阻力系数随马赫数增加而增大的趋势比较缓和。

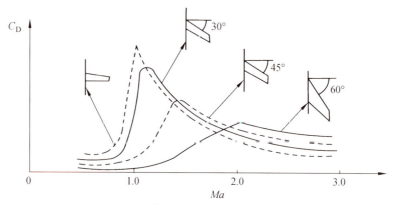

图 2.66　后掠翼阻力系数随 *Ma* 的变化

可见，即使后掠翼的有效分速度与平直翼的飞行速度相同，后掠翼的阻力也小于平直翼的阻力。此外，随着飞行速度的增加，有效分速度与飞行速度之间的差别越来越大，两者对应的马赫数差别也越大。这样，同平直翼相比，除了产生更小的阻力之外，对应的飞行马赫数也大，所以，阻力系数随着马赫数变化的趋势比较缓和。

2.3.5　三角翼的空气动力特性

三角翼是高亚音速或超音速飞行器常采用的机翼平面形状，最早出现于 20 世纪 50 年代。三角翼无人机是机翼前缘后掠、机翼平面形状为三角形的无人机，也可以说是后缘基本平直的后掠翼，如图 2.67 所示。

图 2.67　某种复合型三角翼无人机

这种机翼具有后掠角大、展弦比小和相对厚度小等特点，其中，机翼重量轻、刚度好，有利于收置起落架，安放燃油和其他设备。三角翼的几何参数如图2.68所示。

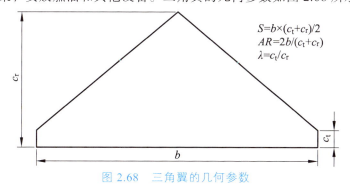

$$S=b\times(c_t+c_r)/2$$
$$AR=2b/(c_t+c_r)$$
$$\lambda=c_t/c_r$$

图 2.68　三角翼的几何参数

三角翼的展弦比 AR 与前缘后掠角 Λ_0 之间的关系为

$$AR=\frac{4}{\tan\Lambda_0}\tag{2.38}$$

比如，$\Lambda_0=60°$，则 $AR=2.31$；$\Lambda_0=75°$，则 $AR=1.07$。当三角翼的后掠角大于 $60°$，展弦比小于 2.31，前缘尖锐或比较尖锐，称为细长三角翼或小展弦比三角翼。

三角翼与后掠翼相比，三角翼的后掠角更大，展弦比和相对厚度都较小，因而其空气动力特性又有不同于后掠翼的特点。三角翼具有良好的超音速气动特性，三角翼刚度比后掠翼更大，适合超音速飞行；但亚音速飞行时，由于其展弦比小，气动特性较差。

1. 脱体涡

空气流过三角翼时，因为后掠角很大，下翼面气流通过前缘翻向上翼面，产生较大的横向流动，产生均压作用。翼面的横向压力差，促使流线左右偏斜，促使流线呈"S"形，并存在"翼根效应"和"翼尖效应"。当迎角稍大时（$\alpha>3°$），从前缘开始形成脱体涡。这是因为一部分空气从下表面绕过侧缘而迅速分离，脱离翼面向上卷起，随即顺气流方向卷成两个旋转方向相反的稳定的螺旋形涡面，并向后流去，即为脱体涡。

脱体涡产生的条件：

（1）机翼具有较大的前缘后掠角。

（2）机翼前缘比较尖锐。

（3）机翼迎角通常在3°以上。

脱体涡是从前缘发出的，所以也称为前缘涡。脱体涡会重新附着于上翼面，产生向外的侧向流动，并在接近机翼后缘的地方脱离机翼，形成尾涡，沿下洗流方向流去，如图2.69所示。

2. 三角翼的亚音速空气动力特性

细长三角翼具有不同寻常的升力特性，升力系数斜率比大展弦比机翼小得多，且随迎角的变化呈现非线性，升力系数的增长比迎角更快一些。

这是因为，在大迎角下机翼前缘气流分离而产生的脱体涡，会使飞机在大迎角下增加一部分升力。在脱体涡流型中，流动是稳定的，在机翼上表面脱体涡所覆盖的区域内，形成稳定而强烈的低压区，产生很大的吸力，所以脱体涡具有增加上翼面吸力，使升力增大的作用，如图2.70所示。

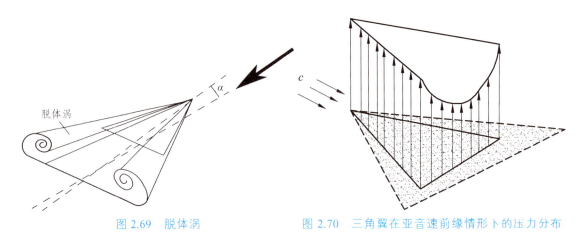

图 2.69　脱体涡　　　　　　　　图 2.70　三角翼在亚音速前缘情形下的压力分布

三角翼产生的升力由两部分组成，一部分是翼面的附着涡所产生的升力，其与迎角成线性关系，称为"位流升力"；另一部分是上翼面脱体涡所产生的升力，称为"涡升力"，其与迎角成非线性关系。

$$C_L = K_p \alpha + K_n \alpha^2 \tag{2.39}$$

式中，第一项是位流升力；第二项是涡升力；K_p 与 K_n 均为常数，其大小取决于展弦比。

涡升力的存在，使得细长三角翼具有不寻常的升力特性。在大迎角范围内，细长三角翼的升力系数随迎角的变化则变成"S"形非线性关系，如图 2.71 所示。

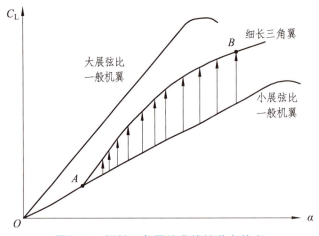

图 2.71　细长三角翼的非线性升力特点

在亚音速前缘情况下，三角翼和后掠翼一样，加上展弦比比较小，所以升力系数和升力系数斜率都比较小。图 2.72 给出了不同展弦比的三角翼升力特性曲线。

具有三角翼的飞行器在起飞和着陆时，一般会采用大迎角获得足够大的升力系数，这时上翼面的气流容易产生气流分离。气流分离在普通的低速机翼上会产生很坏的气动效果：升力下降，阻力大增，而且分离点是随迎角变化的。但在小展弦比的三角翼上，气流分离却不一定不好。

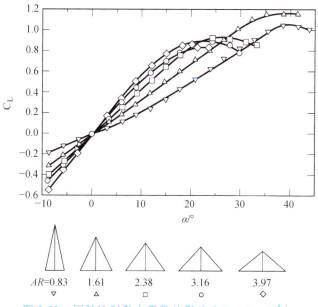

图 2.72　展弦比对升力系数的影响（$Re = 7 \times 10^5$）

迎角超过某值之后，不管迎角大小，不管速度是亚音速还是超音速，上翼面的分离总是从前缘开始的。如果取几个横断面来看压力分布情况（图 2.73，展弦比为 1，迎角为 20°），上翼面在脱体涡所覆盖的区域，吸力很大；且离前尖越远，吸力峰越低。

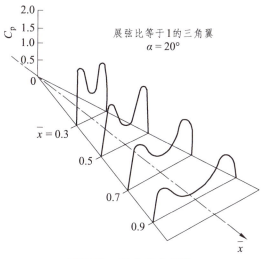

图 2.73　压力分布情况

在小迎角（2°～4°）下，气流经过细长三角翼前缘（或侧缘）产生气流分离。这种气流分离点基本固定，但并不像其他低速飞行器一样，会导致升力下降，阻力增大，而是部分弥补了三角翼亚音速气动特性的不足。

在一定迎角范围内，随着迎角增加，涡卷变粗，强度增强，分离点逐渐沿前缘向前移动，涡心也逐渐向内侧移动，待迎角增大到一定程度，整个上翼面基本处于脱体涡控制之下，如图 2.74 所示。当迎角增加到一定程度，脱体涡在机翼上表面后缘发生破碎，变得不规则，这会使流线谱发生变化。迎角进一步增加，破碎点向前移动，能量进一步耗散，涡升力减小。再后，出现失速，升力相应下降。临界迎角可高到 35°～40°。三角翼虽然有较大的临界迎角，但起飞和着陆很难充分利用。因为起飞和着陆，增加迎角或迎角过大，势必造成飞行器姿态过大，引起机尾擦地，这可以考虑采用折叠机头或加高起落架的方法来避免。

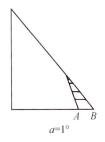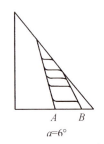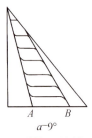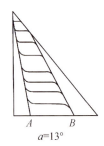

$a=1°$ $a=6°$ $a=9°$ $a=13°$

图 2.74　不同迎角下上翼面脱体涡的范围

3. 三角翼的跨、超音速空气动力特性

三角翼超音速阻力小，从亚声速过渡到超声速时机翼压力中心向后移动量小，这对于舵面平衡能力比较差的飞行器尤为重要，所以无尾飞行器和鸭式飞行器基本上都采用三角翼。

空气以超音速流过三角翼的流动情形和三角翼在超音速气流中的压力分布，要看是亚音速前缘，还是超音速前缘而定。三角翼飞行器超音速飞行，机翼前缘属于亚音速前缘，这类飞行器的机翼通常仍用圆钝前缘反而可以降低阻力。因为如果采用尖锐前缘，虽然流速快，上翼面吸力高，但前缘部分由向前的吸力所占据的面积并不大，所以，向前的吸力并不大。相反，采用圆钝前缘，虽然流速稍慢，上翼面吸力较低，但因向前的吸力所占据的面积比较大，形成向前的总吸力比较大，由此可以降低阻力。

对超音速前、后缘，其压力分布情况如图 2.75 所示，在二维区，升力系数与无限翼展后掠翼相同，大于无限翼展平直翼的情况；在马赫锥内的三维区，升力系数较小，就整个翼面的平均来说，恰好等于无限翼展平直翼的情况。

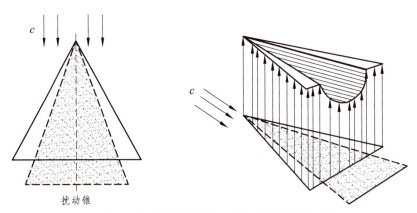

图 2.75　三角翼在超音速前缘情况的压强差分布

在超音速前缘情况下，如同薄平板机翼在超音速气流中一样，三角翼的升力系数和升力系数斜率也是比较小的。阻力系数增长趋势缓和，最大阻力系数较小。

图 2.76 是三角翼的阻力系数的变化，从曲线上可以看出，后掠角比较大、展弦比比较小

的三角翼，临界马赫数比较大。所以，零升阻力系数在更大的马赫数才开始增长，零升阻力系数增长的趋势比较缓和，最大零升阻力系数也比较小。在超音速前缘情况下，机翼前缘有前缘激波产生。因此，机翼一般用尖锐前缘，以减小在超音速飞行中的波阻。

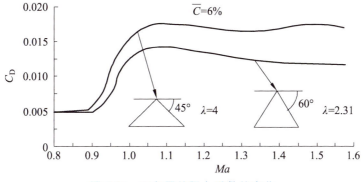

图 2.76　三角翼的阻力系数的变化

三角翼飞机在超音速飞行时气动阻力小；从亚音速过渡到超音速飞行时，机翼压力中心位置变化较小。而在亚音速飞行时，气动特性不够好，升力线斜率平缓，起降性能差（对无平尾三角翼飞机影响更加明显），大迎角诱导阻力大，使飞机作稳定盘旋的能力不足。

2.4　翼型的选择

翼型对飞机性能和操纵性有很大的影响，所示其选择是十分具有挑战性的。

2.4.1　升力系数的考虑

翼型初步选择时，首先考虑的因素是"设计升力系数"，这是翼型具有最佳升阻比 L/D 的升力系数（图 2.77）。在翼型极曲线上，从原点作一条与极曲线相切的斜线，其切点最靠近纵坐标的翼型就是要选择的翼型。所以，设计的无人机在亚音速飞行中，能在或接近设计升力系数条件下进行设计任务飞行时，可以达到最大的气动效率。

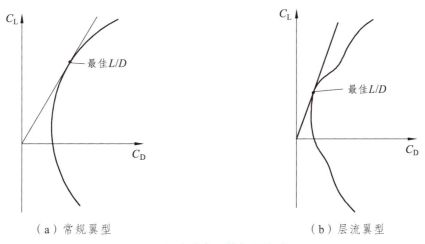

（a）常规翼型　　　　　　　　　　（b）层流翼型

图 2.77　设计升力系数与最佳升阻比

这里假定机翼的升力系数 C_L 等于翼型的升力系数 C_l。在水平飞行中，升力必须等于重量，因此所需要的设计升力系数可以按下式求得

$$W = L = C_L qS \approx C_l qS \qquad (2.40)$$

$$C_l = \frac{1}{q}\left(\frac{W}{S}\right) \qquad (2.41)$$

其中，动压 q 是速度和高度的函数，$q = \frac{1}{2}\rho v^2$。然后假设一个翼载（飞机重量与机翼参考面积的比值：W/S），就可以计算飞行任务时的速度和高度条件下的设计升力系数。

但是，如果无人机飞行过程中机体重量减小，则实际的翼载将减小，因此为了在飞行过程中应对翼载的变化，以保持设计升力系数，必须降低飞行速度（这是不希望的），或者爬升到更大的高度才能不断减小动压。这就是飞机采用"巡航—爬升"达到最大航程的原因。

在实际应用中，设计升力系数通常根据成熟经验进行选取。故而，翼型的初步选择也常常简单地依据过去的经验，或者是参考某些成功的设计案例。

2.4.2 失速的考虑

在翼型选择中，失速特性起着重要的作用。某翼型在失速时升力逐渐下降，而其他翼型失速时的升力下降很急剧，并伴随着俯仰力矩的急剧变化。这种差别反映了现有的三种完全不同的失速类型。

第一种，"胖"翼型（圆前缘，厚度大于 14%），从后缘开始失速。开始，紊流附面层随着迎角增加而加厚，在迎角 10°左右时，附面层从后缘开始分离。迎角进一步增加，分离点向前移动。这种翼型的升力损失是逐渐的，俯仰力矩仅改变一个小量。

第二种，较薄的翼型从前缘开始失速。如果翼型为中等厚度（6% ~ 14%），则在很小的迎角下气流就从前缘分离，但立即又附着在翼型表面上，因此几乎察觉不到它的影响。在更大些的迎角下，气流不再附着了，整个翼型几乎立即失速，从而导致升力和俯仰力矩的急剧变化。

第三种，非常薄的翼型则出现另外一种形式的失速。如前所述，在一个小迎角下气流即从头部分离，而后几乎立即再附着。然而，对于非常薄的翼型，这些"分离气泡"随着迎角增加，继续向后缘延伸，在气泡一直延到后缘的迎角下，翼型达到最大升力。并且超过这个迎角后，气流在整个翼型上分离，从而出现失速。升力下降平缓，但俯仰力矩变化很大。

从改善失速特性角度考虑翼型的选择，具体措施如下：

（1）让机翼产生几何扭转角，将机翼按照翼尖翼型相对于翼根翼型的迎角减小的方式（"外洗"）进行扭转，可使机翼根部角尖部先失速，这样可以改善由失速特性不好的翼型构成的机翼的失速特性。另外，翼根失速后拖出的尾流将引起平尾抖动，这就可以发出警告。

（2）选择让机翼产生气动扭转的翼型。按照类似的方式，可以在翼根和翼尖选用不同的翼型，翼尖选用比翼根失速迎角大的翼型。这样，在翼根失速的迎角下，用于滚转操纵的副翼上仍有好的流动。

（3）如果在翼根、翼尖采用了不同的翼型，必须通过内插确定机翼中间的翼型。此翼型的失速特性要介于翼根和翼尖的失速特性之间。但采用这种方式选择机翼中间的翼型，对现

代层流翼型可能不适用，这些翼型特性的估算必须做更详细的计算。

（4）较薄翼型的失速特性可以考虑采用增加前缘缝翼、前缘襟翼、后缘襟翼和主动法（吹气或吸气等）之类的增升装置加以改善。

（5）在选择翼型时，还要考虑俯仰力矩，因为平尾或鸭翼的尺寸大小，与需要配平机翼俯仰力矩大小有直接关系。

（6）对于稳定的无尾构型或飞翼构型无人机，其俯仰力矩必须接近于零。为此，通常需要选择一个在后缘特有上翘的"S"形翼型，这种后缘上翘的翼型比不上翘的翼型的升阻比小，从而减少了飞翼因减小浸湿面积带来的影响。然而，对于采用"主动"飞行控制系统的无人机，由于取消对内在稳定性的要求，因而可以采用后缘不上翘的翼型。

（7）机翼的失速特性直接与翼型的失速特性有关，这仅限于大展弦比、无后掠的机翼。对于小展弦比或大后掠的机翼，三维效应主导着失速特性。在选择翼型时，翼型的失速特性基本可以忽略。

（8）确定好翼型后，机翼面积会影响失速速度。较大的机翼面积可以降低失速速度。

2.4.3　相对厚度的考虑

翼型的相对厚度直接影响着机翼阻力、最大升力系数、失速特性和结构重量。

（1）对亚音速飞行阻力的影响。随着厚度增加，附面层加剧分离，从而使得飞行阻力增加。如果采用超临界翼型，将有助于减小激波的形成，并能用于减小给定相对厚度翼型的阻力，或者在相同的阻力水平时，允许采用较厚的翼型。

（2）对最大升力系数和失速特性有重要影响。对于相当大的展弦比、中等后掠角的机翼而言，较大的前缘半径产生较大的失速迎角和较高的最大升力系数；而对小展弦比、后掠机翼，比如三角翼，影响效果则相反。在这种情况下，前缘越尖，会形成了前缘涡，产生的最大升力越大。这些前缘涡也将推迟机翼失速。

（3）相对厚度还影响着机翼的结构重量。据统计公式表明，机翼结构重量随相对厚度的平方根成反比近似变化。可见，将翼型相对厚度减小一半，机翼重量将大约增加41%。机翼的重量大约是空机重量的15%，如果将相对厚度减小一半，则空机重量大约增加6%。

在实际机翼上，从翼根到翼尖，厚度是不断变化的。由于机身的影响，亚音速飞机的根部翼型可能比翼尖翼型厚 20%～60%，对阻力不会产生很大影响，反而对于减轻结构重量，以及为燃油和起落架提供更大容积都十分有利。

2.4.4　雷诺数的考虑

雷诺数是用来度量流体微团所受惯性力和黏性力之比值的准则数，是一个无量纲数。雷诺数越小意味着黏性力影响越显著，越大意味着黏性力影响越弱。针对大多数固定翼无人机而言，考虑到雷诺数较低情况（$3 \times 10^4 \sim 5 \times 10^5$）下飞行，要充分考虑空气黏性的作用。因为长气泡通常在低雷诺数状态下发生，当气泡扩展到翼型后缘就会发生失速。

如果 $Re = 3 \times 10^4 \sim 7 \times 10^4$，这是小型和微型无人机所处的雷诺数范围，这个范围对选择翼型非常敏感，因为层流发生气流分离转变为湍流过程中，相对较厚的翼型（相对厚度不小于6%）的升力和阻力具有明显的延迟现象。

如果 $Re = 7 \times 10^4 \sim 2 \times 10^5$，翼型表面的流动主要是层流，因此翼型性能有所提升，而流动分离泡也只在一些特定翼型上出现。许多微型和小型无人机在这个雷诺数范围飞行。

如果 $Re > 2 \times 10^5$，翼型性能显著提高，因为此时由分离泡产生的废阻力随着分离泡变短而减小。

低雷诺数条件下层流边界层的快速分离会导致翼型性能恶化的主要原因，表现在阻力增大和升力减小。所以，在选择翼型时，预期雷诺数是一个重要的考虑方面。每一个翼型都有一个确定的设计雷诺数，在差别很大的雷诺数下使用翼型，可能出现与期望差别很大的气动特性。对于层流翼型尤其如此，特别是在低于设计雷诺数的条件下飞行时更为关键。现在已经有专门为这些较低雷诺数的飞机设计合适的翼型了。

总而言之，选择翼型时要充分了解各种重要的影响因素，但在早期方案设计中，不必花太多的时间去精确地选择的翼型。对于早期方案设计，为了确定机翼厚度、布局、系统构造等，选择翼型是十分重要的。

2.4.5 翼型选择指南

翼型选择的注意事项以及要点如下：

1. 对阻力的影响

翼型外形会影响摩擦阻力大小，进而影响着飞机性能。由于层流范围也取决于翼型外形，为尽可能发挥自然层流翼型的优点，将设计升力系数处在阻力曲线中的凹区内。如果最佳爬升速度对应的升力系数也位于凹区，也会提高无人机的爬升性能。

2. 对气流分离的影响

翼型的几何外形同样会影响气流分离时的迎角，以及分离区随迎角增大而扩展的快慢程度。层流翼型对制造缺陷非常敏感，失速时左右机翼不对称可能导致失速特性恶化，可能会产生不受控的滚转等。此外，前缘半径和 $15\% \sim 20\%$MAC 位置处的光滑度对失速特性也有很大的影响。

3. 对最大升力系数和失速时操纵特性的影响

翼型外形决定了其最大升力系数。弯度越大，最大升力系数越大。前缘半径越小，最大升力系数越小。若前缘半径较小，则在失速时会使升力突然下降，对失速时的操纵特性产生不利影响。若产生分离气泡，也会严重影响到失速时的操纵特性。所以，应该选择 C_{lmax} 尽可能大的翼型。

4. 对纵向配平的影响

翼型外形决定其俯仰力矩系数 C_m，该参数对平尾尺寸和巡航时的配平阻力有很大的影响。一般情况下，弯度越大，俯仰力矩系数的数值也越大。对称翼型绕气动中心的 C_m 为零，带弯度翼型的 C_m 为负值。襟翼展开时，C_m 的绝对值将更大（更为稳定），但需要较大的平尾面积或较大的升降舵偏转角来与之平衡。

5. 临界马赫数

高亚音速飞行时，翼型外形决定了激波出现的早晚。与薄翼型相比，厚翼型会使绕流速度增大得更快，从而在较低马赫数时形成激波。设计巡航马赫数为 0.5 的飞机，若没有仔细设计其厚度分布，为防止在俯冲速度时产生激波，其翼型的最大相对厚度不能超过 15%。

6. 对翼身连接处的影响

由于翼身连接处的局部马赫数远大于机翼的，因此对机翼设计提出了挑战。若气流在此处加速到较高的马赫数，则意味着飞机的临界马赫数也较小，很容易产生激波分离，产生较大的激波阻力，使飞机性能变差。

7. 对结构厚度的影响

翼型外形决定了机翼的结构厚度。厚翼型的结构厚度较大，可用来安置较高的翼梁，进而可减小翼梁肋条的弯曲应力，减轻结构重量，同时提供较大的储存空间。因此，只要阻力增量较小，应尽量选择厚翼型。现代层流翼型比之前的翼型都要厚，但阻力却较小，这也是为飞机专门设计新翼型的原因。

8. 确定合适的零升迎角

在翼型选择时，确定合适的零升迎角 α_{l0} 是非常重要的。假定已确定设计迎角 α_i 和设计升力系数 C_{li}，则零升迎角可由以下方程给出：

$$\alpha_{l0} = k\left(\alpha_i - \frac{90}{\pi^2}C_{li}\right) \tag{2.42}$$

式中，$k=0.93$（NACA 四位数字翼型）；$k=1.08$，（NACA 五位数字翼型）；$k=0.74$，（NACA 6 系列翼型）。

总之，在翼型选择上，如果选择层流翼型，应尽可能选择阻力曲线中凹区域宽的翼型，如图 2.78 所示。中凹区域越宽时，可以增大爬升时的升力系数和升阻比，爬升和巡航时的升力系数将会位于区域内。要仔细确定机翼面积和尺寸，否则升力系数会位于区域外侧。

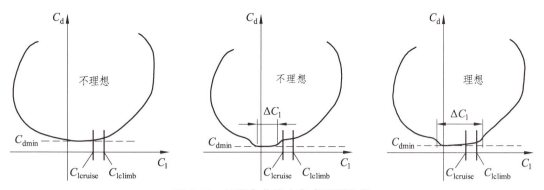

图 2.78　从阻力曲线中考虑翼型选择

9. 其他考虑

确定翼型满足 C_{lmax} 较大，C_{dmin} 较小的情况下，应尽可能选择在巡航状态中的 C_l 对于 C_m 较小的翼型。理想情况下，在巡航迎角附近，选择让无人机达到 K_{max} 的翼型，或者选择在 K_{max} 时迎角更接近巡航迎角的翼型。

2.4.6 案例分析

1. 案例一

某一固定翼无人机考虑从 SD7032、FX61-147 和 S1223 三种翼型进行选择，如图 2.79 所示。

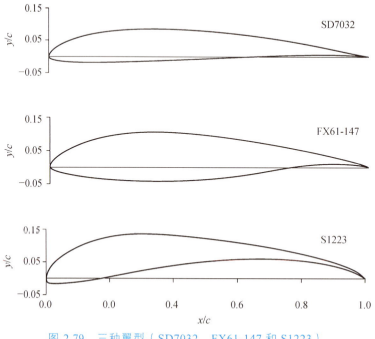

图 2.79　三种翼型（SD7032、FX61-147 和 S1223）

通过气动性能分析可知，SD7032 翼型是一种易于加工的简单翼型，最大升力系数可达 1.5，阻力系数低于几何外形相似的 NACA 2302 翼型，在低雷诺数下的性能较好。FX61-147 翼型的相对厚度为 14.7%，相对弯度为 3.18%，最大升力系数为 1.5。相对厚度为 12.1% 和相对弯度为 8.9% 的 S1223 翼型具有较高的 C_{1max}，比 FX63-137 翼型高约 25%。这种高升力翼型的设计理念是小型无人机机翼翼型选择的流行考虑点。

在低雷诺数（1.5×10^5）时，S1223 翼型的最大升力系数为 2.2，且升阻比高，具有良好的失速特性。对于低速飞行的无人机来说，高升力是必不可少的。S1223 翼型就显示了良好的飞行性能，与 NACA 0012 翼型和 CLARK　Y 翼型相比，表明这种具有高弧度机翼的气动优势。然而，S1223 翼型表面的高弧度和复杂的形状，会使机翼制造起来复杂且价格更昂贵。还有，较高升力的 S1223 翼型会产生更大的诱导阻力。

2. 案例二

某固定翼无人机的机翼和尾翼要从三种翼型中选择后并进行组合，要求无人机的升阻比大于 15；具有好的俯仰稳定性。第一种翼型组合：Eppler 214 和 NACA 0012；第二种翼型组合：Clark Y 和 NACA 2412；第三种翼型组合：Eppler 214 和 NACA 2412。三种组合后的气动特性如图 2.80 所示。

从图 2.80 可以看出，三种翼型组合的升阻比都超过 15，阻力特性接近，且俯仰力矩系数斜率为负值。翼型组合 1 的俯仰力矩系数绝对值小，则配平阻力较小；而翼型组合 2 和翼型组合 3 的俯仰力矩系数绝对值大，配平阻力较大。可以看出组合 1 满足要求，是常规无人机设计的最佳选择。

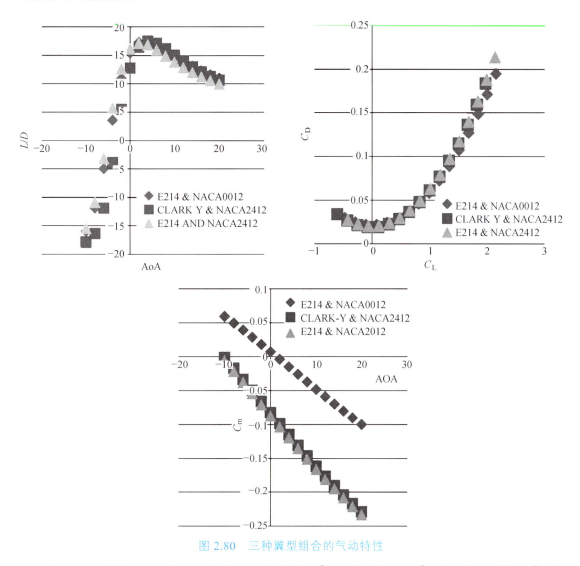

图 2.80　三种翼型组合的气动特性

基于以上分析可知，翼型选择的目的是提供：① 最佳升阻比；② 最小阻力系数；③ 最好的稳定性。

2.5　低速气动特性的实用算法

在固定翼无人机初期概念设计阶段，机体外形往往比较粗略，通过外形的气动特性分析进行快速评估和初步筛选。此时，更关心无人机升阻特性的大致数量级，以及相关参数随外形调整的变化趋势，一般会采用工程实用算法。工程估算方法并不能反映全部参数对气动性能的详细影响，如后掠角和展弦比是必须重点考虑的因素，但是在真实情况下，除了两者之外，还有梢根比、机翼扭转等参数同样对气动特性产生影响。

2.5.1　薄翼理论简介

相对厚度和相对弯度都很小的翼型称为薄翼型。薄翼型在小迎角时的升力特性和力矩特性，可以用解析法来确定。

低速翼型的薄翼理论解决这个问题的思路是，整个流动假设是无黏，翼型用附着涡来代替。附着涡布置在薄翼的中弧线上，然后用翼面必须是一条流线的条件（物面边界条件）来决定附着涡强度。有了附着涡强度，根据茹科夫斯基升力定理就可以确定翼型升力。

对于理想定常不可压缩流体的翼型绕流，如果气流绕翼型的迎角、翼型厚度、翼型弯度都很小，则绕流场是一个小扰动的势流场。这时，翼面上的边界条件和压强系数可以线性化，厚度、弯度、迎角三者的影响可以分开考虑，这种方法称为薄翼理论（Thin Airfoil Theory）。

在小迎角下，作用在薄翼型上的升力、力矩可以视为弯度、厚度、迎角作用结果之和，因此，绕薄翼型流动可用三个简单流动的叠加，即薄翼型扰流 = 弯度问题+厚度问题+迎角问题，如图 2.81 所示。

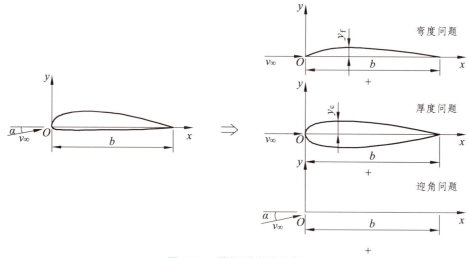

图 2.81　薄翼型绕流分解

其中，弯度问题是中弧线弯板零迎角扰流问题；厚度问题是对称翼型零迎角绕流问题；迎角问题是迎角不为零的平板绕流。对于厚度问题，由于此情况翼面压力分布上下对称，不产生升力和力矩。弯度和迎角问题产生的流动上下不对称，所形成的压差可以获得升力和力矩。把弯度和迎角作用合起来处理，称为迎角弯度问题，因此对于小迎角的薄翼型绕流，升力和力矩可用小迎角中弧线弯板的扰流来确定。

在带撑杆和张线的双翼机时代，飞机空气动力学最重要的进展是采用厚翼型取代薄翼型。薄翼型最先由达·芬奇提出，在 19 世纪被航空先驱乔治·凯利和奥托·李林塔尔所采用，这也许源于鸟类翅膀的原始设计。在 20 世纪到来的时候，早期风洞实验，包括莱特兄弟的实验，表明薄翼型比厚翼型阻力更小，这是早期低速小型风洞实验的假象，也是在低雷诺数下进行的实验，空气黏性占主导。由于真实飞机飞行时的雷诺数大于实验时的雷诺数，直到 1918 年时，许多飞机机翼采用薄翼型，在大迎角下过早发生气流分离，从而因产生较小的最大升力系数导致过早失速，人们才意识到厚翼型在高雷诺数下气动性能好，能够产生更高的最大升力系数。

例如，福克 Dr.1 飞机是第一架量产的采用厚翼型的战斗机，机翼安装的厚翼型是哥廷根 298 翼型，在低速风洞实验测量的最小阻力系数为 0.018，相当于布莱里奥薄翼型的 0.01 的 2 倍；最大升力系数为 0.28，比布莱里奥薄翼型的 0.19 也大得多。其实哥廷根 298 翼型风洞实验对应的雷诺数为 73 000，而福克飞机以 124 kt 速度平飞的雷诺数为 4 361 000。

所以，厚翼型的重要特点是更高的最大升力系数。飞机的转弯半径是表征飞机性能的重要指标。转弯半径与最大升力系数成反比，当飞机增加 30% 的最大升力系数可以使转弯半径减小 30%，这是一战中福克飞机则拥有比所有敌机更好机动性的一个原因。德国人的风洞实验证明了厚翼型的气动优势，这是空气动力学领域一个引人注目的近乎革命性的突破。此后，英国和美国的飞机设计师才逐渐认识到厚翼型的优势。

2.5.2 低速翼型气动特性情况

根据薄翼理论，这里只给出薄翼理论的结论，以及实用低速翼型的气动特性，具体如下：

1. 升力特性

升力系数与迎角的关系曲线就是表征翼型升力特性曲线。由实验和理论计算结果表明，在小迎角下，升力系数与迎角的关系为

$$C_1 = C_1^{\alpha}(\alpha - \alpha_0) \qquad (2.43)$$

确定升力特性曲线的 4 个参量为：升力系数斜率、零升迎角、最大升力系数和失速迎角。

（1）升力系数斜率与雷诺数关系不大，主要与翼型的形状有关。对于薄翼型的理论值为 2π，厚翼型的理论值大于 2π（厚度为 12% ~ 20%），随厚度和后缘角的增加而增大。由于没有考虑空气黏性，所以实验值小于理论值。对于 NACA 翼型的升力系数斜率与理论值较接近。经常采用一个经验公式为

$$C_1^{\alpha} = 0.9 \times 2\pi \left(1 + 0.8 \times \frac{t}{c}\right) \qquad (2.44)$$

式中　t——翼型最大厚度；

　　　c——翼弦弦长。

则，进一步给出薄翼的升力表达式：

$$C_1 = \frac{\mathrm{d}C_l}{\mathrm{d}\alpha}(\alpha - \alpha_0) = 2\pi(\alpha - \alpha_0) \qquad (2.45)$$

式中　α_0——翼型的零升迎角，由翼型的中弧线形状决定（弯度效应）。对于对称翼型，$\alpha_0 = 0$；对于非对称翼型，则 $\alpha_0 \neq 0$。

根据薄翼理论可知，在小迎角、小弯度、无厚度条件下，低速理想流体中，升力系数斜率可以表示为

$$\frac{\mathrm{d}C_1}{\mathrm{d}\alpha} = 2\pi \text{，或 } \frac{\mathrm{d}C_1}{\mathrm{d}\alpha} = 0.11 \text{ （ /° ）} \qquad (2.46)$$

对于薄翼型而言，升力系数斜率与翼型的形状无关。

如果是厚翼的理论值大于 2π，相对厚度为 12% ~ 20%，则随着厚度和后缘角的增加而增大。由于没有计入黏性的影响，则实验值小于理论值。对于平板的升力系数斜率 $C_l^\alpha = 0.9 \times 2\pi$；对于 NACA 23012 翼型，则升力系数斜率近似为 0.105（/°）。

（2）零升迎角主要与翼型弯度有关。NACA 四位数字翼型为

$$\alpha_0 = -\frac{f}{c} \times 100 \ (°) \tag{2.47}$$

式中 f——翼型最大弯度。

（3）最大升力系数主要与边界层分离有关，取决于翼型的几何参数、雷诺数、表面光滑度。常用低速翼型为 1.3 ~ 1.7，随着雷诺数的增加而增大，可以从翼型数据手册查到。

2. 纵向力矩特性

如果对翼型前缘取矩，则俯仰力矩系数为

$$C_m = C_{m0} - \frac{C_l}{4} \tag{2.48}$$

式中 C_{m0}——零升力矩系数。这说明，俯仰力矩斜率为 -0.25。

如果对距离翼型前缘 25% 位置取矩，则俯仰力矩系数就是 C_{m0}，说明这个力矩系数与迎角无关，即升力为零仍存在力矩。

对于薄翼扰流，只要对 25% 弦长位置取矩，力矩都等于这个零升力矩，不随迎角而变化，所以 25% 弦长位置就是气动中心，故气动中心也表示升力增量的着力点。气动合力的着力点为压力中心，该点的力矩为零。

3. 压力中心与焦点位置

翼型上的压力中心 CP，在小迎角时的弦向位置为

$$\frac{x_p}{c} = \frac{1}{4} - \frac{C_{m0}}{C_l} \tag{2.49}$$

迎角越小，压力中心越靠后（图 2.82）。另外，翼型上的气动中心，即焦点 AC，为力矩系数不变的位置，则弦向位置为

$$\frac{x_{ac}}{c} = \frac{x_p}{c} + \frac{C_{m0}}{C_l} \tag{2.50}$$

则，气动中心和压力中心之间的距离可以表示为

$$\Delta x_p = x_p - x_{ac} = -\frac{C_{m0}}{C_l} \cdot c \tag{2.51}$$

当 $C_{m0} < 0$ 时，$\Delta x_p > 0$，说明对于正弯翼型，压力中心位于气动中心之后。

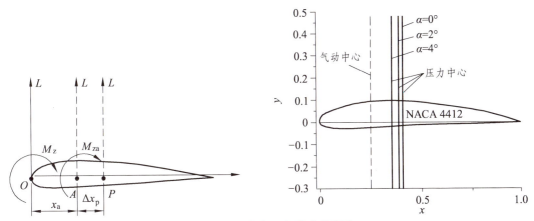

图 2.82　压力中心与焦点的距离

当 $C_{m0}>0$ 时，$\Delta x_p<0$，说明对于负弯翼型，压力中心位于气动中心之前。

当 $C_{m0}=0$ 时，$\Delta x_p=0$，说明对于对称翼型，压力中心与气动中心重合。

薄翼理论只适合绕翼型小迎角的流动。如果翼型的相对厚度大于12%，或迎角较大，薄翼理论和实验值相差较大，需要用厚翼理论，这里不做讨论。

4. 阻力特性

在低速情况下，翼型阻力包括摩擦阻力和压差阻力，不包含诱导阻力和激波阻力。翼型阻力实质上是由空气的黏性引起的；摩擦阻力是由物面上的摩擦剪切应力引起的，压差阻力是因物面边界层的存在改变了压力分布造成的。

一般，翼型的设计升力系数对应的翼型阻力最小，其大小可以由平板摩擦阻力系数经过适当修正得到。翼型的最小阻力系数可以表示为

$$C_{dmin}=2C_f\left[1+2\left(\frac{t}{c}\right)+6\left(\frac{t}{c}\right)^4\right] \tag{2.52}$$

式中　C_f——与翼型绕流相同流态的平板阻力系数。

另外，零升阻力系数 $C_{d0}=0.005\sim0.008$，在升力不为零的情况下，翼型的阻力系数为

$$C_d=C_{d0}+A\cdot C_l^2 \tag{2.53}$$

5. 极曲线

升阻特性曲线称为极曲线，由德国航空先驱李林塔尔提出的。翼型的升阻比表征了翼型的气动效率，等于升力系数与阻力系数之比：C_l/C_d。三维机翼的升阻比公式为

$$K=\frac{C_L}{C_D} \tag{2.54}$$

如图 2.83 所示，最大升阻比 K_{max} 就是从原点到极曲线的切线与横坐标的夹角的正切值。在低速情况下，K_{max} 越大代表气动效率越好。性能好的翼型升阻比可达 50 以上；性能好的机翼或无人机的升阻比可达 100 以上。

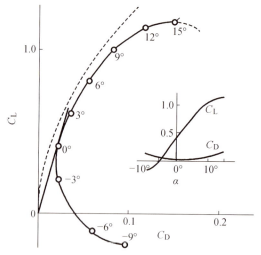

图 2.83　升阻特性曲线（极曲线）

2.5.3　机翼低速气动特性情况

机翼剖面升力系数展向分布是计算机翼升力、力矩、诱导阻力的重要依据。展弦比对飞机气动特性的影响较大，随着展弦比的增大，最大升力系数明显增加，最大升阻比也增加。大展弦比的机翼首先在 1866 年被人凭直觉所采用，后来在 1891 年被美国兰利试验得到证明，然后在 1901—1902 年间由莱特兄弟通过风洞实验重新发现。之后，飞机机翼的设计转变为空气动力学对大展弦比的需求，与飞机重量和结构设计对小展弦比需求的折中过程。一般大展弦比平直翼的剖面升力系数用升力线理论获得；小展弦比机翼或后掠翼用升力面理论获得。

根据空气动力特性理论可知，要估算机翼升力系数，需要计算升力系数斜率、零升迎角、最大升力系数及其对应的迎角。

1. 机翼升力特性

机翼的升力特性用零升迎角 α_0、升力系数斜率 C_L^α 和最大升力系数 C_{Lmax} 表示，对应的公式为

$$C_L = C_L^\alpha(\alpha - \alpha_0)$$

（1）零升迎角。

对于无扭转机翼，机翼的零升迎角等于翼型的零升迎角，即 $\alpha_0 = \alpha_{0\infty}$。

（2）升力系数斜率。

① 对于大展弦比椭圆平直翼（$AR \geqslant 5$），升力系数斜率为

$$C_L^\alpha = \frac{C_l^\alpha}{1 + \dfrac{C_l^\alpha}{\pi AR}} \tag{2.55}$$

对于展弦比很大的椭圆翼，由于 $C_l^\alpha \approx 2\pi$，则升力系数斜率可以表示为

$$C_L^\alpha = \frac{2\pi}{1+\dfrac{2}{AR}} = \frac{2\pi AR}{2+AR} \tag{2.56}$$

② 对于小展弦比平直翼（$AR<5$），德国空气动力学家赫尔姆博尔德（H.B. Helmbold）在上式的基础上，给出了升力系数斜率修正公式

$$C_L^\alpha = \frac{C_1^\alpha}{\sqrt{1+\left(\dfrac{C_1^\alpha}{\pi AR}\right)^2}+\dfrac{C_1^\alpha}{\pi AR}} \tag{2.57}$$

③ 对于后掠翼，德国空气动力学家屈西曼（D. Kuchemann）给出了升力系数斜率的修正公式

$$C_L^\alpha = \frac{C_1^\alpha \cos \Lambda_{0.5}}{\sqrt{1+\left(\dfrac{C_1^\alpha \cos \Lambda_{0.5}}{\pi AR}\right)^2}+\dfrac{C_1^\alpha \cos \Lambda_{0.5}}{\pi AR}} \tag{2.58}$$

④ 对于任意平面形状的机翼升力系数斜率，可以采用升力面理论计算，通常采用的计算公式为

$$C_L^\alpha = \frac{2\pi AR}{2+\sqrt{\left(\dfrac{AR}{k\cos \Lambda_{0.5}}\right)^2+4}} \tag{2.59}$$

其中，$k=\dfrac{C_1^\alpha}{2\pi}$。

（3）最大升力系数。

① 对于矩形翼，最大升力系数为

$$C_{L\max} = 0.88 \times \frac{C_{L\max 0}+C_{L\max 1}}{2} \tag{2.60}$$

式中　$C_{L\max 0}$——机翼中部剖面的最大升力系数；

　　　$C_{L\max 1}$——翼梢部位剖面的最大升力系数。

② 对于梯形翼，最大升力系数为

$$C_{L\max} = 0.95 \times \frac{C_{L\max 0}+C_{L\max 1}}{2} \tag{2.61}$$

③ 对于后掠翼，最大升力系数为

$$C_{L\max} = C_{L\max 0} \cdot \cos \Lambda_{1/4} \tag{2.62}$$

2. 机翼阻力特性

在低速飞行中，机翼的阻力系数为零升阻力系数 C_{D0} 与升致阻力系数 C_{DL} 之和。即

$$C_D = C_{D0} + C_{DL} \tag{2.63}$$

（1）零升阻力系数。

当机翼无弯度或弯度不大时，则零升阻力系数的工程估算公式为

$$C_{D0} = C_{Dmin} = 2C_F(1 + 0.1t + 0.4t^2) \tag{2.64}$$

式中　C_F ——同等弦长的平板摩擦阻力系数；

t ——相对厚度。

（2）升致阻力系数。

升致阻力系数等于诱导阻力系数 C_{Di} 与黏性压差阻力系数 C_{Dn} 之和。即

$$C_{DL} = C_{Di} + C_{Dn} \tag{2.65}$$

其中，诱导阻力系数表示为

$$C_{Di} = \frac{C_L^2}{\pi AR}(1 + \delta) = A C_L^2 \tag{2.66}$$

式中，δ 为非椭圆翼诱导阻力系数的修正系数，其大小与机翼平面形状有关，见表 2.2；

$A = \dfrac{1 + \delta}{\pi AR}$，称为诱导阻力因子。

表 2.2　非椭圆翼修正系数

机翼平面形状	椭圆翼	梯形翼	矩形翼	菱形翼
δ	0	0	0.052	0.14
$\dfrac{1}{1+\delta}$	1	1	0.950	0.867

黏性压差阻力系数为

$$C_{Dn} = kC_L^2 \tag{2.67}$$

式中，k 为修正系数，由实验确定。可以近似为

$$k = \frac{0.025AR - \delta}{\pi AR} \tag{2.68}$$

对于后掠翼的诱导阻力因子，可以采用下列经验公式进行估算：

$$A = \frac{\dfrac{AR}{\cos \Lambda_{0.5}} + 4}{AR + 4} \tag{2.69}$$

不论是平直翼，还是后掠翼，随着马赫数增加，机翼的最大升力系数一般随着马赫数增加而下降。这是因为随马赫数增大，翼型最小压力点的压强减低，这样翼型后部逆压梯度就增大，使翼型在较小的迎角下就分离失速。因此最大升力系数随着马赫的增大而降低。

"两弹一星元勋"郭永怀

郭永怀，1909 年 4 月 4 日出生于山东省荣成市滕家镇一个农家。郭永怀自幼天资聪慧，10 岁的时候，被送到了本家叔叔所办的学堂里读书习文。17 岁那年，他以优异成绩考取了青岛大学附属中学，成为四乡八里第一个公费中学生。20 岁，郭永怀考取了南开大学预科理工班。1931 年 7 月，郭永怀预科班毕业后直接转入本科学习。郭永怀选择了物理学专业，得到了当时国内知名教授顾静薇的赏识。两年后，顾静薇推荐郭到北京大学光学专家饶毓泰教授门下继续深造。在参加了北京大学的入学考试后，郭永怀如愿以偿地进入北大物理系学习。在顾、饶二位导师的精心锤炼下，郭永怀打下了扎实的物理学专业基础。

1. 留学生涯

1938 年夏，中英庚子赔款基金会留学委员会举行了第七届留学生招生考试，在 3000 多名参考者中，力学专业只招一名。考试结果，郭永怀、钱伟长、林家翘一起以 5 门课超过 350 分的相同分数同时被录取。1940 年 8 月，经过一番周折，郭永怀一行来到加拿大的多伦多大学应用数学系学习。1941 年，郭永怀又赴当时国际上著名的空气动力学研究中心——加州理工学院研究可压缩流体力学，和钱学森一起成为世界流体力学大师冯·卡门的弟子，于 1945 年完成了有关"跨音速流不连续解"的出色论文，获得了博士学位。

1946 年秋，冯·卡门的大弟子威廉·西尔斯教授在美国康奈尔大学航空科学部的基础上创办了航空工程研究生院，邀请郭永怀前去任教。当时，人类虽已实现了飞行的梦想，但飞机的飞行速度并不理想，声障是提高飞机飞行速度的难关。郭永怀和钱学森经过拼搏努力，不久就合作拿出了震惊世界的重要数论论文，首次提出了"上临界马赫数"概念并得到了实验证实，为解决跨音速飞行问题奠定了坚实理论。此后，声名大振的郭永怀应聘参加了美国数学学会，并被加州理工学院特聘为研究员。不久，他又成为康奈尔大学航空工程研究生院的三个著名攻关课题主持人之一。

1949 年，郭永怀为解决跨音速气体动力学的一个难题，探索开创了一种计算简便、实用性强的数学方法"奇异摄动理论"，在许多学科中得到了广泛的应用。正是因为在跨音速流与应用数学方面所取得的两项重大成就，郭永怀由此驰名世界。

1953 年 8 月，中美继签订朝鲜停战协定后在日内瓦举行大使级会谈。经过中国政府的努力，美国政府不久被迫把禁止中国学者出境的禁令取消，但以"维护国家安全"为由设置种种障碍。在面对优越的科研和生活条件与祖国需要何去何从的时候，郭永怀毅然决然拒绝了美国同事邀请他参加的机密研究项目，放弃了美国康奈尔大学教授的优厚待遇，携妻女义无反顾踏上归途。

为了避免美国政府制造麻烦，他毅然将自己没有公开发表过的所有书稿统统付之一炬，在和学生们聚会的篝火旁，他掏出十几年来写成的没有公开发表的书稿，一叠一叠地丢进火里，烧成灰烬，这令在场的学生惊呆了，夫人李佩教授当时也感到可惜。

1956 年 6 月，当时已任中国力学研究所所长的钱学森致信郭永怀，盼他回国。1956 年国庆节的前一天，郭永怀动身返家。

2. 建设国家

郭永怀携全家回国后受到了党和政府及科技界的热烈欢迎,毛泽东主席亲自接见他和家人,中国科学院则安排他和钱学森一起工作,任中国科学院刚组建的力学研究所副所长,和钱学森、钱伟长一起投身于力学研究所的科技领导工作。

1957 年 10 月 15 日,中国与苏联签订了《国防新技术协定》,在协定中苏联明确承诺向中国提供原子弹数学模型和图纸资料。1958 年,负责核武器研制的第二机械工业部(二机部)第九研究所(九所)在京正式成立。1964 年 2 月,它发展成为负责核武器研制、生产整个过程的研究设计院——九院(中国工程物理研究院的前身),开始了"两弹"研制工作。

1958 年,郭永怀先生与钱学森先生等负责筹建中国科学技术大学力学和力学工程系、化学物理系,并出任化学物理系首任系主任。

1959 年 6 月,苏联方面突然致函中共中央,拒绝向中国提供原子弹的数学模型和技术资料。1960 年 7 月,苏联政府又照会中国政府决定撤走在华的核工业系统的全部专家,随后又停止供应一切技术设备和资料。苏联的单方面撕毁协定和合同,给刚刚起步的中国核工业带来了意想不到的困难。郭永怀临危受命,他与王淦昌、彭桓武形成了中国核武器研究最初的"三大支柱"。

郭永怀历任九所副所长、九院副院长,负责力学和工程方面的领导工作。当时,九院的首要任务就是在一无图纸、二无资料的情况下,迅速掌握原子弹的构造原理,开展原子弹的理论探索和研制工作。为了便于科技攻关,九院成立了四个尖端技术委员会,郭永怀领导场外试验委员会。场外试验涉及结构设计、强度计算和环境试验等任务,负责进行核武器研制的实验和武器化。郭永怀一方面为科研人员传授爆炸力学和弹头设计的基本理论,另一方面致力于结构强度、振动和冲击等方面的研究,加速建立自己的实验室,组织开展一系列的前期试验。

在郭永怀的倡议和积极指导下,中国第一个有关爆炸力学的科学迅速制定出台,从而引导力学走上了与核武器试验相结合的道路。同时,郭永怀还负责指导反潜核武器的水中爆炸力学和水洞力学等相关技术的研究工作。此外,在潜-地导弹、地对空导弹、氢氧火箭发动机和反导弹系统的研究试验中,郭永怀也作出了巨大贡献。

在对核装置引爆方式的采用上,郭永怀提出了"争取高的,准备低的,以先进的内爆法为主攻研究方向"的思路。为确立核武器装置的结构设计,郭永怀提出了"两路并进,最后择优"的办法,为第一颗原子弹爆炸确定了最佳方案,对一些关键问题的解决起了决定性的作用。这一方案不仅为第一颗原子弹研制投爆所采用,而且为整个第一代核武器的研制投爆所一直沿用。

1961 年 7 月,郭永怀加入中国共产党。

3. 国防元勋

1963 年,为了加快核武器的研制步伐,党中央决定将集中在北京的专业科研队伍,迁往在青海新建的核武器研制基地。1964 年 10 月 16 日下午 3 时,中国的第一颗原子弹试验成功。

1965 年 9 月,中国第一颗人造卫星的研制工作再次启动,郭永怀受命参与"东方红"卫星本体及返回卫星回地研究的组织领导工作。1970 年 4 月 24 日,在郭永怀牺牲一年多后,中国第一颗人造卫星发射成功。

在核弹武器化的后期研究中，郭永怀相继提出了一些具有独到见解的主张，后来的实践一次又一次地证明了郭永怀这些主张的科学性和严密性。1966 年 10 月 27 日，中国第一颗装有核弹头的地地导弹爆炸成功！

对氢弹，郭永怀也从结构形式、弹体重量、减速装置等方面提出了一些科学见解，从而保证了中国第一颗氢弹空投试验的圆满成功。1967 年 6 月 17 日，中国第一颗氢弹空爆试验成功。

4. 以身殉国

1968 年 10 月 3 日，郭永怀又一次来到试验基地，为中国第一颗导弹热核武器的发射以及从事试验前的准备工作。1968 年 12 月 4 日，在青海基地整整待了两个多月的郭永怀，在试验中发现了一个重要线索。他要急着赶回北京，就争分夺秒地要人抓紧联系飞机。他匆匆地从青海基地赶到兰州，在兰州换乘飞机的间隙里，他还认真地听取了课题组人员的情况汇报。当夜幕降临的时候，郭永怀拖疲惫的身体登上了赶赴北京的飞机。5 日凌晨，飞机在首都机场徐徐降落。在离地面 400 多米的时候，飞机突然失去了平衡，坠毁在 1 公里以外的玉米地里。

当人们辨认出郭永怀的遗体时，他往常一直穿在身上的那件夹克服已烧焦了大半，和警卫员牟方东紧紧地拥抱在一起。当人们费力地将他俩分开时，才发现郭永怀的那只装有绝密资料的公文包安然无损地夹在他们胸前。

据国务院工作人员后来回忆，郭永怀飞机失事的消息第一时间传到国务院，总理周恩来失声痛哭，良久不语，随即下令彻查这一事故，并指示《人民日报》发布这一不幸的消息。此时郭永怀刚满 59 岁。

郭永怀牺牲后的第 22 天——1968 年 12 月 25 日，中央授予他烈士称号。同日，中国第一颗热核导弹试验获得了成功！

郭永怀 1999 年被授予"两弹一星功勋奖章"，是该群体中第一位获得"烈士"称号的科学家。

3 固定翼无人机气动分析

从航空史发展来看,飞机技术发展的三个特征增长期,分别为① 带撑杆和张线的双翼机;② 螺旋桨单翼机;③ 喷气式飞机。这三个时期由于飞机布局上的巨大变化而界限明显,这些变化反映出飞机空气动力学的巨大进步。一般而言,将零升阻力系数和最大升阻比作为评价飞机性能的两个重要指标。

前面章节的翼型空气动力学和机翼空气动力学,包括低速空气动力学和高速空气动力学,主要服务于本章的飞行器整机气动力分析。这里主要研究固定翼无人机的其他部件和各部件组合成整机的空气动力学。

在常规固定翼无人机的气动分析中,机翼和尾翼的几何外形会影响无人机的气动载荷分布,特别是机翼,就是一个升力面,产生升力的主要部件。升力面的外形可以用两个二维外形术语来描述:翼型和平面形状,航空史上出现过许多翼型和平面形状的优秀组合,用以满足飞行器的气动和性能需求。

3.1 机翼和尾翼

无人机整机的气动特性与各个部件的气动特性都有关,特别是机翼与尾翼,这里重点介绍机翼和尾翼的相关知识。

3.1.1 典型机翼平面形状

航空史上成功使用了多种机翼形状,如平直翼、椭圆翼、梯形翼和后掠翼等。这些翼形同样也可以应用到固定翼无人机机翼上。最典型的机翼平面形状包括等弦长机翼(矩形机翼)、梯形机翼、后掠机翼、三角翼等。

1. 等弦长机翼(矩形翼)

等弦长机翼的特征是沿展向机翼各个截面的弦长相等,该外形被广泛使用在各种大小的飞机上,也称矩形翼,如图3.1所示。

这种机翼有两个主要特点:一是,失速特性好,失速从翼根开始向翼尖发展,并且比较缓和,翼尖最后失速,飞行失速时具有良好的滚转稳定性;二是,机翼制造工艺简单,成本较低。缺点是,由于翼尖对升力的贡献小于翼根,该结构的气动效率较低。

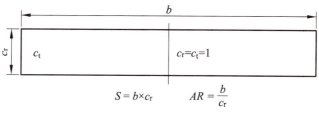

$$S = b \times c_r \qquad AR = \frac{b}{c_r}$$

图 3.1 等弦长机翼外形

2. 椭圆翼

图 3.2 给出纯粹的椭圆机翼,但并不要求所有椭圆机翼都遵循这种形状。无线电遥控飞机或滑翔机上常使用前缘或后缘后掠角为零的椭圆机翼,有时被称为月牙形机翼。对于这 3 种椭圆机翼形状,除翼梢外,截面升力系数沿展向的分布基本一致。3 种机翼在 10°迎角时的总升力系数近似相等,前缘为直线的机翼在翼梢处的截面升力系数较小,其需要的机翼扭转角也较小。第二次世界大战前后,椭圆机翼因为较高的气动效率而广为流行,如英国的超级马林"喷火"等,因此被世人所熟知。

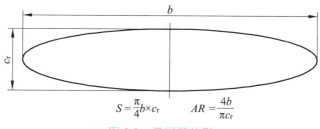

$$S = \frac{\pi}{4} b \times c_r \qquad AR = \frac{4b}{\pi c_r}$$

图 3.2 椭圆翼外形

椭圆翼的主要优点是截面升力系数分布的一致性。这种分布特性使得机翼气动效率很高,相对其他外形其诱导阻力也最小。

椭圆翼最大的缺点是不易制造,若使用复合材料制造,则加工难度会降低很多。再者,截面升力系数沿展向的一致性分布使得机翼各部分同时失速(假设翼型一致,且机翼无扭转)。这对于低速(或者大迎角)飞行非常不利,需要通过机翼扭转或配置不同的翼型来弥补。

3. 梯形翼

梯形翼的翼根与翼梢的弦长不一样,翼梢处弦长较短(图 3.3)。

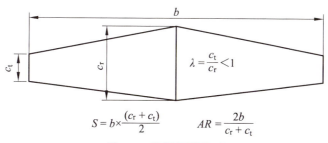

$$S = b \times \frac{(c_r + c_t)}{2} \qquad AR = \frac{2b}{c_r + c_t}$$

图 3.3 梯形机翼外形

梯形翼的主要优点是展向升力分布与椭圆翼近似,可以减小翼根弯矩和诱导阻力。与等弦长机翼相比,梯形机翼的气动效率更高。再考虑到梯形相对简单的几何特点,使其更容易被制造出来，所以梯形翼是一种理想的布局。由于梯形翼从翼根到翼梢的弦长减小，一般会采用几何扭转或气动扭转改善失速特性。

4. 后掠翼

与梯形翼类似，后掠翼也是航空界最常用的机翼形式之一。目前，基本上所有的商用飞机均使用后掠翼（图 3.4），即便是在低亚声速下飞行的飞机，其安定面也常使用后掠翼。

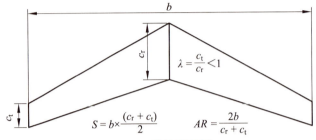

图 3.4　后掠翼外形

后掠翼的发明源自 20 世纪 30 年代，一般认为布泽曼是后掠翼的发明者。1945 年底琼斯对后掠翼展开了测试，研究成果发表于 1945 年 NACA 报告（NACA TR-863）。

后掠翼的主要优点是在高速飞行时延缓激波的产生，增大临界马赫数。与平直翼或前掠翼相比，后掠翼较难发生颤振。这是由于翼梢在翼根之后，翼梢相对翼根产生的扭转变形使翼梢处的局部迎角减小。对于给定的外形，如果希望重心尽量靠后或靠前，则也可选择后掠翼（或前掠翼）形式。梅塞施米特公司的 Me-262 是第一型使用后掠翼布局的飞机。

后掠翼最主要的缺点是翼梢处迎角较大，大迎角失速时，会带来很大的抬头力矩；同时降低了滚转稳定性和副翼效率。由于压力中心在翼根与机身连接处之后，会使机翼扭矩显著增大。后掠翼布局较易出现操纵反效，这是因为气动弹性效应使翼梢局部迎角减小。对于弹性机翼，相同的效应也会使升力中心随迎角增大而前移，而当机翼失速时，不论是否为弹性，也存在这一趋势。因此后掠翼飞机失速时会产生很大的抬头力矩，将严重影响到飞行安全。

5. 三角翼

三角翼（图 3.5）一般用于高亚声速或超声速飞机，很少用于低亚声速飞机。尽管如此，低速飞机或无人机也可以使用三角翼，主要是为了追求飞行乐趣，而非其他技术原因。

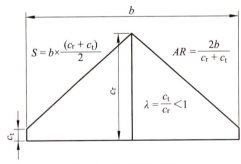

图 3.5　三角翼外形

三角翼内部存储空间小（翼展小），与平直无后掠机翼相比，最大升力系数较小，三角翼的升阻比特性也较差。

6. 圆形机翼

圆形机翼的外形如图 3.6 所示。圆形机翼气动效率低于椭圆翼和矩形翼，但其展向升力系数变化比较平缓。如果考虑飞行器的稳定性和操纵性，圆形机翼会是一个理想的布局外形。例如，波音的 E-3 sentry 和格鲁门的 E-2"鹰眼"应用了圆形机翼。

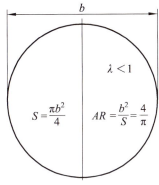

图 3.6　圆形机翼外形

除了以上几种典型的机翼形状之外，还有其他布局的机翼，如尖拱外形、翼身融合外形、联翼外形和菱形外形，如图 3.7 所示。

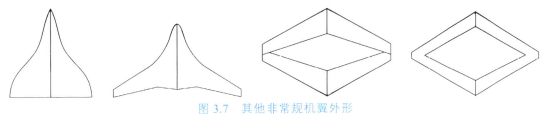

图 3.7　其他非常规机翼外形

3.1.2　机翼几何参数

1. 参考机翼的定义

在无人机设计中，也就是整个气动设计中，计算升力系数、阻力系数和力矩系数、性能参数、稳定性和操纵性等特性参数，以及进行载荷分析，都需要给出机翼参考面积。由于梯形机翼是最简单的升力面外形，所以，"参考"（"梯形"）机翼是开始气动布局时的基本机翼几何形状，图 3.8 给出了"参考"（"梯形"）机翼的平面形状的定义。

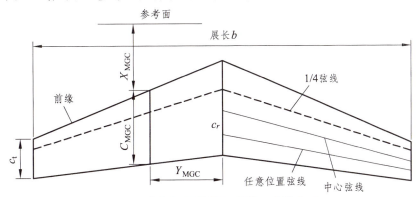

图 3.8　参考机翼的平面形状及参数定义

航空史上一般采用简单的形式给出机翼参考面积，在整个飞行器设计过程中，参考面积保持不变。需要注意，参考机翼是假想的，其前缘、后缘通过机身延伸到机体中心线。因此，计算参考机翼面积应包括插入机身里面的那部分，一般可以忽略翼梢小翼、边条和前缘增升装置等的影响。机翼参考面积表示为

$$S = b\left(\frac{c_r + c_t}{2}\right) \tag{3.1}$$

图 3.8 可以看出，参考机翼为左右两个梯形相交，相交处为机体中心线处，但翼根一般指机翼与机身的交接处，由于在无人机设计中，机身的形状可能会改变，一般采用机翼外侧翼尖处的弦长，例如平均弦长采用如下形式的表达方式：

$$c_{avg} = \frac{c_r + c_t}{2} = \frac{c_r}{2}(1 + \lambda) \tag{3.2}$$

平均几何弦长（Mean Geometric Chord，MGC）通常视为平均空气动力弦。平均空气动力弦（Mean Aerodynamic Chord，MAC）是一个假想的矩形机翼的翼弦，该假想机翼与真实机翼的面积以及气动力矩都相同，可以指压力中心所在翼弦的弦长。

平均几何弦长公式为

$$c_{MGC} = c_r \frac{2}{3}\left(\frac{1 + \lambda + \lambda^2}{1 + \lambda}\right) \tag{3.3}$$

确定平均几何弦长的经验方法是采用图解法，如图 3.9 所示。

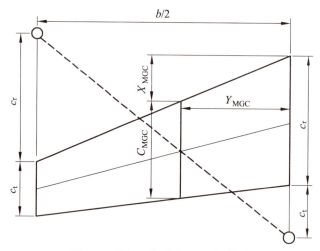

图 3.9　平均几何弦长的图解算法

如果将平均空气动力弦等同于平均几何弦长，即 $c_{MGC} \approx c_{MAC}$，实际上忽略了翼型、扭转角、后掠角等因素的气动影响。一般，将 MAC 作为机翼的参考点，将重心投影到 MAC 上，可以快速估算机翼弯矩，评估无人机的力矩特性。

2. 展弦比

机翼展弦比（Aspect Ratio，AR）是一个关键参数，它同时影响升力系数、诱导阻力和

升力线斜率，正因为如此，它也能直接影响飞机性能和操稳特性。展弦比是机翼的细长比，在确定空气动力特性和结构重量方面是有用的。

展弦比为机翼展长与平均弦长 c_{avg} 之比。

对于矩形机翼而言，展弦比为

$$AR = \frac{b}{c_{\text{avg}}} \tag{3.4}$$

对于非矩形机翼而言，展弦比为

$$AR = \frac{b^2}{S} \tag{3.5}$$

大展弦比机翼和具有同样机翼面积的小展弦比机翼相比，其翼尖远离机身更远，因此大展弦比机翼受翼尖涡的影响比小展弦比机翼要小，翼尖涡强度减弱，这样因翼尖效应引起的升力损失和阻力减小，所以，翼尖涡对大展弦比机翼的影响小于小展弦比机翼。

上一章提及，不同机翼展弦比具有不同的失速迎角。由于翼尖处的有效迎角减小，因此，小展弦比机翼要比大展弦比机翼在更高的迎角下失速。这是为什么尾翼展弦比倾向较小的原因，为了保证适当的操纵性，把尾翼失速推迟到机翼失速以后很久才出现。

对于多翼机，如双翼机或三翼机，展弦比的计算方法为

$$AR = \frac{nb^2}{S} \tag{3.6}$$

式中，n —— 机翼数量，双翼机：$n = 2$；三翼机：$n = 3$。

3. 机翼梢根比

机翼尖削比 λ 是翼尖弦长与中心线处翼根弦长之比。

$$\lambda = \frac{c_{\text{t}}}{c_{\text{r}}} \tag{3.7}$$

4. 机翼后掠角

通常，后掠翼为 1/4 弦线与机体中心线的垂线之间的夹角，用 Λ 表示。前缘后掠角 Λ_0、1/2 弦线后掠角 $\Lambda_{0.5}$ 或后缘后掠角 Λ_1 也经常以参数的形式出现。机翼后掠会引起最大升力系数、失速特性及可压缩性效应的变化。

1/4 弦线是指从翼尖到翼根，翼型前缘到后缘的 1/4 弦线位置连成的直线。二维气动数据经常采用 1/4 弦线作为参考，因此在分析无人机俯仰力矩时该弦线非常重要。1/4 弦线一般也是升力面上主梁的位置，在结构设计时举足轻重。

机翼后掠角为

$$\Lambda_{1/4} = \arctan\left(\tan \Lambda_0 + \frac{c_r}{2b}(\lambda - 1)\right) \tag{3.8}$$

机翼后掠主要用于减缓跨音速和超音速流的不利影响。从理论上讲，激波在后掠机翼上

的形成，并不取决于流过机翼的气流的实际速度，而取决于垂直于机翼前缘方向上的气流分速度。机翼后掠可以改善稳定性，一个后掠机翼具有自然的上反效应。事实上，后掠机翼通常是无上反或下反，以避免过分的横向稳定。

例题： 根据图 3.10 中信息确定机翼的后掠角。

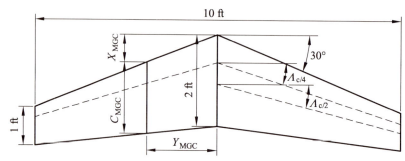

图 3.10　机翼平面形状的参数信息

解： 机翼面积

$$S = b\left(\frac{c_r + c_t}{2}\right) = (10)\left(\frac{2+1}{2}\right) = 15 \text{ ft}^2$$

展弦比——通用方程

$$AR = \frac{b^2}{S} = \frac{10^2}{15} \approx 6.667$$

梢根比

$$\lambda = c_t / c_r = 0.5$$

平均几何弦长

$$c_{\text{MGC}} = \left(\frac{2}{3}\right)c_r\left(\frac{1+\lambda+\lambda^2}{1+\lambda}\right) = \left(\frac{2}{3}\right) \times 2 \times \left(\frac{1+0.5+0.5^2}{1+0.5}\right) \approx 1.556 \text{ ft}$$

平均气动弦长

$$c_{\text{MAC}} \approx c_{\text{MGC}}$$

平均几何弦长前缘处的 Y 向位置

$$y_{\text{MGC}} = \left(\frac{b}{6}\right)\left(\frac{1+2\lambda}{1+\lambda}\right) = \left(\frac{10}{6}\right)\left(\frac{1+2 \times 0.5}{1+0.5}\right) \approx 2.222 \text{ ft}$$

平均几何弦长前缘处的 X 向位置

$$x_{\text{MGC}} = y_{\text{MGC}} \tan \Lambda_{\text{LE}} \approx 1.283 \text{ ft}$$

1/4 弦线后掠角

$$\tan \Lambda_{c/4} = \tan \Lambda_{\text{LE}} + \frac{c_r}{2b}(\lambda-1) = \tan(30°) + \frac{2}{2(10)}(0.5-1) \approx 0.527\,4 \Rightarrow \Lambda_{c/4} \approx 27.8°$$

3.1.3 机翼安装角

机翼安装角是机翼相对机身的偏角。如果机翼无扭转，安装角就简单地是机身轴线与机翼弦线之间的夹角。如果机翼有扭转，则安装角应由任一选定的机翼展向位置的翼型来定义，通常选用与机身对接的外露机翼翼根处的翼型，即机翼翼根弦线与机身轴线之间的夹角。

一般，在正常布局的飞行器中，包括固定翼无人机，机翼与尾翼都有安装角，在早期有人驾驶飞机的安装角是可以调节的。通常翼根安装角稍大一些，翼尖安装角稍小，如图 3.11 所示。水平尾翼的安装角一般为负值，以便帮助飞行器保持俯仰平衡。工程上常常给出翼根和翼尖处的安装角，并将两者之间的差值定义为扭转。

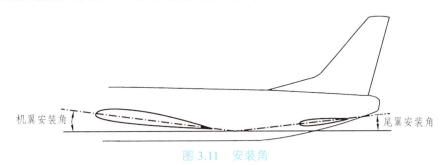

图 3.11　安装角

机翼安装角的选取原则是使某种条件（一般是巡航状态）下的阻力达到最小。具体条件是，机翼在选定的设计状态所对应的迎角时，机身处在最小阻力的迎角下。也就是说，机翼选择迎角时应遵循机身阻力最小的原则，或者翼身组合体升阻比或最大升力系数最大的原则。此时，机翼安装角应确保机翼迎角等于整个巡航过程的最佳迎角。

确定机翼安装角可以分为 3 步，具体如下：

第 1 步，确定机身最小阻力对应的迎角。

这一步主要取决于飞行器的几何外形。对于常规客机，巡航时机身中心线近似平行于飞行方向，可以采用风洞试验或 CFD 计算确定最佳迎角。该步骤得到的结果可以用 α_F 表示，$\alpha_F > 0$ 表示机头下垂，$\alpha_F < 0$ 表示机头上仰。

第 2 步，确定巡航状态下的迎角。

一般考虑巡航起始点与巡航结束点重量的平均值，确定巡航状态下的迎角。公式如下：

$$\alpha_C = \frac{1}{C_{L\alpha}} \frac{W_1 + W_2}{\rho v_C^2 S} + \alpha_0 \tag{3.9}$$

式中　W_1——巡航开始点的重量；

　　　W_2——巡航结束点的重量；

　　　v_C——巡航速度。

第 3 步，确定机翼的安装角。

机翼翼根处的安装角 ϕ_w 可以用以下公式表示：

$$\phi_w = \alpha_C + \alpha_F - \Delta\phi_{MGC} \tag{3.10}$$

式中　α_C——巡航中点时的机翼迎角；

$\Delta\phi_{MGC}$——考虑机翼扭转的修正量，负值表示机翼负扭转，$\Delta\phi_{MGC} = \left(\dfrac{1+2\lambda}{3+3\lambda}\right)\phi_G$，$\phi_G$ 为机翼的几何扭转角。

例题： 某飞机巡航起始重量为 20 000 lbf，巡航速度为 250 kt，巡航高度 25 000 ft，巡航结束重量为 15 500 lbf。已知以下参数（忽略可压缩效应）确定机翼的安装角。已知参数：升力线斜率 $C_{L\alpha} = 4.2$ rad；翼展 $b = 52.9$ ft；机翼参考面积 $S = 350$ ft²；零升迎角 $\alpha_0 = -2.5°$；机身最小阻力对应的迎角 $\alpha_F = 1.2°$；梢根比 $\lambda = 0.5$；机翼扭转角 $\phi_G = -3°$。

解： 第一步，确定机身最小阻力对应的迎角。从 ISA 大气表中查到巡航高度 25 000 ft 处的空气密度为 0.001 066 slug/ft³，则

$$
\begin{aligned}
\alpha_C &= \frac{1}{C_{L\alpha}} \frac{W_1 + W_2}{\rho v_C^2 S} + \alpha_0 \\
&= \frac{1}{4.2 \times \pi/180} \times \frac{20\,000 + 15\,500}{0.001\,066 \times (250 \times 1.688)^2 \times 350} - 2.5° \\
&= 4.79°
\end{aligned}
$$

第二步，在巡航中点，基于机身最小阻力原则确定安装角。首先，在机翼扭转角为 3°，计算由于机翼扭转的修正量：

$$
\Delta\phi_{MGC} = \left(\frac{1+2\lambda}{3+3\lambda}\right)\phi_G = \left(\frac{1+2 \times 0.5}{3+3 \times 0.5}\right) \times (-3°) = -1.33°
$$

然后，计算翼根处的安装角：

$$
\phi_w = \alpha_C + \alpha_F - \Delta\phi_{MGC} = 4.79° - 1.2° - (-3°) = 4.92°
$$

3.1.4 机翼扭转

机翼扭转是为了防止翼尖失速，并改善其升力分布，使之近似地达到椭圆形升力分布。机翼扭转分为几何扭转和气动扭转两种，属于主动扭转方式。有些机翼同时采用几何扭转和气动扭转两种方式。气动载荷会让弹性机翼发生扭转，属于被动扭转，不在这里讨论。

机翼扭转主要避免翼梢区域先于翼根处失速，如果翼尖先于翼根失速，飞行器很可能会丧失滚转稳定性，并在失速后不可控。失速时的滚转趋势是引发致命事故的重要原因，因为飞行器失速常常发生在低空，没有足够时间改出失速。再者，由于不可避免地存在机翼制造误差，导致机翼一侧先于另外一侧失速，并在失速时产生滚转力矩。而机翼扭转可以延缓翼尖处气流分离，让翼尖最后进入失速。

除此之外，机翼扭转可以调整机翼展向升力分布，减小翼梢载荷，使升力系数分布更接近椭圆机翼，使机翼的气动效率最高；机翼扭转还可以让压力中心更靠近对称面，通过减小力臂方式减小翼根弯矩。

1. 几何扭转

几何扭转是翼尖翼型的安装角与翼根的不一致（图 3.12）。如果机翼具有线性扭转，则机翼的扭转角随距翼根的距离成线性变化。如果翼尖安装角小于翼根安装角，称为机翼的负扭转。现代大部分飞机的机翼均设计为负扭转，称之为具有外洗，是为了延缓翼尖先失速。例如，波音 B767 型飞机的翼根剖面安装角为 4.25°，翼尖剖面的安装角为 1.3°。

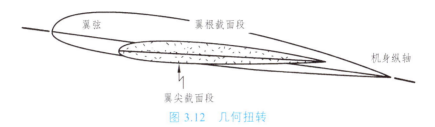

图 3.12　几何扭转

为了使机翼沿翼展各处的有效迎角基本一致，避免出现局部先失速现象。如果几何扭转是线性的，则机翼展向任意位置处的相对扭转角表达式为

$$\phi(y) = \frac{2y}{b}\phi_G \qquad (3.11)$$

式中　ϕ_G——翼根和翼尖安装角的差值，负值表示翼尖前缘低于翼根前缘；反之为正值。

通常机翼的扭转角为负值，如"负扭转 3°"表示 $\phi_G = -3°$。梯形翼翼梢采用负扭转（安装角小）；而矩形翼采用正扭转（安装角大），目前正扭转很少使用。其中，$y = 0$ 为对称面；$y = b/2$ 为翼尖处。

2. 气动扭转

由于几何扭转会造成机翼制造工艺复杂，所以，有时候采用另一种扭转方式——气动扭转。气动扭转一般指翼根和翼尖使用不同的翼型（图 3.13）。如果从翼根到翼尖所用翼型相同，则气动扭转与几何扭转相同。

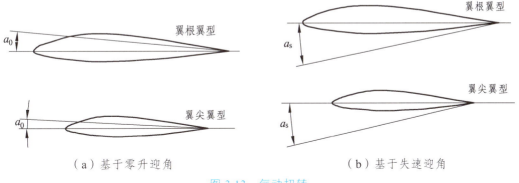

（a）基于零升迎角　　　　　　　　　（b）基于失速迎角

图 3.13　气动扭转

机翼气动扭转的优点是可以保证机翼翼梁缘条为直线，这对使用复合材料制造的无人机而言十分重要。因为在使用复合材料制造的飞行器上，缘条绝大部分情况由单向纤维组成，其强度对纤维排列方式十分敏感。

机翼气动扭转的翼型选择可以从基于零升迎角和基于失速迎角两个角度进行考虑。通常，基于零升迎角考虑选择不同的翼型，机翼某一剖面的零升迎角与翼根剖面的零升迎角之间存在夹角，可以保证大迎角下的滚转稳定性。如果翼尖处所采用临界迎角较大的翼型，也可以推迟翼尖先失速，故而改善机翼的失速特性。

基于零升迎角定义气动扭转 ϕ_A 如图 3.14 所示，需要额外考虑翼根和翼尖处翼型的相对厚度和雷诺数，以保证翼根先失速。

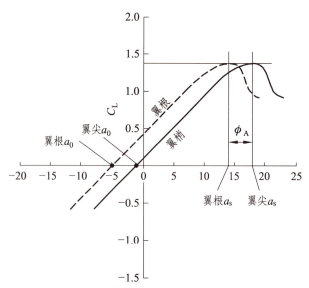

图 3.14　基于零升迎角的气动扭转

如果采用几何扭转和气动扭转组合的机翼扭转，则组合扭转为

$$\phi_{\mathrm{C}} - \phi_{\mathrm{A}} + \phi_{\mathrm{G}} - \alpha_{\mathrm{s,root}} \quad \alpha_{\mathrm{s,tip}} + \phi_{\mathrm{G}} \tag{3.12}$$

式中　$\alpha_{\mathrm{s,root}}$ ——翼根处翼型的失速迎角；

$\alpha_{\mathrm{s,tip}}$ ——翼尖处翼型的失速迎角。

例题： 某飞机在翼根和翼尖处配置了两个不同的翼型，$\alpha_{\mathrm{s,root}}=16.5°$，$\alpha_{\mathrm{s,tip}}=15°$。此时翼尖的安装角为 0°，翼根的安装角为 3°，则机翼组合扭转为多少？

解： 根据几何扭转的定义，则 $\phi_{\mathrm{G}} = 0° - 3° = -3°$。气动扭转为：$\phi_{\mathrm{G}} = 16.5° - 15° = 1.5°$。根据式（3.12）可以推出：$\phi_{\mathrm{C}} = \phi_{\mathrm{A}} + \phi_{\mathrm{G}} = 1.5° - 3° = -1.5°$。

对于飞翼布局的无人机（图 3.15），机翼扭转角是一个基本参数，在设计初期阶段，已知设计升力系数后，就要确定机翼扭转角。无尾无人机也可以这样考虑。1989 年，Panknin 针对 RC 飞机给出扭转角公式，设置合适的飞翼扭转角，具体形式如下：

$$\phi_{\mathrm{G}} = \frac{(K_1 C_{\mathrm{m,root}} + K_2 C_{\mathrm{m,tip}}) - C_{\mathrm{LC}} K_{\mathrm{SM}}}{1.4 \times 10^{-5} \times AR \times \Lambda_{1/4}} - (\alpha_{0,\mathrm{root}} - \alpha_{0,\mathrm{tip}}) \tag{3.13}$$

式中　$K_1 = \dfrac{3 + 2\lambda + \lambda^2}{4\left(1 + \lambda + \lambda^2\right)}$；

$K_2 = 1 - K_1$；

$C_{\mathrm{m,root}}$ ——翼根翼型的俯仰力矩系数；

$C_{\mathrm{m,tip}}$ ——翼尖翼型的俯仰力矩系数；

C_{LC} ——巡航升力系数；

K_{SM} ——设计静态裕度（如 SM＝10%，则 $K_{\mathrm{SM}} = 0.1$）；

$\alpha_{0,\mathrm{root}}$ ——翼根翼型的零升迎角；

$\alpha_{0,\mathrm{tip}}$ ——翼尖翼型的零升迎角。

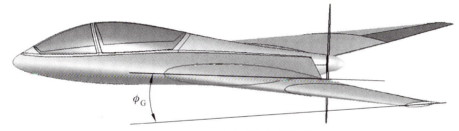

图 3.15 飞翼布局的机翼扭转

例：某飞翼布局无人机的设计巡航升力系数为 0.5，设计静态裕度为 10%（ K_{SM}=0.1 ）。展弦比为 10，梢根比为 0.5，1/4 弦线后掠角为 30°。在翼型选择中，对 NACA4415（ $C_m = -0.1$ ，$\alpha_0 = -4°$ ）翼型和 NACA0015（ $C_m = 0$ ， $\alpha_0 = 0°$ ）翼型进行对比，确定两者的扭转角。

解：首先，确定 K_1 和 K_2 参数：

$$K_1 = \frac{3 + 2\lambda + \lambda^2}{4(1 + \lambda + \lambda^2)} = \frac{3 + 2(0.5) + (0.5)^2}{4[1 + (0.5) + (0.5)^2]} = 0.607\,1 \Rightarrow K_2 = 1 - K_1 = 0.392\,9$$

然后，对于采用 NACA 4415 翼型，利用公式（3.11）则扭转角为

$$\phi_G = \frac{(0.607\,1 \times -0.1 + 0.392\,9 \times -0.1) - 0.5 \times 0.1}{1.4 \times 10^{-5} \times 10^{1.43} \times 30°} - (-4° + 4°) = -13.3°$$

以及，对于采用 NACA0015 翼型，利用公式（3.11）则扭转角为

$$\phi_G = \frac{(0 + 0) - 0.5 \times 0.1}{1.4 \times 10^{-5} \times 10^{1.43} \times 30°} - (0° + 0°) = -4.42°$$

可以看出，使用 NACA 4415 这样带有弯度的翼型，效果不理想，需要 13.3° 的扭转角；而如果使用 NACA 0015 这样的对称翼型，扭转角仅需 4.42°。

总之，具有气动扭转和几何扭转的机翼（图 3.16），气流分离首先从翼根开始，副翼所在的翼尖部位气流分离要比翼根部分晚得多，这可以保证飞机在接近临界迎角之前不会发生剧烈的倾斜，即使飞机出现倾斜，由于副翼还有足够的效能，飞行员偏转副翼能迅速消除飞

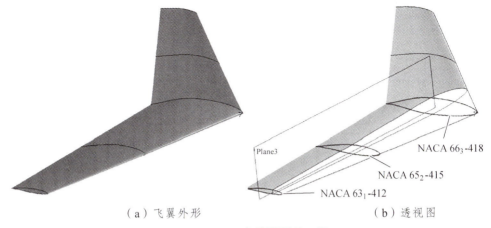

（a）飞翼外形　　　　　　　　　　　（b）透视图

图 3.16 配置多种翼型的飞翼

机倾斜。此外，翼根部分一出现气流分离，飞机就会抖动，使抖动迎角小于临界迎角，如某

飞机襟翼收起时，抖动迎角为 15°，临界迎角为 19°。这样，飞机接近失速时，即会预先出现失速性警告抖动，这有利于提醒飞行员及时采取措施以预防飞机失速。对于大型飞机来说，机上还会有更加完善的设备以保证飞机远离失速范围，确保飞行安全。

3.1.5 机翼的位置

机翼的位置就是机翼相对机身的位置，包括相对机身中心线的垂直位置和前后位置。

机翼安装在机身上部为上单翼；机翼安装在机身中部为中单翼；机翼安装在机身下部为下单翼。上单翼、中单翼和下单翼是三种典型的机翼位置，主要差别在于翼身的气动干扰不同。由于高度问题，上单翼的固定翼无人机起落架的装置一般不安装在机翼上，而改安装在机身上。中单翼因翼梁与机身难以协调，几乎只存在理论上，实际中很少应用。下单翼的固定翼无人机是目前常见的外形布局。

再者，从气动特性角度上，中单翼的气动干扰阻力最小；下单翼的干扰阻力最大。上单翼使滚转力矩系数变大，其效果相当于机翼具有较大的上反角，下单翼恰好相反；中单翼对飞行器的横滚力矩特性影响不大。因此，往往看到上单翼的机翼下反比较明显，而下单翼的上反明显，从而将不利的影响适当抵消。

1. 上单翼布局的优缺点

（1）机场适应性好。机身更加贴近地面，而机翼远离地面，机身便于装载货物，机翼下面更容易进行挂载。

（2）结构简单。机翼可以贯穿机身，机翼的升力自身可以平衡，减轻了机体结构重量。

（3）稳定性好。由于在侧滑时的滚转稳定性好，往往采用机翼下反来减少过分的滚转稳定。

2. 中单翼布局的优缺点

（1）中单翼的气动干扰最小，对滚转稳定性影响不大。

（2）中单翼的主要不足在于结构上，要么不能将机翼贯穿机身，要么采用其他方式穿过机身，势必会增加机体结构重量。

（3）中单翼布局通常采用环形加强框来传递机翼载荷。

3. 下单翼布局的优缺点

（1）为了增加滚转稳定性，机翼需要上反。

（2）机翼可以贯穿机身，减轻机体重量。

（3）下单翼在应急着陆时对机身起到保护作用。

机翼的前后位置或纵向位置，需要依据机体的重心和稳定性、操纵性，可以提供保证飞行器获得所需的稳定性和操纵性。

一般而言，对于有尾翼在后的稳定飞机，机翼的最初位置应使飞机重心位于 30%MAC 处。当考虑机身和尾翼的影响后，重心应大致在 25%MAC 处。

对于有后尾翼的不稳定飞机，机翼的位置取决于所选择的不稳定水平，通常机翼位置应使重心位于 40%MAC 处。

显然，机翼的位置会影响着全机的气动性和飞行性能。

3.1.6 翼梢外形

翼尖的形状对气动特性有两个影响：第一，翼尖形状影响飞机的浸湿面积，但这个影响很小；第二，非常重要的影响是，翼尖形状对翼尖涡横向位置的影响，这在很大程度上取决于机翼下面的高压空气绕过翼尖"逃逸"到机翼上面的难易程度。

光滑圆顺的翼尖很容易使气流流过翼尖；而对于带尖锐边缘的翼尖，空气流流过翼尖就变得困难些，并因此可减小诱导阻力。事实上，甚至一个简单切削翼尖产生的阻力也比圆滑翼尖的阻力小，这是因为上下端面都是尖锐的边缘，如图 3.17 所示。大多数低阻翼尖都采用某种形式的尖锐边缘。最常见的低阻翼尖是霍纳翼尖（由 S·Hoerner 发明），该翼尖上表面与机翼上表面保持连续，下表面形成尖锐的翼尖。

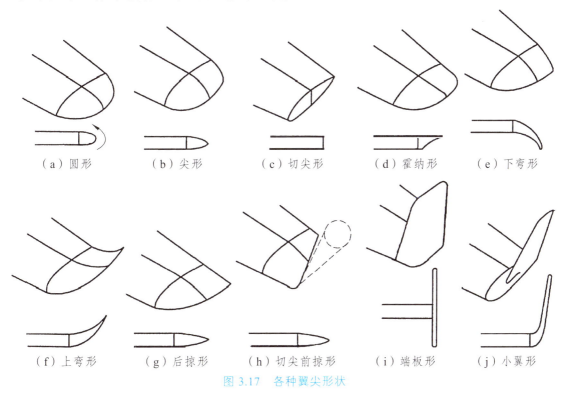

（a）圆形　　（b）尖形　　（c）切尖形　　（d）霍纳形　　（e）下弯形

（f）上弯形　　（g）后掠形　　（h）切尖前掠形　　（i）端板形　　（j）小翼形

图 3.17　各种翼尖形状

翼尖下弯或上翘与霍纳翼尖相似，但翼尖向上或向下弯曲，从而在不增加实际翼展的情况下增加有效翼展，降低诱导阻力，这一作用类似于翼尖端板。

机翼翼尖后掠对阻力也有影响，翼尖涡大约位于机翼翼尖后缘位置，所以后掠翼尖可以增加后缘的翼展，减低诱导阻力。但是，后掠翼尖可能增加机翼的扭转载荷。

诱导阻力是由于机翼下翼面气流绕过翼尖流到上翼面而造成的。为了阻止气流绕到上翼面，最直接的办法就是安装机翼翼尖端板。翼尖端板的应用较少，翼尖端板会增加浸润面积，从而增加阻力。翼尖端板一般只能将有效展长增加端板高度的80%。

翼梢小翼可以利用翼尖涡能量，使得升阻比增加20%。合理使用翼梢小翼的弯度和扭转，可以在翼尖涡流中产生升力，该升力具有向前的分量，可以减低总阻力。一般而言，合理设计的翼梢小翼产生的有效展长的增量是翼梢小翼的两倍。

3.1.7 尾翼布局形式

1. 尾翼的功能

尾翼包括水平尾翼和垂直尾翼，是飞机纵向和侧向的平衡、稳定及操纵的气动面。可以说，尾翼是个小的机翼。机翼和尾翼的主要区别在于，机翼通常产生大部分升力，尾翼仅使用其升力的一小部分。

尾翼用于配平、保持稳定性和获得操纵性。配平是指尾翼产生一个升力，该升力因为有尾力臂而产生绕重心的力矩，平衡由飞行器产生的某些力矩。对于平尾，配平主要是指平衡机翼产生的力矩。一个后置平尾，为平衡机翼的俯仰力矩，一般具有 2°～3° 的负安装角。对于垂尾，由于一般飞行器左右对称，不会产生任何不平衡的偏航力矩，所以不需要配平力。

尾翼是获得稳定性的关键，它的作用就如箭上面的尾翅。尾翼的另一个重要作用是操纵。尾翼尺寸的确定，必须保证在所有严重状态下尾翼都有足够的操纵效能。

2. 尾翼的布局形式

图 3.18 给出了一些后置尾翼的布局形式。

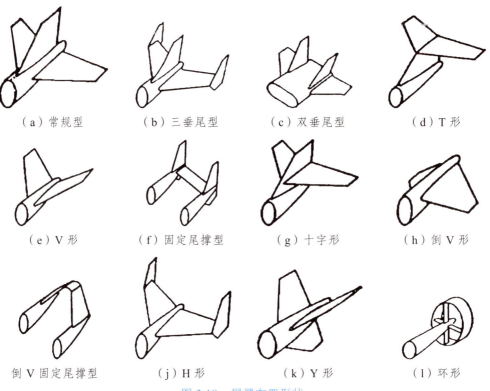

（a）常规型　　　（b）三垂尾型　　　（c）双垂尾型　　　（d）T 形

（e）V 形　　　（f）固定尾撑型　　　（g）十字形　　　（h）倒 V 形

倒 V 固定尾撑型　　　（j）H 形　　　（k）Y 形　　　（l）环形

图 3.18　尾翼布置形状

第一种形式：常规式尾翼。由于被经常采用的原因故称为"常规式"。通常可在重量最轻的情况下，提供足够的稳定性和操纵性。

第二种形式：T 形尾翼。这种尾翼也被广泛使用。T 形尾翼比常规式尾翼重得多，因为垂尾必须加强，以支撑平尾。但在许多情况下，T 形的优点可以弥补其不足。由于存在端板效应，T 形尾翼的垂尾可以做得较小。T 形尾翼把平尾抬高，避开了机翼尾流和螺旋桨滑流，使其效率更高，可以使平尾尺寸减小。

第三种形式：十字形尾翼。这种尾翼介于常规式尾翼和 T 形尾翼之间的折中方案，既能在大迎角和尾旋条件下，能够避免喷流的干扰，或者可将方向舵布置在未受干扰的气流中，又能减小重量代价。但是"十字形"尾翼没有端板效应来减小尾翼的面积。

第四种形式：H 形尾翼。主要用于保证在大迎角条件下，垂尾还处在未受扰动的气流之中。H 型尾翼比常规式尾翼重，但其端板效应可以减小平尾尺寸。

第五种形式：V 形尾翼。这种尾翼是为了减小浸湿面积。采用 V 形尾翼时，与常规平尾和垂尾上相对应的力是 V 形尾翼上的力在水平和垂直方向的投影。NACA 研究表明，要获得满意的稳定性和操纵性，V 形尾翼的尺寸必须增大到其面积大约与所需的平尾和垂尾分开时的面积的总和相等。V 形尾翼产生的干扰阻力较低，但操纵复杂。

第六种形式：Y 形尾翼。这种尾翼与 V 型尾翼类似，只是其上反角减小，并且在 V 字下面还垂直设置第三个翼面。第三个翼面包括方向舵。这种尾翼布置避免了方向升降舵的复杂性，和常规式尾翼相比，减小了干扰阻力。

第七种形式：环形尾翼。这种尾翼通过安装在后机身上的圆环翼剖面起到尾翼的作用。它通常是螺旋桨环罩的两倍。在理论上很有吸引力，但是事实已经证明环形尾翼实际上并不能提供足够的效率。

除此之外，还有其他尾翼布局形式，如图 3.19 所示。

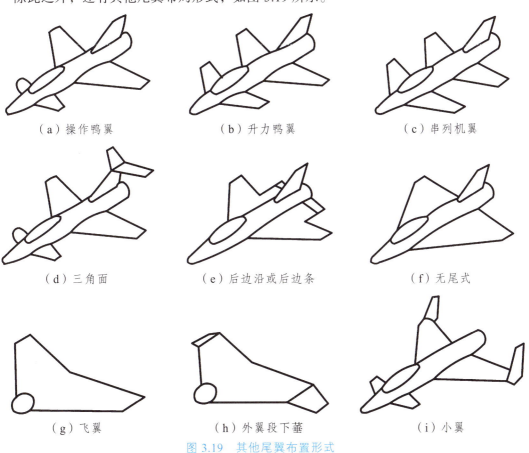

（a）操作鸭翼　　　　　　　　（b）升力鸭翼　　　　　　　　（c）串列机翼

（d）三角面　　　　　　（e）后边沿或后边条　　　　　　（f）无尾式

（g）飞翼　　　　　　（h）外翼段下蓋　　　　　　（i）小翼

图 3.19　其他尾翼布置形式

图 3.20 给出了一种采用倒 V 形尾的无人机，这种无人机可以避免 V 形尾翼所带来的操纵复杂性问题。因为 V 形尾翼飞行器在蹬右舵，右舵面下偏，左舵面上偏，气动合力将机尾推向左侧，那么机头右偏，同时会产生一个与预期转向相反的左滚操纵力矩。

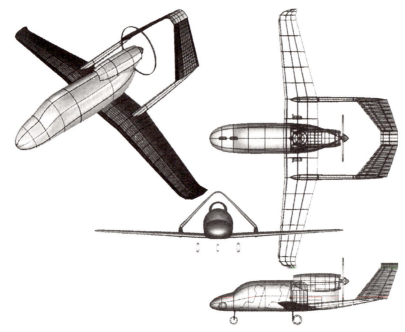

图 3.20   倒 V 形尾翼的无人机（D. Raymer，2005）

3.2   升力分析

目前，大展弦比机翼的飞机（民用飞机多采用）产生的升力主要由三部分组成：机翼升力、机身升力和尾翼升力。其中，尾翼升力对全机升力贡献不大，主要对俯仰力矩影响大。在超音速飞行时，小展弦比机翼具有较小的阻力，因此超音速飞机、导弹广泛采用小展弦比机翼。小展弦比机翼的飞机（军用飞机多采用，展弦比小于 3）产生的升力中，机翼对全机升力的贡献比例下降，机身、平尾的贡献上升。由于机身干扰作用会引起飞机升力和阻力的变化，称为翼尾干扰效应。

固定翼无人机大多属于大展弦比机翼飞行器，机翼产生的升力起主要作用。

3.2.1   升力曲线特性

1. 升力线斜率（C_L^α 或 $C_{L\alpha}$）

固定翼无人机的升力系数随迎角、构型、马赫数等影响因素变化。

$$C_L = C_{L\alpha}(\alpha - \alpha_0) \tag{3.14}$$

式中 $C_{L\alpha}$——升力线斜率，$C_{L\alpha} = f(Ma, \text{Conf})$，Conf 为构型缩写；

α——迎角；

α_0——零升迎角，$\alpha_0 = f(Ma, \text{Conf})$。

升力系数与迎角的关系如图 3.21 所示，可以看出，一旦迎角达到某一固定值，升力线斜率就会突然减小，该点被称为失速点。失速点对应的迎角为失速迎角，即 α_s。

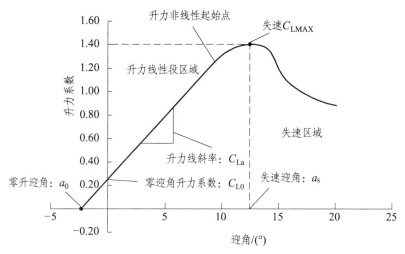

图 3.21 升力系数曲线

升力线斜率是表征升力随迎角变化快慢程度的指标，可用 C_L^{α}、$C_{L\alpha}$ 或 $\dfrac{\mathrm{d}C_L}{\mathrm{d}\alpha}$ 表示。真实情况下的升力线斜率与理论值有一定差距，三维机翼的升力线斜率总是比翼型的要小。

针对椭圆翼而言，其升力线斜率为 $C_{L\alpha} = 2\pi / [1 + 2/AR]$，当展弦比趋于无穷，则 $C_{L\alpha} \to 2\pi$；任意平面形状机翼的升力线斜率可以通过椭圆翼的进行修正得到。

2. 最大升力系数（$C_{L\max}$）

升力系数的最大值用 $C_{L\max}$ 来表示，对于翼型而言，失速可定义为升力曲线的第一个峰值处的飞行状态，在该点迎角对应的升力系数达到最大值。最大升力系数随着飞行速度增大而减小，对应的关系如图 3.22 所示。

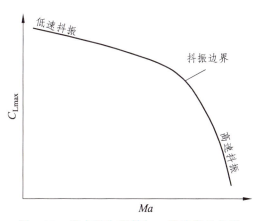

图 3.22 最大升力系数与飞行速度的关系

最大升力系数可表征无人机达到最小飞行速度（失速速度）时的迎角值，或者确定给定失速速度所需的机翼面积。

3. 零迎角升力系数 C_{L0}

零迎角升力系数是在零迎角时的升力系数，即 C_{L0}。零迎角升力系数影响到机翼安装角，也是一个重要参数。其值一般在 0（对称翼型）到 0.6（弯度较大的翼型）之间。对于反弯度翼型（高亚声速飞机翼根处常使用这种翼型），其值小于零。

4. 零升迎角（α_0）

零升迎角指升力系数为零时的迎角。对于带弯度的翼型，该值总是负的，除非某些特定部件的影响很大（如带弯度的机身）。

对称翼型的零升迎角为零；椭圆翼的二维零升迎角与三维零升迎角一样。

5. 设计升力系数（$C_{L_{eru}}$）

设计升力系数指无人机在任务段的设定升力系数，一般指巡航时的升力系数。需要选择合适的翼型，使其在设计升力系数时对应的阻力系数最小，这一点是非常重要的，同时保证阻力最小时气流分离区应尽可能小。

在等速巡航状态下，若已知目标空速，可由巡航段起始和结束时的全机重量估算出巡航速度，公式如下：

$$C_{L_{eru}} = C_{L0} + \frac{(W_1 + W_2)}{\rho v_{eru}^2 S} + C_{L\alpha} \alpha_0 \tag{3.15}$$

式中　$C_{L\alpha}$——升力线斜率；

　　　S——参考机翼面积；

　　　α_0——零升迎角；

　　　ρ——巡航高度的空气密度；

　　　W_1，W_2——巡航段起始时、巡航段结束时的全机重量。

3.2.2　升力系数

升力系数用来表述迎角与升力的关系。若已知升力，则在给定空速下可由下面方程求得升力系数。

$$C_L = \frac{2L}{\rho v^2 S} \tag{3.16}$$

在升力曲线的线性区域，小迎角时的升力系数可表示为迎角的函数。

$$C_L = C_{L0} + C_{L\alpha} \alpha \tag{3.17}$$

对于给定的升力系数，可由式（3.17）得到其对应的迎角。

$$\alpha = \frac{C_L - C_{L0}}{C_{L\alpha}} \tag{3.18}$$

由于小展弦比机翼低速绕流的一个特点是，翼尖涡的影响范围大于大展弦比机翼。因此，在相同迎角下，小展弦比机翼的升力系数小，如图 3.23 所示。

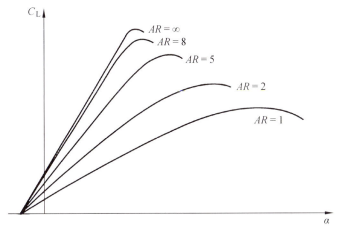

图 3.23 不同展弦比的升力系数曲线

可以看出，在一定迎角下，升力系数随展弦比减小而减小；小展弦比机翼的失速迎角较大；有限机翼的升力线斜率要比无限翼展机翼小，且升力线斜率随着展弦比的减小而减小。

高展弦比机翼的迎角增加时，升力系数会比低展弦比的机翼增加得快（低展弦比升力系数在迎角更大时才达到最大值），所以高展弦比的无人机不需要大尾翼提高操纵性能。对于无动力无人机，类似滑翔机，采取高展弦比来降低阻力是唯一的办法，同时减小翼尖涡，提高机翼升力的重要的气动布局。但是，展弦比不宜过大，否则机翼容易折断。

展弦比高的机翼，一般翼弦都比较小，所以雷诺数较小，所以选择好翼型很重要，避免过早失速。高展弦比飞机的滚转的转动惯量大，所以很难做出高难度的转滚动作。

3.2.3　升力线斜率

比较固定翼无人机性能的一种方法就是比较其升力线斜率。无人机全机一般包括机翼和安定面（如平尾或前翼或两者均有），机身以及可能的发动机短舱和外部挂载物。所有部件对全机升力线斜率均有影响，使得全机的升力线斜率有别于单独机翼的。一般情况下，平尾产生负升力，造成整机的升力小于单独机翼产生的升力。机翼和平尾的总升力线斜率，它与全机的升力线斜率基本接近。

事实上，可由全机的总升力得到升力线线斜率，升力系数由式（3.17）得到。

零迎角升力系数和升力线斜率可用如下方程计算得到

$$C_L = C_{L0} + \frac{S_{HT}}{S} C_{L0_{HT}} \qquad (3.19)$$

升力线斜率：

$$C_{L0} = C_{L\alpha} \frac{S_{HT}}{S} C_{L\alpha_{HT}} \left(1 - \frac{\partial \varepsilon}{\partial \alpha}\right) \qquad (3.20)$$

式中　S——机翼参考面积；

　　　S_{HT}——平尾参考面积；

　　　C_{L0}——机翼零迎角升力系数；

$C_{L0_{HT}}$——平尾零迎角升力系数（对称翼型的为 0）；

$C_{L\alpha_{HT}}$——平尾升力线斜率；

$\dfrac{\partial \varepsilon}{\partial \alpha}$——机翼下洗角，若为椭圆机翼，则 $\dfrac{\partial \varepsilon}{\partial \alpha} \approx \dfrac{2C_{L\alpha}}{\pi \cdot AR}$；

$C_{L\alpha W}$——机翼升力线斜率。

可将机翼和平尾的总升力系数写成如下形式（q 为动压，$q = \rho v^2$）：

$$qSC_{L} = qSC_{LW} + qS_{HT}C_{L_{HT}} \tag{3.21}$$

两边同时除以 qS，得到升力系数：

$$C_{L} = C_{L0} + C_{L\alpha}\alpha_{W} = C_{L_w} + \frac{S_{HT}}{S}C_{L_{HT}} \tag{3.22}$$

将其表述为各部件之和的形式：

$$C_{L} = (C_{L0} + C_{L\alpha_w}\alpha_{W}) + \frac{S_{HT}}{S}(C_{L0_{HT}} + C_{L\alpha_{HT}}\alpha_{HT}) \tag{3.23}$$

代入平尾迎角，则

$$C_{L} = (C_{L0} + C_{L\alpha_w}\alpha_{W}) + \frac{S_{HT}}{S} \times \left[C_{L0_{HT}} + C_{L\alpha_{HT}}\alpha_{\omega}\left(1 - \frac{\partial \varepsilon}{\partial \alpha}\right) \right] \tag{3.24}$$

最后，进一步得到

$$C_{L} = \left(C_{L0} + \frac{S_{HT}}{S}C_{L0_{HT}} \right) + \left[C_{L\alpha_w} + \frac{S_{HT}}{S}C_{L\alpha_{HT}}\left(1 - \frac{\partial \varepsilon}{\partial \alpha}\right) \right]\alpha_{W} \tag{3.25}$$

将二维升力线转换为三维升力线，主要是考虑升力线随着展弦比的变化而变化。可知，随着展弦比减小，升力线斜率和零迎角升力系数均减小，最大升力系数也减小，而失速迎角增加了。这里给出将二维升力线曲线转换为三维升力曲线的方法。

第一步，利用以下公式计算总的升力线斜率：

$$C_{L\alpha} = \frac{2\pi}{2 + \sqrt{\dfrac{AR \cdot \beta}{\kappa}\left(1 + \dfrac{\tan^2\left(\Lambda_{1/2}\right)}{\beta^2}\right) + 4}} \tag{3.26}$$

式中　β——普朗特-格劳渥方程中的压缩性修正因子，$\beta = \sqrt{1 - Ma^2}$；

κ——二维升力线斜率。

第二步，利用下面方程计算二维翼型的零升迎角：

$$C_{l0} = -\alpha_0 \cdot C_{l\alpha} \Rightarrow \alpha_0 = -\frac{C_{l0}}{C_{l\alpha}}$$

第三步，计算迎角为零时的机翼升力系数：

$$C_{L0} = |\alpha_0| \cdot C_{L\alpha}$$

第四步，计算三维机翼的俯仰力矩：

$$C_{m\alpha} = C_{l\alpha} \cdot \Delta x \Leftrightarrow \Delta x = C_{m\alpha}/C_{l\alpha}$$

因此，

$$C_{m\alpha} = C_{L\alpha} \cdot \Delta x = C_{L\alpha} \cdot \left(\frac{C_{m\alpha}}{C_{l\alpha}} \right) \tag{3.27}$$

例题： 等弦长机翼（$\lambda = 1$）的展弦比为 20，应用在某低速无人机上，选用 NACA 23012 翼型（升力线斜率为 0.105 1，俯仰力矩曲线斜率：$C_{m\alpha} = 0.000\,2\alpha - 0.011\,98$，零迎角升力系数为 0.123 3），将该翼型的二维数据转换为三维机翼上。

解： 第一步，使用式（3.26）计算三维升力线斜率。

$$C_{L\alpha} = \frac{2\pi \cdot 20}{2 + \sqrt{\dfrac{400}{0.958\,40^2} \left(1 + \dfrac{0}{1^2} \right) + 4}} = 5.472/\text{rad} = 0.095\,51/\text{deg}$$

第二步，计算二维翼型的零升迎角。

$$\alpha_0 = -\frac{C_{l0}}{C_{l\alpha}} = -\frac{0.123\,3}{0.105\,1} = -1.173°$$

第三步，计算三维机翼的零迎角升力系数。

$$C_{L0} = |\alpha_0| \cdot C_{L\alpha} = 1.173° \times 0.095\,51 = 0.112\,1$$

第四步，计算三维机翼的俯仰力矩。

$$C_{m\alpha} = C_{L\alpha} \cdot \left(\frac{C_{m\alpha}}{C_{l\alpha}} \right) = 0.095\,51 \times \frac{-0.011\,98}{0.105\,1} = -0.010\,89$$

以上分析方法适用于大展弦比无人机，而针对小展弦比机翼固有的非线性特性使得升力线斜率难以确定。此时不再假设其具有线性关系，而是通过计算来获得 $C_{L\alpha}$。当迎角小于临界迎角时，可以对升力系数对迎角关系曲线采用多项式拟合（最小二乘法）来确定 $C_{L\alpha}$ 值；然后，对该多项式求一阶导数，在迎角为 0°时的值就是 $C_{L\alpha}$。

3.2.4　最小飞行速度

从图 3.21 可以看出，无人机以最大升力系数飞行时，飞行速度最小。如果以平飞巡航状态飞行时，如果尝试以小于最小飞行速度的速度飞行，产生的升力不足以克服重力，无人机就会掉高度。如果以超过临界迎角飞行，会使无人机失速。所以，最小飞行速度就是无人机以最大升力系数飞行的速度，也是失速速度。

例如，MQ-1 捕食者无人机的最小飞行速度为 54 kt，最大飞行速度为 117 kt。则，在平飞巡航时，无人机的最小飞行速度表示为

$$v_{\min} = \sqrt{\frac{2W}{C_{L\min}\rho S}} \qquad (3.28)$$

如果在其他飞行状态下，最小飞行速度表示为

$$v_{\min} = \sqrt{\frac{2L}{C_{L\min}\rho S}} \qquad (3.29)$$

如果采用载荷因子$\left(n_y = \dfrac{L}{W}\right)$进行表示的话，则最小速度表示为

$$V_{\min} = \sqrt{\frac{2n_yW}{C_{L\min}\rho S}} \qquad (3.30)$$

可以看出，无人机重量增加，飞行最小速度增加；不同飞行状态下的最小飞行速度是平飞的$\sqrt{n_y}$倍。

无人机在水平转弯或盘旋中，随着坡度的增大，载荷因子增大，对应的飞行最小速度也增大，表 3.1 给出无人机不同坡度飞行时，最小飞行速度与平飞最小飞行速度的比值。

表 3.1　不同飞行状态下的最小飞行速度

坡　度	0°	15°	30°	45°	60°
载荷因子	1	1.04	1.16	1.41	2
与平飞 $v_{\min}$ 的比值	1	1.02	1.1	1.2	1.4

3.3　阻力分析

在无人机设计和性能分析中，阻力分析是一项艰巨的任务。因为无人机设计的最基本目标是使飞行阻力最小。但是，阻力来源很多，合理控制阻力来源和大小十分重要。例如，在无人机巡航和爬升阶段，希望阻力越小越好；但在进近和着陆时，增加阻力有利于飞行器减速。再如，可以让阻力曲线平移，让无人机在更大速度下以最大升阻比进行滑翔。

3.3.1　阻力模型

阻力模型是关于阻力系数的数学表达方式。阻力系数给出了无人机阻力随迎角的变化关系。不管是低速还是高速飞行，精确给出阻力表达式比较困难。只有风洞试验和飞行试验是最可靠的阻力分析方法。

实际飞行中，阻力公式可以表示为

$$D = f(\mathrm{Conf}, \alpha, \beta, \rho, v, Re, Ma) \qquad (3.31)$$

总阻力包括废阻力和诱导阻力，如果是高速飞行，还包括激波阻力。其中，废阻力包括

摩擦阻力、压差阻力和干扰阻力。如果考虑到无人机表面突出的非连续部件使压差阻力增加，还可以增加额外的附加阻力。则，总阻力系数表示为

$$C_D = C_{D0} + C_{Df} + C_{Di} + C_{Dw} + C_{Dm}$$ （3.32）

式中　C_{D0}——压差阻力系数；

　　　C_{Df}——摩擦阻力系数；

　　　C_{Di}——诱导阻力系数；

　　　C_{Dw}——激波阻力系数；

　　　C_{Dm}——附加阻力系数。

如果利用最小阻力系数给出阻力模型，则数学表达式为

$$C_D = C_{D0} + \frac{(C_L - C_{L0})^2}{\pi \cdot AR \cdot e}$$ （3.33）

式中　C_{L0}——对应于 C_{Dmin} 的升力系数。如果 $C_{L0} = 0$，则 $C_{Dmin} = C_{D0}$。

则

$$C_D = C_{Dmin} + \frac{C_L^2}{\pi \cdot AR \cdot e}$$ （3.34）

对于高速飞行时要考虑可压缩性效应对阻力的影响，对最小阻力系数进行修正（表3.2），同样道理，可压缩性效应也会影响其他阻力系数。

表 3.2　固定翼无人机常用参数典型值

序号	参数	典型值	名　称
1	C_{D0}	0.02～0.03	零升阻力系数（光洁构型）
2	C_{D0}	0.03～0.045	零升阻力系数（起落架放下位）
3	AR	5～20	展弦比
4	C_{Lc}	0.2～0.5	巡航时的升力系数
5	C_{Lmax}	1.2～1.6	最大升力系数
6	e	0.6～0.9	Oswald 因子
7	η_p	0.6～0.8	螺旋桨效率
8	$(C_L/C_D)_{max}$	6～10	最大升阻比（光洁构型）
9	$(C_L/C_D)_{max}$	8～16	最大升阻比（起落架放下位）

3.3.2　废阻力系数

由于空气具有黏性，所以无人机飞行就产生废阻力，也称为零升阻力。废阻力包括摩擦

阻力、压差阻力和干扰阻力。零升阻力系数往往很接近最小的飞机阻力系数。零升阻力系数是一个很好检验飞机气动流线型外形的指标。

比较不同飞机的零升阻力系数，零升阻力系数越小，阻力减小的程度越大。其他因素相同的情况下，零升阻力系数越小，飞机的最大飞行速度越大。

图 3.24 中的三个时期反映出了不同的飞机技术阶段。可以看出，双翼机的零升阻力系数在 0.04 左右。20 世纪 40 年代，阻力降低的突破促进了一个技术变革，该变革在螺旋桨单翼机时期，飞机的零升阻力系数在 0.027 左右。后来的喷气飞机时代，又产生了另一项技术变革，飞机的零升阻力系数降低为 0.015 左右。总的趋势为随着时代发展零升阻力系数减小。

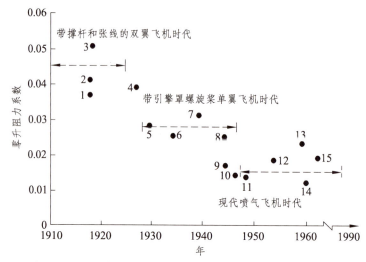

1—斯帕德 ⅩⅢ；2—福克 D-Ⅶ；3—寇蒂斯 JN-4H 詹尼；4—瑞安 NYP（"圣路易斯精神号"）；5—洛克希德 Vega；
6—道格拉斯 DC-3；7—波音 B-17；8—波音 B-29；9—北美 P-51；10—洛克希德 P-80；11—北美 F-86；
12—洛克希德 F-104；13—麦克唐纳 F-4E；14—波音 B-52；15—通用动力 F-111D。

图 3.24　不同时代飞机的零升阻力系数

P-51 是低阻流线型飞机的典型，其零升阻力系数只有 0.016 3，是第二次世界大战所有螺旋桨飞机中零升阻力系数最低的。喷气式飞机 DC-3 的零升阻力系数为 0.024 9。

最大升阻比是评价飞机气动性能的重要指标。如果某飞机的升阻比为 20，表示飞机克服自重 200 N 同时仅产生 10 N 的阻力。一般情况下，飞机的最大升阻比越大，飞机就飞得越远，爬升得越快。从图 3.25 可以看出，双翼机的 K_{max} 在 8 左右；螺旋桨单翼机时期的 K_{max} 在 12 左右；而喷气式飞机时期的 K_{max} 更高，对于大型运输机而言，K_{max} 在 20 以上。总的趋势为随着时代发展升阻比增加。

固定翼无人机的零升阻力系数为 0.015 ~ 0.025（光洁构型），对于四旋翼无人机的阻力系数为 0.2 ~ 0.4。

机体摩擦阻力系数取决于雷诺数（Re）、马赫数（Ma）及蒙皮粗糙度。影响蒙皮摩擦阻力的最重要因素是飞机表面层流保持的范围。实际上，尽管在机翼及尾翼的前缘可以见到一些层流，然而现有大多数飞行器实际上在整个浸湿面积上都是紊流。

精心设计的复合材料的飞机，在其机翼及尾翼上可能有多达 50% 以上的层流，机身上有 20% ~ 35% 的层流。

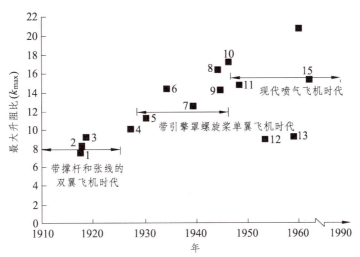

1—斯帕德 XⅢ；2—福克 D-Ⅶ；3—寇蒂斯 JN-4H 詹尼；4—瑞安 NYP（"圣路易斯精神号"）；5—洛克希德 Vega；6—道格拉斯 DC-3；7—波音 B-17；8—波音 B-29；9—北美 P-51；10—洛克希德 P-80；11—北美 F-86；12—洛克希德 F-104；13—麦克唐纳 F-4E；14—波音 B-52；15—通用动力 F-111D。

图 3.25　不同时代飞机的升阻比

针对大多数低速飞行的无人机而言，具有层流边界层的机体表面部分，可以采用平板摩擦阻力系数来表示：

$$C_f = 1.328/\sqrt{Re} \tag{3.35}$$

注意，如果气流在跨音速或超音速时，此表达式不再适用。

在大多数情况下，如果覆盖机体部分的是紊流，那么摩擦阻力系数可以表示为

$$C_f = \frac{0.455}{(\log_{10} Re)^{2.58}} \tag{3.36}$$

如果考虑可压缩性效应，则修正式（3.36）为

$$C_f = \frac{0.455}{(\log_{10} Re)^{2.58} (1 + 0.144 Ma^2)^{0.65}} \tag{3.37}$$

另外，压差阻力和干扰阻力的计算，可以参照《飞机设计手册》或《无人机手册》。整机的废阻力基本上不随迎角变化，废阻力公式为

$$D_0 = C_{D0} \frac{1}{2} \rho v^2 S \tag{3.38}$$

当无人机在同一高度上平飞，空气密度不变，机翼面积又是定值，则废阻力大小与飞行速度的平方成正比。即无人机平飞速度越大，废阻力越大；平飞速度越小，废阻力也越小。废阻力随飞行速度的变化规律如图 3.26 所示。

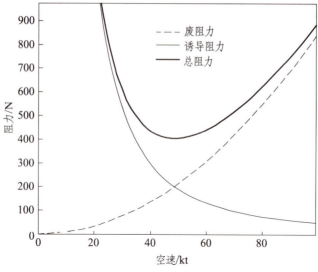

图 3.26　阻力变化曲线

3.3.3　诱导阻力系数

无人机飞行时会产生克服重力的升力，那么就会产生诱导阻力，也称之为升致阻力。低速飞行中，阻力系数包括废阻力系数和诱导阻力系数。

第 2 章提及，椭圆翼的诱导阻力系数为 $C_{\mathrm{Di}} = \dfrac{C_{\mathrm{L}}^2}{\pi \cdot AR}$，则诱导阻力为

$$D_{\mathrm{i}} = qS\left(\frac{C_{\mathrm{L}}^2}{\pi \cdot AR}\right) = qS\left[\frac{(W/qS)^2}{\pi \cdot (b^2/S)}\right] = \frac{W^2}{\pi b^2 q} \tag{3.39}$$

该方程在飞行器设计中非常重要，表明诱导阻力依赖于机翼翼展而非机翼面积。这意味着增大翼展将会减小诱导阻力。通过减小弦长的方法来增大展弦比是不可行的。

其他非椭圆机翼的诱导阻力系数，可以在椭圆翼的基础上进行修正，一般表达式为

$$C_{\mathrm{Di}} = \frac{C_{\mathrm{L}}^2}{e \cdot \pi \cdot AR} \tag{3.40}$$

可以看出，诱导阻力系数与升力系数的平飞成正比，与展弦比成反比。

式（3.40）中 e 为奥斯瓦尔德翼展效率因子（Oswald span efficiency factor），简称奥斯瓦尔德效率因子，它是预测飞行器升力诱导阻力的重要参数（部分飞机的该项参数见表 3.3）。根据经典机翼理论，具有椭圆升力分布的三维机翼的诱导阻力系数等于升力系数的平方除以展弦比与 π 的乘积，实际上很少有具有椭圆升力分布的机翼，所以其他机翼必须要进行修正。

多年来，已发展了大量的估算 e 值的方法，典型的奥斯瓦尔德因子为 0.7~0.85。这里给出基于真实飞机的更实际的估算公式，如雷默给出估算平直翼的奥斯瓦尔德因子经验公式：

$$e = 1.78(1 - 0.045AR^{0.68}) - 0.46 \tag{3.41}$$

以及，估算后掠翼的奥斯瓦尔德因子经验公式：

$$e = 4.61(1 - 0.045AR^{0.68})(\cos \varLambda_{\mathrm{LE}})^{0.15} - 3.1 \tag{3.42}$$

式（3.41）和（3.42）忽略了展弦比的影响，仅仅适用于小展弦比机翼。

如果机翼具有端板或小翼，可以利用以下公式对展弦比进行修正：

$$AR' = AR\left(1 + \frac{1.9h}{b}\right) \tag{3.43}$$

式中　AR' ——修正后的展弦比；

　　　h ——小翼的高度。

表 3.3　几种飞机的废阻力系数和奥斯瓦尔德效率因子

飞机类型	c_{d0}	e
单发轻型飞机（无撑杆）	0.023	0.8
单发轻型飞机（有撑杆）	0.026	0.8
多发宽体飞机	0.019	0.84
双发宽体飞机	0.017	0.85
双发通勤飞机	0.021	0.85
军用飞机	0.028	0.70
老式双翼机	0.038	0.70

再者，诱导阻力随飞行速度的变化而变化，此时的诱导阻力可以表示为

$$D_i = C_{Di} \frac{1}{2} \rho v^2 S \tag{3.44}$$

如果在平飞巡航状态下，式（3.44）可以推导为

$$D_i = \frac{2W}{\pi \cdot AR \cdot e \cdot \rho v^2 S} \tag{3.45}$$

可以看出，无人机诱导阻力的大小与平飞速度的平方成反比。也就是说，无人机的平飞速度越大，诱导阻力越小；平飞速度越小，诱导阻力越大。诱导阻力与废阻力之和就是无人机总阻力，变化规律为随着飞行速度增加，先减少后增加。在低速飞行时，废阻力很小，总阻力主要是诱导阻力；在大速度飞行时，诱导阻力很小，总阻力主要是废阻力。当无人机的气动总阻力最小时，对应的阻力系数为最小阻力系数，飞行速度就是最小阻力速度，此时的迎角为最小阻力迎角。

估算全机阻力是无人机设计中各一个重要环节。在理想状态下，无人机平飞巡航时的阻力系数应等于或接近最小阻力系数，这是固定翼无人机的设计目标。

如果起落架和襟翼在放下位，则总阻力会增加，此时总阻力系数变为

$$C_D = C_{D0} + \frac{C_L^2}{\pi \cdot AR \cdot e} + \Delta C_{D_{gear}} + \Delta C_{D_{flap}} \tag{3.46}$$

式中　$\Delta C_{D_{gear}}$ ——起落架放下后引起的阻力增量；

　　　$\Delta C_{D_{flap}}$ ——放襟翼后引起的阻力增量。

3.3.4 配平阻力系数

飞行器性能计算中使用的阻力值应包括配平阻力。

附加诱导阻力是为平衡（配平）飞机所要求的平尾升力造成的，以使其绕飞机重心的总俯仰力矩为零。舵面偏转也会增加无人机阻力。常规的平尾后置无人机，若其重心太靠前，则需要升降舵进行更大的偏转而配平，这意味着阻力将增加。平尾通常用向下的载荷配平飞机，该向下载荷必须由机翼附加升力来抵消，这又造成了机翼诱导阻力的增加（图 3.27）。

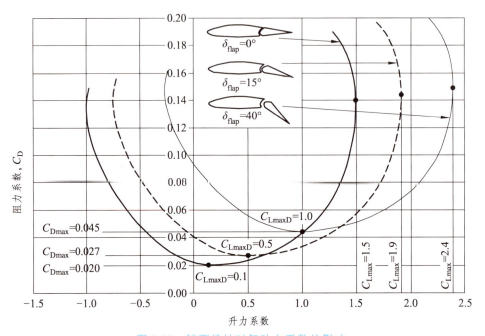

图 3.27　舵面偏转对气动力系数的影响

3.3.5 最小阻力速度

升力大、阻力小一直是飞行器设计和运行的目标，衡量低速飞行的气动效率的标准就是获得最大升阻比。

根据升阻比公式，可以进一步表示为

$$\frac{D}{L} = \frac{C_D}{C_L} = \frac{C_{D0} + C_{Di}}{C_L} = \frac{C_{D0} + AC_L^2}{C_L} \tag{3.47}$$

其中，$A = \dfrac{1}{e \cdot \pi \cdot AR}$，也称为诱导阻力因子。

为了获得最大升阻比，对（3.47）进行求导，得

$$\frac{d}{dC_L}\left(\frac{C_{D0} + AC_L^2}{C_L}\right) = \frac{d}{dC_L}\left(\frac{C_{D0}}{C_L} + AC_L\right) = 0$$

则

$$-\frac{C_{D0}}{C_L^2} + A = 0 \qquad (3.48)$$

或者

$$C_{D0} = AC_L^2$$

最后得

$$C_L = \sqrt{\frac{C_{D0}}{A}} \qquad (3.49)$$

所以，对于低速飞行而言，飞机性能最佳时，阻力系数等于两倍的零升阻力系数。

由于最大升阻比对应的迎角是最小阻力迎角，此时速度为最小阻力速度。如果是平飞状态，此时 $L = W$，则最小阻力速度公式为

$$v_{md} = \sqrt{\frac{2W}{\rho S}\sqrt{\frac{A}{C_{D0}}}} \qquad (3.50)$$

3.4 俯仰特性分析

在俯仰力矩分析过程中，会发现在机翼剖面上存在一个点，可以认为机翼升力作用在这个点上，同时伴随一个不变的俯仰力矩，重要的是，这个点不随迎角而变（对于低速飞行而言），这就给机翼俯仰力矩计算带来极大方便，从而引出了焦点概念。

3.4.1 俯仰力矩系数

无人机的气动俯仰力矩是由作用在机体各部件气动合力绕横轴的力矩。一般规定：俯仰力矩使无人机抬头为正，低头为负。

翼型是构成升力面的基本元素，作用在翼型上的空气动力 F 对翼弦上任意选定的一点会产生俯仰力矩。在选择翼型时要重点考虑俯仰力矩。作用在翼型上的气动力，对翼型前缘的力矩（规定上仰也为正），称为翼型的气动力矩 M，如图 3.28 所示。

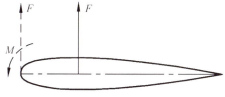

图 3.28　翼型的气动力力矩

与升力公式和阻力公式类似，翼型的俯仰力矩公式为

$$M = C_m \frac{1}{2}\rho v^2 Sc = C_m \frac{1}{2}\rho v^2 c^2 \qquad (3.51)$$

式中　C_m——翼型的俯仰力矩系数（无量纲参数）；

　　　v——来流流速。

则，翼型的俯仰力矩系数为

$$C_m = \frac{M}{\frac{1}{2}\rho v^2 Sc} = \frac{M}{\frac{1}{2}\rho v^2 \cdot 1 \cdot c} = \frac{M}{\frac{1}{2}\rho v^2 c} \tag{3.52}$$

针对三维机翼和整机的俯仰力矩系数表示为

$$C_m = \frac{M}{\frac{1}{2}\rho v^2 Sc} \tag{3.53}$$

俯仰力矩系数也是影响空气动力的一个重要参数。俯仰力矩系数与迎角或升力系数的关系可以绘制成俯仰力矩特性曲线。所以，俯仰力矩特性通常用曲线 $c_m \sim c_1$ 或 $c_{m1/4} \sim c_1$ 表示。通过风洞实验测量可以得到俯仰力矩特性曲线，如图 3.29 所示。

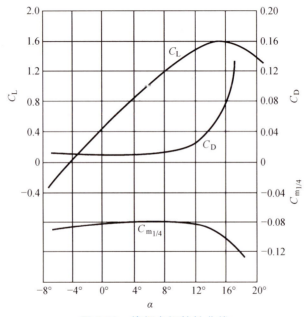

图 3.29　俯仰力矩特性曲线

理论和实验均表明，在迎角或升力系数不太大时，俯仰力矩特性曲线接近一条直线。当迎角小于临界迎角时，俯仰力矩系数随着迎角的变化可用以下公式表示：

$$C_m = C_{m0} + \left(\frac{\partial C_m}{\partial C_L}\right) C_L \tag{3.54}$$

式中　　C_{m0}——零升俯仰力矩系数，对称翼型的 $C_{m0} = 0$，非对称翼型在升力系数为零时，由于压力分布形成一个力偶，构成了零升俯仰力矩，一般 $C_{m0} = 0 \sim 0.02$；

$\dfrac{\partial C_m}{\partial C_L}$——俯仰力矩系数曲线斜率，即为俯仰力矩系数的变化量与升力系数的变化

量的比值，表示迎角每变化 1° 俯仰力矩系数的变化量，一般为负值。

1. 对称翼型情况

图 3.30 给出对称翼型的俯仰力矩特性曲线示意图,图中虚线为低速无黏时理论计算值;实线是风洞模型实验测量结果。

可以看出,在中小迎角,空气黏性影响不大,俯仰力矩系数曲线基本是直线,理论值与实验值基本一致;直到较大迎角,附面层分离明显,俯仰力矩系数曲线不再是线性变化的,压力中心显著后移,俯仰力矩系数负值增大。当迎角为零,升力系数为零,俯仰力矩系数为零。在中小迎角范围,特性曲线基本为线性变化。在中小迎角下俯仰力矩特性曲线斜率不变,这意味着升力和升力增量作用点始终在相同位置,即 x_{ac} 处。

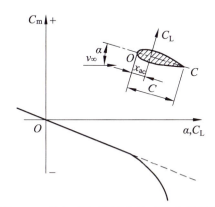

图 3.30　俯仰力矩特性曲线（对称翼型）

2. 非对称翼型情况

非对称翼型的俯仰力矩特性曲线与图 3.30 相似,其俯仰力矩系数公式表示为

$$C_m = C_{m0} + C_L \left(\frac{dC_m}{dC_L} \right) \tag{3.55}$$

式中　C_{m0}——零升俯仰力矩系数。非对称翼型的 $C_{m0} \neq 0$ 和 $C_m \neq 0$;对称翼型的 $C_{m0}=0$,同时 $C_m = 0$。

3.4.2　焦点（AC）

根据图 3.31,对于翼型上任一点的俯仰力矩系数用下式表示:

$$C_{mx} = C_m + \left(\frac{x_R}{c} \right) C_L \tag{3.56}$$

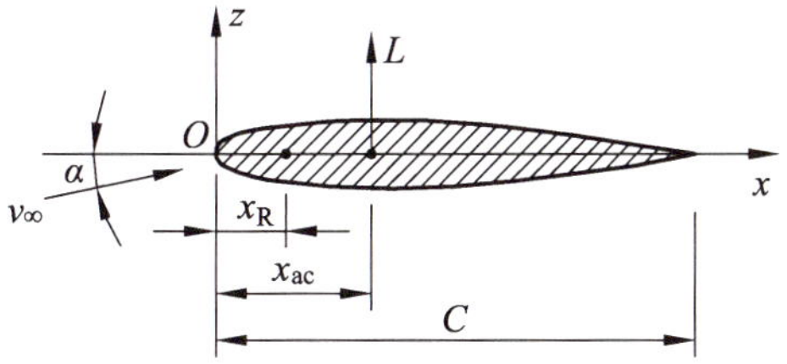

图 3.31　俯仰力矩系数计算示意图

进一步，整理得

$$C_{mx} = C_{m0} + \left(\frac{\partial C_m}{\partial C_L}\right)C_L + \left(\frac{x}{c}\right)C_L \tag{3.57}$$

如果在翼弦线上选择一点 x_R 取矩，则

$$M_R = -L(x_{ac} - x_R)$$

式中，负号"−"代表升力 L 产生低头力矩的情况，转化为

$$C_m = \frac{M_R}{qSc} = -\frac{L(x_{ac} - x_R)}{qSc} = -C_L(h_{ac} - h_R) \tag{3.58}$$

式中，$h_R = x_R/c$ 为取矩点的相对位置。在中小迎角范围内，俯仰力矩系数斜率为

$$\frac{dC_m}{dC_L} = -(h_{ac} - h_R) \tag{3.59}$$

可见，取矩点至前缘的相对距离也可以表示为 $\dfrac{x}{c} = \dfrac{\partial C_m}{\partial C_L} = h_R$，代表俯仰力矩曲线直线段的斜率。若 $h_R < h_{ac}$（取矩点在焦点之前），则曲线斜率为负；若 $h_R > h_{ac}$（取矩点在焦点之后），则曲线斜率为正；若 $h_R = h_{ac}$，则曲线斜率为零，如图 3.32 所示。

总之，如果空气动力绕某点的力矩系数为 $C_m = C_{m0}$，这表明，绕该点（$h_R = h_{ac}$）的力矩系数始终等于零升力时的力矩系数。换言之，绕该点的空气动力力矩系数与升力系数（或迎角）的改变无关，该点称之为焦点（Aerodynamic Center，AC）。

对于常用的翼型，理论计算表明，$h_{ac} = 1/4 = 0.25$（即翼型空气动力中心位置在距前缘点的 1/4 弦长处）。由于翼型厚度和空气黏性的原因，焦点 AC 位置会稍微偏离 1/4 弦长处，如图 3.33 所示。实验结果表明，常用翼型的 $h_{ac} = 0.23 \sim 0.5$。

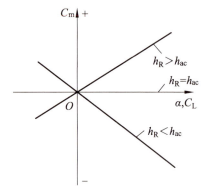

图 3.32　取矩点和焦点位置与 C_m^α 的关系

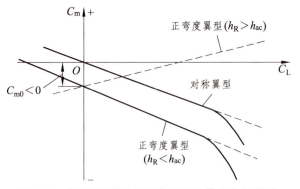

图 3.33　对称翼型和非对称翼型的俯仰力矩特性

不管是非对称翼型还是对称翼型，翼型焦点一般在1/4弦长处，非对称翼型在中小迎角范围，AC 位置保持不变，接近 1/4 弦线位置，CP 位置一直前移，对 AC 的 C_m 保持不变；当迎角超过临界迎角后，CP 开始往翼型后缘移动，对 AC 的 C_m 往前移动。

进一步理解：如果取矩点位于后缘 A 点，随着迎角增加，升力增加，压力中心前移，则附加升力对 A 点的上仰力矩增加；如果取矩点位于前缘 B 点，随着迎角增加，虽然着力点前移带来的附加上仰力矩，远小于迎角增加引起升力增加而带来的附加低头力矩，所以产生了附加的低头力矩，如图 3.34 所示。总之，在 A 点前侧与 B 点后侧存在一点，由于迎角变化产生绕此点的附加力矩不变，此点就是前面所述的焦点。

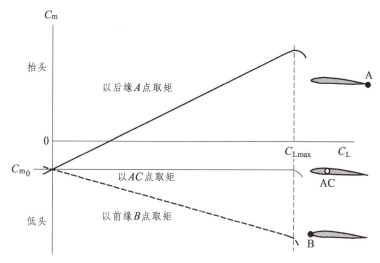

图 3.34　俯仰力矩系数和焦点（AC）

为了确定焦点 AC，首先要确定该飞机机翼 MAC 所在位置和相应长度，然后将全机翼的气动力合并到这个 MAC 所在翼剖面上，并在该弦长上确定一点，说明该点满足气动力中心的条件（可用风洞吹风测得）。

焦点位置的表达方式：以 MAC 的前缘点为起始点，AC 位置到前缘点的距离用 x_{AC} 表示，或采用相对值 $\dfrac{x_{AC}}{MAC} \times 100\%$ 来表示，如：25%MAC。

从整机角度看，平尾、机身、机翼、螺旋桨等部件随着迎角变化，产生附加升力，其总和的着力点就是焦点。无人机整机的气动力对该点的力矩始终不变，因此无人机焦点可以理解为气动力增量的作用点。

作为常规的固定翼无人机，尾翼是提供稳定性和操纵控制的重要手段，所以，确定尾翼的尺寸、位置和布局形式也十分重要。飞机的静稳定性和动稳定性分析是不可缺少的，都属于无人机总体稳定性分析，必须考虑机翼、尾翼、机身、起落架和发动机等对稳定性的影响，这将在后面章节进行介绍。

无人机的静稳定性与无人机的类型有关。如果飞行器设计得过于稳定，则飞行器的反应就迟钝。例如，客机具有很强的俯仰稳定性；通航飞机具有一定的俯仰稳定性（$C_{m\alpha} < 0$，见图 3.35）；而现代军机都是特意设计成不稳定的（$C_{m\alpha} > 0$，目的是提高机动性）。

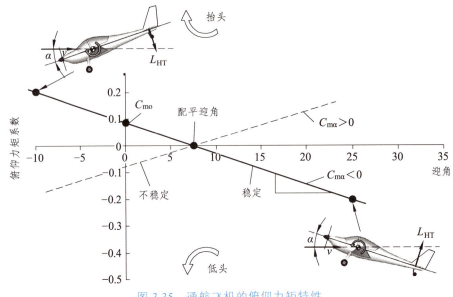

图 3.35 通航飞机的俯仰力矩特性

3.5 影响气动力的因素

固定翼无人机空气动力特性也受到构型的影响，如增升装置、扰流板、翼梢小翼、外挂物等，有些会改善空气动力特性，有些会削弱空气动力特性。

3.5.1 增升装置

由升力公式可知，可以通过增大迎角的方法来增大升力系数，从而增加了升力。为了获得所需要的升力，在增加迎角的同时，可以减小飞行速度，特别是飞行器在起降过程中，考虑到跑道长度的限制，可以减少滑跑距离，但是这种减小速度值是有限的，因为飞行器迎角最多只能增大到临界迎角。因此，为了保证在起飞和着陆时满足运行性能和安全的要求，并能产生足够的升力，有必要加装增升装置。

再者，很早以前人们便知，较大的机翼面积对于低速飞行、起飞和着陆是十分有利的。从阻力方程可知，机翼面积与阻力大小成正比，即将机翼面积减半，阻力随之减半；但升力方程也表明，机翼的升力与机翼面积成正比。解决高升力和小阻力冲突的方案就是使机翼面积尽可能小，然后通过提高最大升力系数来尽可能提高总升力。增升装置就是一种十分有效的解决方案。

1. 增升装置的类型

机翼增升装置主要分为前缘缝翼、前缘襟翼、后缘襟翼三种。前缘缝翼和前缘襟翼属于前缘增升装置，后缘襟翼属于后缘增升装置，各种类型的增升装置如图 3.36 所示。

由于前缘增升装置结构复杂，一般固定翼无人机很少采用这种增升装置。所以，业内经常所说的无人机襟翼是指后缘增升装置。这里主要介绍后缘襟翼。

后缘襟翼是通过传动装置绕其转轴作向后直线或圆弧曲线运动，以扩大机翼的面积和弯度，达到增加升力和控制阻力的目的。

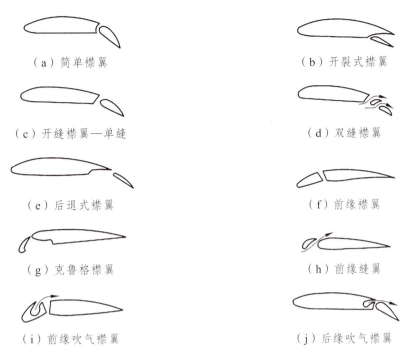

（a）简单襟翼　　　　　　　　　　　（b）开裂式襟翼

（c）开缝襟翼—单缝　　　　　　　　（d）双缝襟翼

（e）后退式襟翼　　　　　　　　　　（f）前缘襟翼

（g）克鲁格襟翼　　　　　　　　　　（h）前缘缝翼

（i）前缘吹气襟翼　　　　　　　　　（j）后缘吹气襟翼

图 3.36　不同类型的增升装置

后缘襟翼起到的作用包括：

（1）提供无人机起飞最佳的升阻比。起飞时，无人机需借助机翼产生升力，而希望飞行阻力越小越好，最佳的升阻比对爬升起到很重要的作用。而后缘襟翼就能够提高升阻比，将大大改善爬升性能，增大起飞重量，减少发动机推力。

（2）提供无人机着陆的最大升力系数及最佳进场状态。后缘襟翼可以大大改善着陆性能，提高进场的升力系数和降低迎角。

按照襟翼的结构不同，可以将其分类为简单襟翼、分裂襟翼、开缝襟翼、后退襟翼和后退开缝襟翼。

2. 简单襟翼

简单襟翼是一种简单的增升装置。打开简单襟翼增加机翼弯度，进而增大上下翼面压力差，升力系数及最大升力系数增加（图 3.37）；同时使压差阻力和诱导阻力都增加，导致总阻力增加。相对升力而言，阻力增大得更多，使得升阻比降低（即空气动力性能降低）。

简单襟翼运动仅包含旋转而没有平移。与其说是增升装置，不如说是最为简单的舵面，此舵面由一个三角形加一个半圆形成。其转轴位于半圆的圆心，以保证在舵面和主翼表面之间的间隙不变。这样就可以使用一个简单而可靠的控制系统来控制襟翼的偏转。但是伸出转轴的部分（转轴之前的襟翼部分）有时会导致一系列严重的问题。因此，它是一种有效而廉价的装置，不需要偏转很大的角度。基于这个原因，大多数飞行器（不论体型大小和飞行速度快慢），都将其结构用于副翼、升降舵和方向舵。

与更复杂的襟翼相比，简单襟翼的缺点是，对最大升力系数的提高作用相对较小。因为在大迎角下放简单襟翼，由于弯度增大，使上翼面逆压梯度增大，气流分离提前，涡流区扩大，导致临界迎角降低。

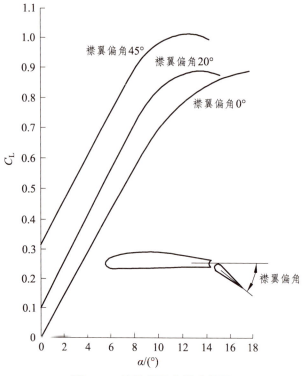

图 3.37 简单襟翼的增升效果

3. 分裂襟翼

分裂襟翼是从机翼后端下表面一块向下偏转而分裂出的翼面，也称为开裂式襟翼，如图 3.38 所示。分裂襟翼由可偏转的下翼面和固定的上翼面构成。像简单襟翼一样，普通分裂襟翼也是一种简单襟翼，只能通过旋转产生偏转。典型的偏转角范围为 0° ~ 70°。

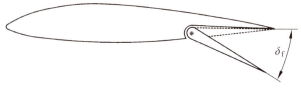

图 3.38 分裂襟翼

开裂式襟翼的机械结构非常简单，当它展开时，扩大了襟翼前端机翼下表面的高压区范围，同时在襟翼后面产生了一个较大的分离区。使得阻力大幅增加，同时对升力和俯仰力矩的影响相对较小。当作为减速板使用，其效果远优于扰流板，因为它在增加阻力的同时并没有减小升力。事实上，它还增加了升力，总的效果是升阻比 L/D 大幅下降。相对于更复杂的襟翼，其最大升力系数值的增加不高。

放下分裂襟翼后，在机翼和襟翼之间的楔形区形成涡流，压强降低，吸引上表面气流，使其流速增加，上下翼面压差增加，从而增大了升力系数，延缓了气流分离。分裂襟翼的增升效果明显，一般最大升力系数可增加 75% ~ 85%，如图 3.39 所示。

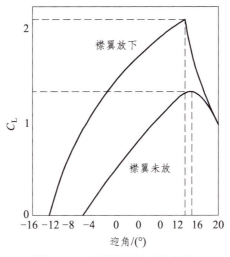

图 3.39　分裂襟翼的升力特性

4. 单缝襟翼

单缝襟翼是简单襟翼的改进形式，属于开缝襟翼系列（图 3.40）。开缝襟翼在下偏的同时开缝，分为单缝襟翼和多缝襟翼（双开缝和三开缝襟翼）等。和简单缝翼相比，单缝襟翼可在更大偏转角时延缓气流分离。该襟翼安装在远离主翼的铰链之上，偏转角可高达 50°（尽管大的偏转角会导致襟翼表面出现大范围的气流分离）。其运动包含旋转和平移，单缝襟翼的引入使机翼弦长增加了 5%～10%。单缝襟翼运动时，沿后缘会形成一道缝隙，这是实现其功能所必需的。它的平移运动称为富勒运动，即使这种单缝襟翼并非富勒襟翼。

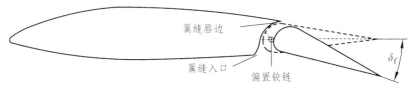

图 3.40　单缝襟翼

单翼型开缝襟翼是通航飞机最常用的后缘增升装置，也应用于中型固定翼无人机上。该襟翼的特点只包含一个翼型，并可进行简单的机械操作，最大升力系数值大于简单襟翼，阻力值小于分裂式襟翼和扎普襟翼。

5. 双缝襟翼

双缝襟翼是指由两个翼型部件组成的襟翼，其主要区别在于两个部件相互作用的方式。

双缝襟翼和单缝襟翼一样，都是通过延迟襟翼上的流动分离来提高最大升力系数。其主要区别是双缝襟翼具备额外的边界层控制功能。在流动分离区域扩大之前，双缝襟翼的另一个缝可使襟翼有更大的偏转角，这就大大提升了最大升力系数。

确切地说，双缝襟翼可被看作是单缝襟翼添加了一个导向叶片来引导空气流过。而且叶片本身也能产生较大的升力。两个襟翼部件中，靠前的被称为叶片，另一个被简单地称为襟翼。常见的双缝襟翼有固定叶片的双缝襟翼（图 3.41）、铰链叶片的双缝襟翼（如图 3.42）、主/后双缝襟翼（图 3.43）等几种。

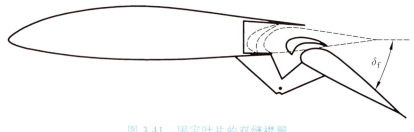

图 3.41　固定叶片的双缝襟翼

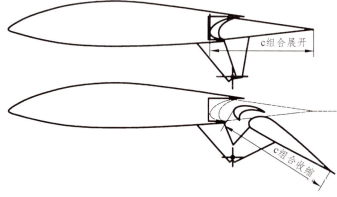

图 3.42　铰链叶片的双缝襟翼

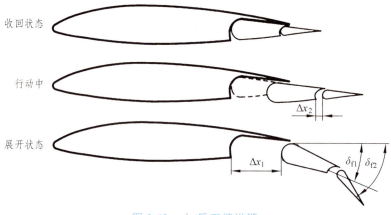

图 3.43　主/后双缝襟翼

6. 后退襟翼

后退襟翼也是在简单襟翼的基础上改进而成的，这种襟翼在下偏的同时向后滑动。后退襟翼可以进一步改进为后退开缝襟翼，是将后退襟翼和开缝襟翼结合起来，当襟翼下偏和后退时，在后缘形成一条或多条缝隙。这种襟翼结构较复杂，现在大型、重型飞机才会采用。

后退开缝襟翼有两种形式，一种是富勒襟翼，另一种是查格襟翼。

后退襟翼平时紧贴在机翼下表面上。使用时，襟翼沿下翼面安装的滑轨后退，同时下偏，如图 3.44 所示。使用富勒襟翼可以增加翼剖面的弯度，同时能大大增加机翼面积，并且气流通过缝隙吹走后缘涡流，增升效果非常明显，升力系数可提高 85% ~ 95%，个别大面积富勒襟翼的升力系数可提高 110% ~ 140%。

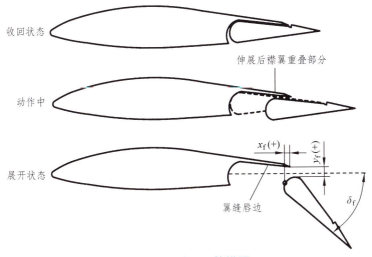

图 3.44　后退开缝襟翼

7. 其他形式的襟翼

除了以上几种典型的增升装置之外，还有其他形式的增升装置，例如，有一种襟翼称为喷气襟翼，此种增升装置可以在机翼上引入发动机的喷气流，改变空气在机翼上的流动状态，从而达到增加升力的目的。这种增升装置可以控制机翼上的附面层，推迟气流的不利分离，可以增大机翼的升力系数。

使用襟翼会影响到最大升力系数、失速迎角和俯仰力矩，进而也会影响到舵面面积的确定。由于通过增加机翼的弯度可实现这一目的，所以通常也会减小翼型的失速迎角。

8. 增升装置的增升措施

增升装置的增升措施主要有以下几方面：

（1）增加机翼的弯度。

增加机翼的弯度，即增加了机翼的环量，从而增加了机翼的升力，但增加弯度会产生较大的低头力矩，会增加平尾或升降舵的配平负担。

（2）增加机翼的有效面积。

大多数的增升装置是以增加机翼的基本弦长的方式运动的。在与剖面形状没有改变时，相同的名义面积下，其有效机翼的面积增加了。这种情况，名义面积不变，相当于增加了零迎角升力系数，因而提高了最大升力系数。

（3）改善缝道的流动品质。

通过改善翼段之间缝道的流动品质，改善翼面上的边界层状态，来增强翼面边界层承受逆压梯度的能力，延迟气流分离，提高失速迎角，增大机翼最大升力系数。

总之，增升装置的目的是增大翼型的最大升力系数。增升装置主要是通过三个方面实现增升。一是，增大翼型的弯度，提高上下翼面压强差。二是，延缓上表面气流分离，提高临界迎角和最大升力系数。三是，增大机翼面积。

3.5.2　扰流板

扰流板，顾名思义为扰乱气流，旨在破坏机翼气动外形，减小升力增大阻力，即"卸升增阻"，如图 3.45 所示。

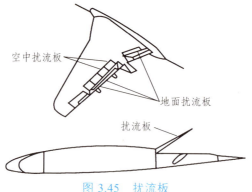

图 3.45 扰流板

扰流板可以辅助操纵系统提供起飞、着陆的增升动力和增加在地面或飞行中的气动阻力，改善飞机的操纵性能或用来改变全机的力矩特性，增加其操稳性。同时扰流板可以帮助飞机随速度调整在不同速度下的气动外形流场，进而获得接近最理想的气动操作效应。

扰流板的作用如下：

（1）提高副翼操纵效能。副翼上偏一侧的扰流板打开，另一侧不动。例如，左侧副翼上偏，左侧扰流板升起，使左侧机翼升力减小；右翼副翼下偏，右侧扰流板不动，右翼升力增加。

（2）卸升增阻。同时打开，起到卸升增阻的作用，增加飞机的下降率。

（3）减低飞机的突风载荷。两边扰流板随着过载变化快速收放。

（4）飞机着陆接地或中断起飞滑跑时，同时打开，扰流板上偏最大角度，也起到卸升增阻作用。

3.5.3 翼梢小翼

翼梢小翼位于飞行器机翼的翼梢，目的是阻碍机翼上下表面的空气绕流，从而减小涡流的强度，有效的减少飞行时的阻力和燃料消耗，如图 3.46 所示。

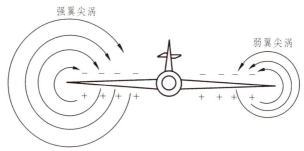

图 3.46 翼梢小翼对翼尖涡强度的影响

20 世纪 70 年代 NASA（美国宇航局）提出了现代梯形翼梢小翼方案，其实要归功于美国国家航空航天局空气动力学家——R·T·惠特科姆。惠特科姆从鸟翅膀尖部的小翅得到启发，于 1976 年提出了翼梢小翼的概念，在小展弦比机翼的翼梢处装一个小翼片，从而既提高了展弦比，又不会使结构质量和摩擦阻力增加很多。

常见的翼梢小翼包括梯形翼梢小翼、翼梢帆片、融合式翼梢小翼、飞镖式翼梢小翼、斜削式翼梢小翼、双羽状翼梢小翼、鲨鳍翼梢小翼、螺旋式翼梢小翼。

安装翼梢小翼后，将会增大飞行器表面摩擦阻力和干扰阻力。翼梢小翼还可以通过抽取涡的一些能量加以利用。这样不仅削弱了涡的强度，而且如果能把能量转化成正确方向的力的话，会得到更多的收益。

如果小翼设计得当，那么产生的力会有一个向前的分量，效果相当于增加了推力。但是翼梢小翼产生的升力不但会使小翼自身弯曲，还会增大机翼主结构的弯曲载荷。由于小翼产生了升力，因此每个小翼的末端都存在涡，而主翼涡不再存在，因此会减少一些阻力。从空气动力学的角度看，只有当诱导阻力的减少量大于表面摩擦阻力和干扰阻力的增量时，增加翼梢小翼才是可行的。

如图 3.47 所示的翼梢小翼各个点上的弯度和扭度都不一样，因此每个剖面都能在最有效的迎角下工作。它们在设计和制造上非常复杂，而且只在一个很窄的速度范围内有效。如果要采用翼梢小翼，那么在最终确定之前要经过仔细的设计和大量的试验。它们不只是粘在机翼末端的粗糙的附属物，如果想要它们的效果像预期的一样，需要做大量的工作。

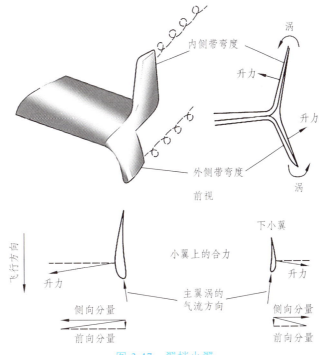

图 3.47　翼梢小翼

3.5.4　外挂物

无人机外部挂载各种外挂物（如云台、摄像机、雷达等）后，增加了迎风面和飞机浸湿面积，会产生了复杂气动干扰，引起了全机气动特性的变化。

目前，在工程实践中多采用工程方法估算外挂物对载机气动特性的影响，一般将外挂物的影响作为无外挂物"干净"整机的增量来考虑。工程估算方法主要基于大量的风洞试验和飞行试验结果，将这些试验结果相对于机体外挂物的几何特性进行规格化处理，建立起气动特性与有关几何特性的相关性，以用于预测外挂物对载机气动特性的影响。

3.5.5 地面效应

地面效应是飞行器接近地面时空气动力发生变化的现象。当固定翼无人机贴近地面或水面进行低空飞行时，由于地面或水面对固定翼无人机表面气流的干扰，使固定翼无人机阻力减小，同时能获得比空中飞行更高升阻比。

地面效应改变了无人机扰流的整个流场，从而产生了一系列的气动特性变化，如图 3.48 和图 3.49 所示，具体为：

（1）由于受到地面阻滞，机翼下表面的气流流速减慢，压力升高，机翼上下表面的压力差增大，升力会陡然增加，形成空气垫现象。

（2）由于地面的作用，机翼的下洗作用受到阻滞，使流过机翼的气流下洗减弱，下洗角和诱导阻力减小，使无人机阻力减小。

（3）由于地面效应使下洗角减小，水平尾翼的有效迎角增大，平尾上产生向上的附加升力，对无人机重心产生附加的下俯力矩。

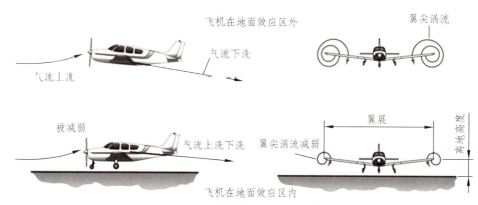

图 3.48　近地面时的流场变化

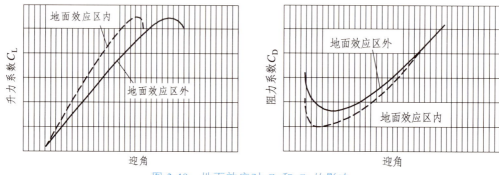

图 3.49　地面效应对 C_L 和 C_D 的影响

地面效应对飞行器飞行的影响与距离地面的高度有关。实验表明，距离一个翼展以内，地面效应对飞行器有影响，距离地面越近，地面效应越强。距离地面高度超过一个翼展，可以不考虑地面效应的影响。

可以给出地面效应系数，公式为

$$\Phi = 1 - \frac{1 - 1.32(h/b)}{1.05 + 7.4(h/b)} \tag{3.60}$$

式中 h ——机翼距离地面的高度；

b ——翼展。

则，地面效应作用下与无地效作用下的诱导阻力系数之间的关系为

$$(C_{Di})_{IGE} = \Phi (C_{Di})_{OGE} \tag{3.61}$$

那么，地面效应作用下的最大升阻比变为

$$(K_{max})_{IGE} = \frac{(K_{max})_{OGE}}{\sqrt{\Phi}} \tag{3.62}$$

3.5.6 风切变

风向和风速在特定方向上的变化叫风切变，它是指在同一高度上或在不同高度上的很短的距离内，风向、风速发生的变化，以及在较短距离内升降气流变化的一种现象。

风切变分为两种：水平风切变和垂直风切变。风向和风速在水平方向上（同一高度的短距离内）的变化称为水平风切变；风向和风速在垂直方向上（同一高度的短距离内）的变化称为垂直风切变。值得注意的是，垂直风切变的影响要比水平风切变大。风切变的强度是以单位距离（或高度）的风速变化值来衡量的。例如，高度变化 30 m，风速变化 2 m/s，则其强度为 2/30（m/s·m^{-1}），即 0.07 s^{-1}。

风切变的形式很多，有时候以单一形式出现，但往往是以多种形式同时出现，而以其中一种为主。一般形式有：

（1）顺风切变。指无人机从小的顺风区域进入到大的顺风区域；或者从逆风区域进入到顺风区域；或者从大逆风区域进入到小逆风区域等几种情况。它使无人机空速减小，升力下降，无人机下沉。

（2）逆风切变。指无人机从小的逆风区域进入到大的逆风区域；或者从顺风区域进入到逆风区域；或者从大顺风区域进入到小顺风区域等几种情况。它使飞机空速增大，升力增加，无人机上升。

（3）侧风切变。指无人机从某一方向的侧风（或无侧风）区域进入到另一方向的侧风区域。它会使无人机发生明显的侧滑，形成侧力，无人机向一侧滚转和偏转。

3.5.7 结　冰

无人机在中、低云族中飞行时，机体的某些部位由于大气中的冰晶体的沉积、水汽的直接凝固、过冷水滴的冻结，出现霜或积有冰层的现象。同时，无人机在雾、冻雨或湿雪中飞行时，也可能发生结冰。结冰发生率最高是在大气温度 – 20 ~ 0 ℃ 时。

结冰首先在无人机突出的迎风部位开始，曲率半径越小的部位，单位时间所积的冰层越厚。无人机容易结冰的部位是机翼、尾翼、螺旋桨叶、发动机进气道前缘、风挡、空速管、天线等。

无人机结冰后，会破坏原有的气动外形，导致无人机的空气动力学性能（升力、阻力、失速迎角等）下降。这些不仅影响了安全性能，还影响了着操纵性能。

例如，机翼结冰，不仅会影响附面层内气流的流动，还会改变机翼原来的形状，破坏机翼的流态。使翼型的升力系数曲线斜率减小，阻力系数增大，同一迎角下的升阻比变小，机翼的最大升阻比降低。机翼结冰后，无人机将在更小的迎角发生气流分离，致使临界和抖动迎角变小，最大升力系数和抖动升力系数随之降低，导致无人机的空气动力性能变坏。

3.6　无人机升阻特性估算

无人机的升阻特性通常以升力系数和阻力系数及其增量的形式给出，包括最大升力系数 C_{Lmax}、零升阻力系数 C_{D0} 和升阻比 K 等参数，这些参数可先统计给出，且在后面确定翼载和推重比时也会用到。这些数据取决于飞机的构型和飞行状态，最终的升阻特性一般应通过风洞试验和飞行试验得到。

3.6.1　最大升力系数

最大升力系数是无人机升力特性的主要参数，主要取决于机翼的几何形状、翼型、襟翼几何形状及其展长，也取决于雷诺数、表面粗糙度以及飞机其他部件，如机身、发动机短舱或挂架的干扰。平尾提供的配平力将增加或减小最大升力，这取决于配平力的方向。

最大升力系数对飞机性能有很大影响，若估计过高，则会让机翼面积偏小，对失速特性和低速特性产生不利影响。需要将估算得到的最大升力系数与类似飞机的进行比较，以确定估算符合实际要求。

这里给出部分飞机的失速速度和最大升力系数列表（表 3.4），也给出了光洁构型和带襟翼构型的 C_{Lmax}，这为固定翼无人机气动参数选择提供技术参考。为了获得较好的最大升力系数的初始估算值，需要求助于实验结果和经验数据。图 3.50 给出了几种飞机最大升力系数随后掠角的变化曲线。

表 3.4　不同类型飞机的失速速度和最大升力系数

名称	总重/lb_f	机翼面积/ft^2	失速速度，KCAS v_s（光洁构型）	v_{s0}（放下襟翼）	最大升力系数 C_{Lmax}	C_{Lmax0}
单发飞机						
Aerotec A-135 Tangara 1	2 116	158	55	48	1.31	1.72
Bede BD-5A Micro	660	47	54	48	1.41	1.78
Cessna 162 skycatcher	1 320	120	44	40	1.68	2.03
Cessna 172 Skyhawk	2 550	174	53	48	1.54	1.88
Cessna 182 Skylane	3 100	174	56	50	1.68	2.10
Cessna 208B Grand Caravan	8 750	279	78	61	1.52	2.48
Cirrus SR20	3 050	145	67	59	1.38	1.79
Cirrus SR22	3 400	145	70	60	1.41	1.92
Embraer EMB-201	3 417	194	57	51	1.60	2.00
Let Z-37 Cmelak (Bumble-Bee)	3 855	256	49	45	1.85	2.19
Neiva N621A	3 306	185	64	57	1.31	1.65
Piper PA-46-350 Malibu	4 340	175	69	58	1.56	2.18
Taylor J.T.1 Monoplane	610	76	40	33	1.48	2.18
Transavia PL-12 Airtruk	3 800	256	55	52	1.45	1.62
XtremeAir Sbach 300	2 205	121	—	57	—	1.65

	名 称	总重/lb_f	机翼面积/ft²	失速速度，KCAS		最大升力系数	
				v_s(光洁构型)	v_{s0}(放下襟翼)	C_{Lmax}	C_{Lmax0}
公务机	Beechjet 400A	16 100	241	—	93	—	2.28
	Cessna Citation CI1	10 700	240	82	77	1.96	2.22
	Cessna Citation Mustang	8 645	210	91	73	1.47	2.28
	Dassault Falcon 2000X	41 000	527	98	84	2.39	3.26
	Dassault Falcon 900	45 500	527	106	85	2.27	3.53
	Dassault-Breguet Mystere-Falcon 900	20 640	528	104	82	1.07	1.72
	Embraer Phenom 100	10 472	202	100	77	1.53	2.58
	Gates Learjet 24D	13 500	232	126	99	1.08	1.75
	Gulfstream Aerospace IV	71 700	950	120	108	1.55	1.91
	Safire S-26	5 130	143	92	69	1.26	2.23
大型运输类飞机	Airbus A300-B4	360 000	2 800	150	120	—	2.64
	Airbus A310	361 600	2 357	178	122	1.42	3.02
	Airbus A320-200	170 000	1 320	179	121	1.19	2.60
	Airbus A330	520 000	3 892	170	128	1.37	2.40
	Airbus A340-200	610 000	3 892	189	134	1.30	2.59
	Boeing B727-200	160 000	1 700	171	106	1.10	2.47
	Boeing B737-200	103 000	1 098	—	102	—	2.66
	E Boeing B737-400	150 000	1 135	150	120	—	2.71
	Boeing B757-200	255 000	1 994	145	120	—	2.62
	Boeing B777-200A	545 000	4 605	150	120	—	2.43
	Fokker 100	95 000	1 006	160	109	1.09	2.35
	Lockheed L 1011-1 Tristar	430 000	3 456	166	125	1.33	2.35

大多数飞机在起飞和着陆时，使用不同角度的襟翼。在着陆过程中，放最大角度襟翼，以提供最大的升力和阻力。不过，起飞用的襟翼角度偏小，这时使用的襟翼角度大约是一半的最大偏角，但最大襟翼偏角可能会引起比快速加速和爬升时所期望的还要大。这样一来，着陆时的最大升力系数将比起飞时的大。一般地，起飞最大升力系数大约是着陆最大升力系数的 80%。

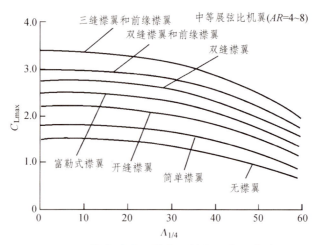

图 3.50　最大升力系数随后掠角的变化曲线

3.6.2　零升阻力系数

机翼上的阻力有许多种，根据阻力的起因以及是否与升力有关，可以把阻力分为零升阻力（与升力无紧密联系的阻力）和诱导阻力（与升力密切相关的阻力）。其中零升阻力包括摩擦阻力和压差阻力。一架精心设计的飞机在亚音速巡航时的零升阻力大部分为蒙皮摩擦阻力，再加上小部分的分离压差阻力。对于不同类型的飞机，分离压差阻力都占蒙皮摩擦阻力的一定百分比，由此引出"当量蒙皮摩擦阻力系数（C_{fe}）的概念"，它包括蒙皮摩擦阻力和分离阻力。

用当量蒙皮摩擦阻力系数法估算零升阻力的公式为

$$C_{D0} = C_{fe} \frac{S_{浸湿}}{S_{参考}} \tag{3.63}$$

式中　$S_{浸湿}$——飞机浸湿面积；

　　　$S_{参考}$——飞机参考面积。

这里引入了浸湿面积的概念。所谓浸湿面积，即飞机总的外露表面积，可以看作是把飞机浸入水中会变湿的那部分表面积。要估算阻力必须计算浸湿面积，因为它对摩擦阻力影响最大。

机身的浸湿面积可以用飞机的俯视图和侧视图来估算。对于一般飞机，式（3.64）给出了合理的近似。

$$S_{浸湿} \approx 3.4[(S_{侧} + S_{俯})/2] \tag{3.64}$$

式中　$S_{侧}$——侧视图中飞机的平面面积；

　　　$S_{俯}$——俯视图中飞机的平面面积。

机翼和尾翼的浸湿面积可根据其平面形状估算，如图 3.51 所示，浸湿面积由实际视图外露平面形状面积（S 外露）乘以一个根据机翼和尾翼相对厚度确定的因子得到。

图 3.51 中所示阴影部分为外露平面形状面积，虚线所示为机翼/尾翼真实平面形状面积。如果机翼或尾翼像一张纸那样薄，则浸湿面积将精确地等于实际平面形状面积的二倍（即上表面和下表面），有限厚度的影响将增大浸湿面积。要注意，实际外露平面形状面积是投影（俯视）面积除以上反角的余弦值。

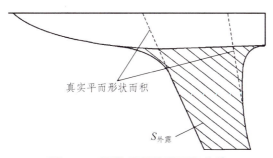

图 3.51 机翼/尾翼浸湿面积估算

如果 $t/c<0.05$，则

$$S_{浸湿} = 2.003S_{外露} \qquad (3.65)$$

如果 $t/c > 0.05$，则

$$S_{浸湿} = S_{外露}[1.977 + 0.52(t/c)] \qquad (3.66)$$

对于起飞与着陆，襟翼与起落架对零升阻力的影响比较大，应予以考虑。襟翼与起落架产生附加零升阻力的值主要同它们的尺寸、类型有关，选取可以参见表 3.5。对于修正值的大小还要针对襟翼、起落架等形式进行细微考虑，例如，开裂式襟翼阻力比富勒襟翼大；全翼展襟翼阻力大于部分翼展襟翼；装在机翼上的起落架阻力大；上单翼飞机阻力大于下单翼等。

表 3.5　附加零升阻力系数

襟翼、起落架形式	ΔC_{D0}
光洁构型状态	0
起飞放下襟翼	0.010 ~ 0.020
着陆放下襟翼	0.055 ~ 0.075
放下起落架	0.015 ~ 0.025

零升阻力系数随着马赫数的变化情况如图 3.52 所示。

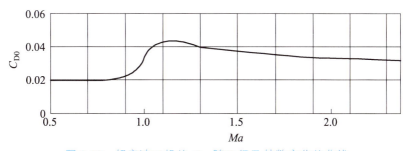

图 3.52　超音速飞机的 C_{D0} 随飞行马赫数变化的曲线

零升阻力系数与最小阻力系数很接近，这里给出典型飞机的最小阻力系数的范围，见表 3.6。

表 3.6　典型飞机的最小阻力范围

飞机类型	C_{Dmin} 范围
World War I Era Aircraft 1914-1918	0.0317～0.0771
Interwar EraAircraft 1918-1939	0.0182～0.0585
Multi-Engine wWW-Il Bombers {Piston)	0.0239～0.0406
Single and Multi-Engine WW-I Fighters {Piston)	0.0157～0.0314
Multi-Engine Commercial TransportAircraft (Piston)	0.0191～0.0258
Kitplanes {Homebuilt) and LSA	0.0119～0.0447
Single Engine GA Aircraft {Piston and Turboprop)	0.0174～0.0680
GA ag-aircraft, single engine, propeller,clean	0.0550～0.0600
GA ag-aircraft, single engine, propeller,spray-system	0.0700～0.0800
Twin Engine GA Aircraft (Piston and Turboprop)	0.0242～0.0369
Flying Boats	0.0233～0.0899
Selected Jet Fighter/Trainer Aircraft	0.0083～0.0240
Selected Jet Bomber and Attack Aircraft	0.0068～0.0160
Commercial Jetliners	0.0160～0.0219
Various Subsonic Military Aircraft (Props and Jets)	0.0145～0.0250
High performance sailplane	0.0060～0.0100
Tailless aircraft, propeller	0.0150～0.0200
Tailless aircraft, jet	0.0080～0.0140

3.6.3　最大升阻比

升阻比（K，或 L/D）是固定翼无人机设计方案总气动效率的量度，决定无人机气动效率的重要参数。无人机设计最终目标就是保证稳定可控的前提下获得最高的气动效率。气动效率的高低主要取决于机翼的升阻比。大多数无人机设计成在给定平飞巡航速度下具有最大航程或最大巡航时间，而巡航速度主要受升阻比的影响。

在亚音速状态下，升阻比直接取决于两个设计因素：机翼翼展和浸湿面积。下面给出了一个计算最大升阻比的公式，可用于升阻比 K 的估算。

根据公式（3.47）可以将最大升阻比转换为

$$K_{max} = \left(\frac{C_L}{C_D}\right)_{max} = \frac{\sqrt{\dfrac{C_{D0}}{A}}}{2C_{D0}} = \frac{1}{2}\sqrt{\frac{1}{AC_{D0}}}$$

最终，得到最大升阻比为

$$K_{max} = 0.5(\pi \cdot AR \cdot e / C_{D0})^{1/2} \tag{3.67}$$

3.7 翼载和推重比

除了确定最大升力系数 $C_{L\max}$ 和零升阻力系数 C_{D0} 以外，也要确定翼载（W/S）和推重比（T/W），因为它们是影响飞机飞行性能的两个最重要的参数，并且在无人机设计初期概念设计与方案论证必须确定的重要参数。在初始设计布局之前，要进行基本可信的翼载和推重比估算，才能进入下一步无人机的详细设计，否则优化后的无人机可能与初始布局的飞机相差很远，必须重新设计。

当无人机作机动飞行时，法向过载为 n_y 可以表示为

$$n_y = \frac{L}{W} = \frac{C_L q S}{W} = \frac{C_L q}{W/S} \qquad (3.68)$$

则，升力和阻力也可分别表示为

$$L = n_y W \qquad (3.69)$$

$$D = \frac{n_y W}{K} \qquad (3.70)$$

当无人机做加速飞行时，如加速爬升时，则爬升率为

$$v_y = \frac{T-D}{W} v = \left(\frac{T}{W} - \frac{D}{W} \right) v = \left(\frac{T}{W} - \frac{n_y}{K} \right) v = \left(\frac{T}{W} - \frac{C_L q}{W/S} \frac{1}{K} \right) v \qquad (3.71)$$

无人机的推重比越大，表明加速能力强，爬升也就越迅速，能够达到的最大速度也越大，转弯角速度也越大。

3.7.1 确定翼载

无人机的翼载是指无人机重量 W 与机翼参考面积 S 之比。一般采用正常起飞重量 W_0 作为衡量标准，机翼的参考面积 S 是计算气动力系数 C_L、C_D 时所用的机翼参考面积，一般考虑包括机身在内的机翼的总面积 S。

翼载影响失速速度、爬升率、起飞着陆距离以及盘旋性能。翼载决定了设计升力系数，并通过对浸湿面积和翼展的影响而影响阻力。

翼载对确定飞机起飞总重有很大影响。如果翼载减小，机翼就要变大。这虽然可改善性能，但由于机翼较大，会引起附加的阻力和空机重量，将导致为完成任务而增加起飞总重。

1. 根据失速速度确定翼载

飞行器的失速是影响飞行安全的主要因素。失速速度直接由翼载和最大升力系数确定。在设计过程中，可利用失速速度与翼载的关系，求得满足失速性能的翼载。

飞行器水平飞行时，升力等于飞机的重量。在失速速度下水平飞行时，飞机处于最大的升力系数状态。因此，可得

$$W = L = C_{L\max} \frac{1}{2} \rho v_s^2 S \qquad (3.72)$$

所以，翼载表达式为

$$\frac{W}{S} = L = C_{L\max} \frac{1}{2} \rho v_s^2 \qquad (3.73)$$

通过式（3.73）可求出达到给定失速速度和某一特定最大升力系数所需要的翼载。

在无人机设计规范中会规定最大允许的失速速度要求，这些失速速度的要求同样满足放下或收襟翼情况。

2. 根据升限确定翼载

升限分为理论升限和实用升限两种。理论升限是指在给定发动机状态下，无人机能保持等速水平直线飞行的最大高度，也就是最大爬升率等于零时的飞行高度。实用升限是指在给定无人机重量和给定发动机状态下，具有一定爬升率对应的飞行高度。

在升限高度上，平飞时升力 L_H 等于重量 W，即

$$L_H = W$$

将升限时的升力式展开，得

$$L_H = \frac{1}{2} \rho_H v_{zj}^2 S C_L = W$$

所以，翼载表达式为

$$\frac{W}{S} = \frac{1}{2} \rho_H v_{zj}^2 C_L \qquad (3.74)$$

式中　ρ_H——升限高度上的空气密度；

　　　v_{zj}——可用推力最大时的飞行速度；

　　　C_L——升限飞行时的升力系数。

给定升限高度后，查国际标准大气表可以得到升限高度上的空气密度 ρ_H，根据式（3.74）可以求得满足升限的翼载。

3. 根据航程确定翼载

为了达到最大的航程，翼载的选取必须使巡航条件下有高的升阻比 L/D。

随着速度增加，螺旋桨飞机的推进效率要降低，它在最大 L/D 对应的速度下飞行时达到最大航程。而在最大 L/D 对应的速度下，零升阻力等于诱导阻力。因此，为了使航程最大，螺旋桨飞机应这样飞行，即

$$\frac{1}{2} \rho v^2 S C_{D0} = \frac{1}{2} \rho v^2 S \frac{C_L^2}{\pi A R e} \qquad (3.75)$$

在巡航期间升力等于重量，因此，可得翼载表达式为

$$\frac{W}{S} = \frac{1}{2} \rho v^2 C_L \qquad (3.76)$$

由式（3.75）和式（3.76）可求出在给定飞行条件下螺旋桨飞机最大航程时的翼载。对于螺旋桨飞机：

$$\frac{W}{S} = \frac{1}{2}\rho v^2 C_L = \frac{1}{2}\rho v^2 \sqrt{\pi AReC_{D0}} \tag{3.77}$$

对于喷气式飞机，在零升阻力等于诱导阻力 3 倍时的飞行状态下达到最大航程，由此导出为优化喷气式飞机航程而选择翼载的公式，即

$$\frac{W}{S} = \frac{1}{2}\rho v^2 \sqrt{\pi AReC_{D0}/3} \tag{3.78}$$

4. 根据航时确定翼载

为了达到最大巡航时间，翼载的选择应能提供一个高的升阻比 L/D。对于螺旋桨无人机，当诱导阻力等于零升阻力的 3 倍时待机最优；对于喷气式无人机，最优待机是在最大 L/D 条件下，因此可以得出下面的公式：

螺旋桨无人机巡航时间最长的翼载：

$$\frac{W}{S} = \frac{1}{2}\rho v^2 \sqrt{3\pi \cdot AR \cdot e \cdot C_{D0}} \tag{3.79}$$

喷气式无人机巡航时间最长的翼载：

$$\frac{W}{S} = \frac{1}{2}\rho v^2 \sqrt{\pi \cdot AR \cdot e \cdot C_{D0}} \tag{3.80}$$

5. 翼载的选择

根据无人机的不同性能要求可以求出多个不同翼载，选取其中的最小值作为无人机的翼载。

3.7.2 确定推重比

实际中推力 T 或重量 W 会受到任务、高度、速度的影响，因此 T/W 不是一个常数。设计中提到的推重比一般是指在海平面静止空气中，在一个标准大气压下，在起飞重量和最大推力下的推重比，还有其他特殊条件下的推重比。因此，不能混淆，必要时候要进行从特殊状态（如巡航）到起飞状态的换算。

例如，得到了巡航状态的推重比$(T/W)_{巡航}$，就可以用式

$$\left(\frac{T}{W}\right)_{起飞} = \left(\frac{T}{W}\right)_{巡航}\left(\frac{W_{巡航}}{W_{起飞}}\right)\left(\frac{T_{巡航}}{T_{起飞}}\right) \tag{3.81}$$

进行折算。

1. 根据保证平飞状态确定推重比

飞机在巡航状态时，处于水平匀速飞行中。此时，飞机的重量等于作用在飞机上的升力；推力等于阻力。因此，推重比等于升阻比 L/D 的倒数，即

$$\left(\frac{T}{W}\right)_{巡航} = \frac{1}{(L/D)_{巡航}} \tag{3.82}$$

L/D 可通过多种方法计算。对于螺旋桨飞机，巡航 L/D 和最大 L/D 相同；对于喷气式飞机，巡航 L/D 是最大 L/D 的 86.6%。求出巡航段推重比，然后根据式（3.81）就可以求出起飞时的推重比。

2. 根据最大平飞速度确定推重比

飞行的速度增大时，飞机的阻力将增大。克服阻力需要用推力，所以飞机的需用推力值 $T_{需用}$ 就是飞机的实际阻力值 D，最大可用推力 $T_{可用}$ 减去阻力 D 或者减去需用推力 $T_{需用}$，所得的剩余推力 ΔT 为

$$\Delta T = T - D = T_{可用} - T_{需用} \tag{3.83}$$

速度愈接近最大，剩余推力 ΔT 就愈小，直到最大剩余推力 ΔT 等于零，此时的速度即为最大平飞速度。当然，这个最大平飞速度是指未受其他条件限制的最大速度。

由于达到最大速度时阻力 D 与推力 T 相等，即 $D = T$，速度 v 可表示为

$$v_{\max} = \sqrt{\frac{2D}{\rho C_D S}} = \sqrt{\frac{2T}{\rho C_D S}} = \sqrt{\frac{2\left(\dfrac{T}{W}\right)\left(\dfrac{W}{S}\right)}{\rho C_D}} \tag{3.84}$$

因此，

$$\frac{T}{W} = \frac{C_D \dfrac{1}{2}\rho v_{\max}}{\dfrac{W}{S}} \tag{3.85}$$

在给定最大速度 $v_{\max}$ 之后，推重比 T/W 和翼载 W/S 之间可以相互求出。如果已知翼载，就可以求得所需要的推重比。反过来，如果已知推重比，就可以求得所需要的翼载。

3. 推重比的选取

根据无人机的不同性能要求可以求出几个推重比，选取其中的最大值作为无人机的推重比。

中国航空第一人——中国航空之父：冯如

冯如（1884—1912），原名冯九如，字鼎三，1884 年 1 月 12 日（清光绪九年农历十二月十五日）出生于恩平牛江杏圃村的一个农民家庭，幼年时曾在乡间私塾就读数年，辍学后居家务农。1898 年，冯如 16 岁时，父母就为他成婚，妻子是恩平大沙岗坪乡竹林村梁三菊。由于生活困难，冯如在 1899 年辞别了父母和婚后不久的妻子，跟表亲伯母的弟弟吴英兰，远涉重洋到美国三藩市（旧金山）谋生。

天资聪颖多幻想

冯如在村中的私塾读书时，非常勤奋，学习成绩在同班同学中名列前茅。他在写作时常常流露出许多幻想，并提出许多令人思考的问题。如小鸟为什么会飞上天呀，为什么可以在天空中翱翔自如呀，为什么可以飞快飞慢，甚至有时可以停留在空中呀，等等。老师看到他的这些作文，称他是"富有幻想的孩子"。冯如还经常创造出一些新奇的玩具。他制作了一只像大鸟的风筝，两只翼吊着两个小木桶，当风筝乘风徐徐升上天空后，小木桶变成小风袋，起到平衡飞翔的作用，看得村中大人、小孩连连称奇。他还用一个火柴盒造了一只小船，放在鱼塘中，让风吹着飘来飘去，人们都称赞他有办法。

醉心飞机制造

1903 年，美国莱特兄弟创制飞机成功的消息轰动世界。20 岁的冯如被这一发明所吸引。他虽身在海外，却时常感受到祖国被列强欺凌的滋味。他想到，列强之所以敢欺凌我们，就是凭借那些坚船利炮。飞机在军事上的作用很大，于是他决心献身飞机制造事业，将来好为祖国发展航空事业服务，使祖国强盛起来。从此，他有空就到图书馆、书店和朋友家中，搜集、查阅有关飞机原理的图书资料，开始研制飞机模型。

年轻的冯如虽有创业的雄心壮志，但没有创业的资本。为了解决资金问题，他于 1906 年从纽约来到旧金山市，动员侨胞投资开设机器厂制造飞机。冯如的赤诚之心，激发了华侨青年朱竹泉、朱兆槐（台山人）、司徒碧如（开平人）等人的为国创业之心。他们不仅愿意出钱，而且愿意做徒弟跟着冯如一起研制飞机。在华侨的支持下，冯如他们终于办起了飞机研制厂。在工厂里，师徒们昼夜不息，埋头在设计的图纸堆中，图纸出来了，就制造模型，在师徒们的努力下，飞机的内燃机首先制成了。1908 年 5 月，他们的第一架飞机制成了，所有人都异常兴奋，冯如更好似自己的孩子出生那样高兴。他认真思考和策划着试飞的事情，随后，飞机被运到奥克兰市的麦园试飞。但是试飞失败了。1908 年 9 月，第二架飞机制成后，他们又进行试飞—改进—再试飞，但一连五次都没有成功。最后一次，飞机飞起几丈高就摔下来毁坏了，幸未伤人，但让冯如看到了成功的希望。

很多资助者看到屡屡失败，也丧失了信心，不愿再资助了。在处境极端艰难时，冯如又接连收到父母的来信，催促他回国。"飞机造不成，誓不回国"，冯如立下了誓言。冯如毅然给父母回信说："望双亲原谅，待飞机造成后，即可回国。"他带领徒弟们节衣缩食，继续筹集资金，改进飞机设施。但是，飞机又该怎样改进才可达到要求呢？一天，他偶然看到几只老鹰在空中展翅盘旋，升降自如。他沉思良久，突有所悟，迅即向邻居借来一只白鸽，仔细地用尺计量鸽子身躯和两翼长度的比例，从中得到了启发。于是他高兴地对徒弟们说："这下飞机有成功的希望了！"

成就轰动海外

1909 年秋，一架听人操纵、升起降落达到设计要求的飞机制造成功了。9 月 16 日、22 日两天，冯如驾着新改进的飞机在皮德蒙地区做了两次成功的短程飞行，23 日《旧金山观察报》在第一版用大字号标题加以报道，称冯如为"天才人物"，并惊叹："在航空方面，白人已落后于华人。"那时，孙中山先生适在美国，也亲临现场观看。他赞扬冯如爱国图强的精神，并高兴地说："爱国救国，大有人在！"孙中山的话，给冯如以极大的鼓励。那些以前曾资助过冯如制造飞机的华侨，又恢复了信心。在华侨的支持下，一家以制造飞机为主的"广东制造机器公司"正式成立了，冯如担任总机械师。果然，冯如没有辜负孙中山先生及广大侨胞的期望。1910 年 10 月，美国人在旧金山举办"国际航空飞行比赛"。冯如驾着他自己设计制造的飞机参加比赛，冯如的飞机以 211 m 的高度、速度 105 km/h、飞行 32 km 的成绩，超过所有参加比赛的飞机，夺得比赛第一名，国际飞行协会发给他优等证书。当时，各地报纸均在突出位置报道了这一奇迹，冯如的名字也轰动海外，华人因此而扬眉吐气。

当时，美国人想用重金招聘他，把他永远留在美国；英国一个航空业老板也想用黄金购买他的飞机设计技术资料，冯如都拒绝了。后来美国人竟企图否认冯如设计制造飞机的专利权。冯如据理驳斥，对这些美国人嗤之以鼻。他只想为中国人争气，报效祖国。

技术献给祖国

1911 年 2 月，冯如带着朱竹泉、朱兆槐、司徒碧如等全体制造厂的人员、飞机设备和造好的飞机，返回祖国。他们计划在广州举行飞行表演，借以向祖国人民宣传飞机制造工业的重要意义。但是昏庸腐朽的清政府竟指责他与革命党人有联系，而不准他表演。冯如和"广东制造机器公司"的股东们，振兴中华航空事业的爱国热情虽受打击，但他们仍以"壮国体，挽权利"为宗旨，把从美国搬迁回来的"广东机器制造公司"在广州挂牌，制造机器和飞机。公司改名为"广东飞行器公司"，冯如是创办人之一，并担任总机械师。

曾立下"飞机造不成，誓不回国"誓言，也向父母许下"飞机制成，即可回国"诺言的冯如，在"广东飞行器公司"安排就绪后，于 1912 年 5 月左右，回到久别的故乡，探望离别十多年的双亲和妻子。一家团聚，冯如十分高兴，他带齐家人，到恩城"艳芳"照相馆照相留念。

不幸失事牺牲

辛亥革命爆发，冯如毅然投身革命。清王朝倒台，中华民国成立，冯如有了新的希望。

1912 年，冯如向当时的陆军司令申请做飞机飞行表演，获得批准，同年 8 月 25 日上午 11 时，广州上空阳光灿烂，近郊的瘦狗岭、燕塘，成千上万的人翘首观望。冯如心情激动地驾着飞机，凌空而起，翱翔自如。地面上欢声雷动，掌声不绝。这时，冯如想让飞机飞得更高，只见机身急剧振动，头高尾低，失去平衡，机身倾侧。当时又没有控制身体的座带和降落设备，致使冯如被抛出机舱坠地，身受重伤。他在医院醒过来对徒弟们说："我死之后，你们不要为这次事故而丧失信心。"

冯如终因救治无效而牺牲，时年 28 岁。事后检查，这架飞机因闲置一年，有些机件生锈，以致操纵器失灵而发生事故。冯如殉难后，9 月 24 日，军政府举行追悼大会，并对其家属予以抚恤。11 月 16 日，临时大总统发出命令，"以少将阵亡例给恤"。冯如遗体葬于空军坟场，现迁葬于黄花岗七十二烈士墓左侧，建有纪念碑一座，供后人瞻仰。

冯如作为我国航空史上第一位飞机设计家、第一位飞机制造家、第一位飞行家、第一位民办飞机制造公司的创办人，在国家风雨飘摇之时，便立下振兴中华的志向及科技报国的宏愿。纵使无人指导，纵使资金困难，纵使失败累累，冯如仍凭借创新进取的精神，自主、自力、自强，刻苦钻研，矢志攻坚，最终试飞成功。功成名就之际，冯如仍不忘"飞机制成，即可回国"的诺言，振兴中华航空事业，虽受打击，仍以"壮国体，挽权利"为宗旨。冯如的一生，是为中华民族的崛起而奋斗的一生，他把短暂的也是毕生的精力都献给了祖国的航空事业。

https：//www.gushiba.com.cn/lsrw/15065.html

时间：2021-01-12   发布：中国历史故事吧

4 螺旋桨空气动力学

螺旋桨是一种把发动机的动力变成拉力或推力的装置，常被应用于航空飞行器与船舶动力系统，这里主要介绍航空用螺旋桨。在航空界，飞机中低速飞行时，螺旋桨飞机的激进型比喷气式飞机好，所以对无人机来说，螺旋桨是动力装置中的重要部件。

航空类螺旋桨技术的发展和无人机的发展紧密相连，它不仅应用于一般普通无人机上，还广泛应用于飞艇、无人机和直升机上。安装在无人机上的螺旋桨工作方式可以类似固定翼无人机的螺旋桨（图 4.1），也可以类似直升机的旋翼（图 4.2）。那么，无人机涉及到的螺旋桨空气动力学包括两种，一种是与无人机纵轴平行的螺旋桨空气动力学；另外一种是类似直升机的平行立轴的旋翼空气动力学，这里重点讲解第一种，类似图 4.1 中的螺旋桨。

图 4.1　固定翼无人机上的螺旋桨

图 4.2　多旋翼无人机上的螺旋桨

螺旋桨技术的发展可追溯到我国古代的竹蜻蜓（图 4.3），在 16 世纪达·芬奇根据类似原理提出了一种直升机的构思（图 4.4）。

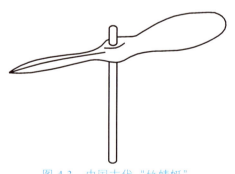

图 4.3　中国古代"竹蜻蜓"

图 4.4　达·芬奇的直升机手稿

从 20 世纪初人类初次实现重于空气的飞行器空中飞行起，到 20 世纪 20 年代，螺旋桨理论很粗糙，实验数据又少，螺旋桨主要是木制的，而且多半凭经验设计。1917 年 F. Durend

首先把量纲分析应用于螺旋桨的气动力性能研究，是螺旋桨发展过程的一个重要里程碑。

20 世纪 30 年代是螺旋桨的大发展时期，金属桨叶获得普遍应用。另一个发展的里程碑是变距技术的发展和成熟，早期无人机上的螺旋桨都是定桨矩的，只能在一种飞行状态下性能较好，飞行状态一变，不仅性能立即变坏，还会严重影响发动机的功率输出。

第二次世界大战期间无人机的飞行速度、尺寸以及发动机功率迅速增加，推动了螺旋桨技术的进一步发展。在气动力性能改进方面研究出了一系列专用于螺旋桨的层流翼型（如 NACA 16 系列等），其特点是最小阻力系数很小以及临界马赫数高。

20 世纪 70 年代后，英、美等国的航空研究机构率先在提高桨叶气动性能等方面进行了大量研究工作，特别在低耗油量的航空螺旋桨技术方面，先后研制出桨叶专用的新翼型。90 年代之后，我国以乔志德教授为核心的西北工业大学翼型研究中心已设计和研制成功了用于螺旋桨的一系列优秀翼型，使用这些新翼型使我国各种螺旋桨设计进入了一个新阶段。目前，使用复合材料制造桨叶已成为螺旋桨先进技术的重要标志。

4.1　螺旋桨的概念

螺旋桨是由两片或多片具有特殊扭转外形的桨叶组成的气动部件。众所周知，螺旋桨发动机靠着螺旋桨旋转把围绕桨叶周围的气流排向后面产生拉力来实现它的运动，这类运动属于间接反作用结果，也称为空气反作用运动。此时，由于空气质量同桨叶发生相互推斥的作用，结果使被抛向后的空气朝一个方向运动，而螺旋桨桨叶则同无人机一起朝着相反的方向运动，如图 4.5 所示。

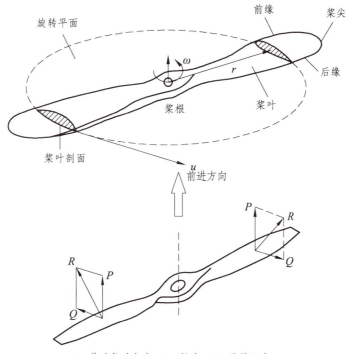

R—桨叶气动合力；P—拉力；Q—旋转阻力。

图 4.5　螺旋桨受力图示

螺旋桨分为定距螺旋桨和变距螺旋桨。功率小的发动机一般配装定距螺旋桨；功率大的发动机一般配装变距螺旋桨。定距螺旋桨结构简单、重量轻；变距螺旋桨可以在较大的高度范围和速度范围保持较高的推进效率，但结构比较复杂，重量大，而且必须配套相应的操纵控制机构。因此，在小型无人机中，定距螺旋桨使用得较多。

4.1.1 螺旋桨几何参数

螺旋桨参数主要包括直径、桨叶数、减速比、力效等。

1. 直　径

螺旋桨直径就是桨尖旋转圆的直径 D（图 4.6），它是影响螺旋桨性能重要参数之一。桨叶上某个剖面到转轴的距离叫该剖面的半径，用 r 表示。通常以 r 相对于螺旋桨半径 R 的百分比表示相对半径。

螺旋桨直径的大小由发动机功率、转速、飞行速度、飞行高度和结构强度等因素来确定。确定合适的螺旋桨直径对无人机性能非常重要。一般情况下，螺旋桨直径增大拉力随之增大，效率随之提高。所以在结构允许的情况下尽量选直径较大的螺旋桨。此外，还要考虑螺旋桨桨尖气流速度不应过大（一般小于 0.7 倍音速），否则可能出现激波，导致效率降低。

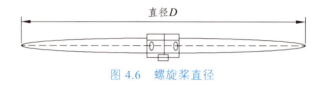

图 4.6　螺旋桨直径

2. 桨叶数

桨叶数是螺旋桨桨叶的数目，与产生的推力或拉力大小直接相关。超轻型无人机一般采用结构简单的双叶桨，双叶螺旋桨效率一般较高，但需要提高机动性时常采用多桨叶，常见的桨叶数目如图 4.7 所示。

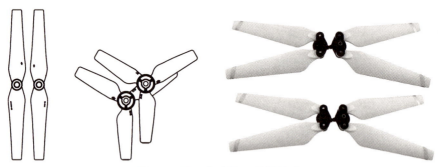

图 4.7　不同桨叶数目的螺旋桨

一般来说，对于特定的螺旋桨，桨叶数目增加，其最大拉力或推力会增加，但效率有所降低。相同转速下，桨叶越大，桨叶排走的空气越多，作用力越大；同时，桨叶间气压就会越低，因为周围的空气无法及时补充，导致螺旋桨效率降低。随着桨叶数目增加，更多的功率会被用于克服摩擦阻力等造成的无用功，导致效率进一步降低。

只有在螺旋桨直径大小受到限制时，采用增加桨叶数目的方法使螺旋桨与发动机获得良好的配合。可以认为螺旋桨的拉力系数和功率系数与桨叶数目成正比。还有，桨叶数量减少也是现在无人机用螺旋桨的趋势，因为前面桨叶会干扰后面桨叶来流。

3. 桨　盘

桨盘就是螺旋桨旋转面，即桨叶旋转所划的平面。桨盘面积为πR^2。

4. 桨叶角

桨叶角是螺旋桨的桨叶弦线和桨盘之间的夹角，也称之为桨距，用φ表示。其中，桨叶的前缘与后缘的连线就是桨叶弦线，简称桨弦。桨叶角沿半径变化的情形由气动要求决定，其变化规律是影响螺旋桨工作性能最主要的因素。

习惯上，以70%直径处桨叶角值为该桨桨叶角的名义值。桨叶角不能改变的螺旋桨叫定距螺旋桨。桨叶角能够改变的螺旋桨叫变距螺旋桨。

5. 桨叶迎角

桨叶迎角是桨弦与相对气流的夹角。

6. 入流角

相对气流与桨盘之间的夹角为入流角。桨叶角与桨叶迎角、入流角三者之间的关系为桨叶角等于桨叶迎角与入流角之和。

7. 几何螺距

桨叶剖面迎角为零时，桨叶在假想的不流动的介质中旋转一周所前进的距离为几何螺距，用H表示。如图4.8所示。它反映了桨叶角的大小，更直接指出螺旋桨的工作特性。桨叶各剖面的几何螺距可能是不相等的。

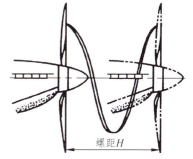

图4.8　螺距示意图

通常，当用一个简单的桨距仪测量一个螺旋桨模型时，都把平的或基本平的桨叶背风面作为基准，从桨毂中心向叶尖距离的75%的径向位置是通常用于测量标定桨距的点。

如果桨叶有弯度的话，可以利用沿桨叶背风面做出的一条切线，以这条线作为桨距计算或测量的基准线，如图4.9所示，则实际的桨距就要比标定桨距大。这可以解释为什么模型爱好者自己测定的桨距和商业生产的螺旋桨的标称桨距有明显的区别。

螺旋桨的另一个基准线非常重要，即图4.9中的气动零升线，每个桨叶剖面有一个气动零迎角和对应的气动零升线。螺旋桨桨叶在此迎角下会产生零升力，因此也就产生不了推力。这一情况可能在低转速俯冲时出现。超出这个角度，螺旋桨就会成为一个空气减速器。

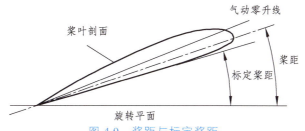

图4.9　桨距与标定桨距

8. 力　效

力效是评估螺旋桨能量转换效率指标，定义为拉力或推力与功率的比值。一般来说，同等条件下力效越高，效率越大。

9. 减速比

螺旋桨转速与发动机转轴转速的比值，称为减速比，即减速器的传动比。螺旋桨在所有工作状态下均不允许超过的最大转速，被称为安全转速，否则桨叶会产生大变形，具有高的危险性。

还有，螺旋桨型号一般以"直径×螺距"（单位：英寸，1 in ≈ 25.4 mm）命名。例如，11×7 螺旋桨，"11"代表螺旋桨的直径是 11 in，"7"代表螺旋桨的螺距 7 in。

4.1.2　螺旋桨的运动特性

螺旋桨的运动特性是表征螺旋桨前进和旋转运动的参数。螺旋桨理论的基本问题，就是解决流过桨叶气流的速度大小和方向。

1. 螺旋桨转速

螺旋桨每分钟旋转的次数称为螺旋桨转速，用 n 来表示。现代无人机螺旋桨转速在 1 000 ~ 2 500 r/min，主要取决于螺旋桨的直径。

为了增加飞行速度，保持合成速度 W 的许用值范围，就要减少周向速度 $R\omega = \pi Dn$，就要通过减速器降低螺旋桨的转速。一般，减速比在 1:2 ~ 1:1.3。减速比对飞行性能有很大影响。对于高速无人机而言，采用二级减速，第一级的较小的减速比，在起飞和爬升阶段使用；另一个较大的减速比，在高速飞行时使用。经过减速后，桨尖的局部马赫数减低 10% ~ 15%。

2. 螺旋桨滑程

螺旋桨的螺距为螺旋桨前进的速度 v_0 乘以螺旋桨旋转周期 t_0，也称之为进距，用 H_a 表示。其中，螺旋桨旋转周期为 $t_0 = 1/f = 1/n$，则螺旋桨螺距为 $H_a = v_0/n$。

螺旋桨转一圈飞行器所前进的距离为几何螺距，即 $H = 2\pi r \tan\theta$。几何螺距并不是螺距，两者一般也不相等。

这里将螺旋桨的螺距与进距之差定义为螺旋桨绝对滑动程 S（图 4.10）：

$$S = H - H_a \tag{4.1}$$

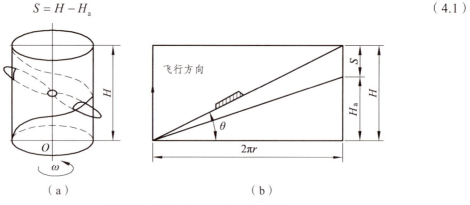

（a）　　　　　　　　　　　（b）

图 4.10　螺旋桨圆柱截面的展开

但是，螺旋桨的进距并不是经常小于其螺距。例如，无人机在大速度、螺旋桨小转速情况下下滑时，可发现螺旋桨在空中旋转一圈所前进的距离远超过其螺距。此时，不是桨叶工作面激起气流（螺旋桨对气流做功），而是气流冲击在螺旋桨背面上对其做功（螺旋桨变为吸功器），因而螺旋桨产生的不是拉力，而是阻力。这种情况，类似于气流吹风车似的吹螺旋桨，此时的滑程是负的。

在飞行速度和转速的一定配合下，螺旋桨产生的拉力等于零，即它既不产生正拉力，亦不产生负拉力，而只是劈开空气，在空气中旋进。对应于这种状态（拉力为零）的螺旋桨进距称为动螺距 H_d（图 4.11）。

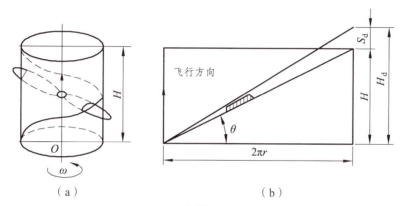

（a）　　　　　　　　　　　　　（b）

图 4.11　螺旋桨的动螺距

一般情况下，动螺距比几何螺距 H 大 15%～30%。动螺距 H_d 与螺旋桨进距 H 之差称为螺旋桨动滑程 S_d，即

$$S_d = H_d - H_a \tag{4.2}$$

在螺旋桨气动计算时，通常定义

$$\lambda = \frac{H_a}{D} = \frac{v_0}{nD} \tag{4.3}$$

为螺旋桨速度系数，或螺旋桨前进比，或螺旋桨进距比。在空气动力学相似理论中，该值也称为 Strouhal 数，表征气流的非定常性。

螺旋桨相对滑程 S_r 定义为

$$S_r = \frac{S}{D} = \frac{H - H_a}{D} = h - \lambda \tag{4.4}$$

同理，定义螺旋桨相对滑程为

$$S_d' = \frac{S_d}{D} = \frac{H_d - H_a}{D} = h_d - \lambda \tag{4.5}$$

式中　$h = \dfrac{H}{D}$——相对螺距；

$$h_{\mathrm{d}} = \frac{H_{\mathrm{d}}}{D} \text{——相对动螺距。}$$

螺旋桨的螺距速度 v_{p} 为无滑差前进比，大约为

$$v_{\mathrm{p}} = 0.18 \times N(\times 10^3 \text{ r/min}) \times H$$

为了保证在平飞性能基础上有一定的裕度（如具有转弯或爬升能力），发现螺距速度至少应该为失速速度的 2 倍。

3. 桨叶叶素速度多边形

螺旋桨由数片桨叶组成，在半径 r 处的桨叶剖面形状，也称为叶素或桨型。该叶素的宽度为 b，即桨弦长度，桨弦与螺旋桨旋转平面之间的夹角为螺旋桨叶素的安装角。螺旋桨绕旋转轴的旋转速度 n_{s}，则叶素的圆周速度为 $u_0 = 2\pi r n_{\mathrm{s}}$，前进速度 v_0，几何合成速度为

$$w_0 = \sqrt{v_0^2 + u_0^2} = \sqrt{v_0^2 + (2\pi r n_{\mathrm{s}})^2} \tag{4.6}$$

几何合成速度与旋转平面之间的夹角称为几何入流角度。即

$$\tan\phi_0 = \frac{v_0}{2\pi r n_{\mathrm{s}}} \tag{4.7}$$

设由于螺旋桨旋转诱导的轴向干涉速度（也称为诱导速度）为 v_{a}，在旋转平面内所诱导的周向（环向）干涉速度为 v_{t}，则有实际气流的合成速度为

$$w_1 = \sqrt{(v_0 + v_{\mathrm{a}})^2 + (u_0 - v_{\mathrm{t}})^2} = \sqrt{(v_0 + v_{\mathrm{a}})^2 + (2\pi r n_{\mathrm{s}} - v_{\mathrm{t}})^2} \tag{4.8}$$

实际气流的入流角度为

$$\tan\phi_0 = \frac{v_0 + v_{\mathrm{a}}}{2\pi r n_{\mathrm{s}} - v_{\mathrm{t}}} \tag{4.9}$$

螺旋桨对气流的总干涉速度为

$$v_1 = \sqrt{v_{\mathrm{a}}^2 + v_{\mathrm{t}}^2} \tag{4.10}$$

气流合成速度的矢量表示式为

$$\overrightarrow{w_1} = \overrightarrow{w_0} + \overrightarrow{v_1} \tag{4.11}$$

设气流 w_1 的方向与螺旋桨叶素弦线之间的夹角为叶素的迎角 α，而与旋转平面之间的夹角为气流的入流角度 ϕ_1 与 ϕ_0 之差（w_1 与 w_0 之间的夹角）称为干涉角 ε（如同机翼的下洗角），如图 4.12 所示。由此可得叶素的迎角为

$$\alpha = \theta - \phi_0 - \varepsilon \tag{4.12}$$

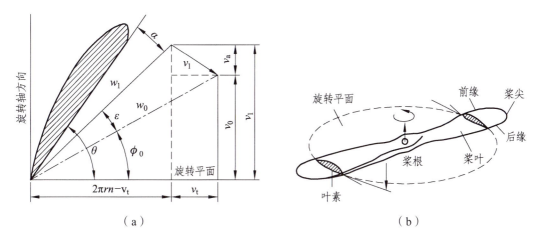

图 4.12　螺旋桨的速度多边形

4.1.3　螺旋桨类型

螺旋桨分类有多种，按照桨距可分为定桨距和变桨距螺旋桨两种。早期无人机大多使用桨叶角固定不变的螺旋桨，它的结构简单，但不能适应飞行速度变化。现代的螺旋桨无人机多采用桨叶角可调的变距螺旋桨，这种螺旋桨可根据飞行需要调整桨叶角，提高螺旋桨的工作效率。

由于螺旋桨在旋转时，桨根和桨尖的圆周速度不同，为了保持桨叶各部分都处于最佳气动力状态，所以把桨根的桨叶角设计成最大，依次递减，桨尖的桨叶角最小。

1. 定距螺旋桨

定距螺旋桨指的是桨叶安装角（或桨距）固定的螺旋桨。一旦螺旋桨牢牢安装于发动机曲轴上，就不能再改变桨叶角度。木制螺旋桨一般都是定距的。定距螺旋桨结构简单、重量轻、成本低、维修简单，在功率很小的轻型无人机和中小型无人机上得到广泛应用（图 4.13）。

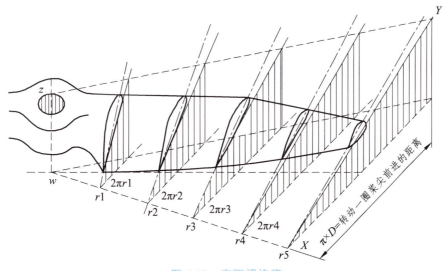

图 4.13　定距螺旋桨

定距螺旋桨的主要缺点是不能在各种工作状态下保持最佳性能，只有在一定的空速和转速组合下才能获得最好的效率。以其他速度飞行时，螺旋桨效率总是低于最大值。因为，适合低速的桨叶角在高速飞行时就显得过小；同样，适合高速飞行的桨叶角在低速时又嫌大。该特征严格限制了飞行器性能。

在20世纪30年代的变距螺旋桨出现之前，定距螺旋桨通常不是针对巡航、爬升就是针对起飞来加以优化的，这取决于哪一个对完成无人机任务是最关键的。当时并没有针对其他工作条件的优化，或者，在没有最佳的工作条件下，也许会选择在整个飞行范围内可获得理想的折中性能的螺旋桨。所以定距桨还分为两种类型：爬升螺旋桨和巡航螺旋桨。

螺旋桨工作时桨叶迎角可能不是最佳气动效率状态。这强调螺旋桨必须和发动机相匹配，很可能一种特定的发动机在一个特定转速下只适合一种特定直径和桨距的螺旋桨。

如果螺旋桨转速和飞行速度能够同步变化使沿桨叶的每个位置都保持最佳迎角，如图4.14所示。这与实际情况大概一致，即减小发动机功率（转速）会导致飞行速度降低。但是这种幸运的协调基本不可能在紧急或临界状态适用，比如在起飞时向前的速度小而发动机转速高。

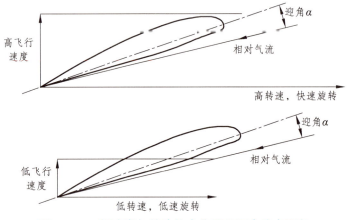

图 4.14　飞行速度与转速的变化可能不会改变迎角

高速飞行时，大桨距螺旋桨桨叶的迎角比理想条件下的要大，在慢速进场着陆的过程中甚至可能失速，如图4.15（a）所示，失速的螺旋桨可能会导致无人机坠毁。从另一个角度讲，一个设计在起飞或爬升时效率最高的螺旋桨在高速飞行时迎角比理想情况低。相反，对于小桨距螺旋桨可以使模型从静止迅速加速，但是在空速增加时效率会迅速降低，如图4.15（b）所示。

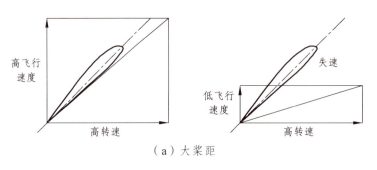

（a）大桨距

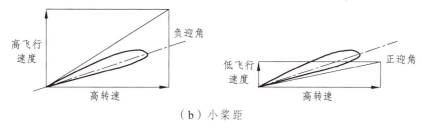

（b）小桨距

图 4.15　大桨距和小桨距

2. 变距螺旋桨

为了解决定距螺旋桨高速和低速性能之间的矛盾，就出现了飞行中可变桨距的螺旋桨，可以实现大桨距螺旋桨在高速具有理想的工作效率，进而在整个速度范围内获得更好的推力。

变距方式是通过变距机构改变桨叶角来实现的，而不是让桨叶扭转，这是行不通的。螺旋桨变距机构由液压或电力驱动。最初使用的是双距螺旋桨。高速时用高距，低速（如起飞、爬升状态）时用低距，以后又逐步增加桨距的数目，以适应更多的飞行状态。

最完善的变距螺旋桨是带有转速调节器的恒速螺旋桨，就是自动变距螺旋桨。转速调节器实际上是一个能自动调节桨距、保持恒定转速的装置。恒速螺旋桨指的是桨距可以自动变化以保持发动机的恒定转速。根据不同的飞行条件，可以通过控制调节器和油门的方法改变发动机和螺旋桨的转速，调节螺旋桨的拉力，同时使螺旋桨处于最佳工作状态。

例如，在爬升阶段，通过大功率低转速来降低桨叶角，获得最佳爬升性能；在巡航状态，采用高转速和中等功率，可以增加桨叶角，获得最佳巡航性能。考虑到现代定速和电动螺旋桨控制系统的可控性和适用性，自动变距螺旋桨没有得到广泛应用。例如，V22 无人机采用的 Avia 螺旋桨，如图 4.16 所示。

当发动机发生故障停车时，螺旋桨在迎面气流作用下像风车一样转动，会大大增加飞行阻力，变距螺旋桨还可自动顺桨，即桨叶转到基本顺气流方向而使螺旋桨静止不动，以减小阻力。变距螺旋桨还能减小桨距，产生负拉力，以增加阻力，缩短着陆滑跑距离。这个状态称为反桨。

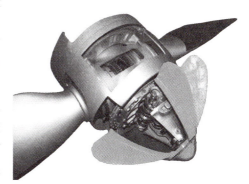

图 4.16　自动变距螺旋桨（Avia V503）

变距螺旋桨理论和实验上都表现出良好的性能，然而螺旋桨无人机并没有普遍使用变距螺旋桨，毕竟成本较高。

4.2　螺旋桨空气动力特性

螺旋桨的空气动力特性是指确定螺旋桨拉力、功率和效率的参数，也指螺旋桨在拉力（或推力）、功率、扭矩和效率等方面的特性。

特性计算方法为：

$$拉力\quad T = C_{\mathrm{T}}\rho n_{\mathrm{s}}^{2} D^{4} \tag{4.13}$$

式中，T 指的是单桨叶的气动力，如果要考虑螺旋桨的拉力或推力，应该是所有桨叶的合力，即 $\sum T = \sum\limits_{i=1}^{n} iC_T \rho n_s^2 D^4$。

$$功率 \quad N = C_p \rho n_s^3 D^5 \tag{4.14}$$

$$扭矩 \quad Q = C_Q \rho n_s^2 D^5 \tag{4.15}$$

式（4.13）~（4.15）中 C_T，C_P，C_Q——拉力系数、功率系数和扭转系数，与桨叶的几何形状、桨叶数目及工作条件等有关，可以通实验或计算得到；

ρ——空气密度；

n_s——螺旋桨的转速（r/min）。

4.2.1 叶素的力多边形

如图 4.17 所示，桨叶半径 r 处的叶素，设该叶素的宽为 b，径向增量为 $\mathrm{d}r$。则，面积为

$$\mathrm{d}S = b\mathrm{d}r \tag{4.16}$$

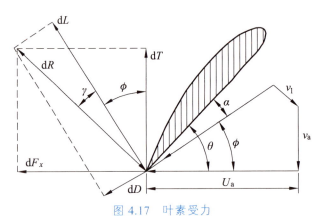

图 4.17　叶素受力

根据空气动力学理论，作用于该叶素上的气动合力为

$$\mathrm{d}R = c_x \rho \frac{w_1^2}{2} b\mathrm{d}r \tag{4.17}$$

$$\mathrm{d}R = \sqrt{\mathrm{d}L^2 + \mathrm{d}D^2} \tag{4.18}$$

$$\mathrm{d}L = C_L \frac{1}{2} \rho w_1^2 b\mathrm{d}r, \quad \mathrm{d}D = C_D \frac{1}{2} \rho w_1^2 b\mathrm{d}r \tag{4.19}$$

把 $\mathrm{d}r$ 投影在旋转轴和旋转面上，便得出对应的拉力 $\mathrm{d}T$ 和圆周力 $\mathrm{d}F_x$。即

$$\mathrm{d}T = \mathrm{d}R \cos(\phi + \gamma) \tag{4.20}$$

$$\mathrm{d}F_x = \mathrm{d}R \sin(\phi + \gamma) \tag{4.21}$$

式中　γ——阻升角，$\tan\gamma = C_D / C_L$。

旋转力矩和叶素所吸收的功率为

$$dM = dF_x r \qquad (4.22)$$
$$dP = 2\pi n dM \qquad (4.23)$$

为了获得整个螺旋桨（有 N_B 个螺旋桨）的拉力、转动力矩和功率，就必须把以上的微分公式加以积分，从叶尖（$r = R$）积到桨叶不工作部分的终点（$r = r_0$）得

$$\left. \begin{array}{l} T = N_B \displaystyle\int_0^R dT \\[2mm] M = N_B \displaystyle\int_0^R dF_x r \\[2mm] P = N_B \displaystyle\int_0^R dM\, 2\pi n \end{array} \right\} \qquad (4.24)$$

相应的螺旋桨拉力系数、转矩系数和功率系数为

$$\left. \begin{array}{l} C_r = \dfrac{T}{\rho n_s^2 D} \\[3mm] C_M = \dfrac{M}{\rho n_s^2 D} \\[3mm] C_P = \dfrac{P}{\rho n_s^3 D} \end{array} \right\} \qquad (4.25)$$

4.2.2　叶素效率

叶素效率是指在某一半径 r 处叶素的效率，它等于叶素的有效功率与该叶素旋转所消耗的功率之比，即

$$\eta_\theta = \frac{dT v_0}{dP} \qquad (4.26)$$

叶素效率可分为三部分效率，以考虑螺旋桨不同性质的损失。即

$$\eta_\theta = \eta_{\theta z} \eta_{\theta u} \eta_{\theta \mu} \qquad (4.27)$$

式中　$\eta_{\theta z}$——叶素理想效率，仅考虑螺旋桨的轴向滑流损失（轴向损失）；

　　　$\eta_{\theta u}$——叶素圆周效率，仅考虑滑流扭转所引起的损失（环向损失）；

　　　$\eta_{\theta \mu}$——叶素机械损失（摩擦损失，翼型损失）系数。

4.2.3　整个螺旋桨的效率

由于存在功率损失，发动机的轴功率不可能全部用来产生拉力 T。使无人机在空中以速度 v_0 运动的那一部分功率，称为螺旋桨的有效或可用功率，表示为 $T v_0$。

有效功率与螺旋桨旋转所消耗的发动机轴功率之比，称为螺旋桨的效率，即

$$\eta = \frac{T v_0}{P} = \frac{C_r \rho n_s^2 D^4 v_0}{C_p \rho n_s^3 D^5} = \frac{C_r}{C_p \lambda} \qquad (4.28)$$

同样，螺旋桨效率也分为三部分效率之积，即

$$\eta = \eta_z \eta_u \eta_\mu = \eta_z \eta_0 = \eta_1 \eta_s \qquad (4.29)$$

式中　η_0——螺旋桨相对效率，考虑桨叶同空气的摩擦及气流旋转损失，$\eta_0 = \eta_u \eta_\mu = \dfrac{\eta}{\eta_z}$。

　　　η_1——螺旋桨的诱导效率，考虑螺旋桨轴向滑流和扭转滑流损失，$\eta_1 = \eta_z \eta_u$。

　　　η_z——螺旋桨的理想（或轴向）效率，考虑螺旋桨工作时轴向滑流损失。这种损失又与螺旋桨的工作原理本身联系着，因为螺旋桨旋转的拉力是靠滑流的动量而造成的。这股滑流不可避免地要带走动能。

　　　η_u——螺旋桨的圆周效率，其与滑流的扭转有关。如果在螺旋桨后安装导向器，或采用旋转方向相反的共轴螺旋桨组合，那么任何扭转滑流将不会产生，在扭转上的能量损失就不会有，螺旋桨的圆周效率将等于1。

　　　η_μ——螺旋桨的机械损失（桨叶同气流摩擦损失）系数，为叶素型阻损失系数。这个系数总是小于1，因为气流围绕真实叶片流动时，总有摩擦损失发生。

　　考虑空气压缩性对螺旋桨性能的影响和考虑螺旋桨同无人机互扰的修正系数，称为螺旋桨的额定效率 η_e，即

$$\eta_e = \eta K_\eta K_f = \eta_z \eta_u \eta_\mu K_\eta K_f \qquad (4.30)$$

式中　K_η——激波损失系数，其考虑了克服激波阻力所消耗的功率损失；

　　　K_f——螺旋桨同无人机互扰系数，其考虑了螺旋桨在独立工作时与在无人机工作时。

　　因而在螺旋桨上的损失，是由以下的功率损失组成：

（1）诱导损失，由滑流和扭转流的损失组成，用诱导效率 $\eta_1 = \eta_z \eta_u$ 表示。

（2）剖面损失，用以克服桨叶叶素型阻力，用机械损失系数 η_μ 来估计。

（3）激波损失，用以克服桨叶的激波阻力，用激波阻力系数 K_η 来估计。

　　给定桨距时，螺旋桨的拉力系数、功率系数和效率随推进比变化的关系如图 4.18 所示。

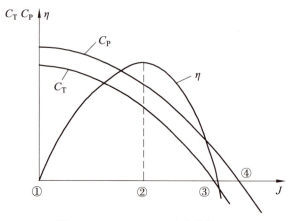

图 4.18　C_T、C_P、η 的变化情况

注：图中 4 个特殊点

　①点：螺旋桨在原地工作，前进速度为零。因此，虽然有很大的拉力系数和功率系数，但做不出有效功，故而效率为零。

　②点：叶型处于最有利的工作状态，效率达到最大值。

　③点：飞行速度很大，叶型的升力和阻力在拉力方向上相平衡，发动机的功率全部用来克服螺旋桨的旋转阻力，拉力和效率都为零。

　④点：发动机不输出能量，只凭迎面气流的能量使螺旋桨自转。这是飞机急下滑时会遇到的情况。

4.3 螺旋桨气动理论

4.3.1 动量理论

螺旋桨为了提供拉力或推力，螺旋桨必须使空气与拉力反方向流动。动量理论是由 Rankine 和 R. E. Froude 提出的，以气流通过桨盘的动量和能量变化作为依据。动量理论将螺旋桨看成一个前进的桨叶片数无限多的桨盘，气流连续地通过桨盘，在桨盘上产生的拉力分布是均匀的，桨盘的前后存在压差，但桨盘前后的轴向速度是相等的（不考虑桨盘的厚度）。在桨盘上无扭矩，通过桨盘气流无旋转。此外，为了求解方便，进一步假定气体为理想不可压缩流体。在动量理论中，气流通过桨盘的流动如图 4.19 所示。

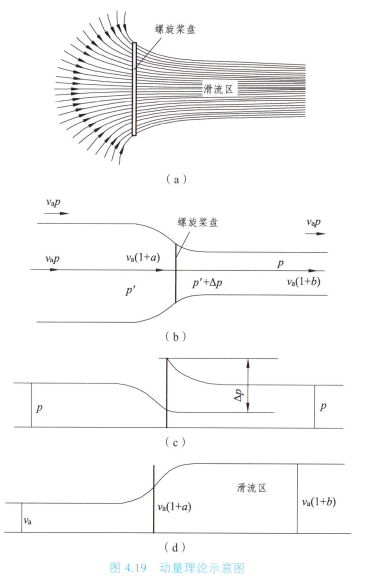

图 4.19 动量理论示意图

假设来流气体密度为 ρ，未受螺旋桨扰动的轴向速度和压强分别为 v_0 和 p，当气流逼近螺旋桨时速度增加、压强减小，在螺旋桨盘前压强为 p'，气流通过桨盘后压强增加 Δp，轴向速度增大为 $v_0(1+a)$，当气流接近滑流区，轴向速度进一步增大为 $v_0(1+b)$，但压强降到原来流压强 p。假定流动为不可压缩理想势流，在桨盘前后的伯努利方程可写为

$$p^* = p + \frac{1}{2}\rho v_0^2 = p' + \frac{1}{2}\rho v_0^2(1+a)^2 \tag{4.31}$$

桨盘前（能量方程）

$$p_1^* = p' + \Delta p + \frac{1}{2}\rho v_0^2(1+a)^2 = p + \frac{1}{2}\rho v_0^2(1+b)^2 \tag{4.32}$$

桨盘前后的压差为

$$\Delta p = p_1^* - p^* = \left[p + \frac{1}{2}\rho v_0^2(1+b)^2 \right] - \left(p + \frac{1}{2}\rho v_0^2 \right) = \rho v_0^2 b\left(1+\frac{b}{2}\right) \tag{4.33}$$

设桨盘面积为 A，则螺旋桨拉力为

$$T = A\Delta p = A\rho v_0^2 b\left(1+\frac{b}{2}\right) \tag{4.34}$$

另由动量定理可知，螺旋桨对气流的作用力（与螺旋桨的拉力 T 大小相等、方向相反）应等于单位时间通过桨盘动量的增量。这里螺旋桨对气流的作用力方向与气流方向相同，而螺旋桨的拉力 T（为气流对螺旋桨的作用力）与气流方向相反，即

$$T = \rho A v_0(1+a)[v_0(1+b) - v_0] = \rho A v_0^2(1+a)b \tag{4.35}$$

由式（4.33）和式（4.34）相等，得

$$A\rho v_0^2 b\left(1+\frac{b}{2}\right) = A\rho v_0^2 b(1+a)$$
$$a = \frac{b}{2} \tag{4.36}$$

由动量理论得到，在桨盘处的速度增量是滑流速度增量的一半。

螺旋桨的理想效率 η 表示单位时间螺旋桨拉力所做的有用功与桨盘对气流所做的总功之比。单位时间桨盘对气流所做的总功可用气流通过桨盘的动能增量表示，即

$$\Delta E = \frac{1}{2}\rho A v_0(1+a)[v_0^2(1+b)^2 - v_0^2] = \rho A v_0^3 b(1+a)^2 \tag{4.37}$$

由螺旋桨拉力 T 所做的有用功为

$$\Delta E_1 = T v_0 = \rho A v_0^3 b(1+a) \tag{4.38}$$

则螺旋桨理想效率为

$$\eta = \frac{T v_0}{\Delta E} = \frac{\Delta E_1}{\Delta E} = \frac{1}{1+a} \tag{4.39}$$

螺旋桨的理想效率是由螺旋桨的滑流损失造成的。所谓滑流损失是指被螺旋桨滑流区气流所带走的机械能,不可能再被利用的部分。单位时间内由滑流带走的气流动能为

$$\Delta E_f = \Delta E - \Delta E_1 = \rho A v_0^3 b(1+a)^2 - Tv_0 = \rho A v_0^3 b(1+a)^2 - \rho A v_0^3 b(1+a)$$

$$= \frac{1}{2}\rho A v_0(1+a)(bv_0^2) = \frac{1}{2}\rho A v_0^2(1+a)b(bv_0) = \frac{1}{2}Tv_0 b = Tv_0 a \qquad (4.40)$$

因此,螺旋桨的效率为

$$\eta = 有用功/(有用功 + 滑流损失)$$

即

$$\eta = \frac{\Delta E}{\Delta E_1 + \Delta E_f} = \frac{Tv_0}{Tv_0 + Tv_0 a} = \frac{1}{1+a} \qquad (4.41)$$

螺旋桨的理想效率是螺旋桨效率的极限值。由于下列原因,实际螺旋桨效率不可能达到理想效率值。实际螺旋桨机械能损失包括:

(1)轴向气流速度加速引起的滑流损失。

(2)由于扭矩引起滑流旋转的旋转损失。

(3)螺旋桨桨翼在空气中运动时引起的翼型阻力(型阻和摩阻)损失。

(4)拉力在桨盘上分布不均匀引起的损失(桨尖和桨毂损失)。

(5)桨叶有限数目引起的损失(螺旋桨拉力随时间变化引起的损失)。

实际螺旋桨效率总是低于理想效率,一般螺旋桨的效率在 80%~88%。分析理想效率表达式,影响螺旋桨效率的物理因素包括螺旋桨前进速度、密度、拉力和螺旋桨直径。由动量定理得到的拉力表达式为

$$T = \rho A v_0^2(1+a)b = 2\rho A v_0^2(1+a)a \qquad (4.42)$$

将式(4.39)代入上式中,得到

$$T = \frac{2\rho A v_0^2(1-\eta)}{\eta^2} \qquad (4.43)$$

定义拉力系数为

$$C_T = \frac{T}{\frac{1}{2}\rho v_0^2 A} = \frac{T}{qA}$$

式中,q 为来流动压。由此得到

$$\frac{C_T}{4} = \frac{1-\eta}{\eta^2} \qquad (4.44)$$

其解为

$$\eta = \frac{2}{C_T}(-1 + \sqrt{1+C_T}) \qquad (4.45)$$

由图 4.20 可见，随着拉力系数的增大，理想效率值起初下降较快，后面下降减缓。同时该图也说明：

（1）理想效率随着拉力增大而减小。

（2）理想效率随着飞行速度的增加而增加。

（3）理想效率随着桨盘面积或螺旋桨直径的增加而增加。

（4）理想效率随着流体密度的增加而增加。

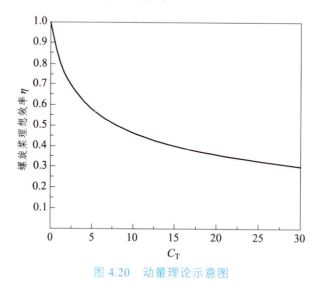

图 4.20　动量理论示意图

虽然理想效率表明，螺旋桨直径应尽可能取大；但随着直径的增大，气流绕过桨叶的摩擦损失也在增大，因此当直径增大到某一值时实际螺旋桨的效率不可能再增大。

4.3.2　叶素理论

由动量理论确定的理想效率，仅考虑了螺旋桨的轴向效应，而未考虑螺旋桨的旋转效应。因此，并不完全符合螺旋桨的实际绕流特征。为了能够较合理模拟桨叶绕流，叶素理论将桨叶分为有限个微小段（即叶素），然后计算每一个叶素上的气动力，最后沿径向求和得到桨叶上的总气动力。与动量理论仅处理气流轴向流动相比，叶素理论处理的是作用在桨叶上的气动力。

1878 年，W. Froude 首先提出叶素理论概念，1885 年 Drzewiecki 独立提出，并对叶素气动力进行了积分，首次引进了翼型气动数据，1907 年 Lanchester 提出叶素理论的改进形式。叶素理论把桨叶视为一个径向扭转的机翼，假定每个叶素的气动力系数可直接利用同形状翼型的风洞实验数据（通常展弦比取 6～8）。绕过每个叶素的气流认为是二维的，因此叶素之间互不影响。根据螺旋桨的流动特征，相当于假定螺旋桨气流无径向流动（也就是通过桨盘的气流无滑流收缩），桨叶之间也无干涉。

1. 在叶素上的气动力

如图 4.21 所示，在径向 r 处，取一微段长度 dr，相应叶素弦长为 b。在飞行中，叶素的运动轨迹是螺旋线的，其中前飞速度为 v_0，在桨盘面内的切向速度为 $2\pi n_s r$，n_s 表示单位时间螺旋桨转速，单位为转/秒（r/s）。如用 n 表示螺旋桨转速，单位为转/分（r/min），则 $n_s = n/60$，则气流相对于叶素的几何合成速度为

$$w_0 = \sqrt{v_0^2 + (2\pi n_s r)^2} \tag{4.46}$$

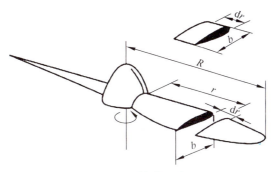

图 4.21　螺旋桨示意图

几何合成速度与旋转平面之间的夹角为

$$\tan \phi_0 = \frac{v_0}{2\pi n_s r} \tag{4.47}$$

已知叶素的安装角为 θ（叶素弦线方向与旋转平面之间的夹角），则气流相对于叶素的迎角为

$$\alpha = \theta - \phi_0 \tag{4.48}$$

利用通常翼型的气动力系数定义，作用于叶素上的升力为

$$dL = \frac{1}{2}\rho w_0^2 C_L b dr \tag{4.49}$$

作用于叶素上的阻力为

$$dD = \frac{1}{2}\rho w_0^2 C_D b dr \tag{4.50}$$

设叶素的阻升角为 γ，则有

$$\gamma = \arctan \frac{dD}{dL} \tag{4.51}$$

在叶素上总气动力为

$$dR = \sqrt{dL^2 + dD^2} = \frac{dL}{\cos \gamma} \tag{4.52}$$

叶素的拉力为

$$dT = dR \cos(\phi_0 - \gamma) \tag{4.53}$$

将式（4.50）和（4.52）代入式（4.53），得

$$dT = dR\cos(\phi_0 + \gamma) = \frac{1}{2}\rho w_0^2 C_L b dr \frac{\cos(\varphi_0 + \gamma)}{\cos\gamma} \tag{4.54}$$

由于 $w_0 = \dfrac{v_0}{\sin\phi_0}$，则有

$$dT = \frac{1}{2}\rho v_0^2 \frac{C_L b}{\sin^2\phi_0 \cos\gamma}\cos(\phi_0 + \gamma)dr \tag{4.55}$$

由此得到

$$dT = \frac{1}{2}\rho v_0^2 T_c dr \tag{4.56}$$

式中，$T_c = K\cos(\phi_0 + \gamma)$，$K = \dfrac{C_L b}{\sin^2\phi_0 \cos\gamma}$

同样，叶素的切向力（环向力，也称转矩力）为

$$dF = dR\sin(\phi_0 + \gamma)$$

$$dF = \frac{1}{2}\rho v_0^2 \frac{C_L b}{\sin^2\phi_0 \cos\gamma}\sin(\phi_0 + \gamma)dr$$

$$dF = \frac{1}{2}\rho v_0^2 K\sin(\phi_0 + \gamma)dr \tag{4.57}$$

叶素转矩为

$$dM = rdF = \frac{1}{2}\rho v_0^2 Kr\sin(\phi_0 + \gamma)dr$$

$$dM = \frac{1}{2}\rho v_0^2 Q_c dr \tag{4.58}$$

式中，$Q_c = Kr\sin(\phi_0 + \gamma)$。

叶素有效功率为

$$dP_e = dTv_0 \tag{4.59}$$

叶素吸收功率（叶素转矩功率）为

$$dP_w = 2\pi n_s dM \tag{4.60}$$

叶素效率为

$$\eta = \frac{dP_e}{dP_w} = \frac{dTv_0}{2\pi n_s dM} = \frac{v_0}{2\pi n_s r}\frac{dT}{dF} = \frac{\tan\phi_0}{\tan(\phi_0 + \gamma)} \tag{4.61}$$

2. 螺旋桨总气动力

设螺旋桨的总叶数为 N_B，桨毂半径为 r_0，则螺旋桨的拉力

$$T = \frac{1}{2}\rho v_0^2 N_B \int_{r_0}^{R} T_c dr \tag{4.62}$$

螺旋桨的环向力

$$F = \frac{1}{2}\rho v_0^2 N_B \int_{r_0}^{R} \frac{Q_c}{r} dr \qquad (4.63)$$

螺旋桨的转矩

$$M = \frac{1}{2}\rho v_0^2 N_B \int_{r_0}^{R} Q_c dr \qquad (4.64)$$

螺旋桨吸收功率

$$P_w = 2\pi n_s M \qquad (4.65)$$

螺旋桨有效功率

$$P_e = T v_0 \qquad (4.66)$$

螺旋桨效率

$$\eta = \frac{P_e}{P_w} = \frac{T v_0}{2\pi n_s M} = \frac{v_0}{2\pi n_s} \frac{\int_{r_0}^{R} T_c dr}{\int_{r_0}^{R} Q_c dr} \qquad (4.67)$$

4.4 螺旋桨的选择

4.4.1 螺旋桨与动力的匹配

使螺旋桨与发动机功率和特定的无人机相匹配主要依靠经验和试验，都是依据基础的气动理论，并要得到大量的试飞验证。

一些公认的飞机模型杂志发表的发动机测试，通常会给出一系列达到要求的螺旋桨尺寸和转速，从中可以得到非常有用的选型指导。测试报告也经常包含功率与每分钟转数的对应表，对机发匹配提供一定参考。

航空活塞发动机和航空燃气涡轮发动机均以化石燃料为能源，主要作为大中型无人机的主要动力装置。这类推进装置的能源利用率不超过 50%。

航空电力推进是以电能为能源，通过将电能转化为机械能以驱动推进装置产生推力或拉力的动力装置。这类推进装置的电能利用率可达 70%，满足节能减排和绿色航空发展需求。

电力推进系统目前大量应用到无人机中，几乎涵盖了从微型到大型的所有无人机类型。根据能源来源，电力推进系统可以分为全电推进和混合推进两种。全电推进系统在无人机中得到广泛使用。混合推进系统主要为了兼顾电力推进和化石燃料推进的优点而问世，在无人机中得到了初步应用。

全电推进系统一般由电源、电调、电动机和推进器等组成，如图 4.22 所示。电源为全电推进系统提供能源，输出电流和电压；电调接受控制端的信号，输出需要的等效电流和电压，调节电动机的转速；电动机将电能转化为机械能并输出；推进器在电动机的驱动下产生推力或拉力。

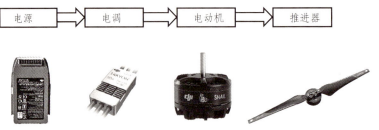

图 4.22　全电推进系统组成

2016 年，全球民用无人机行业领军企业 DJI 大疆公司的 snail 动力系统，见图 4.23 所示。

图 4.23　大疆公司 snail 动力系统

下面是为特定发动机选择螺旋桨直径时一个非常有用的公式：

$$D = 24\,500 \times \sqrt[4]{\frac{P}{24.8n^2v}} \tag{4.68}$$

式中　D——螺旋桨直径（cm）；

　　　n——螺旋桨转速（r/min）；

　　　v——无人机速度（km/h）。

4.4.2　螺旋桨选型指南

螺旋桨选型要符合推进系统（发动机、电动机等）的功率、转矩和转速之间的关系，还需要满足无人机的翼载、重量、速度和爬升率等指标，同时还要符合无人机的升力特性、阻力特性要求。

选型过程是不断迭代的过程，先可以通过简单的估算方法获得合理的初始值，然后进行必要的试飞试验来完善螺旋桨设计，使无人机匹配合适的螺旋桨，达到最佳无人机性能设计。

这里要考虑以下几点：

（1）根据无人机起飞和爬升性能、任务段巡航速度和高度的要求来选择螺旋桨类型。

（2）需根据发动机性能（如额定功率、工作转速和扭转振动）来选择螺旋桨直径和桨叶数量。

（3）通过考虑无人机整体气动布局，减少机体与桨叶之间的干扰。

（4）叶尖线速度应尽可能高，但要有上限，不能产生激波。例如，木质螺旋桨的叶尖最

大旋转速度 $Ma \approx 0.6$；金属螺旋桨的叶尖最大旋转速度 $Ma = 0.75 \sim 0.8$；先进复合材料螺旋桨的叶尖最大旋转速度 $Ma = 0.75 \sim 0.8$。

（5）如果螺旋桨转速较高，应减少桨叶数量且面积应较小。

（6）若桨叶直径太大，可能会导致叶尖速度和噪声较大，也会增大机体离地间距。

（7）桨叶数量越少，螺旋桨效率越高。但是，这并不代表桨叶数量越多，其效率越低，有时多桨叶螺旋桨的效率甚至高于两桨叶的。

某微型无人机设计的电动机/减速器/螺旋桨匹配组合见表 4.1。

表 4.1 微型无人机设计的电动机/减速器/螺旋桨匹配组合

螺旋桨直径×桨距/cm	减速比	螺旋桨转速/(r/min)	电动机功率/W	电动机转速/(r/min)	电动机电流/A	电动机效率	桨距速度/(m/s)	桨距速度是否合理
17.8×20.5	8：1	2 950	3.1	23 600	0.6	0.73	10.6	合理
17.8×20.5	6：1	3 200	4.3	19 200	1	0.61	11.5	合理
15.2×16.8	8：1	3 200	2.4	25 600	0.4	0.75	9.3	不合理
15.2×16.8	6：1	3 700	3.5	22 200	0.7	0.69	10.9	合理

4.4.3 螺旋桨直径快速估算

在螺旋桨飞机的概念设计阶段，通常需要快速估算出螺旋桨直径。在性能分析、确定螺旋桨噪声和几何约束（如可能的触地风险）时，螺旋桨直径是非常重要的参数。本节将考虑几种快速估算螺旋桨直径的方法。

斯廷顿根据巡航速度、发动机功率和转速给出估算木质螺旋桨直径的方法。

$$D = 24\,500 \times \sqrt[4]{\frac{P}{k_m n^2 v}} \qquad (4.69)$$

式中 k_m——由木制螺旋桨桨叶数量确定，两桨叶时取 53.5，三桨叶时取 75.8，四桨叶时取 111。

雷默给出的方程是针对斯廷顿方程的修正形式，且与螺旋桨材料无关。方程中，螺旋桨直径取决于 K_p。则，螺旋桨直径为

$$D = K_p \sqrt[4]{P} \qquad (4.70)$$

式中，K_p 可由试验获得。

4.4.4 桨叶数目的确定

桨叶数目对发动机功率转换为推进功率的过程是非常重要的。

若无人机需要更换螺旋桨，有时会出现桨叶数量不一致的情况，如用四桨叶螺旋桨替换两桨叶螺旋桨。假定替换时只有桨叶数量发生了变化，则驱动新螺旋桨运转所需的扭矩将增加为之前的 2 倍。"叶素理论"中给出了相应的计算方程。

但是，由于新螺旋桨安装在原有的发动机上，每个桨叶的可用功率将减小。发动机将无法在自身转速不变时，驱动螺旋桨以原有转速运转。若其他条件不变（如螺旋桨直径和桨叶平面外形相同），则螺旋桨产生的推力将减小，使飞机性能下降。一个解决方法是减小每个

桨叶产生的扭矩，因为这将使螺旋桨转速近似不变。而减小扭矩的最简便方法是减小螺旋桨的直径（优点在于螺旋桨噪声和重量均会有所降低）。另外，假定桨叶数量增加，则螺旋桨的离地间距也会增大。

改变桨叶数量时，估算螺旋桨直径是非常必要的。可通过下列方程来求解出替换后的螺旋桨直径 D_{new}：

$$v_0^2 D_{new} + (\pi nk)^2 D_{new}^3 = (v_0^2 D_{old} + (\pi nk)^2 D_{old}^3)\left(\frac{N_{Bold}}{N_{Bnew}}\right)\left(\frac{S_{old}}{S_{new}}\right) \tag{4.71}$$

式中　D_{old}、D_{new}——原有螺旋桨和新螺旋桨的直径；

v_0——飞机空速；

n——螺旋桨转速；

N_{Bold}、N_{Bnew}——原有螺旋桨和新螺旋桨的桨叶数量；

S_{old}、S_{new}——原有螺旋桨和新螺旋桨的桨叶平面面积；

k——桨叶压力中心的相对弦向位置（一般为 0.65 ~ 0.75）。

4.5　螺旋桨效应

螺旋桨在工作过程中，处理能产生让无人机飞行的拉力或推力之外，还会产生一些副作用，给无人机正常飞行带来一些不利影响。螺旋桨引起的重要副作用主要包括螺旋桨进动、螺旋桨因素、滑流、反作用力矩等，在无人机设计和飞行过程时，必须注意螺旋桨副作用的影响。

4.5.1　螺旋桨进动

对于螺旋桨无人机而言，飞行时，高速旋转的螺旋桨，当受到外力矩作用改变其桨轴方向时，由于螺旋桨的陀螺效应会产生陀螺力矩使机头同时绕另一个轴转动的现象叫螺旋桨进动。

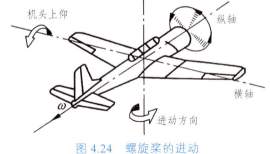

图 4.24　螺旋桨的进动

例如，某带有左转螺旋桨的固定翼无人机，如图 4.24 所示，如果操纵无人机抬头上仰，受到螺旋桨进动作用，机体会往左进动（偏转）；相反，如果机头下俯，机体会往右进动偏转。

这说明，受到螺旋桨进动作用，产生的螺旋桨陀螺力矩作用机体上，让机体产生偏转；陀螺力矩可用下式表示：

$$M_{进动} = J\Omega\omega \tag{4.72}$$

式中　J——螺旋桨转动惯量；

Ω——螺旋桨旋转角速度；

ω——机体俯仰转动和偏转角速度的合角速度。

由式（4.72）可以看出，飞行条件一定时，即转动惯量和旋转角速度一定时，力矩与 ω 成正比。说明螺旋桨旋转越快，陀螺力矩越大，进动作用越强。注意，一旦螺旋桨旋转停止，陀螺力矩也将会消失。

螺旋桨的进动方向，可以用以下两种方法进行判断。

第一种方法：绘图法

首先画出相当于桨盘的一个圆，在圆圈上作出圆的切线，并标出箭头，箭头方向与螺旋桨旋转方向一致，然后从圆心画出箭头，表示操纵固定翼无人机机头转动的方向，那么在此方向上相对应的切线箭头指向就是螺旋桨的进动方向，如图 4.25 所示。

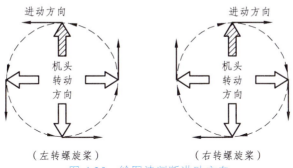

图 4.25　绘图法判断进动方向

第二种方法：手势法

手势法包括右手定则和左手定则。如图 4.26 所示，螺旋桨为右转，用右手来判断，手心面向机头，四指代表操纵无人机偏转方向，伸开的大拇指方向，就是螺旋桨的进动方向，此种方法为右手定则。左手定则与之相似，用左手来判断左旋转螺旋桨进动方向。

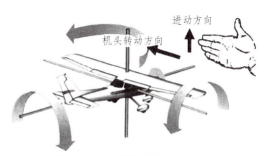

图 4.26　手势法判断进动方向

在空中飞行时，螺旋桨进动的快慢与操纵飞机转动快慢是一致的。若操纵无人机动作过猛，桨轴改变状态较快，其进动速度也就越大，所以在实际操纵中操纵动作应柔和，根据进动规律，向进动的反方向协调操纵杆舵，防止无人机偏离预定飞行方向。

螺旋桨进动对后三点式飞机影响较大，在尾轮抬起后的飞机起飞摇摆过程中最常发生。在地面滑跑起飞抬尾轮时，应根据进动方向及时修正。

4.5.2　螺旋桨因素

固定翼无人机飞行时，由于经常要改变飞行状态，使得相对气流方向与桨轴方向不平行，此时相对气流斜着吹向螺旋桨，这种现象叫作气流斜吹，也叫螺旋桨因素（P-factor）。例如，在大迎角下飞行或带侧滑飞行时，就存在明显的螺旋桨因素，对飞行有一定的影响。

这种气流斜吹会造成相对气流与螺旋桨桨轴不平行，引起桨叶上的气动载荷不对称，故而产生桨叶拉力不对称现象。

例如，大迎角下飞行时（即相对气流从桨轴下方吹来），流过桨叶的和速度去由切向速度 u 和飞行时速度 v 的合速度 w，由于大迎角下切向速度不与桨轴垂直，飞行速度也不与桨轴平行，使得此时的流经下行桨叶所产生的拉力与旋转阻力都比另一侧大。上行桨叶的情况正好相反，如图 4.27 所示。

由于下行桨叶和上行桨叶的合成速度不一样，所以螺旋桨左右两侧桨叶的拉力不一样，形成桨叶拉力差，对机体重心产生偏转力矩，由于陀螺效应，机体产生滞后 90° 的偏转反应，造成着无人机飞行姿态。

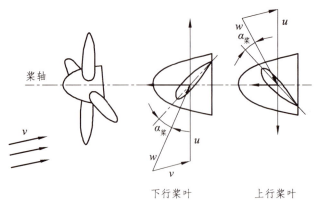

桨轴

下行桨叶   上行桨叶

图 4.27   气流斜吹的速度合成

图 4.28（a）显示了螺旋桨左右两侧的非对称拉力分布，这是右侧桨叶向下运动的结果。这种情况下气流速度存在向上的分量，进而增大了拉力。同时左侧桨叶的情况与之相反，其拉力减小。

虽然大多数时候螺旋桨的拉力方向向前，但是同样存在一个垂直分量。最终，右侧桨叶上的拉力增加量大于左侧桨叶上拉力的减小量（动压中速度的影响为平方关系），在垂直方向上产生了不为零的增量，即增大了推力的法向量。然而，法向力与桨叶外形、转速、空速以及无人机迎角有关。

图 4.28（b）中的螺旋桨无人机重心位于螺旋桨之后，因此，法向力会使固定翼无人机有机头向上运动的趋势，导致机体不稳定。但如果螺旋桨位于重心之后，就像推进式布局飞行器一样，有使机头俯仰向下运动的趋势，起到增强稳定性的作用。桨叶的非对称拉力将引起对垂直轴的力矩，也会产生相应的效应。

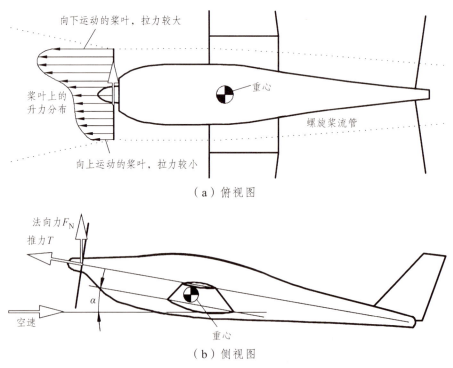

（a）俯视图

（b）侧视图

图 4.28   螺旋桨因素造成非对称拉力

如果固定翼无人机偏航时，会产生侧向力（见图 4.29）。其性质与法向力类似，只是方向指向侧向。发动机功率较大时，拉进式布局将会受到不稳定力矩的影响，使偏转角有增大的趋势，此时需要用方向舵来克服，否则无人机稳定性将进一步下降。

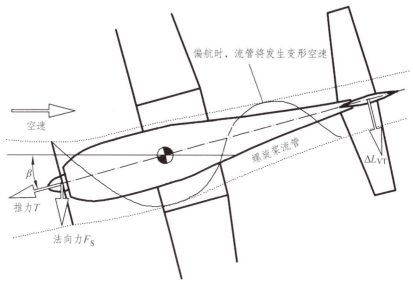

偏航时，流管将发生变形空速

空速

β

推力 T

法向力 F_S

螺旋桨流管

ΔL_{VT}

图 4.29 螺旋桨因素产生侧向力

所以，受螺旋桨因素作用，拉进式布局无人机的侧向力将使偏航稳定性降低；而相对推进式布局的偏航稳定性要好一些。

对于不带侧滑的直线飞行中，螺旋桨因素对飞行的影响，与飞行速度有直接关系。低速飞行时，螺旋桨气流斜吹造成的影响明显更大；相反，高速飞行时的影响不明显。

4.5.3 滑流效应

螺旋桨旋转时，桨叶拨动空气，使空气向后加速流动，并向螺旋桨旋转方向和扭转，如图 4.30 所示。这股被螺旋桨拨动向后加速和扭转的气流，叫螺旋桨滑流。滑流速度与来流之间的夹角叫滑流扭转角。

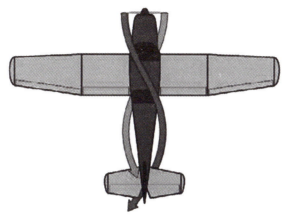

图 4.30 螺旋桨滑流

螺旋桨滑流以机翼为界限,分成上下两部分。对于右旋转螺旋桨,上部滑流是从左向右后方扭转,下部滑流是从右向左后方扭转,下部滑流会作用在飞机垂直尾翼的左侧,从而产生向右的空气动力,对无人机重心形成向左偏转力矩,使机头向左偏转,如图4.31所示。

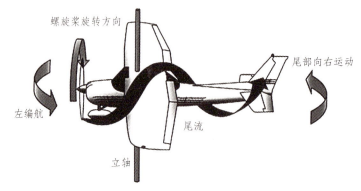

图 4.31 螺旋桨滑流的影响

假定螺旋桨顺时针旋转(图 4.32),由于螺旋桨滑流效应,产生的无人机的偏航力矩,促使机头向左偏转的趋势。可通过方向舵向右偏转,或通过配置有弯度的机翼(弯度向左),或设置一个较小的安装角(前缘向左)来进行抑制。所有措施均可以使垂尾产生相反方向的侧力,从而达到抑制偏航的目的。

螺旋桨滑流扭转作用的强弱主要取决于发动机功率、螺旋桨转速和飞行速度。在速度不变时,发动机功率增大,滑流扭转角和滑流速度同时增大,致使垂直尾翼和机身尾部上向左的侧力增大,使机头右偏的力矩增大。反之,发动机功率减小,使机头右偏的力矩减小。

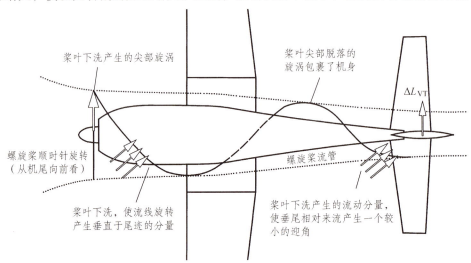

图 4.32 螺旋桨滑流效应产生的偏转力矩

当发动机功率不变时,当飞行速度增大时,一方面因动压增大,使偏转力矩增大,而滑流扭转角变小,偏转力矩减小,抵消了动压增大的影响,使得偏转力矩基本不变。所以,滑流的扭转作用可以近似认为不随飞行速度变化。

此外,在飞行中,改变发动机功率时,因滑流速度变化将导致水平尾翼的升力变化,破坏无人机的俯仰平衡,则需要进行修正。总之,螺旋桨滑流不仅影响无人机的方向平衡,还影响无人机的俯仰平衡，这种影响与发动机功率成正向变化。为了克服这一影响，改变发动机功率，需要额外的杆舵操纵进行修正。

4.5.4　螺旋桨的反作用力矩

螺旋桨在转动中，旋转阻力对桨轴形成的力矩，称为螺旋桨的反作用力矩。

根据牛顿第三定律，力的作用是相互的。旋转的螺旋桨会受到空气一个反作用力矩，其方向与螺旋桨旋转方向相反，这个反作用力矩会通过螺旋桨传递给整个机身，使机体有向螺旋桨转动反方向倾斜的趋势。

对于左旋转螺旋桨，反作用力矩是右滚转力矩；右旋转螺旋桨，反作用力矩是左滚转力矩，如图 4.33 所示。

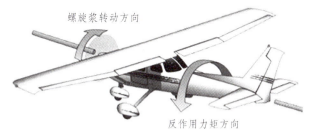

图 4.33　螺旋桨的反作用力矩

飞行中，螺旋桨反作用力矩的大小，正比于发动机功率。功率越大，反作用力矩越大。发动机功率增加，桨叶空气动力增大，反作用力矩随之增大。发动机功率减小，桨叶空气动力减小，反作用力矩随之减小。

在地面滑跑时，反作用力矩的作用使左右两侧机轮对地面的压力不均，两轮受到的摩擦阻力不同，使得机头向一侧偏转。例如，右旋螺旋桨飞无人机起飞滑跑中，反作用力矩迫使机体向左倾斜，左轮对地面压力大，摩擦阻力大，两主轮摩擦阻力之差对重心形成偏转力矩，使机体向左偏转，如图 4.34 所示。为了保持滑跑方向，消除这一偏转力矩，应适当进行修正。

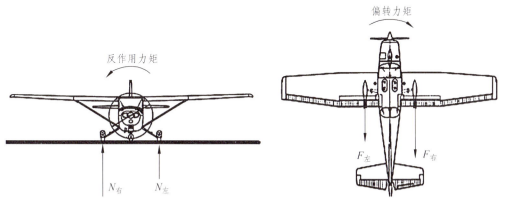

图 4.34　螺旋桨的反作用力矩对滑跑影响

4.5.5　螺旋桨噪声

有些高性能活塞无人机，在最大功率、高转速时会产生大噪声，甚至让人难以忍受。噪声也是无人机成本、重量、性能和其他参数之间不断权衡的结果。对于螺旋桨无人机，其对噪声的要求更高，则设计和选择噪声较低、效率高的螺旋桨。

目前，在翼梢处使用后掠外形，并选择相对厚度较小的翼型，经典螺旋桨为如图 4.35 所示的半月形螺旋桨。该桨叶的特征是压力尖峰位置较低，可推迟正激波的出现，正激波会使噪声增大。此外，目前桨叶数量有不断增多的趋势，原因在于螺旋桨直径可相应地减小，从而降低叶尖速度，减少噪声污染。

图 4.35　半月形螺旋桨

4.6　涵道风扇

涵道风扇（Ducted Fan），指在自由螺旋桨的外围设置涵道的一种推进装置。国内外很早就有人开始研究涵道风扇螺旋桨，并取得了很多研究成果，广泛应用于各种航空器中。

4.6.1　涵道风扇简介

涵道风扇作为一种推力或升力装置被应用于飞行器设计中。比如，直升机的涵道尾桨、固定翼无人机机翼或者机身内融合涵道风扇增升装置等。

近十几年来，由于军事作战模式的转变，小型无人飞行器的需求量陡然增加。多种以涵道风扇为动力系统和机身结构的特殊无人机飞行器已相继出现，这类飞行器不但能够实现垂直起降，而且还具有良好的悬停性能。

正是由于其特殊的机体构造，使其具有传统无人飞行器无法比拟的优势，主要体现在以下三个方面：

（1）以涵道风扇作为飞行器机身结构的主体让这类飞行器整机结构的尺寸较小，这使其具备了在各种复杂环境下执行任务的机动能力，如其能够在狭小的空间内垂直起降，通过空中悬停完成对地面目标实时监控。

（2）在相同转速下，主动力系涵道风扇的拉力和功率载荷要大于相同直径的孤立螺旋桨，这使其能够以更加紧凑的结构产生与孤立螺旋桨相同的拉力，而且此时其消耗的功率要小于独立螺旋桨。

（3）由于旋转的螺旋桨（或旋翼）和发动机被涵道体所环括，这不但使其气动噪声的强度明显减弱，缩短了噪声的传播距离，同时也有效地遮挡了发动机工作时所产生的热辐射，降低了这类飞行器被声学和红外探测装置所侦测到的可能性，有效地提高其战场生存率。

正是考虑到涵道类飞行器所具有的独特优势，很多无人机强国对其进行了大量的理论研究。这类无人飞行器（图 4.36）不但重量轻、尺寸小、费用低、操作方便，而且凭借自身紧凑的机体结构和自动飞行控制系统，通过挂载各种小型机载设备能够有效地完成各种复杂环境下的任务，这使其在军用、民用和科研等不同领域具有不可估量的应用价值。

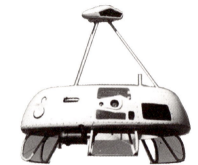

图 4.36　Cypher-1 涵道风扇无人飞行器

随着涵道类无人飞行器被逐渐地推广和使用，很多方面暴露出了问题，如飞行控制系统与气动布局。作为一种新型飞行器，对它的研究相比固定翼和直升机要晚得多，因此仍然有许多问题需要进一步地研究和解决。

4.6.2　涵道螺旋桨简介

涵道螺旋桨（Ducted Propeller）是指被涵道包围的螺旋桨系统。相比于孤立的螺旋桨，涵道螺旋桨系统具有更高的气动效率，并具有气动噪声低、安全性高等优点，已经被广泛用于轮船、特种飞行器、潜艇等军事及民用领域。因此，研究发展简便高效的涵道螺旋桨设计方法具有一定的应用价值。

涵道螺旋桨工作时，气流连续不断地从涵道入口通过螺旋桨，并在桨盘处加速增压后，以高速高压的状态流出涵道，并产生反作用推力。涵道螺旋桨的推力大小与通过桨盘的空气流量和涵道内外流速相关。

目前，涵道螺旋桨的设计方法主要有：叶素理论和片条理论法；利用升力线（面）和面元法耦合计算涵道螺旋桨的内部流场特性，预测涵道螺旋桨的定常与非定常性能以及基于动量源项法对涵道螺旋桨的流场进行 CFD 模拟与验证的方法等。

由于涵道与螺旋桨之间相互干扰的复杂性，涵道螺旋桨的设计通常需要较多经验和较长时间。在设计涵道螺旋桨时，如果有类似的桨存在，则可以基于现有类似的桨进行相似设计或优化设计。但是，如果是设计全新的桨，没有适当的参考方案，如何确定一个较合适的初步外形开展方案分析或优化设计就需要适用的方法。目前的方法还不够成熟。在现有工程设计方法中，比较有代表性的方法是首先根据经验假定桨盘直径和轮毂比，然后根据动量定理确定质量流量，并结合自由涡流径向载荷分布进行方案设计。这类方法的主要问题是需要很多经验才能确定桨叶直径、轮毂比等关键参数，设计经验较少的人员使用起来不够方便。

航空工业的一代宗师——徐舜寿：造中国人自己的飞机

徐舜寿（1917—1968），浙江省吴兴县南浔镇人，中国著名飞机设计师，曾任西安大型飞机设计研究所技术副所长、所长兼总设计师，被授予中国人民解放军技术上校军衔。

1933 年考入清华大学机械工程系航空工程组，1944 年赴美国麦克唐纳飞机公司实习，1956 年 8 月任中国首个飞机设计室主任设计师，1961 年 8 月，任沈阳飞机设计研究所第一任技术副所长。

徐舜寿创建了新中国第一个飞机设计室，主持、组织或亲自设计的飞机有歼教-1、初教-6、强-5、歼-6、轰-6、运-7，是中国航空学会第一届理事、第三届全国人大代表，著有《飞机的疲劳寿命》等。

……

"我们必须造自己的飞机，设计权要掌握在中国人手里"

1958 年 7 月 26 日，沈阳北陵机场，信号弹划破天际，一架崭新的战机呼啸着向跑道滑去，轻盈地飞上蓝天。

几个常规动作后，试飞员于振武驾驶战机做了一个超低空大坡度盘旋，在场工作人员发出阵阵欢呼声。

飞机着陆后，徐舜寿激动地走上前和这位英雄试飞员热情拥抱。新中国第一架自主设计的战机首飞成功，标志着我国航空工业迈入自主研制的新纪元。

"我们必须造自己的飞机，设计权要掌握在中国人手里。"抗美援朝战争，人民志愿军空军打出震惊世界的"米格走廊"，徐舜寿深感身上的责任——作为世界大国，不能靠买人家飞机、自己只搞修理过日子。

1956 年，经当时的航空工业局批准，新中国第一个飞机设计室——沈阳飞机设计室成立。39 岁的徐舜寿，从北京赶赴沈阳，成为设计室的首任主任设计师。

当时，国内已完成歼-5 型飞机的仿制，徐舜寿却把首次设计目标定为喷气式教练机。他希望通过这型飞机的研制，既能为空军提供先进可用的飞机，也能培养出更多的飞行设计人才。

后来，这架被称为歼教-1 的传奇飞机，采取两侧进气的全新设计。有人质疑，摒弃传统的机头进气设计，这种方案是不是步子迈得太大了。徐舜寿认为："两侧进气便于在机头安装雷达，我们自主设计飞机要广泛吸取长处，不能'唯米格论'。"

当时，新中国航空工业基础薄弱，航空设计人才奇缺。92 人的设计团队，平均年龄不到22 岁，真正搞过飞机的只有徐舜寿等几个人。一支笔、一把尺、一个暖壶、一把柴刀……新中国第一个飞机研制设计室在这样的艰苦条件下成立了。

"真想在徐总的指导下再做一张设计图……"数十年后，顾诵芬重回故地，看着自己当年的绘图桌感慨地说。这是徐舜寿亲自设计、带人打造的，有放书籍、资料的小抽屉，图板可以调整位置，很受大家欢迎。正是在这里，徐舜寿和他一起完成气动布局设计。

那时候，大多数年轻的设计师连打样、画模线等基本工作都不会，徐舜寿带他们坐到设计员图板前，手把手教他们进行机身部件打样。

设计室设在一排废弃的平房，条件极其简陋。徐舜寿索性打通所有小房间，这样做的目的是，无论遇到任何问题，他都能第一时间发现解决。也就是在这个简陋的平房里，顾诵芬和同事们没日没夜地工作，每完成一部分设计，就立即把设计图纸贴出来，请徐舜寿和其他几位负责人前来指导。

"徐总问得很细，设计依据、思路、数据……每一个细节都不放过。现场，他还讲解技术问题，那种语气不是教训，而是探讨。"时隔多年，受过徐舜寿指导的设计师们仍对那段经历记忆深刻。

中国飞机气动弹性专业奠基人之一——管德院士回忆，为了解决飞机的颤振问题，徐舜寿忙完一天的工作，又来到手摇计算机旁，一边和他计算数据，一边讨论气动弹性的有关原理，一直忙到深夜。

"他是最务实的人。他常常说，试制要以实验为依据，飞机设计不能大搞群众运动。"当时年轻的设计师回忆说，徐舜寿从不放过任何一个疑点，从计算到试验他每次必到，现场解决技术问题。有段时间，徐舜寿经常带着设计方案下部队，与飞行员交流。为了使座舱设计更加合理，他收集了 1400 多位飞行员的身材数据。

1958 年春节，天气异常寒冷。出生于江南鱼米之乡的徐舜寿，带着黄志千、顾诵芬等人，顶着凛冽的寒风，先后来到沈阳和哈尔滨两地，进行进气道方案试验。半年后，歼教-1 首飞成功。至此，从开始设计到首飞成功，歼教-1 只用了 1 年零 9 个月。

"只要是搞飞机，到哪儿都行"

1933 年，16 岁的徐舜寿被南京金陵大学和清华大学同时录取。那时候，徐舜寿深感中国航空工业落后于人，毅然选择清华大学机械系航空专业，毕业后被分配到杭州笕桥飞机制造厂。

然而，笕桥飞机制造厂给徐舜寿留下更多的是遗憾与悲愤——作为中美合资的飞机制造厂，中方负责人唯美国人马首是瞻，设计大权和核心技术都掌握在外国人手里。此时，淞沪抗战爆发，日军飞机疯狂轰炸中国平民，这些场景深深刺痛了他的心。

血与火的淬炼，让徐舜寿航空救国的信念从稚嫩走向成熟。1949 年春，他所在的飞机工厂迁往台湾，徐舜寿辗转回到已解放的北平，积极投身于新中国航空工业发展。

……

徐舜寿是眼光长远的规划师，更是一位实干家。他曾对年轻的设计师们说："飞机上天，主要看技术过不过硬，看能不能自己画图计算或动手做试验，是不是喜欢钻书本、查文献，是不是有进取心。"

除了主持必要的科研会议，徐舜寿更多的是与技术人员一同研讨问题。徐舜寿为人谦逊。有一次，他请技术员帮他核对一组数据，看完核对结果后说："还是你算得好，你比我强。"之后，他多次在大会表扬那位技术员是真正的专家。

1964 年，上级决定将徐舜寿调到西北地区的一家研究所。当时，某型飞机研制刚刚起步，妻子宋蜀碧问他，你愿意这个时候调到那里吗？徐舜寿毫不犹豫地说："只要是搞飞机，到哪儿都行！"

徐舜寿的回答，宋蜀碧并不感到意外。多年后，宋蜀碧回忆，在刚搬到工厂家属楼时，夜里她第一次听到发动机的试车声，徐舜寿告诉她"这是最美的音乐"。

"给技术尖子创造最好的学习环境"

"你看，我这样翻译，是不是比你那样好些？"徐舜寿慈祥的笑容及温和的话语，让"飞豹"总设计师陈一坚院士一生难忘。

有一次，徐舜寿让陈一坚翻译一本外文书，陈一坚很快译好"交卷"。没想到，徐舜寿把他叫到办公室，一边逐字逐句地修改，一边给他耐心讲解翻译要领。

徐舜寿严谨细致的作风，影响了陈一坚的一生。后来，陈一坚跟随徐舜寿转战大西北。多年后，他撰写的《飞行器结构强度飞行手册》正式出版，这是对他的老师——很早就关注到飞机强度问题的徐舜寿最好的致敬。

徐舜寿早年留学美国，又自学俄语。1953 年，徐舜寿发现一本俄文教材，他认为这本书对青年设计师很实用。在出差的硬卧车厢里，他用硬壳提箱当桌子，摊开纸开始翻译，旅途中便将整本书翻译完毕。

这本书出版后，徐舜寿把全部稿费捐献给国家。从此，不管是到研究所还是工厂，他都要带上几本，赠送给青年设计师，鼓励他们不断进步。

……

http：//www.81.cn/bqtd/2019-12/24/content_9689672.htm

解放军报，2019-11-15

5 旋翼空气动力特性

　　直升机能够在空中飞行需要产生克服自身重力的升力，由于直升机没有固定的机翼可以产生升力，这就离不开绕着直升机桨轴旋转的旋翼。旋翼和尾桨由多片桨叶组成，桨叶旋转产生类似机翼的气动力，桨叶很薄且展弦比很大，桨尖与桨根的空气动力学有差别，主要体现出空气压缩效应和噪声等方面。本章主要了解无人直升机的构造，重点理解气动理论和一些气动特性的关键知识。

5.1　旋翼无人机构造

　　直升机独特的飞行能力是其他一些飞行器不具备的，而无人直升机还可以执行许多有人驾驶直升机无法完成的任务。无人直升机是一种由动力驱动，机上无人驾驶的航空器。这种带旋翼无人机在构造形式上属于旋翼飞行器，在功能上属于垂直起降飞行器，可以由无线电地面遥控飞行或/和自主控制飞行的可垂直起降的飞行器。

　　直升机主要从平衡旋翼反扭矩的方式、驱动旋翼的方式和提供升力与推进力的不同方式来进行结构分类。直升机按平衡旋翼反扭矩的方式可分为单旋翼带尾桨式、双旋翼式、多旋翼式；按提供升力与推动力的方式可分为正常式、带翼式、倾转旋翼式、复合式等。在这些构型中，有的构型通过不断的发展，技术较成熟，已研制出实用的型号，并在军民用领域大量使用，如单旋翼带尾桨式、双旋翼共轴式、双旋翼纵列式、双旋翼交叉式、倾转旋翼式等。在无人机直升机中，常见的布局形式是单旋翼直升机和共轴式双旋翼直升机。

　　单旋翼直升机也可以称为单旋翼带尾桨式直升机，如图 5.1 所示，旋翼系统为一副旋翼和一副尾桨，旋翼既产生升力又产生推进力，可以使直升机垂直飞行、前飞、后飞和侧飞。安装在机身尾部的尾桨提供平衡旋翼反作用力矩的平衡力矩及航向操纵，但需要消耗一定的

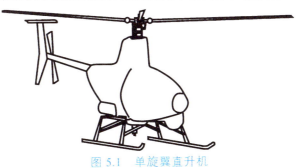

图 5.1　单旋翼直升机

功率（通常悬停时为 8% ~ 10%，平飞时为 3% ~ 4%），改变尾桨拉力的大小，能够改变直升机的航向，进行机动飞行。

　　单旋翼直升机是最常见的直升机，主要优点是机械驱动，构造简单效率高，只需要一套操纵系统和减速传动系统。单旋翼直升机的主要组成包括机身、旋翼、尾桨、发动机、起落装置、操纵系统等，甚至还有电动机、伺服器等（图 5.2）。

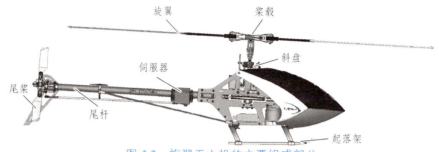

图 5.2　旋翼无人机的主要组成部分

5.1.1　旋翼系统

　　直升机的旋翼系统是直升机最关键的部件，包含着多片桨叶，可以形象地认为是旋转的机翼。主旋翼与尾旋翼都属于旋翼系统，主旋翼产生旋翼拉力主要是克服直升机重力，而尾旋翼产生的拉力主要是为了改变直升机航向。为了简单明了，也可以将主旋翼称为旋翼，将尾旋翼称为尾桨。

　　旋翼和尾桨由数片桨叶和桨毂构成，形状像细长机翼的桨叶连接在桨毂上。桨毂安装在旋翼轴上，旋翼旋转轴方向接近于铅垂方向，桨叶一般是靠来自发动机的扭转保持旋转运动，旋转时，桨叶与周围空气相互作用，产生气动力。

　　直升机的升力和推进力均由旋翼产生，它是依靠发动机驱动旋翼转动产生的旋翼拉力。根据牛顿第三定律，旋翼产生拉力的同时，空气必定以大小相等、方向相反的力矩作用于旋翼，这个反作用力矩叫反扭矩（图 5.3），反扭矩会传递到机体上，使机体向旋翼旋转的反方向转动。为了平衡这个反作用力矩，保证直升机的航向平衡，需要采取了不同的布局形式。

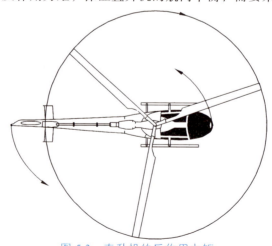

图 5.3　直升机的反作用力矩

直升机在空中飞行，升力、前进推力和操纵力都由旋翼产生；而固定翼飞机的升力主要是靠安装在飞机机身的机翼产生，而前进拉力则靠另外的螺旋桨或喷气式发动机产生。所以，直升机的旋翼既起到飞机机翼的作用，又起到螺旋桨（或喷气式发动机）的作用，此外还起到副翼、升降舵和方向舵的作用。旋翼既是升力面又是操纵面，这使得直升机旋翼比固定翼飞机的机翼结构复杂。

5.1.2 桨　毂

随着材料、工艺和旋翼理论的发展，产生了多种形式的桨毂。最早的旋翼桨毂根据它的结构设计，主要分为全铰式桨毂、半刚性跷跷板式桨毂和刚性桨毂三类。桨毂用于向旋翼桨叶传递主减速器的旋转力矩，同时承受旋翼桨叶产生的空气动力，并将旋翼的气动合力传给机身。

桨毂形式决定着旋翼的形式。到目前为止，旋翼形式大致分为全铰式、半铰式、无铰式和无轴承式 4 种，如图 5.4 所示。目前，无人直升机使用最多的旋翼是全铰式旋翼和半刚性跷跷板式旋翼。

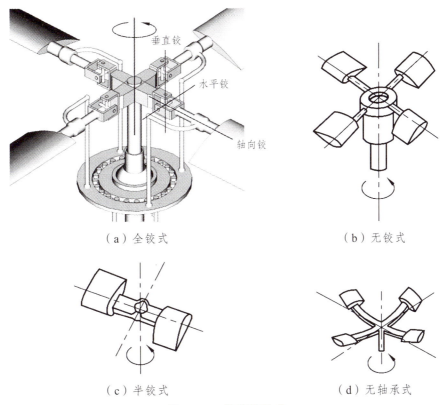

（a）全铰式　　　　　　　　　　　（b）无铰式

（c）半铰式　　　　　　　　　　　（d）无轴承式

图 5.4　四种桨毂形式

自直升机诞生以来,铰接式桨毂的出现是直升机技术从理论到实践的最重要的一次飞跃。全铰式旋翼桨毂包含有轴向铰、垂直铰和水平铰,如图 5.4（a）所示。三个铰链的作用如下：

轴向铰的作用是当操纵旋翼桨叶绕轴向铰转动时,旋翼的桨距发生变化,从而改变旋翼的拉力,因此轴向铰又称变距铰。

垂直铰的功用是消除桨叶在旋转面内的摆动（摆振）引起的旋翼桨叶根部弯曲，垂直铰又称摆振铰。为了防止旋翼桨叶摆振，一般在垂直铰处设置减摆器而起阻尼作用，因此垂直铰又称阻尼铰。设置垂直铰的另外一个作用就是减小旋翼结构尺寸。

水平铰的作用是让旋翼桨叶上下挥舞，消除或减小飞行中在旋翼上出现的左右倾覆力矩，因此水平铰又称挥舞铰。

直升机桨叶绕旋翼旋转轴旋转时，每个桨叶的工作都与一个机翼类似。在桨叶 1—1 处沿旋翼旋转方向剖开，其剖面形状是一个翼型，即桨叶剖面，如图 5.5（b）所示。翼型弦线与垂直于桨毂旋转轴的桨毂旋转平面之间的夹角称为桨叶的安装角（或桨距）。相对气流与翼弦之间的夹角为该剖面的迎角。

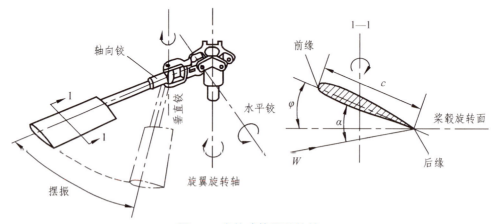

图 5.5　全铰式旋翼的铰链

全铰式旋翼的特点是，挥舞铰的使用可以使旋翼倾斜而不需要使旋翼主轴倾斜；挥舞铰可以减小因阵风引起的反应，通过单独的桨叶挥舞，而不会将影响传递到机身上；挥舞铰和摆振铰可以释放旋翼安装处的弯曲应力和载荷，尤其在中速到高速前飞过程中，挥舞铰和摆振铰提高了直升机稳定性。单独的桨叶挥舞会产生科里奥利斯效应，故需要安装摆振铰。

无人机直升机桨毂的铰接方式与载人直升机很相似，虽然结构复杂，当在实际使用中常对其进行简化处理。

与全铰式旋翼相比，半刚性跷跷板式桨毂结构简单，如图 5.6 所示，其特点是去掉了垂直铰和减摆器，两片桨叶相连共用一个挥舞铰，此挥舞铰不承受离心力而只传递拉力及旋翼力矩，轴承负荷比较小。由于两片桨叶共用一个挥舞铰，则两片桨叶的挥舞角大小相等，方向相反。

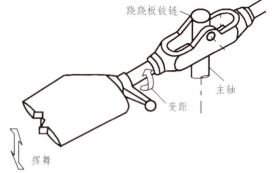

图 5.6　跷跷板式桨毂（2 叶）

对跷跷板旋翼的操纵示意如图 5.7 所示，包括总距操纵和周期变距操纵。

无铰式旋翼的桨叶与桨毂的连接，取消了水平铰及垂直铰而只保留轴向铰。桨叶的挥舞及摆振运动完全通过根部的弹性变形来实现。

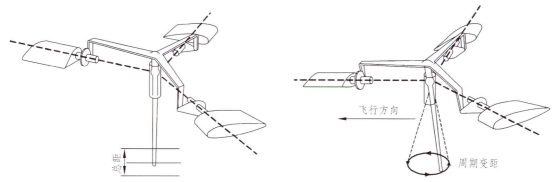

图 5.7 跷跷板旋翼（3 叶）的操纵示意

5.1.3 稳定杆

有些直升机的旋翼系统包含稳定杆（Stabiliser Bar），也称为平衡杆或飞杆（Flybar），如图 5.8 所示，主要目的是为旋翼桨毂提供内在稳定性。平衡杆类似陀螺仪，连接着总距和周期变距装置，利用跷跷板原理进行工作。

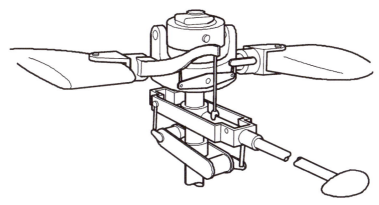

图 5.8 旋翼系统的稳定杆

飞杆是直升机旋翼系统的组成部分，它通过自动的周期变距来稳定旋翼，减少风和乱流的影响，更加容易控制直升机。飞杆有 3 种不同形式（贝尔形式、希勒形式、贝尔-希勒形式），分别称之为贝尔稳定系统、希勒稳定系统和贝尔-希勒系统。先前是通过安装阻尼器减小外力的影响，就是所谓的贝尔稳定系统，后来采用小桨代替阻尼器和配重，称之为希勒稳定系统。目前，综合前两种稳定系统的优点设计为贝尔-希勒稳定系统。

1. 贝尔稳定系统（Bell control system）

这是最简单的飞杆形式，飞杆两端各有配重，垂直于旋翼桨叶安装，并通过机械摇杆连接到斜盘和桨叶连杆上。如果任何外力（如阵风）试图要改变原来的旋转平面，让旋翼倾斜，飞杆的作用就是利用周期变距抵消外力的影响，几秒钟后飞杆也将跟随主轴旋转。由于飞杆的控制作用限制了周期变距的控制权限，所以将飞杆称为平衡。

2. 希勒稳定系统（Hiller control system）

希勒控制系统是通过飞杆实现周期变距。飞杆有助于在周期伺服器产生更大的作用力，以改变旋翼桨叶桨距。飞杆两端各有一个小桨，在周期变距过程中扭转改变两个小桨的桨距，如图 5.9 所示。当小桨的桨距改变时，飞杆旋转到主旋翼旋转平面不同的旋转平面上，然后周期性改变旋翼桨叶的桨距，最后导致旋翼旋转平面与飞杆旋转平面平行。因为飞杆小桨受到的气动力很小，即使旋翼受到阵风的影响，也能很好地保持在旋转平面上。希勒控制系统经常出现在固定桨距的直升机上。

图 5.9　希勒形式飞杆

3. 贝尔-希勒稳定系统（Bell-Hiller control system）

贝尔-希勒稳定系统具备了贝尔稳定系统的快速响应和希勒稳定系统的周期变距优先权的优点。贝尔-希勒稳定系统连接着飞杆、斜盘和桨叶连杆，有助于稳定和控制旋翼。其中，桨叶的桨距由斜盘直接控制，也可以由飞杆间接控制，飞杆是通过周期变距进行控制。如果没有这种稳定系统，直升机很难在阵风和前飞中控制旋翼。

安装贝尔-希勒形式飞杆的无人机直升机很容易识别，因为在飞杆两端安装了"小桨"，且飞杆安装角度偏离桨叶 90°，如图 5.10 所示。有些小型遥控直升机将飞杆定位 45°，虽然由于考虑陀螺效应，会提高稳定性，但会损失一定的速度和性能。

一般来说，增加小桨重量会降低周期变距的响应速度，而增加飞杆长度会增加周期变距的响应速度，同时也会增加飞杆的稳定效果。

注意，这里所说的"稳定"是指主旋翼在外力存在时保持其旋转平面的能力。这并不意味着旋翼将恢复到水平状态让直升机悬停。

图 5.10　贝尔-希勒形式飞杆

直升机旋翼旋转是由发动机通过旋翼轴带动来实现，旋翼给空气以作用力矩，空气必然在同一时间以大小相等、方向相反的反作用力矩作用于旋翼，继而再通过旋翼将这一反作用力矩传递到机身上。如果不采用措施予以平衡，这个反作用力矩就会使直升机逆旋翼转动方向旋转。对于单旋翼带尾桨布局的直升机，这个反作用力矩主要是通过尾桨来平衡。

5.1.4　尾　桨

尾桨是安装在直升机尾端的小旋翼，旋翼产生侧力来平衡旋翼旋转时产生的反作用力矩。旋转的尾桨相当于一个垂直安定面，能起到稳定直升机航向的作用。为了简化尾桨桨毂的构造，尾桨一般不设垂直铰，只能进行总距操纵，改变尾桨桨叶的安装角，可改变侧力，实现方向操纵。

尾桨高速旋转并处于旋翼的下洗流之下，受载复杂，造成噪声和结构件的疲劳。目前，采用涵道尾桨、增加垂直尾翼（简称垂尾）面积及采用无尾桨式单旋翼等措施来解决这些问题。对于轻型单旋翼直升机，可把尾桨安装在尾梁末端的涵道内，这种尾桨称为涵道风扇尾桨。

尾桨的旋转方向可以与旋翼旋转方向不相关。由于考虑到效率问题，当代直升机尾桨一般采用的是推力桨，因为这种布局会使尾桨排出的气流不受阻挡，而是吹向远离垂尾方向，尾桨效率高。

常规尾桨由尾桨叶和尾桨毂两部分组成（图 5.11），技术比较成熟，应用广泛。涵道尾桨（图 5.12）与常规尾桨相比，不仅消除了常规尾桨存在的固有缺点，还提高了安全性。涵道尾桨工作平稳，振动和噪声水平低。大垂尾面和涵道口前飞时产生的气动力对尾桨起卸载作用，故前飞时消耗的功率要比常规尾桨小得多。由于垂尾的存在又能保证当尾桨失效而直升机被迫自转下降时的全机气动平衡要求，即在涵道尾桨完全失效的情况下，直升机仍然能以一定的速度继续飞行。

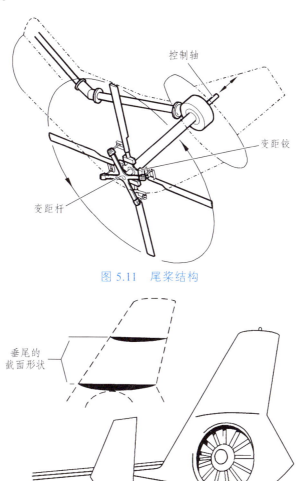

图 5.11　尾桨结构

图 5.12　涵道尾桨

为了帮助尾桨抵消旋翼旋转时产生的反作用力矩，有的直升机尾梁上还装有垂直安定面，保证直升机的航向稳定性。尾桨的桨尖速度和旋翼的桨尖速度相近，如果尾桨直径是旋翼直径的 1/5 左右，则尾桨的转速约为旋翼转速的 5 倍。

5.2 旋翼气动理论

直升机空气动力学的发展，实质上是指它的旋翼气动力理论的发展。旋翼气动力理论就是研究旋翼与周围空气相互作用的空气动力现象及机理。旋翼的气动性分析理论包括滑流定理、叶素理论、动量和叶素的联合理论、涡流理论等。旋翼的动力学基础为旋翼组合动量理论与叶素理论，以及旋翼涡流理论。

5.2.1 动量理论

旋翼动量理论（或滑流理论）的起源可追溯到 19 世纪，将空气动力学的动量和动量矩定理直接应用到旋翼所排挤的气流上形成动量理论（the momentum theory）。动量理论可以使我们更多地了解旋翼和尾流的工作情况。动量理论是由 Rankine 和 R.E. Froude 提出的，是以气流通过桨盘的动量和能量变化为依据的。

动量理论采用均匀滑流的假设，把旋翼看成一个无限薄的桨盘，应用流体流动的基本定律来研究旋翼桨盘对气流的作用。受到旋翼作用的气流叫滑流，用 v_h 表示，形成的区域就是滑流区，或称为尾流区。在动量理论中，空气流过桨盘的示意如图 5.13 所示。

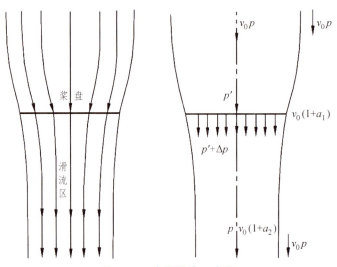

图 5.13　动量理论示意图

气流连续地通过桨盘，在桨盘上产生的拉力分布是均匀的，桨盘的上下存在压力差。前提是假设桨盘上下的气流轴向速度是相等的（不考虑桨盘的厚度），在桨盘上无扭矩，且通过桨盘的气流无旋转，并且将空气视为无黏不可压缩的理想气流。

如果假设来流气体密度为 ρ，未受旋翼影响的轴向速度和压强分别为 v_0 和 p；当气流接近旋翼时速度增加、压强减小，在桨盘前压强为 p'，气流通过桨盘后压强增加 Δp，轴向速度增加为 $v_0(1+a_1)$；当气流远离桨盘向下流动，其速度进一步增加为 $v_0(1+a_2)$，但压强降到原来流压强 p。则根据理想气流的势流理论，在桨盘上下的伯努利方程可写为

桨盘上（能量方程）

$$p_1 = p' + \frac{1}{2}\rho v_0^2 (1+a_1)^2 = p + \frac{1}{2}\rho v_0^2 \tag{5.1}$$

桨盘下（能量方程）

$$p_1^* = p' + \Delta p = p_1 - \frac{1}{2}\rho v_0^2 (1+a_1)^2 + \Delta p = p + \frac{1}{2}\rho v_0^2 (1+a_2)^2 \qquad (5.2)$$

因 $v_0 = 0$，桨盘前后的压力差为

$$\Delta p = p_1^* - p_1 = \left[p + \frac{1}{2}\rho v_0^2 (1+a_2)^2 \right] - \left(p + \frac{1}{2}\rho v_0^2 \right) = \rho v_0^2 a_2 \left(1 + \frac{a_2}{2} \right) \qquad (5.3)$$

假设桨盘面积为 A，则旋翼拉力为

$$T = A\Delta p = A\rho v_0^2 a_2 \left(1 + \frac{a_2}{2} \right) \qquad (5.4)$$

再由动量定理可知，旋翼对气流的作用力等于单位时间通过桨盘动量的增量。这里桨盘对气流的作用力方向与气流方向相同，而旋翼的拉力 T 与气流方向相反，即

$$T = \rho A v_0 (1+a_1) \left[v_0 (1+a_2) - v_0 \right] = A\rho v_0^2 (1+a_1) a_2 \qquad (5.5)$$

由式（5.4）和式（5.5）相等，得到

$$A\rho v_0^2 a_2 \left(1 + \frac{a_2}{2} \right) = A\rho v_0^2 (1+a_1) a_2 \qquad (5.6)$$

进一步得到

$$a_1 = \frac{a_2}{2} \qquad (5.7)$$

由动量理论得到，在桨盘处的速度增量是滑流速度增量的一半。

1. 诱导速度

根据动量理论也可以推出桨盘上下的压力和流速分布。图 5.14 所示为直升机垂直飞行时的压力和流速分布。空气经过桨盘自上而下流动，在桨盘以上大约两倍桨盘直径处流速基本为零，在桨盘以下相同距离处流速达到最大值；而在桨盘位置压力突变，故桨盘处形成一个压力差。

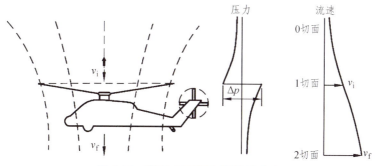

图 5.14　桨盘上下压力和流速分布

空气向下流动所增加的速度，叫诱导速度，用 v_i 表示。滑流速度为直升机的相对气流速度与诱导速度的矢量和。在桨盘处的诱导气流速度等于滑流速度，即 $v_i = v_h$。滑流里各切面的诱导速度各不相同（图 5.15），在桨盘上方，诱导速度小；在桨盘下方的一定范围内，诱导速度较大。即使是同一平面内，例如在桨盘平面内，诱导速度也不均匀。在垂直飞行状态，包括垂直上升、垂直下降和悬停状态，诱导速度沿桨叶的分布接近三角形。

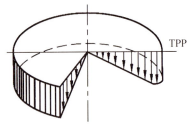

图 5.15　诱导速度分布

在前飞时，特别是大速度飞行，诱导速度不仅沿桨叶展向产生显著变化，而且还随方位角变化。旋翼桨盘上的诱导速度分布不均匀，将严重地影响桨叶的入流角，进而影响桨叶迎角的大小。因此，在桨盘平面内，诱导速度的大小及其分布，对桨叶的空气动力性能有很大的影响。在研究旋翼总空气动力特性时，通常以桨盘平面内的诱导速度的平均值来作为旋翼的诱导速度。

根据实际测量和理论计算结果可知，直升机在悬停和轴向飞行状态下，在桨盘下方适当远的地方（2 切面）的诱导速度约为桨盘处（1 切面）诱导速度的两倍，如图 5.14 和图 5.16 所示。或者进一步说，桨盘平面处的诱导速度是桨盘上下适当远的诱导速度的平均值。直升机前飞时，滑流处在斜流状态，旋翼桨盘处的诱导速度在数值上也等于下游很远处的诱导速度的一半。

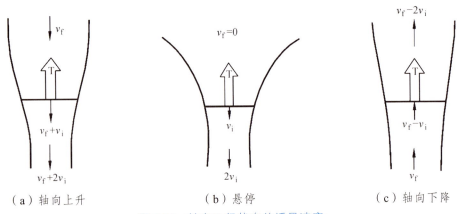

（a）轴向上升　　　　　（b）悬停　　　　　（c）轴向下降

图 5.16　轴向飞行状态的诱导速度

因为，$p_1 + \dfrac{1}{2}\rho v_i^2 = p + \dfrac{1}{2}\rho v_0^2$，因 $v_0 = 0$，则

$$p_1 - p = -\frac{1}{2}\rho v_i^2 \tag{5.8}$$

又因为，$p_1^* + \dfrac{1}{2}\rho v_i^2 = p_2 + \dfrac{1}{2}\rho v_2^2$，$p_2 = p$，$v_2 = 2v_i$，则

$$p_1^* - p = \frac{3}{2}\rho v_i^2 \tag{5.9}$$

式（5.8）和（5.9）表明，旋翼上面为吸压，下面为增压，且增压值为吸压的 3 倍。

再者，根据连续性原理和动量定理，可以推导出旋翼拉力与桨盘平面的诱导速度的关系，即

$$T = 2\rho v_h A v_i \tag{5.10}$$

或者写成

$$v_i = \frac{T}{2\rho v_h A} = \frac{T}{2\rho v_h \pi R^2} \tag{5.11}$$

在悬停状态时，$v = 0$，桨盘平面内的滑流速度等于该平面的诱导速度，即 $v_h = v_i$。这时诱导速度为

$$v_i = \sqrt{\frac{T}{2\rho \pi R^2}} \tag{5.12}$$

直升机悬停时，单位时间内流过桨盘平面的空气质量较少，故诱导速度较大。

同理，直升机前飞时的平均诱导速度公式为

$$v_i = \frac{T}{2\rho v \pi R^2} \tag{5.13}$$

从式（5.13）可以看出影响平均诱导速度的因素有：

（1）旋翼拉力越大，诱导速度越大。因为在空气密度和飞行速度一定时，旋翼拉力越大，表明旋翼对空气的作用力越大，空气通过桨盘平面向下增加的速度越大，故诱导速度也就越大。

（2）空气密度越小，诱导速度越大。在速度一定的条件下，空气密度小，单位时间内流过桨盘的空气质量少。如若保持旋翼拉力不变，即旋翼对空气的作用力不变的情况下，诱导速度必然增大。由此可见，在其他条件相同的情况下，飞行高度升高，诱导速度增大。

（3）飞行速度越大，诱导速度越小。因为飞行速度越大，单位时间内流过桨盘的空气质量增多，在旋翼拉力和空气密度不变时，诱导速度必然减小。

2. 旋翼的理想效率

旋翼的理想效率 η 表示单位时间旋翼拉力所做的有用功与桨盘对气流所做的总功之比。单位时间内桨盘对气流所做的总功可用气流通过桨盘的动能增量来表示，即

$$\Delta E = \frac{1}{2}\rho A v_0 (1+a_1)\left[v_0(1+a_2)^2 - v_0^2\right] = \rho A v_0^3 a_2 (1+a_1)^2 \tag{5.14}$$

由旋翼拉力 T 所做的有用功为

$$\Delta E_1 = T v_0 = \rho A v_0^3 a_2 (1+a_1) \tag{5.15}$$

则旋翼理想效率为

$$\eta = \frac{T v_0}{\Delta E} = \frac{\Delta E_1}{\Delta E} = \frac{1}{1+a_1} \tag{5.16}$$

旋翼的理想效率是由旋翼的滑流损失所造成的。所谓滑流损失是指被旋翼滑流区气流所

带走的、不可能再被利用的部分能量。旋翼的理想效率是旋翼效率的极限值，而实际旋翼效率总是低于理想效率。

　　动量理论是一种基于牛顿定律上的宏观分析，不仅可以分析直升机悬停状态，而且还可以应用于其他飞行状态分析。它的特点是计算模型简单，主要用于旋翼诱导气流及旋翼性能的初步估算，在直升机性能计算、总体参数选择等分析中使用。动量理论的缺点是采用了诱导速度均匀的假设，且不能涉及旋翼桨叶的几何特性，因此涉及桨叶几何特性的旋翼气动分析需考虑到桨叶叶素的气动特性。

5.2.2　叶素理论

　　1987 年，W. Froude 首先提出叶素理论概念。1985 年，Drzewiecki 首次引进了翼型气动数据，是机翼升力线理论在旋翼桨叶中的应用，它把桨叶看成由无限多的桨叶微段或叶素构成。1907 年，Lanchester 提出叶素理论的改进形式，将绕过每个叶素的气流认为是二维的，在各桨叶微段上，可应用二维翼型特性确定桨叶剖面的气动力和力矩，沿桨叶径向积分就可得到一片桨叶进而整个旋翼的气动力和力矩。

　　翼型升力机理也恰好适用于旋翼桨叶叶素的分析。把旋翼的桨叶当作旋转的机翼建立的理论也称为孤立桨叶理论（叶素理论）。叶素理论将桨叶分为有限个微小段（称为叶素），叶素的几何形状如图 5.17（a）所示，然后计算每一个叶素上的气动力，如图 5.17（b）所示，最后沿径向求和得到桨叶的总气动力。

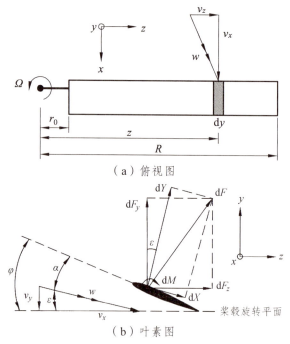

（a）俯视图

（b）叶素图

图 5.17　叶素几何形状和叶素图

　　桨叶叶素理论为旋翼空气动力学奠定了基础。动量定理仅考虑旋翼的轴向效应，未考虑旋翼的旋转效应，而叶素理论可以处理作用在桨叶上的气动力。叶素理论的缺陷是没有考虑旋翼桨叶产生的下洗效应，以及桨叶之间的干扰。

5.2.3　涡流理论

这种理论主要依据茹科夫斯基的涡流理论和 Prandlt 的有限翼展理论,把绕过旋翼的气流看作由各个单独桨叶所激起的涡流场和相应的诱导速度场来组成,通过利用涡流理论和有限翼展理论,建立起桨叶几何特性与气动力之间的关系,在旋翼气动设计中得到广泛应用,也是升力线和升力面数值模拟的理论基础。

涡流理论是运用决定旋涡作用和影响的流体动力学定理来计算旋翼尾迹流场的,如图 5.18 所示尾迹流场模拟,尤其是旋翼桨盘处诱导速度的一种旋翼分析方法。其最简单的形式是采用作用盘模型,忽略了由于桨叶片数而在旋翼和尾迹内产生的不连续,并将旋涡分布于整个尾迹体内。

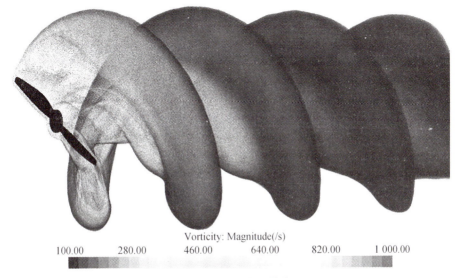

Vorticity: Magnitude(/s)

| 100.00 | 280.00 | 460.00 | 640.00 | 820.00 | 1 000.00 |

图 5.18　尾迹流场模拟

旋翼气动力学的非定常动力模型分析(图 5.19)是建立在这样一个假设上,即叶素上的升力系数仅仅与马赫数和瞬时迎角有关。但风洞试验结果表明,这一假设在低拉力水平时是合理的,但在高拉力水平时,拉力值低于试验值。一般认为这种偏差是由两种影响引起的,偏流对最大升力系数的有利影响,以及失速期间边界层的分离需要一定时间。

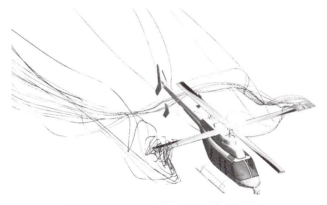

图 5.19　直升机旋翼流场数值模拟

5.3 旋翼工作原理

旋翼的运动方式与固定翼飞机的机翼不同，区别在于旋翼的桨叶除了随机体一起做直线或曲线运动外，还绕旋翼轴不断旋转，因此桨叶的空气动力现象比机翼的复杂得多，虽然有共同点，但也有许多不同的特点。

从理论上分析旋翼的工作情况时，可以采用滑流理论。滑流就是流过旋翼的气流，旋翼滑流理论是牛顿定律在旋翼上的应用。直升机虽然没有机翼，但把旋翼看作作用盘，它旋转后迫使空气向下加速流动，给空气施加一个向下的作用力，与此同时，空气也给旋翼一个向上的反作用力，这就是旋翼产生的拉力。

5.3.1 旋翼拉力

旋翼的桨叶类似于普通固定翼飞机的机翼，旋翼产生拉力与机翼产生升力的道理大致相同。直升机旋翼和尾桨都是由多片桨叶组成，其产生的作用力是各片桨叶气动力的集合。旋翼旋转时，旋翼上面的空气压力小，下面的空气压力大，旋翼拉力可以认为是旋翼上下两侧压力差的总和。

旋翼桨叶产生的气动合力如图 5.20 所示。桨叶旋转产生升力垂直于合成气流（桨叶旋转的轴向气流与诱导气流的合成），平行合成气流方向的阻碍桨叶运动的为桨叶阻力，桨叶升力与桨叶阻力合成为桨叶气动合力。把每片桨叶产生的拉力相加，这个力作用在桨尖旋转平面的中心，且垂直于这个平面，这个力叫作旋翼拉力。

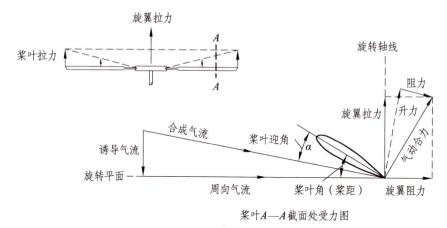

桨叶A—A截面处受力图

图 5.20　旋翼拉力

直升机旋翼产生旋翼拉力的同时，旋转的桨叶也会产生离心力，在桨叶拉力和离心力共同的作用下，桨叶处在一个平衡位置，如图 5.21 所示。此时，桨叶与桨尖轨迹平面之间产生一个夹角，称之为旋翼锥角。锥角的产生是由于桨叶承受大载荷而引起的，实际上锥角并不大，仅有 3°~5°。旋翼转速增加，离心力增加，旋翼锥角减小；反之，旋翼锥角增加。如果直升机重量增加，旋翼锥角会增加；反之，旋翼锥角减小。旋翼锥角对桨盘面积有影响，旋翼锥角小，桨盘面积大；反之，旋翼锥角大，桨盘面积小。

由于旋翼锥角的存在，旋翼桨叶不论转到哪个方位，都是向上倾斜的，所以桨叶的拉力也向内侧倾斜。可以将桨叶拉力分解为与桨尖旋转平面平行和垂直的两个分力，其中，水平分力相等，方向相反，而垂直分力与旋翼锥体轴方向一致。另外一个分力就是阻碍桨叶旋转的旋翼阻力。每片桨叶的旋翼拉力相加就是旋翼总拉力；而每片桨叶的旋翼阻力相加就是旋翼总阻力。

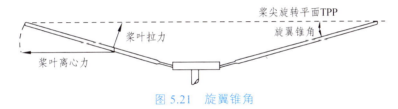

图 5.21　旋翼锥角

由于旋翼拉力与飞机机翼产生升力的道理相似，所以根据机翼升力公式，这里也可以将旋翼拉力公式写成

$$T = \frac{1}{2} C_{\text{T}} \rho (\Omega R)^2 (\pi R^2) \tag{5.17}$$

式中　C_{T}——拉力系数；

　　　　ΩR——桨尖速度；

　　　　πR^2——桨盘面积。

飞机机翼升力系数只与机翼的翼型和迎角有关，而旋翼的拉力系数 C_{T} 不仅与桨叶的翼型和迎角有关，而且还与旋翼的实度成正比。对于一般的旋翼而言，其拉力系数可用下式近似计算

$$C_{\text{T}} = 0.3 \sigma C_{y7} \tag{5.18}$$

式中　C_{y7}——各桨叶的特征切面（$r = 0.7R$）处的升力系数平均值，其取决于桨叶翼型和该切面平均迎角的大小；

　　　　σ——旋翼实度。

旋翼实度是总桨叶面积与桨盘面积的比值。旋翼实度的大小，取决于桨叶的片数和每片桨叶的面积。直升机的旋翼桨盘实度一般为 0.03～0.09。

旋翼实度过小，表明每片桨叶面积小或桨叶片数少，为了产生足够的所需拉力，必须增大桨叶的安装角和桨叶迎角，从而在大速度飞行时会发生气流分离，使最大飞行速度受到限制。

旋翼实度过大，表明每片桨叶面积大或桨叶片数多，必然使桨叶间距过小，造成后桨叶经常处于前桨叶的涡流之中，使空气动力性能变差。同时也会因桨叶面积大和片数多造成旋翼笨重，型阻也越大，旋翼旋转会消耗更多的发动机功率，使旋翼的效率降低，这将降低直升机的航程和续航时间。

如果在重量不变的条件下，如果实度越大，意味着单位面积桨叶上的载荷变小了，从而桨叶迎角变小了，这将推迟旋翼的气流分离失速，提高直升机的机动性、悬停升限、动升限、最大平飞速度等。

固定翼飞机在平飞中，为了保持足够的升力来平衡其重力，在其他飞行条件不变的情况下，飞行速度和机翼迎角成一一对应关系，迎角大升力系数大，平飞所需速度小；迎角小升力系数小，平飞所需速度大。对于直升机来说，飞行速度不论是增大还是减小，旋翼的拉力系数 C_{T} 应保持基本不变，才能保持旋翼的拉力与直升机的重力基本相等。由于同型直升机的

旋翼实度、半径一定，旋翼转速不变时，要保持旋翼拉力，必须使拉力系数 C_T 不变，这就要求桨叶的平均迎角不随飞行速度变化。如果外界因素导致桨叶迎角发生改变时，必须改变旋翼总距，促使桨叶的平均迎角基本保持不变。

旋翼拉力的大小也由许多因素决定，主要是旋翼转速、空气密度、旋翼半径和桨叶迎角。下面逐一分析影响旋翼拉力的各个因素。

（1）旋翼转速对拉力的影响。旋翼转速 Ω 增加，桨叶微元的相对气流就加快，桨叶升力就增大，桨叶拉力也增大。旋翼拉力与旋翼转速的平方成正比，即转速增大 1 倍，拉力增大到原来的 4 倍。

（2）空气密度对拉力的影响。空气密度增大，桨叶升力就增大，桨叶拉力也增大。所以旋翼拉力与空气密度成正比。

（3）桨叶迎角对拉力的影响。桨叶微元升力与其迎角成正比，因此桨叶拉力与桨叶迎角成正比。应该指出，当桨叶迎角超过临界迎角以后，桨叶拉力随迎角的增大反而减小。

（4）旋翼实度对拉力的影响。当旋翼的半径一定时，旋翼实度 σ 与桨叶的片数和桨弦 c 成正比。显然，桨弦越长，各段桨叶的升力越大，整个桨叶的拉力也就越大；桨叶片数增多，旋翼拉力也增大。因此，旋翼拉力与旋翼的实度成正比。

（5）旋翼半径对拉力的影响。旋翼半径增大，一方面桨叶的投影面积增大，旋翼实度也增大，使桨叶的拉力增大；另一方面，桨尖的周向速度增大，桨叶的拉力又有所增大。旋翼拉力与旋翼半径的三次方成正比，即旋翼半径增大 1 倍，旋翼拉力增大到原来的 8 倍。

以上分析了 5 个影响旋翼拉力的因素，对于某型直升机而言，旋翼实度和旋翼半径是不变的，旋翼转速一般变化也很小，要增大旋翼转速，就必须增大发动机功率。空气密度随着气温和高度而变化，空气密度的变化也会引起发动机功率的变化。桨叶迎角取决于入流角和桨叶角的大小。桨叶角增大，桨叶迎角也增大，所需发动机的功率也增大。可见，旋翼拉力的大小，归根结底取决于发动机功率。

总而言之，旋翼转速、桨叶迎角、桨叶半径和旋翼实度等各影响因素数值增大，拉力就增大。必须指出，在实际飞行中，各个影响因素由于受到空气动力特性、结构强度和发动机功率等条件的限制，其数值不可能很大，更不能认为其数值越大越好，要综合考虑。

旋翼不仅是直升机的升力面，产生使直升机升空的升力；旋翼又是直升机的操纵面，提供使直升机升降、俯仰和滚转的操作力和力矩；旋翼还是直升机的推进器，拉动直升机向任何方向飞行，如图 5.22 所示。

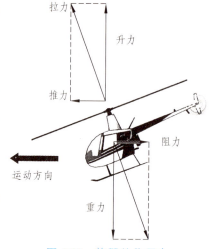

图 5.22　旋翼的作用力

旋翼拉力的垂直分量平衡直升机的重力，而水平分量成为直升机前飞的动力。桨尖旋转平面 TPP 往哪里倾斜，直升机就往哪个方向飞行。如果直升机发动机状态设置一定，空速保持一致，TPP 倾斜越厉害，则水平分力越大，而垂直分力越小。当然，水平分力与直升机阻力方向相反，水平分力大于阻力时，直升机水平加速；阻力增加到大于水平分力时，直升机就减速，最终直升机在水平分力和阻力相等的情况下保持匀速飞行。同样道理，如果直升机保持高度飞行，此时需要垂直分力与直升机重力相等，否则就会使直升机爬升或下降。

总之，旋翼肩负着直升机飞行时所需推进、负重和可控性这 3 种功能，所以旋翼的作用可以概括为以下 3 点：

（1）旋翼总空气动力矢量分力产生向上的升力，用以克服直升机的重力，类似固定翼飞机机翼的作用。直升机不仅可以飞得很慢，而且可以在空中悬停和垂直起降。即使直升机的发动机空中停车，驾驶员可通过操纵旋翼使其自转，仍可产生一定升力，减缓直升机下降趋势，保证安全着陆。

（2）另一分力产生向前的水平分力克服空气阻力，类似固定翼飞机上推进器的作用（如螺旋桨或喷气发动机）。

（3）产生其他分力及力矩对直升机进行控制或机动飞行，类似飞机上各操纵面的作用。

5.3.2　旋翼阻力

当旋翼转动时，不仅产生拉力，而且还会产生阻止旋翼旋转的阻力。为了保证旋翼稳定旋转，必然要消耗一定的功率。因此，了解旋翼旋转阻力和所需功率产生的原因、影响因素和不同情况下旋翼所需功率的变化，对正确选择旋翼工作状态是很重要的。

阻止旋翼旋转的空气动力，叫旋翼旋转阻力，简称旋翼阻力，用 Q 表示。旋翼阻力与桨尖旋转平面平行，而方向与旋转方向相反。按产生原因的不同，旋翼阻力可分为翼型旋转阻力 Q_b、诱导旋转阻力 Q_i、上升旋转阻力 Q_c、废阻旋转阻力 Q_p。总阻力和各阻力与空速之间的关系见图 5.23 中的阻力曲线。

摩擦阻力和气流压差阻力所构成的桨叶空气阻力，就是各段翼型阻力之和，其方向与相对气流合速度平行。桨叶空气阻力在桨毂旋转平面上的分力，叫翼型旋转阻力，以 Q_b 表示。

旋翼旋转产生拉力时，桨毂旋转平面内就有诱导速度 v_i，诱导速度产生入流角 ε_i，如图 5.24 所示。这时相对气流合速度 w 偏离桨毂旋转平面，会引起桨叶升力向桨叶后缘倾斜，由此产生的旋转阻力称为诱导旋转阻力，用 Q_i 表示。

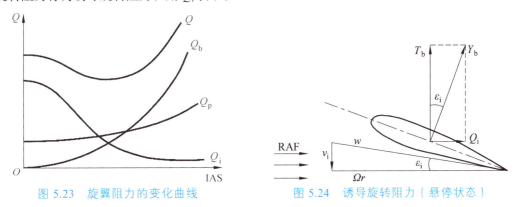

图 5.23　旋翼阻力的变化曲线　　　　图 5.24　诱导旋转阻力（悬停状态）

如果桨叶的相对气流越快，入流角变化值越小，诱导旋转阻力越小，但是由于旋翼旋转速度为恒速，所以相对气流变化造成的影响可以忽略。在固定转速下，桨叶下洗程度受到桨叶迎角的影响，桨叶迎角越大，下洗程度越强，产生更大的诱导旋转阻力。

同机翼翼尖处一样，在桨叶桨尖部位同样也会产生翼尖涡。桨叶产生拉力时，桨叶下翼面压力高于上翼面压力，气流从下翼面绕过桨尖流向上翼面，故而在桨尖处形成翼尖涡。翼尖涡的上行气流部分不会形成下洗气流,而翼尖涡的下行气流部分形成下洗气流,会增加诱导旋转阻力的大小。

直升机垂直上升时,其上升引起的相对气流与诱导速度相同,引起桨叶切面相对气流 w 更加偏离桨毂旋转平面,使桨叶升力向后的倾斜角增大,旋转阻力增加。由此原因所增加的旋转阻力称为上升旋转阻力,用 Q_c 表示。

以直升机平飞为例,为了克服机身、起落架等装置所产生的空气阻力,旋翼锥体必须相应向前倾斜一个角度。这时,相对气流在旋翼锥体轴线方向的分速,其方向与旋翼的诱导速度的方向一致,使桨叶的入流角增大,桨叶的相对气流合速度 w 更加偏离桨毂旋转平面,而引起旋转阻力增大。由此原因所产生的旋转阻力,叫废阻旋转阻力,用 Q_p 表示。

综上所述,旋翼旋转阻力为所有桨叶的翼型旋转阻力 Q_b、诱导旋转阻力 Q_i、上升旋转阻力 Q_c、废阻旋转阻力 Q_p 之和,可用下式表示

$$Q = Q_b + Q_i + Q_c + Q_p \qquad (5.19)$$

显然,式中的第一项 Q_b 是由桨叶空气阻力在桨毂旋转平面上的分力形成,后 3 项是由桨叶升力在桨毂旋转平面上的分力形成。

5.3.3　悬　停

悬停是直升机区别于常规固定翼飞机的一种特有的飞行状态。直升机在一定高度上航向和位置都保持不变的飞行状态,叫作悬停。

悬停飞行是分析直升机垂直升降的基础,见图 5.25 所示。此时直升机旋翼产生的拉力与自身重力以及旋翼下洗流或滑流引起的机身阻力相平衡,在理论分析时,常常忽略这部分阻力。

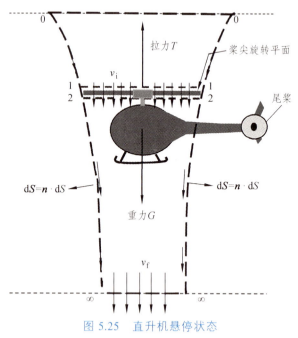

图 5.25　直升机悬停状态

旋翼旋转时,由于旋翼桨盘上面的空气压力小于大气压力,空气从上方被吸入桨盘内,

空气通过桨盘受桨叶作用向下加速流动。滑流的速度为直升机的相对气流速度与诱导速度 v_i 的矢量和。从图 5.25 中显示出：截面 0 代表远离旋翼的上方区，气流是静止的，即 $v_0 = 0$；截面 1 代表旋翼旋转平面的上面，截面 2 代表旋翼旋转平面的下面。在旋翼旋转平面处滑流速度等于诱导速度，即 $v_h = v_i$；截面 ∞ 代表远离旋翼下方充分发展的尾流区。

滑流里诱导速度各不相同。在桨盘上方越远的地方，诱导速度越小；在桨盘下方的一定范围内，诱导速度较大。旋翼桨盘上的诱导速度严重地影响桨叶的来流角，从而影响桨叶迎角的大小。因此，在桨盘平面内，诱导速度的大小及其分布不均匀，对桨叶的空气动力性能有很大的影响。在研究旋翼总空气动力的特性时，通常以桨盘平面内的诱导速度的平均值作为旋翼的诱导速度。根据雷诺输运定理，其中 $B = b \cdot m$，则

$$\left(\frac{\mathrm{d}B}{\mathrm{d}t}\right)_{系统} = \frac{\partial}{\partial t} \iiint\limits_{控制体} \rho b \mathrm{d}v + \iint\limits_{控制面} (\rho b)v \cdot \mathrm{d}S \tag{5.20}$$

对于稳定气流，则上式变为

$$\left(\frac{\mathrm{d}B}{\mathrm{d}t}\right)_{系统} = \iint\limits_{控制面} (\rho b)v \cdot \mathrm{d}S \tag{5.21}$$

根据连续性定理，在单位时间内通过各切面的空气质量相等，对应的 $B = m$ 和 $b = 1$，有

$$\left(\frac{\mathrm{d}m}{\mathrm{d}t}\right)_{系统} = \iint\limits_{控制面} (\rho)v \cdot \mathrm{d}S \tag{5.22}$$

$$-\iint\limits_{控制面2} \rho v_i \mathrm{d}S + \iint\limits_{控制面\infty} \rho w \mathrm{d}S = 0 \tag{5.23}$$

则

$$\rho v_i A = \rho w A_\infty \tag{5.24}$$

所以

$$\rho A_0 v_0 = \rho A_1 v_i = \rho A_2 v_f \tag{5.25}$$

根据动量定律可知，物体在单位时间内的动量变化等于作用在物体上的力。由作用力和反作用力定律，可以推导出旋翼拉力与桨盘平面的诱导速度的关系。依据动量守恒定律，对应 $B = mv$ 和 $b = v$，则

$$\left(\frac{\mathrm{d}mv}{\mathrm{d}t}\right)_{系统} = \iint\limits_{控制面} (\rho v)v \cdot \mathrm{d}S \tag{5.26}$$

上式为作用在控制体上的所有力，即旋翼拉力 T。则进一步表示为

$$T = w \iint\limits_{控制面\infty} (\rho w)\mathrm{d}S = w\dot{m} \tag{5.27}$$

根据能量守恒定律，此时 $B = E = \frac{1}{2}mv^2$ 和 $b = \frac{1}{2}v^2$，则

$$\left(\frac{\mathrm{d}E}{\mathrm{d}t}\right)_{系统} = \iint\limits_{控制面} \left(\rho \frac{1}{2}v^2\right)v \cdot \mathrm{d}S \tag{5.28}$$

上式左侧代表旋翼消耗的能量，等于 $T \cdot v_i$，因此

$$T \cdot v_i = \iint\limits_{\text{控制面}} \left(\rho \frac{1}{2} v^2 \right) \boldsymbol{v} \cdot \mathrm{d}\boldsymbol{S} = \frac{1}{2} w^2 \dot{m} \tag{5.29}$$

由于 $T = \dot{m}w$，进一步得到：$\dot{m}wv_i = \frac{1}{2} w^2 \dot{m}$ 或 $v_i = \frac{1}{2} w$，则

$$T = \dot{m}w = \dot{m}(2v_i) = \rho A v_i (2v_i) = 2\rho A v_i^2 \tag{5.30}$$

桨盘处的诱导速度为

$$v_h = v_i = \sqrt{\frac{T}{A} \frac{1}{2\rho}} \tag{5.31}$$

在悬停状态（$v = 0$）时，桨盘平面内 1 处的滑流速度 v_h 就是该平面的诱导速度 v_i，则公式为

$$T = 2\rho A_1 v_h v_i = 2\rho A_1 v_i^2 \tag{5.32}$$

可以看出，旋翼拉力与诱导速度平方成正比例关系，旋翼拉力越大，诱导速度越大，即桨盘载荷越大，诱导速度越大。前面讲过，尾流远处诱导速度等于桨盘处诱导速度的两倍，所以在尘、沙、雪或松软的地面上悬停，直升机尾流大的诱导速度会将沙尘或雪掀起。悬停时 $T = G$，则诱导速度公式为

$$v_i = \sqrt{\frac{T}{2\rho \pi R^2}} = \sqrt{\frac{G}{2\rho \pi R^2}} \tag{5.33}$$

与固定翼飞机的升力系数类似，旋翼拉力系数也可以推导为

$$C_T = \frac{T}{\frac{1}{2} \rho (R\Omega)^2 \cdot A} \tag{5.34}$$

同样，旋翼功率系数和旋翼力矩系数分别表示为

$$C_P = \frac{P}{\frac{1}{2} \rho (R\Omega)^3 \cdot A} \ ; \quad C_Q = \frac{P}{\frac{1}{2} \rho (R\Omega)^2 \cdot R \cdot A} \tag{5.35}$$

悬停时，旋翼拉力系数为

$$C_T = 4 \left(\frac{v_i}{\pi \Omega} \right)^2 \tag{5.36}$$

则力矩系数可以表示为

$$C_Q = \frac{p}{\frac{1}{2} \rho (R\Omega)^2 RA} \tag{5.37}$$

由旋翼拉力公式可知，如旋翼半径一定，拉力取决于拉力系数 C_T、桨尖圆周速度 ΩR 和空气密度 ρ。当桨叶翼型和旋翼实度一定时，旋翼的拉力系数与桨叶迎角成正比，而迎角等

于桨距与来流角之差，显然，桨距增大，拉力系数也增大，旋翼转速增加，圆周速度也增大。由此可见，直升机在一定高度悬停，旋翼拉力是由旋翼总距和转速所确定的。

悬停高度或大气温度发生改变，空气密度发生变化，同样会影响旋翼的拉力。悬停高度升高，空气密度减小，为了使旋翼所产生的拉力等于直升机重力，就要增大总距或增加旋翼转速。所以，随悬停高度的升高或大气温度升高，必须增加直升机总距。

5.3.4 垂直升降

1. 垂直上升

直升机垂直上升中，流过桨叶翼型的气流由两个相互垂直的气流速度合成的，如图 5.26 所示。其一是直升机向上运动产生的轴向气流速度 v_c 和旋翼的诱导速度 v_i，也就是说这两者的速度方向一致，在单位时间内流过桨盘的空气质量增多。其二是由桨叶旋转在桨毂旋转平面内产生的相对气流速度。

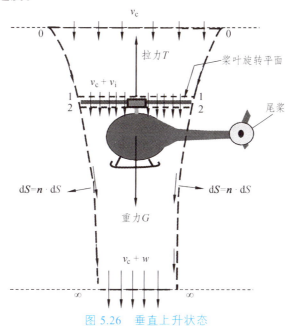

图 5.26　垂直上升状态

由于相对气流以速度 v_c 从上向下吹向桨毂旋转平面，经过桨盘的气流变为 $v_c + v_i$，根据质量守恒定律、动量守恒定律和能量守恒定律可知：

$$\dot{m} = \rho A(v_c + v_i); \quad T = \dot{m} v_f; \quad v_f = 2 v_i \tag{5.38}$$

因此，

$$T = \dot{m} v_f = \rho A(v_c + v_i) \cdot 2 v_i$$

$$\Rightarrow \frac{T}{2 \rho A} = v_c \cdot v_i + v_i^2 \tag{5.39}$$

旋翼迎角为 $-90°$。而桨叶迎角 α 等于桨距 φ 与来流角 ε 之差，即 $\alpha = \varphi - \varepsilon$，如图 5.27 所示，此时来流角要比悬停时大。并且，上升率越大，来流角也越大。如桨距一定，则来流角越大，迎角越小。要保持桨叶迎角不变，应相应地增大桨叶安装角。因此，随着上升率的增大，必须相应地增大总距，才能保持旋翼拉力等于直升机的重力。

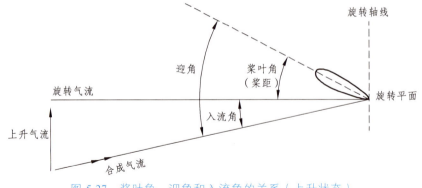

图 5.27　桨叶角、迎角和入流角的关系（上升状态）

公式（6.46）进一步转化为

$$v_h^2 = v_c \cdot v_i + v_i^2 \text{ 或 } \left(\frac{v_i}{v_h}\right)^2 + \frac{v_c}{v_h} \cdot \left(\frac{v_i}{v_h}\right) - 1 = 0 \tag{5.40}$$

由于在爬升过程中个，v_i/v_h 为正值，则

$$\frac{v_i}{v_h} = -\frac{1}{2}\frac{v_c}{v_h} + \sqrt{\frac{1}{2}\left(\frac{v_c}{v_h}\right)^2 + 1} \tag{5.41}$$

旋翼功率等于旋翼拉力与桨盘滑流速度的乘积，则

$$P = T(v_c + v_i) = T \cdot v_c + T \cdot v_i = P_{\mathrm{climb}} + P_i \tag{5.42}$$

垂直上升的操纵与悬停时比，有其不同的特点。悬停时，上升率为零，直升机处于相对静止的状态；垂直上升时，上升率不等于零，直升机处于高度发生变化的状态。

直升机在垂直上升过程中，一旦爬升率稳定后，所需的升力稍微大于悬停状态，其差别在于机身在旋翼滑流中的阻力有所不同，爬升时的滑流要比悬停时的大些，所以垂直上升所需功率就要大。

直升机为了实现爬升，需要增加旋翼转速或桨距，以提供更大的升力。如果无人机直升机单纯控制旋翼转速进行升降，会产生操纵响应滞后现象。目前，比较广泛的操纵方式是采用总距杆控制。

所以，直升机在悬停的基础上做垂直上升，首先应柔和地增加总距，用以提供更大的桨叶迎角，在桨叶桨距增大的初始阶段，旋翼拉力大于重力，直升机加速上升；随着上升率的增大，桨叶来流角也不断增大，桨叶迎角减小，当来流角的增量与总距的增量基本相等时，旋翼拉力等于直升机重力，加速上升的力消失，保持稳定垂直上升。

由于增加旋翼总距，旋翼反作用力矩增大，直升机将出现偏转。为了保持方向平衡，要增大尾桨拉力，还要使直升机不出现侧向移位和滚转。同时，直升机总阻力增加，此时需要增加发动机功率。

2. 垂直下降

当需要直升机进入垂直下降状态，正好与垂直上升状态相反，此时直升机有可能飞入自身的滑流之中，如果下降速度很快，接近旋翼的下洗速度时，这种飞行情况非常危险，有可能进入涡环状态。

垂直下降时相对气流从下而上流向桨毂旋转平面，旋翼迎角为90°。垂直下降中，流经桨毂旋转平面的气流速度是两个方向相反的气流速度的合成，如图 5.28 所示，一是垂直下降所形成的自下而上的轴向气流速度 v_D；二是自上而下的旋翼的诱导速度 v_i。

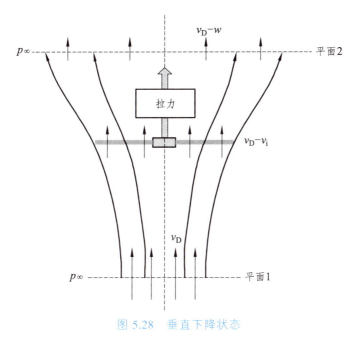

图 5.28　垂直下降状态

垂直下降和垂直上升的情况相反，这时要保持一定的迎角，必须相应地减小总距。保持等速垂直下降的条件同保持悬停和等速垂直上升的条件也基本相同。

直升机垂直下降时，旋翼拉力为

$$T = \iint\limits_{\substack{control \\ surface}} (\rho v)v \cdot dS = -\dot{m} \cdot w \tag{5.43}$$

直升机在悬停的基础上做垂直下降，首先应减小旋翼总距，减小旋翼拉力，使拉力小于直升机重力，进行垂直下降。此时旋翼反作用力矩减小，直升机将向旋转方向偏转。为保持方向平衡，必须减小尾桨拉力。同时不使直升机出现侧向移位和滚转。

直升机做垂直下降或以小空速飞行时，如果下降率较大，向上气流会阻碍滑流运动，其中一部分空气重新吸入旋翼中，这种现象描述了一种特殊的气动条件，即涡环状态。

涡环状态出现后，将会造成气流分离、低频振动、挥舞过度、周期变距的控制余度减小、产生额外噪声以及升力减小等现象，此时驾驶杆操纵功效下降，或者根本没有操纵功效，这是一种危险的现象。

涡环状态的形成与发展将如图 5.29 所示。当直升机从悬停状态[图 5.29（a）]转入垂直下降时，如果下降率增大并超过一定值，桨尖涡流会逐渐扩大而发展成为涡环状态。直升机垂直下降引起的向上相对气流与旋翼向下排压的气流相遇，迫使一部分气流绕过旋翼锥体的边缘向上流动，如图 5.29（b）所示。因为旋翼上面的空气压力比大气压力低，向上流动的这部分空气重新被吸入旋翼锥体中，又被旋翼排向下方，这样就使原来的涡流区扩大，从而形成如图 5.29（c）所示的涡环。也就是说，有部分空气被往复吸入和排出，故发动机要多消耗一部分功率，直升机也变得不易操作。图 5.29（d）是下降率很高的情况，通过旋翼向下的滑流速度减慢，这种情况称为风车刹车状态。此时能量由空气传递到旋翼，桨尖涡流消失，滑流从旋翼下面流到上面。

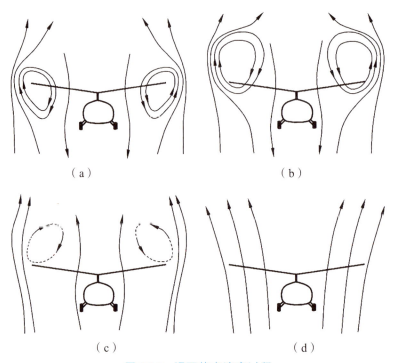

图 5.29　涡环状态演变过程

只有当下降率增大到一定程度以后才可能出现涡环状态，涡环的形成与直升机的下降率有关系。如果下降率较小，旋翼向下排压空气的流动速度较大，直升机下降的相对气流速度较小，这两股气流相遇，其主流还是向下运动，空气绕过旋翼锥体的边缘向上流动还不至于形成涡环。反之，如果下降率过大，直升机下降所形成的相对气流速度很大，而旋翼向下排压的气流速度很小，涡环将被自下而上的相对气流吹掉，也不至于形成涡环状态。所以，在低下降率和高下降率之间，直升机下降就容易产生涡环状态。

特别在直升机下降比较快，导致桨叶内侧部位的诱导气流向上流动，也就是说桨根部位的气流相对于桨盘向上流动，上升气流克服了桨叶旋转引起的下洗流，在桨尖翼尖涡流外侧产生二次涡环。二次涡环在桨叶上气流方向改变为由桨盘下部流向桨盘上部，如图 5.30 所示。结果是桨盘大部分面积上产生不稳定紊流，造成旋翼效率损失。

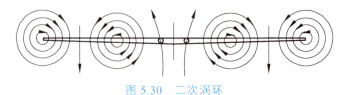

图 5.30　二次涡环

5.3.5 前飞和侧飞

当直升机前飞和侧飞时，相对气流与旋转轴不平行，出现斜流现象，如图5.31所示。

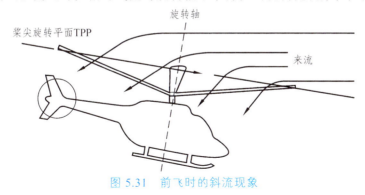

图 5.31 前飞时的斜流现象

为了进一步分析，这里采用旋翼构造轴系 $O_S X_S Y_S Z_S$，如图5.32所示。斜流的方向可在旋翼构造轴系中表示，构造轴系的 O_S 取桨毂中心，Y_S 取旋转轴方向，向上为正，X_S 在旋转平面内，其方向与直升机纵轴 OX 平行，Z_S 轴垂直 $X_S O_S Y_S$ 面，其方向当旋翼左旋时由左手定则决定，右旋时用右手定则决定，旋转平面用 S—S 表示。

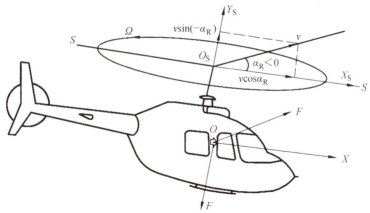

图 5.32 直升机旋翼上的外力及其分解

相对气流 v 与构造平面之间的夹角即为旋翼迎角 α_R。直升机垂直上升时 $\alpha_R = -90°$，垂直下降时 $\alpha_R = 90°$，平飞时一般 $\alpha_R = -5° \sim -10°$，即低头平飞。将 v 分解后可得沿 X_S 轴的速度分量为 $v\cos\alpha_R$，沿转轴方向在 Y_S 上的分量为 $v\sin(-\alpha_R)$。

直升机前飞时，桨叶的气动特性可采用类似于垂直飞行时的状态进行描述。图5.33（a）描述了前飞时作用于桨叶的周向来流速度及径向来流速度。桨叶径向来流速度为 $v\cos\alpha_R \cos\psi$；周向来流速度为 $\Omega r + v\cos\alpha_R \sin\psi$。

沿旋转方向桨叶的周向来流速度是直升机空气动力的重要因素之一，这里将周向来流速度 v_x 用以下公式来表示

$$v_x = \Omega r + v\cos\alpha_R \sin\psi \qquad (5.44)$$

其中，v_x 与旋转桨叶的方位角 ψ 密切相关。当方位角 $\psi = 90°$ 时，v_x 值最大；当 $\psi = 270°$ 时，v_x 值最小。

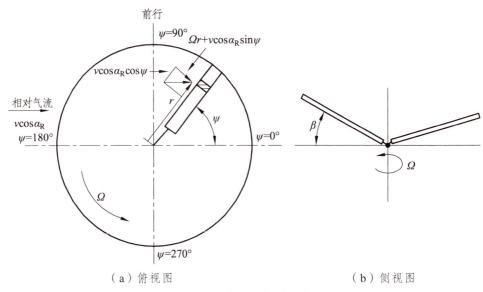

（a）俯视图　　　　　　　　　　（b）侧视图

图 5.33　桨叶的相对速度

从旋转中的旋翼侧视图[图 5.33（b）]中可以确定桨叶的挥舞角 β，挥舞角随着直升机飞行状态以及桨叶方位角的变化而变化。

在理解直升机前飞时的周向来流速度分布之后，就可以分析前飞时作用于桨叶上的空气动力，如图 5.34 所示，并与垂直飞行时的桨叶空气动力进行比较分析。

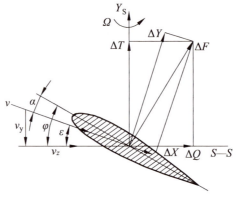

图 5.34　前飞中的叶素空气动力

与 Y_S 方向相反的速度称桨叶轴向来流速度，采用 v_y 来表示，即

$$v_y = v\sin(-\alpha_R) + v_i + v_\beta \tag{5.45}$$

式中　$v\sin(-\alpha_R)$——前飞速度引起的轴向来流速度；

v_i——构造旋转平面的诱导速度；

v_β——挥舞时相对气流速度。

可以看出，前飞时的旋翼拉力与垂直飞行状态的旋翼拉力表达式一致，只是叶素升力和阻力在旋转轴上的分量不一样而已。

前飞时桨叶的入流角可以表示为

$$\varepsilon = \arctan\left(\frac{v_y}{v_x}\right) \qquad\qquad (5.46)$$

5.4 旋翼的气动力特性

5.4.1 地面效应

飞机贴地低飞时，要受到地面效应的影响；而直升机在较低的高度悬停和邻近地面飞行，即非常接近地面时，同样也有地面效应的问题。直升机的地面效应，是旋翼排向下方的气流受到地面阻挡而影响旋翼空气动力的一种现象，也叫地面气垫。

对固定翼飞机而言，相对气流流过机翼之后，虽具有一定的下洗速度，但下洗角不大，所受到的地面阻挡作用也不强，如图 5.35（a）所示，地面效应的影响也就有限。直升机则不然，被旋翼排向下方的气流，直接向地面流去，如图 5.35（b）所示，受到地面的阻挡作用大得多，所以直升机的地面效应也就比飞机的强烈得多。

（a）   （b）

图 5.35　地面对流过机翼和旋翼的气流的影响

地面效应产生的原因为，由于旋翼桨尖处的空气速度较大，形成一道从桨尖至地面的气帘，旋翼转动带来的下洗气流将被挤压在桨盘和机身下方，相对增大了旋翼下部空气的密度。由旋翼拉力公式可知，密度增加，拉力增大，产生地面效应。由于地面效应的作用，旋翼拉力增大，进而保持悬停所需的功率也就减小。

另一个原因是，地面效应造成桨尖处诱导气流减弱，入流角变小，诱导旋转阻力减小，从而每片桨叶升力增加，直升机旋翼拉力变大。同时，受到地面效应的影响，穿过旋翼的气流往下和往外的模式，会抑制翼尖涡生成，这促使靠近桨尖侧的桨叶部分更为有效，旋翼有效面积增加，桨叶损失面积减小。

地面效应的强弱与直升机距离地面的高度、飞行速度和地面粗糙度有关。

1. 直升机距离地面高度的影响

离地高度越低，气流受到地面的阻挡作用越强，地面效应也就越显著。从图 5.36 中可以看出，横坐标为旋翼离地高度 H 与其半径 R 比值，纵坐标为在相同功率的条件下，地面效应引起的旋翼拉力与无地面效应下旋翼拉力之比，图中曲线表示地面效应引起旋翼拉力变化规律。

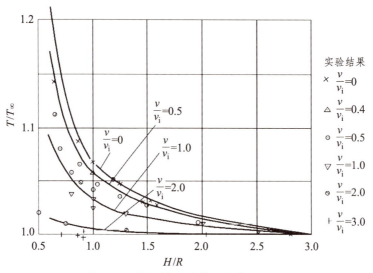

图 5.36　地面效应对旋翼拉力的影响

不管直升机在悬停状态（$v/v_i = 0$）还是前飞状态（$v/v_i > 0$），地面效应会引起旋翼拉力增加。当旋翼离地高度为其半径高度时，拉力约增加 5% 以上，当旋翼离地的高度超过旋翼直径的长度以后，地面效应迅速消失。所以，地面效应的最大有效高度大约等于旋翼直径的一半，随着高度逐渐增大至旋翼直径，地面效应逐渐减小直至完全消失。

直升机悬停状态比前飞状态下所受的地面效应要强，旋翼拉力会增加 5% ~ 15%。在旋翼离地高度 H 为其直径 D 时，前飞状态下的地面效应几乎为零。

2. 直升机飞行速度的影响

从图 5.37 可以看出，飞行速度越大，则地面效应越弱。因为直升机从悬停转为前飞状态时，空气不单纯是自上而下通过旋翼，而是从前上方吹来，向后下方流去。就旋翼离地同样高度而言，此时气流受到地面的阻挡作用比悬停时弱，故地面效应也就减小。在受地面效应影响的高度范围内，同一高度上，悬停飞行状态受地面效应影响最明显。

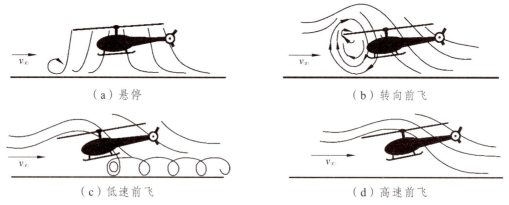

（a）悬停　　　　　　　　　　　　　（b）转向前飞

（c）低速前飞　　　　　　　　　　　（d）高速前飞

图 5.37　地面效应作用下的气流特性

当直升机前飞时，直升机近地飞行的需用功率比远离地面飞行时要小，直升机必须增加功率以补偿因地面效应减少而带来的升力的降低。例如，某型直升机在离地 2 m 的高度上悬停时，旋翼拉力约增加30%。而该机在同一高度上，以60 km/h的速度向前飞行，则旋翼拉力不受地面效应的影响。可见，在贴近地面飞行时，地面效应的影响不容忽视。

3. 地面粗糙程度的影响

当直升机在光滑有铺筑的表面上悬停时，可以获得最大地面效应，而在草地、起伏地形、障碍物或水面上悬停时，地面效应会减弱。

总而言之，地面效应会导致旋翼拉力增加，利用地面效应可以改善直升机的飞行性能。直升机贴地飞行时，适当地利用地面效应，就可以用较小的油门获得同样的拉力。此时直升机的剩余功率比没有地面效应时大，故可用来超载飞行，即增加起飞重量。但在起伏不平的地带（山谷、陡崖、洼地）上空作低空飞行时，必须考虑地面效应对飞行的影响（图5.38）。

图5.38　地面效应对直升机飞行的影响

地面效应对悬停也有影响。直升机在标准大气状态下，能够悬停的最大高度，称作直升机的静升限。直升机在超过其静升限的高度以后就不能作悬停飞行了，然而在地面效应影响下直升机仍可悬停。

5.4.2　瞬态升力效应

如果直升机在静风中悬停时，诱导气流垂直吹过桨盘。当悬停状态遇到风吹来，或从悬停过渡到前飞状态等情况，旋翼就会遇到水平方向的相对气流吹来，将影响流过桨盘的诱导气流。由于外界风的影响或飞行状态的改变等情况，诱导气流变化引发旋翼姿态和飞行性能发生改变的现象称为瞬态升力效应。直升机的瞬态升力效应发生在除无风悬停以外的任何飞行状态，前提是只要存在流过桨盘的水平气流。

瞬态升力效应与直升机空速、桨盘的倾斜程度和桨盘位置有关。这些因素将影响诱导气流的垂直分速和平行桨盘气流速度的大小。当直升机在低速飞行时，在旋翼功率的作用下，诱导气流的垂直分速大，而在高速时水平分速大。如果只倾斜桨盘，则平行桨盘的气流速度会减小，而垂直流过桨盘的诱导气流增多。

由于靠近桨盘的迎风侧部位，诱导气流垂直分量小，而靠近桨盘的顺风侧部位，诱导气流垂直分量大，如图5.39所示，前者的桨叶迎角大于后者，则前者产生的旋翼拉力大于后者。如果桨盘前后两侧产生不同大小的拉力，前侧大于后侧，结果会使桨盘后侧下沉，在旋翼陀螺效应的作用下，直升机就会往一侧滚转，这种现象称为横侧气流作用或入流滚转。横侧气流作用一般发生在低速飞行情况下。

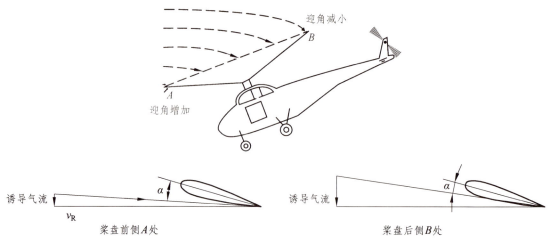

图 5.39　瞬态升力效应

由于横侧气流作用的同时伴随着拉力不对称现象，必须加速越过瞬态升力速度范围，才能保持直升机飞行高度。同时，横侧气流作用也会使桨盘不同部位产生不相等的阻力，引起旋翼振动，可以利用旋翼振动增强现象来识别横侧气流现象。

强外界风是产生瞬态升力效应的主要原因。瞬态升力效应会使旋翼和尾桨效率得到提高，并会改善直升机的飞行性能。

瞬态升力效应在起飞中最明显，在着陆消速中也比较明显，但程度稍微小些。而当直升机处在地面效应的作用下，加速前飞时会削弱地面效应的影响，造成旋翼拉力减小，但瞬态升力效应会弥补地面效应的损失。瞬态升力效应也会使直升机爬升更快。

当单旋翼直升机从悬停状态过渡到前飞状态，尾桨会产生更多的气动效率，产生更大侧力，反作用力矩变大。同时，随着单旋翼直升机速度增加，瞬态升力效应越明显，瞬态升力变得更加有效，机头更高，促使机身向一侧滚转。拉力不平衡性、陀螺进动和瞬态升力效应一起加剧了这种趋势。

总而言之，瞬态升力效应的特点为：使气流流向更加水平；桨盘姿态增加；诱导阻力减小。瞬态升力效应的优点包括：可以增加直升机的携带重量；可以提升直升机的飞行高度；可以在高密度高度飞行；所需功率会减小。

5.4.3　动态失速

对于常规固定翼飞机而言，失速往往会在低速情况发生，机翼低速性能受到失速的限制。而对于直升机而言，情况恰恰相反，失速往往在高速的情况下发生，直升机的高速性能受到失速限制，被称为旋翼失速。旋翼失速现象包括前行桨叶失速和后行桨叶失速。在旋翼后行桨叶上会出现高迎角引起的动态失速，在前行桨叶上则会出现因为激波诱导前缘分离引起的激波失速，这都会影响直升机的性能和操纵。

飞行器动态失速是非定常动态运动引起的在静态失速迎角后出现的一系列复杂失速迟滞气动现象。大多数情况下，动态失速将会引起气动力的突然波动，导致过大的结构载荷。动态失速现象在直升机旋翼上表现得尤为典型。直升机飞行中，旋翼始终处于动态运动状态，由于操纵员的操纵输入、旋翼的挥舞运动、涡流和气流分离的影响，造成旋翼桨叶迎角随时间和方位变化。在一定的飞行条件下，如直升机前飞中，旋翼桨叶迎角从前行一侧较小值变化到后行一侧较大值，旋翼将会出现动态失速。

　　动态失速是指翼型迎角或来流条件急剧变化，由附面层分离而带来的一种非定常流动现象。旋翼风洞实验证明，随着桨叶迎角的增加，在翼型上表面伴随有从前缘产生不断向后缘发展的动态失速涡，只要涡在翼型上方经过，升力就没有失速而是继续增加，翼型的最大升力也可以显著提高，产生明显的增升效应，如图 5.40 所示。

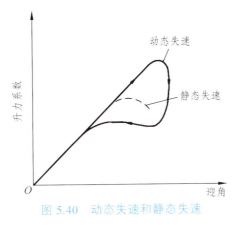

图 5.40　动态失速和静态失速

　　动态失速具有时变和动态的特性，引起迟滞效应和失速颤振现象。在迎角超过临界迎角后的短时间内，桨叶不会立刻发生失速，反而是升力系数继续增加，此时最大升力系数是静态情况下的近两倍。一旦动态失速涡离开翼型后缘流向下游，会伴随升力急剧下降、阻力迅速增大、低头俯仰力矩剧烈增大的失速或抖振现象。

　　动态失速可以分成 3 个阶段。第一阶段，超过静态失速迎角后，在逆压梯度作用下，以及涡流和层流不稳定性，使气流延迟分离，见图 5.41 中的 1 点。非定常运动减小了桨叶翼型的有效迎角，这是失速延迟的主要原因。第二阶段，从翼型前缘气流分离到涡流形成和发展，由于涡流停留在上翼面，会提供额外升力，见图 5.41 中的 2 点和 3 点。在某些情况下，主要在低马赫数下，与静态最大升力相比，可以提高升力 50% ~ 100%。这个过程的升力系数斜率也得到提高，升力的增加也会产生低头力矩。然而，涡流是不稳定的，在来流的作用下涡流很快掠过翼面，这会使压力中心后移，产生很大的低头力矩，增加桨叶的扭转载荷。这是桨叶动态失速的不利特征。第三阶段，升力系数突然中断上升，这发生在高迎角下，当涡流经过翼型后缘，被吸进翼型的湍流中，上翼面气流发展成完全分离。在此阶段，升力突然丧失，压差阻力达到最大值，产生最大的低头力矩，见图 5.41 中的 4 点。当翼型迎角重新减小到足够小值时，气流又重新附着在翼型上翼面，见图 5.41 中的 5 点。

　　从图中还可以看出：第一，气流从完全分离到重新吸附到上翼面，存在一个很大的延迟。这说明动态失速使失速发生的起始时刻动态延迟了；第二，只要迎角重新低于静态失速迎角，气流才重新附着在上翼面上。这表明动态失速很难预测。当气流分离动态发生时，例如迎角小于 5°时，气流又会重新被完全吸附在上翼面。涡流是从翼型前缘开始脱离，向后缘流动，只要涡流停留在翼型上表面，就会产生更大的升力。这种失速延迟特点对直升机性能是有利的，并能拓展任务飞行包线。正是由于这个原因，直升机优于固定翼飞机，Juan de la Cierva 设计旋翼机的原因，就是考虑到旋翼机不会失速，而且比较安全。

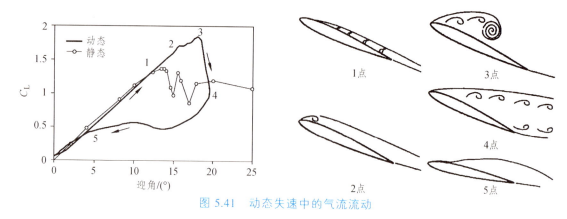

图 5.41　动态失速中的气流流动

　　动态失速与静态失速有本质的区别。动态失速的气动力变化与静态失速的不一样。动态失速情况下，气流分离和失速的发展与静态失速机制根本不同。静态失速是在叶素迎角超过临界迎角时发生；而动态失速是桨叶随着来流变化而产生的非稳定复杂的反应，当桨叶角随时间和方位变化时，或处在颠簸或垂直升降等非稳定飞行状态中，非定常气动效应会促使叶素迎角变化很大，极易引发动态失速。从某种程度上讲，动态失速使气流分离推迟，且失速迎角变大，这意味着直升机旋翼不会丢失过多升力。

　　总而言之，固定翼飞机只要迎角超过临界迎角就一定进入失速，即静态失速；而直升机还需要更大迎角（动态临界迎角）才进入动态失速，故桨叶发生动态失速时，迎角超过常规静态失速迎角。

1. 前行桨叶失速

　　直升机在前飞速度较大的情况下，或者操纵引起过载因数较大的情况下，虽然前行桨叶迎角小，但会发生激波分离，产生激波失速；而后行桨叶桨尖处在低马赫数下，若桨叶迎角会超过失速迎角，就会发生失速。

　　当飞行状态发生改变，如直升机处在前飞状态，受到飞行速度的影响，前飞产生新的相对气流，就是桨叶旋转所产生的相对气流与直升机前飞所引起的相对气流矢量之和，因此桨叶转到不同方位，相对气流速度大小和方向就不同，如图 5.42 所示。

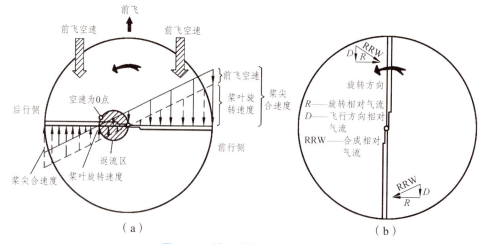

图 5.42　前飞状态的速度分布

如果旋翼转速固定，当直升机增加前飞空速，后行桨叶的合成空速越来越小，前行桨叶的合成空速越来越大。这是因为前行桨叶的合速度是桨叶旋转速度和前飞速度之和。当速度超过临界马赫数或音速后，桨叶翼面出现局部超音速区和局部激波，会使空气动力特性发生很大变化。在局部激波前的超音速区，压力降低；而在激波后，压力突然升高，逆压梯度增大，引起附面层分离。当激波增加到一定程度，发生严重气流分离，阻力系数急剧增大，升力迅速下降，进入激波失速状态。所以，前行桨叶的临界马赫数是产生激波失速的一个重要标志。

前行桨叶进入失速状态后，由于激波会作用在桨叶和机身上，从而产生振动，严重的话会造成机构破坏。由于临界马赫数和阻力发散是不可忽略的，所以空气压缩性和桨尖失速成为直升机性能所面临的重要挑战，是提升直升机性能的重大障碍。故前行桨叶失速是限制直升机前飞最大速度的因素之一。

2. 后行桨叶失速

从本质上讲，后行桨叶失速与普通飞机机翼失速原因是一样的。当桨叶剖面迎角过大，超过了动态临界迎角，流过旋翼的气流，产生强烈的气流分离，出现了大量的涡流，旋翼拉力不但不增加，反而明显减小，同时旋转阻力急剧增加，便产生了旋翼失速现象。

直升机前飞时，在后行桨叶桨根处会产生返流区，返流区大小与前飞速度有关。

由于返流区中的桨叶部分不会产生旋翼所需要的拉力，因此需要增加桨叶迎角来满足要求。旋翼挥舞运动使桨叶旋转到后行侧时下挥。前飞中，前行桨叶的相对气流速度大，产生的拉力大，从而使桨叶向上挥舞，并产生向下的相对气流，使桨叶迎角减小；后行桨叶的相对气流速度小，产生的拉力小，而使桨叶向下挥舞，并产生向上的相对气流，而使桨叶迎角增大。

从图 5.43 中可以看到，在桨叶内侧 1 处的旋转速度较低，旋转相对气流和诱导气流（入流，下洗流）的合成气流引起迎角小于桨叶角。在桨叶外侧 2 处，由于旋转半径大，桨尖处的旋转速度变大，诱导气流影响到合成相对速度的大小和方向，在桨尖处迎角较桨根处的大，所以最大迎角出现在桨尖部位。随着转速增加，桨尖处首先达到最大迎角进入失速。

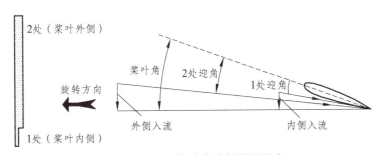

图 5.43　后行桨叶内外侧处的迎角

直升机的前飞速度越大，后行桨叶的迎角增加越多。另外，后行桨叶在向下挥舞过程中，向下挥舞的速度从桨根到桨尖是逐渐增大的，即桨尖向下挥舞的速度大，迎角增加也多，当前飞速度增大到一定速度时，首先发生桨尖失速。如果前飞速度继续增大，失速就会向桨根发展，失速区的范围就会扩大，如图 5.44 所示。

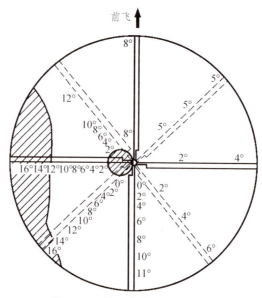

图 5.44 前飞状态的迎角分布

后行桨叶失速就是在桨尖部位迎角超过动态临界迎角开始出现失速，并向桨盘内侧发展，产生俯仰和滚转运动，失速加剧并产生振动，直升机性能和操纵性变差的现象。通过图 5.44 所示四桨叶旋翼的迎角分布来看，翼型在约为 14° 迎角出现失速，图中阴影区就是失速区。后行桨叶桨尖的迎角最大，返流区外侧的迎角迅速增加，而前行桨叶的迎角保持在较低的范围。

后行桨叶进入失速状态后，前行侧和后行侧的桨叶拉力不对称，造成直升机向后行侧倾斜，由于旋翼进动作用，滚转运动滞后 90° 后出现在机头方位。带有铰外伸量的铰链会使机身尽量贴近桨毂旋转平面，如果旋翼安装在尾桨上方，则促使机头上仰或拉起。因此，后行桨叶失速造成直升机抬头，且向后行侧倾斜。

总之，前行桨叶失速和后行桨叶失速统称为旋翼失速。相对空速大，迎角超过临界迎角，以及在给定的空速下，桨叶载荷过大，都会引起桨叶失速。在低马赫数时，翼型前缘会失速；在高马赫数时，激波分离使桨叶前缘达到临界条件之前就失速了。旋翼失速后，直升机通常会有明显的振动，紧接着带有倾斜和抬头趋势。

从设计角度上讲，改进桨叶翼型失速特性、减小机身阻力和减小桨叶载荷也可以缓解旋翼失速。由于在大速度下发生旋翼失速很正常，在某些飞行情况下，直升机必须比正常情况飞得慢些。既然后行桨叶失速是由于桨叶切面迎角过大，超过临界迎角而引起的，所以改出旋翼失速的方法，主要是适当减小旋翼总距，来迅速减小桨叶切面迎角。

改出旋翼失速的方法是：减小功率，下放总距杆；减小空速；减小操纵过载因数；增加转速到最大额定值 1。

5.4.4 自转和涡环

自转和涡环状态是直升机所特有的空气动力学现象，也是关系飞行安全的重要问题。

1. 自转状态

自转状态是一种直升机降低高度的特殊飞行状态，发动机不再向旋翼提供动力，而是由气动力来驱动，这是直升机在发动机停车时能够安全着陆的方法。

直升机正常飞行过程中，旋翼旋转动力来源于直升机发动机，同时一部分动力也维持尾桨工作。当发动机失效或人为停车，直升机在自身重力作用下自主下降掉高度，此时旋翼不再需要发动机驱动保持稳定旋转，同时而产生所需拉力克服重力，让直升机保持规定下降率缓冲接地，这种行为称为自转（Autorotation）。

旋翼保持稳定旋转是利用了旋翼原有的旋转动能和直升机所储备的势能，其动力来源于流过旋翼的气流，直升机自转下降缓冲接地，类似秋天落叶或竹蜻蜓自由旋转下降。

大部分直升机自转状态都带有前飞空速，但为了简化分析，下面分析无风情况下不带前飞速度的自转下降，如图 5.45 所示。

直升机发动机停车后，旋翼在其旋转惯性作用下，虽然仍能沿原来方向继续旋转，但受旋翼阻力的作用，其转速和拉力会很快减小。在重力作用下，直升机开始下降高度。这时，旋翼的相对气流方向发生变化，桨叶相对气流合速度方向也发生了变化。由于作用在桨叶上的相对气流合速度 w 是旋翼转动下降而产生的相对气流速度 Ωr 和 v_i

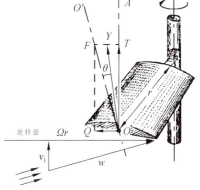

图 5.45　自转下降时的受力分析

相加而成，合成相对气流 w 吹向桨叶，在桨叶上产生桨叶升力 Y，总空气动力为 F，其方向为 OO'（垂直于旋转平面），桨叶的来流角由正值变为负值，桨叶升力后偏一个角度 θ。如果性质角小于 $O'OA$ 角，则引起的总空气动力 F 向旋转方向倾斜。这样，空气动力 F 在旋转轴方向的分力 T，起到阻止直升机下降的作用，而其在旋转面内的分力 Q，却促使桨叶转动。这就是旋翼能在没有发动机动力的情况下，继续按原方向自转的原理。

随着直升机垂直下降率的增大，v_i 变大，桨叶的来流角负得更多，总空气动力更前倾，旋转阻力更小。下降率增大到某一数值时，总空气动力垂直于旋转平面，旋转阻力为零。桨叶桨距大，旋翼旋转速度小；桨距小，转速大。只有桨距合适时才能稳定自转。在自下而上的相对气流作用下，旋翼保持稳定旋转，这就是旋翼自转的原因。

在旋翼自转过程中，直升机最佳下降率发生在旋翼系统的最大升阻比上，此时旋翼转速最大。直升机自转下降过程中的最小下降率称为最佳下降率。阻力系数 C_D 大约为 1.23，接近降落伞的阻力系数。

所以，发动机一旦停车后，首先迅速将总距杆放到底，以便旋翼进入自转。如放总距杆过迟，或桨距过大，旋翼转速将会很快减小，甚至有可能停转，造成飞行事故。

在垂直自转下降过程中，如图 5.46 所示，将桨盘分为 3 个区：

（1）制动区：靠近桨尖，约占 30% 旋翼半径。气动合力方向偏向旋翼旋转轴后侧，产生的阻力减缓桨叶的旋转。

（2）驱动区：也叫自转区，处在 25% ~ 70% 旋翼半径之间。气动合力方向偏向旋翼旋转轴前侧，其分量提供驱动力，使旋翼加速旋转。

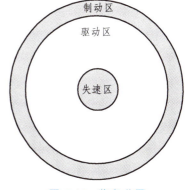

图 5.46　桨盘分区

（3）失速区：靠近旋翼轴的内侧区域，约占 25% 旋翼半径。此区域的桨叶角超过临界迎角，产生的阻力使桨叶旋转减慢。

以前章节分析过，由于靠近桨根的相对气流速度小，速度在往桨尖方向增加，在靠近桨尖的相对气流速度最大。当入流自上而下流过旋翼，与旋转相对气流合成，沿着桨叶每一点上产生不同的合成气流，从而产生不同的气动合力。图 5.47 给出了桨叶的制动区 A、驱动区 B 和失速区 C，以及 3 个区的叶素受力情况。

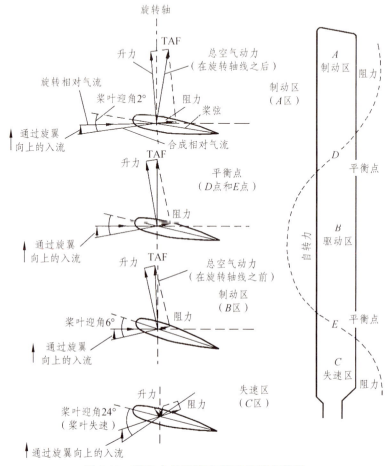

图 5.47　垂直自转下降中桨叶的受力情况

在制动区 A 中，在旋转平面上产生一个制动力。因为气动合力偏向旋翼旋转轴后侧，结果产生的阻力阻碍旋翼旋转。虽然在这个区域也产生升力，但升力在旋转面上的分力也会继续减缓旋翼旋转。制动区的大小与桨距调定、下降率和旋翼转速有关。

在制动区和驱动区之间存在平衡区，其实就是一些点连成的曲线，见图 5.47 中 D 和 E 曲线。在这些点上，气动合力与旋翼旋转轴方向一致。虽然也存在升力和阻力，但不存在影响旋翼转速的加速力和减速力。

在驱动区 B 中，直升机自转可以产生驱动桨叶旋转的作用力。此时，气动合力偏向旋翼旋转轴前侧，从而产生一个连续加速力。驱动区大小与桨距调定、下降率和旋翼转速有关。

可以看出，如桨距过小，下降率大，桨叶的负来流角大，桨叶总空气动力方向前倾，在旋转平面的分力指向翼型前缘，扭矩增加，旋翼转速增加；如桨距大，桨叶总空气动力在旋转平面的分力指向翼型后缘，当桨距增加超过最大桨距，旋翼转速减小；只有当桨距适当，桨叶总空气动力在旋转平面的分力等于零，旋翼才能稳定自转。当桨叶有正桨叶角时，可以存在自转平衡状态。

直升机前飞中自转与无风中垂直自转下降所产生的自转力方式一样，直升机前飞过程中，前飞速度改变了向上流过旋翼的入流，驱动区和失速区往桨盘的后行侧移动，如图 5.48 所示。由于前行侧桨叶迎角减小，更多桨叶部分进入驱动区，而在后行侧，桨叶更多部分进入失速区。

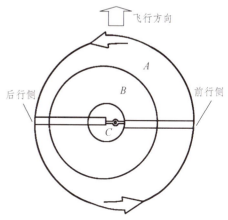

图 5.48　前飞中的桨盘分区

从操作方面上讲，发动机动力一旦消失，就要减小总距，目的是减小升力，更重要的是减小阻力。阻力的减小改变了升阻合力方向，使之更接近于垂直参考线。为了成功地自转着陆，在直升机接地前，根据直升机机型和总重，必须减小空速和下降率。通过向后移动驾驶杆，改变空气流以增加桨叶的迎角，结果增加旋翼拉力，从而使下降率减小。气动合力增加使转速增加，由此增加的桨叶动能也有助于缓冲接地。

在某一高度和速度范围内飞行时，如果发动机停车后，如果操纵不得当，直升机就会以很大的下降率接地，危及飞行安全。从直升机的高度-速度图（H-v 图）中可以了解到直升机在近地面上空发动机停车后是否能安全着陆，图 5.49 为单发直升机的 H-v 图，存在两个非安全飞行区域，即回避区或危险区，分别存在于低速运行范围和高速运行范围。

低速回避区反映了直升机的低速性能，而低空非安全区只出现在直升机近地高速运行中，表明了直升机的高速性能。回避区边界线被称为死亡安全线，也称为低速包线。在回避区以外的区域，直升机可以正常飞行，即使在发动机失效等紧急情况下，直升机也可以安全地稳定自转着陆。

图 5.49 中回避区的上限是按转入最佳稳定自转所掉的高度而定的，在飞行速度为零时，回避区高度上限最高。随着飞行速度的增加，相对而言直升机更容易进入自转飞行，因而上限降低。回避区的下限是按下降率及起落架的承载能力而定的，在悬停时回避区下限最低，随着飞行速度增加，因为有前进动能可利用，所以下限提高。

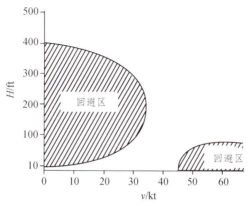

图 5.49　直升机高度-速度图（H-v 图）

在不同标高的着陆区域上垂直起飞，对应的 H-v 图也不一样，如图 5.50 所示。可以看出，随着着陆区域海拔增加，回避区扩大，而在标准海平面的着陆区域所对应的回避区最小。所以，直升机在高原着陆场垂直起降要特别注意性能的变化。

直升机回避区的边界线有 3 个关键点：A 点、B 点和 C 点，垂直上升中，高于 A 点和低于 B 点表明直升机不可能安全自转着陆，大于 B 点高度，无论空速多少，都有足够的时间和高度使直升机进入稳定自转；C 点代表回避区中的最大空速飞行的高度，此高度上如低于这个速度也不能安全自转着陆，C 点决定了一个临界高度和临界速度。

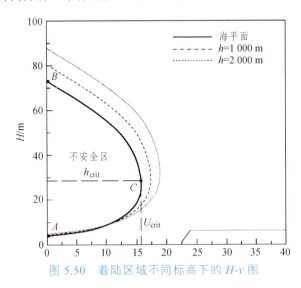

图 5.50　着陆区域不同标高下的 H-v 图

2. 涡环状态

直升机下降中，一方面，旋翼将锥体上面的空气吸入排压后向下流去；另一方面，直升机的相对气流自下而上流向桨盘。两个相反方向的气流相遇，由于旋翼上下面有压力差，在旋翼边缘上就有少部分空气从旋翼下面高压区绕过桨尖，自下而上地向旋翼上面低压区流动。这样，有一部分空气被重新吸入和排出，通过旋翼多次循环，就形成了涡流，即桨尖涡流，类似于普通固定翼飞机的翼尖涡现象。此时可以看出，涡环就是强化的桨尖涡流。桨尖涡流是形成涡环状态的内因，而直升机的垂直下降则是形成涡环状态的外因。

只有当下降率增大到一定程度以后才可能出现涡环状态，涡环的形成与直升机的下降率有关。如果下降率较小，旋翼向下排压空气的流动速度较大，直升机下降的相对气流速度较小，这两股气流相遇，其主流还是向下运动，空气绕过旋翼锥体的边缘向上流动还不至于形成涡环。反之，如果下降率过大，直升机下降所形成的相对气流速度很大，而旋翼向下排压的气流速度很小，涡环将被自下而上的相对气流吹掉，也不至于形成涡环状态。所以，在低下降率和高下降率之间，直升机下降就容易产生涡环状态。

在总重大、高密度高度和顺风条件下，直升机如果急剧下降进近，会进入自己的下洗流和涡环状态中。特别在高下降率和低空速飞行的条件下，直升机极可能发生这种情况。

完全发展的涡环具有不稳定条件特征，直升机进入涡环状态后，气流做环状流动，使旋翼上下表面的压力差减小，所以旋翼产生的拉力减小，下降率增大。下降率越大，涡环现象越严重，旋翼拉力减小越多。此时旋翼周围气流十分紊乱，影响旋翼的正常工作，使旋翼拉力忽大忽小，引起旋翼和直升机发生抖动、摇晃现象，操纵性变差，严重时可能造成操纵失效，所以必须改出涡环状态。

总而言之，涡环状态的改出方法如下：

（1）如果发现直升机垂直下降率增大，是由于发动机功率不足引起的，则应及时地上提总距杆，迅速增大发动机功率，以制止下降率继续增大。

（2）如果上提总距杆也不能制止下降率继续增大，在一定的高度以上则应迅速地前推驾驶杆，使直升机产生前飞速度，把涡环吹掉，脱离涡环状态。在操纵驾驶杆没有异常感觉时，这种措施对改出涡环最为有效，损失高度较少。

（3）如果操纵效能已降低或失效，推杆也无法增大前飞速度，则应迅速地下放总距杆，增大下降率，使自下而上的相对气流速度增大，把绕着旋翼转动的环流向旋翼上方吹掉。然后再推驾驶杆增大前飞速度，改出涡环状态。这种方法损失高度较多，只有在高度较高或迫不得已时才采用。

航空思政讲坛

郭永怀：永怀爱国之心

郭永怀（1909—1968），男，山东省荣成市滕家镇人，中共党员，著名力学家、应用数学家、空气动力学家，中国科学院学部委员（即中国科学院院士），中国科学技术大学化学物理系首任系主任，近代力学事业的奠基人之一。

1909 年 4 月 4 日生于山东荣成。1935 年毕业于北京大学物理系。1945 年获美国加州理工学院博士学位。1957 年被选聘为中国科学院学部委员（院士）。1968 年 12 月 5 日因飞机失事不幸牺牲，12 月 25 日被追认为烈士。2018 年 7 月，国际小行星中心已正式向国际社会发布公告，编号为 212796 号的小行星被永久命名为"郭永怀星"。

郭永怀长期从事航空工程研究，发现了上临界马赫数，发展了奇异摄动理论中的变形坐标法，即国际上公认的 PLK 方法，倡导了中国高速空气动力学、电磁流体力学和爆炸力学等新兴学科的研究。担负国防科学研究的业务领导工作，为发展中国核弹与导弹等事业作出了重要贡献。

……

2019 年 5 月，中共中央办公厅、国务院办公厅印发了《关于进一步弘扬科学家精神加强作风和学风建设的意见》，要求大力弘扬新时代科学家精神，明确了新时代科学家精神的内涵为胸怀祖国、服务人民的爱国精神，勇攀高峰、敢为人先的创新精神，追求真理、严谨治学的求实精神，淡泊名利、潜心研究的奉献精神，集智攻关、团结协作的协同精神，甘为人梯、奖掖后学的育人精神。

科学家精神六个方面的内涵，在"两弹一星"元勋郭永怀身上都能找到有力的注脚。他是践行科学家精神的典范。

爱国

爱国精神是科学家精神的核心。科学无国界，科学家有祖国。这一点在郭永怀身上体现得淋漓尽致。

他为了祖国的需要两次改变专业。1938 年，郭永怀在西南联大求学。他目睹了日军飞机轰炸下满目疮痍的家园，痛感中国航空工业的落后，下定决心学习航空工程。他放弃了自己钟爱的光学专业，追随周培源改学航空工程。1960 年，当钱学森推荐他参加我国第一颗原子弹的攻关时，他毫不犹豫地接受祖国的召唤，再次改变专业，隐姓埋名，秘密投入"两弹"攻关，成为我国早期核武器研究的三大支柱之一。

……

创新

在人类的航空航天历史上有两次里程碑式的突破，其中第二次就来自郭永怀的贡献。

……

1960 年，郭永怀秘密参加"两弹一星"的研制。这些在我国是全新的领域，在国际上面临着美苏两个大国的封锁。在第一颗原子弹的研制中，他在原子弹的引爆方式上用先进的内爆法还是使用枪法的争论中，提出了"争取高的，准备低的，两路并进，最后择优"的思路，大胆提出了用先进的内爆法为主要突破方向，从而优化了原子弹的结构设计，保证了我国第一颗原子弹的成功。在第一颗氢弹的研制中，他在一没有经验、二没有参照的情况下，大胆提出了氢弹弹体的航条蒙皮结构，大大减轻了氢弹重量，为第一颗氢弹的空投奠定了基础。他的这一方案应用于整个第一代核弹的研制中。

求实

郭永怀深知基础理论研究的重要性。在重实际轻理论的时代，他和钱学森一起坚持大力发展空气动力学基础研究，特别是对航空航天事业有重要意义的高超声速动力学。他作为筹备小组的副组长，以严谨的态度一手规划了空气动力研究中心的建设发展方向，如今的中国空气动力研究与发展中心已经发展成为亚洲最大的风洞群。而力学所的高温气体动力学实验室已经发展成国家重点实验室，这个实验室建设的 JF-2 激波风洞成为全世界最先进的风洞，为我国的高超声速事业做出了重要贡献。

在我国第一颗原子弹的攻关中，郭永怀担任场外试验委员会主任。场外试验涉及结构设计、强度计算、环境试验任务。郭永怀一方面为科研人员传授弹头设计、爆炸力学的基本理论，一方面致力于结构强度、结构传力路线、气动特性、震动和冲击的研究，加速建立自己的实验室，组织开展大量试验，为第一颗原子弹爆炸提供了方案。

奉献

回国后，郭永怀和妻子将在美国积攒的 48460 元全部捐献给了国家。当时 2000 元就可以在北京买下一个四合院，一个普通工人的工资也就是二三十元。他的这一举动震惊了整个中国科学院，中国科学院反复征求他的意见，是否全部上交，生活是否会受到影响。他说："完全没有问题，这本是人民的财产，再回到人民手中也是理所当然的。"然而他对自己却十分苛刻，他的毛巾一直用到实在不能再用了才肯换新的。

……

1968 年 9 月 20 日，他把唯一的女儿送上了去往内蒙古呼伦贝尔插队的火车，9 月 30 日参加了周恩来总理在人民大会堂举行的国庆招待会。10 月 3 日，他再一次踏上了青海高原，为我国第一颗热核武器的研制做最后的准备。经过两个多月的艰苦努力，准备工作基本就绪，他步履匆匆地登上了回京汇报的飞机。12 月 5 日，飞机在即将于首都机场着陆时发生了意外，不幸坠毁。在他牺牲的 22 天后，中国第一颗热核导弹成功发射。他用生命诠释了什么是爱国、什么是奉献。

协同

1956 年回国后，郭永怀立即参与了我国《科学技术发展远景规划纲要》的制定，担任力学规划组副组长，与周培源、钱学森、钱伟长等科学家一起制定了我国力学学科的发展规划。他担任力学所副所长长达十年时间，那时候钱学森已经兼任了国防部第五研究院院长，主要精力放在我国第一代导弹的研制上，所以力学所的工作主要是郭永怀主持。他和钱学森配合得非常融洽，被称为 "卡门学派的中国兄弟"。

力学所的研究员眭璞如曾问过郭永怀："为什么您与钱学森所长从来没有不同意见，是不是让着钱所长？"郭笑着回答："他是师兄嘛！有什么不同意见我们俩在一起时说。"钱学森对郭永怀也是一样的尊重，有什么问题都要问一问郭的意见。正是领军人物的团结协作、互相配合，才使得我国的力学事业在新中国成立后很短的时间内迅速发展。

育人

郭永怀经常对学生们说的一句话是，你们和你们以后的两三代人，要成为国家力学事业的"铺路石子"。他的学生、上海大学教授戴世强说："我一生都把老师的这句话作为座右铭。"

1956 年，我国恢复研究生制度。郭永怀积极筹划力学所的研究生培养。在第一批招生中，他一人就带了 5 名研究生，以后又亲自带过几批。他主张培养人才要"言教、身教，以身教为主"。

　　1957 年，他与钱学森、钱伟长一起创办了清华大学力学研究班，并担任了第二届、第三届班主任，为国家培养出了新中国第一批力学人才，被称为力学界的"黄埔三期"。

　　郭永怀还是中国科学技术大学的创始人之一。1958 年，为了给新中国培养更多的航空航天人才，他和钱学森一起向中国科学院建议成立"星际航行学院"。这一建议直接催生了一所全新的大学——中国科学技术大学的诞生。

　　如今，他的许多学生已经成长为我国科技事业的栋梁之材，他们传承弘扬着郭永怀先生的精神，为我国的力学事业、国防事业奉献着自己的力量。

　　心中有信仰，脚下有力量，科学家精神激励人心，照亮前路。郭永怀先生的事迹完美体现了爱国、创新、求实、奉献、协同、育人为核心的科学家精神，激励着新的一代人奋力前进。广大科技工作者是党和国家的宝贵人才，在科学规律探索、科技创新实践过程中发挥着巨大的作用，科学家精神凝结着广大科技工作者对科学真理的不懈追求，是推进科技进步的动力支撑。

http：//www.cas.cn/xzfc/202105/t20210506_4786686.shtml

《中国科学报》 2021-05-06 第 5 版

6 风洞实验和数值模拟

风洞是空气动力学研究和试验中最广泛使用的工具，它的产生和发展是同航空科学的发展紧密相关的，广泛用于研究空气动力学的基本规律，以验证和发展有关理论，并直接为各种飞行器的研制服务。迄今为止，绝大部分空气动力学实验都是在风洞中完成的。不夸张地说，一个国家的航空发展水平，可以由它的风洞规模和水平来反映。

由于空气流动现象和物体（如飞行器）几何外形的复杂性，空气动力学研究和飞行器气动设计中的许多问题都不能仅靠理论或解析方法得到解决，而必须通过大量的实验，找出其规律或提供数据，并且通过理论分析结合起来研究，这样才能解决实际问题。空气动力学的许多理论，如俄国科学家茹科夫斯基的空气螺旋桨理论，德国科学家普朗特的附面层理论，都是在风洞实验中经过大量观测后才提出来的。从 1903 年世界上出现第一架飞机以来，所有飞行器的研制都离不开风洞，许多气动布局也都是大量的风洞实验得到的。无人机技术的发展也离不开风洞实验。

风洞的出现得益于相对运动原理和相似性原理，根据伽利略的运动转换原理建立的，物体在静止的空气中的运动，可以转换为静止物体的运动，称为运动的转换。根据相对运动原理，只要物体和空气之间有了相对运动，在物体表面上就会产生空气动力；只要空气与物体之间的相对速度相同，所产生的空气动力也是相同的，这就是"相对运动原理"。

根据相似性原理，可以将飞机做成几何相似的小尺度风洞实验模型，即缩比模型（ornithopter model）。由于飞机迎风面积比较大，如机翼翼展小的几米、十几米，大的几十米（波音 747 是 60 m），使迎风面积如此大的气流以相当于飞行的速度吹过来，其动力消耗将是惊人的。只要保持缩比模型的某些相似参数一致，试验的气流速度在一定范围内也可以低于飞行速度，并可以根据试验结果推算出真实飞行时作用于飞机的空气动力。

世界上公认的第一座风洞是英国人温翰姆（F. Wenham）于 1871 年建造的低速风洞。此风洞是一个两端开口的木箱，截面 45.7 cm × 45.7 cm，长 3.05 m，利用此风洞测量了物体与空气相对运动时受到的阻力，但是风洞产生的气流不平稳，无法实现精确可重复的实验测量。其实，风洞的真正发展是在 20 世纪初飞机问世之后，首先是低速风洞的发展。

1901 年，莱特兄弟为试验和改进飞机机翼，建造了风洞（图 6.1）并在风洞中进行研究，比较了 200 多种机翼剖面形状，这为研制成功世界上第一架真正意义上的飞机打下了坚实的基础。1903 年，莱特兄弟的飞行者一号飞机成功飞上了天空，开辟了航空史的新纪元，这得益于他们的风洞（风洞试验时间约为 20 h）。莱特兄弟是为飞行器设计而进行风洞试验，以获得风洞试验数据，并且是唯一用这些数据成功设计出飞机的人。

图 6.1　莱特兄弟制造的小型风洞（1901 年）

莱特兄弟设计的风洞，测量模型的升力和阻力系数仪器是独一无二的，包括两个天平：测量升力的天平[图 6.2（a）]和测量升阻比的天平[图 6.2（b）]。实验中通过测量天平的偏转角来确定升力系数和阻力系数。

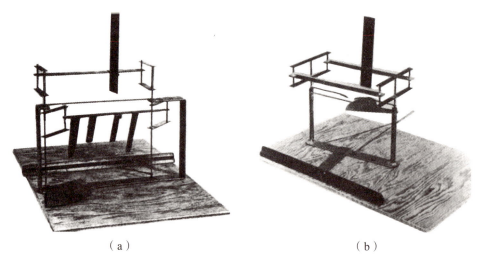

（a）　　　　　　　　　　　　　　　（b）

图 6.2　莱特兄弟设计的风洞天平

当时，莱特兄弟在自己的风洞中测试了超过 200 种不同平面形状和翼型的机翼模型，然后从 48 个机翼模型中选择实验数据制成表格，其中一个表格给出了升力系数与迎角的关系；另一个给出了用迎角表示的升阻比。这代表着空气动力学应用历史中最具有价值的技术数据。

我国第一座风洞是 1934 年清华大学自行设计的低速风洞。该风洞于 1936 年建成。风洞采用回流式，最大直径为 3 m，试验段剖面为圆形，直径 1.5 m，如图 6.3 所示。

1933 年，美国制造了第一个全尺寸风洞，可以在真实飞机或全尺寸模型上研究如何减小飞机各部件以及它们之间相互干扰所引起的阻力；同时也出现了高速风洞，用以研究螺旋桨转速增加和直径加大所引起的桨尖气流的压缩问题。

图 6.3　中国第一座风洞（1934 年）

风洞在航空和航天工程的研究和发展中起着重要作用，20 世纪 50 年代美国研制 B-52 轰炸机时，曾进行了约 1 万小时的风洞吹风试验。20 世纪 80 年代第一架航天飞机的研制则进行了约 10 万小时的风洞试验。风洞试验的技术水平体现了一个国家航空航天飞行器发展的总体技术水平。

近年来，随着无人机应用技术的蓬勃发展，无人机风洞实验在无人机平台研发中发挥着重要作用。例如，四旋翼无人机抗风性能风洞实验，无人机高原飞行实验等。2020 年，顺丰的两款无人机型（Manta Ray、ARKUAV-40）在中国汽研环境风洞进行相关风洞试验，包括抗风、降雨、悬停测试等实验，如图 6.4 所示。

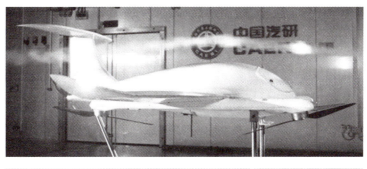

图 6.4　无人机风洞实验（2020 年）

空气动力学实验主要是通过风洞吹风来实现的，其目的是确定飞行器飞行时作用在其上的空气动力及其力矩的大小和变化规律，以及空气绕流的流动规律。研制无人机时，结构强度分析、气动外形分析、发动机选型、飞行性能计算、稳操性分析等，设计人员都必须知道作用在无人机上的力和力矩的变化规律，获得这些参数的传统方法就是风洞实验。

飞行器（包括飞机、直升机、无人机等）在风洞中的试验内容主要有测力试验（测量作用于模型的空气动力，如升力、阻力等，确定飞行性能）；测压试验（测量作用于部件或全机模型表面的压力分布，确定飞机载荷和强度）；布局选型试验（选择最佳的飞机布局和外形）；稳定性及操纵性实验（验证飞行器的稳定性及其稳定度大小）；特殊实验（颤振实验、尾旋实验）等。

6.1 风洞分类

空气动力学实验分实物实验和模型实验两大类。实物实验如飞机飞行实验等，不会发生模型和环境模拟失真等问题，一直是鉴定飞行器气动性能和校准其他实验结果的最终手段，这类实验的费用昂贵，条件也难控制，而且不可能在产品研制的初始阶段进行，故空气动力学实验一般多指模型实验。

空气动力学实验按空气（或其他气体）与模型（或实物）产生相对运动的方式不同可分为 3 类：

（1）空气运动，模型不动，如风洞实验。

（2）空气静止，物体或模型运动，如飞行实验、模型自由飞实验（有动力或无动力飞行器模型在空气中飞行而进行实验）、火箭橇实验（用火箭推进的在轨道上高速行驶的滑车携带模型进行实验）、旋臂实验（旋臂机携带模型旋转而进行实验）等。

（3）空气和模型都运动，如风洞自由飞实验（相对风洞气流投射模型而进行实验）、尾旋实验（在尾旋风洞上升气流中投入模型，并使其进入尾旋状态而进行实验）等。

风洞种类繁多，外观形式和用途也各有不同，有不同的分类方法。

6.1.1 按试验段气流速度分类

按实验段气流速度范围来区分，可以分为低速、高速和高超声速风洞 3 类。

1. 第 1 类风洞

$Ma \leqslant 0.3$ 的风洞称为低速风洞，这时气流中的空气密度几乎无变化；主要用于开展飞机的起飞、着陆、低速飞行以及建筑物、车辆、桥梁等空气动力试验研究。为了使风洞实验达到必要的实验雷诺数，低速风洞实验段的口径比较大，一般在 $3 \sim 4$ m 以上。

2. 第 2 类风洞

$Ma > 0.4$ 的风洞统称为高速风洞。其中，在 $0.3 < Ma \leqslant 0.8$ 范围内的风洞称为亚音速风洞，这时气流的密度在流动中已有所变化。$0.8 < Ma < 1.2$ 范围内的风洞称为跨音速风洞。$1.2 \leqslant Ma < 5$ 范围内的风洞称为超音速风洞。这些风洞必须考虑气流压缩性影响，甚至由于温升问题很严重，造成能量损失较大，所以需要的功率比低速风洞大得多。超音速风洞包括可以产生均匀超音速气流的拉瓦尔喷管（Laval nozzle）。

3. 第 3 类风洞

$Ma \geqslant 5$ 的风洞称为高超音速风洞。主要用于开展各种航天飞行器、航空器部件、模型的空气动力实验研究。

除此之外，还有一些特种风洞，如航空声学风洞，主要用于研究解决飞机飞行降噪问题；结冰风洞，是解决飞机飞行结冰与防、除冰技术的关键问题等。其他行业还有如汽车风洞、环境风洞、建筑风洞和桥梁风洞等。这说明，随着空气动力学的发展，风洞在交通运输、房屋建筑、风能利用、体育项目等领域更是不可或缺。

例如，美国西北部一座跨海吊桥，建成后不久，由于一场风速仅为 19 m/s 的大风，引起了振幅接近数米的"颤振"，桥梁很快塌毁。事后的风洞试验研究发现，这座桥在设计上存在缺陷，这是以往桥梁设计者所没有预见到的。自此之后，凡是设计跨度较大的吊桥，都必须进行风洞模型试验。

6.1.2 按风洞特点分类

在各类风洞中，低速风洞的历史悠久，种类和数量最多，发展也最为完善。

1. 普通三元风洞

普通三元风洞是最常见最基本的风洞，它主要用来进行各种飞行器（或部件）模型的三维流动实验，如测量模型上的气动力、力矩或表面压力分布，进行流态观测等。可以控制的气流参数主要是速度。压力接近周围大气，一般没有很高的密封要求。模型的姿态（如迎角、侧滑角等）可以根据需要调整。在飞行器设计过程中，低速性能实验的大部分都是在这类风洞中完成的。

2. 二元风洞

基本形式同普通三元风洞相近，但其实验段为矩形截面，并且是立长方形。当模型也做成二元型式，并从一侧壁延伸到另一侧壁时，实验段中的流动保持二维性质，故为二元风洞。二元风洞主要用来研究翼型流动以及二维附面层流动等。

3. 压力风洞

压力风洞同普通三元风洞没有本质的差别。其特点是压力可以控制。压力风洞的压力范围很宽，可以从低于大气压（如 1/4 大气压）到高于大气压（如 3 ~ 20 大气压），采用低压是为了达到一定马赫数流动而节约功率，用高压是为了提高雷诺数。大多数压力风洞是通过改变空气密度而改变压力的，所以压力风洞有时也称变密度风洞。由于风洞压力不同于周围的大气压力，所以风洞存在着密封问题，以及由于高压所带来的结构强度问题。

4. 低温风洞

工作介质（常用氮气）低于 – 100 ℃ 的风洞称为低温风洞（图 6.5）。介质温度降低，使黏性系数减小，密度增大，因而雷诺数提高。密度虽然增加，但由于音速减小，相同马赫数所需要的风速降低，因而动压保持不变，驱动功率还略有下降。温度风洞是一种很有前途的新型高雷诺数风洞，近几年来有了很大的发展。

5. 烟风洞

烟风洞也是一种低速风洞，它能形象显示出环流试验模型的气流流动的情况，使观察者可以清晰看到模型的流线谱，或拍摄出流线谱的照片。烟风洞一般由风洞本体、发烟器、风扇电动机和照明设备等组成，图 6.6 给出了翼型的流动图像。从图中可以清晰看到细股烟流，称作流线。

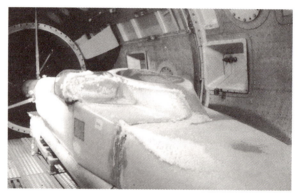
图 6.5　直升机低温风洞实验

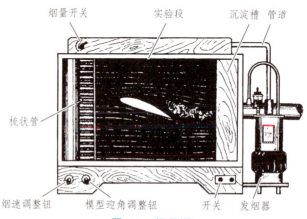
图 6.6　烟风洞

6.1.3　按风洞通道的型式分类

风洞按这种分类形式主要包括直流式和回流式两种。

直流式闭口实验段低速风洞是典型的低速风洞，如图 6.7 所示。低速风洞试验段有开口和闭口两种形式，截面形状有矩形、圆形、八角形和椭圆形等，长度视风洞类别和实验对象而定。在这种风洞中，风扇向右端鼓风而使空气从左端外界进入风洞的稳定段。稳定段的蜂窝器和阻尼网使气流得到梳理与和匀，然后由收缩段使气流得到加速而在实验段中形成流动方向一致、速度均匀的稳定气流。在实验段中可进行飞行器模型的吹风实验，以取得作用在模型上的空气动力实验数据。这种风洞的气流速度是靠风扇的转速来控制的。

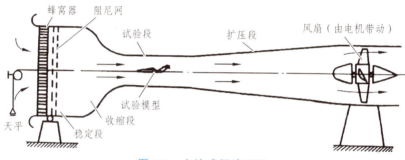
图 6.7　直流式低速风洞

第二种风洞为回流式风洞，如图 6.8 所示。在风洞内部气流通过风扇/压缩机增压后经过低速扩散段、换热器、第三拐角和第四拐角到达稳定段，在蜂窝器和阻尼网的整流作用下，气流更加均匀稳定，再经过收缩段或喷管的加速进入风洞的核心区试验段，形成模型试验所需的流场，之后继续向下游流动，经过扩散段、第一拐角和第二拐角后，再次回到风扇/压缩机，循环往复。

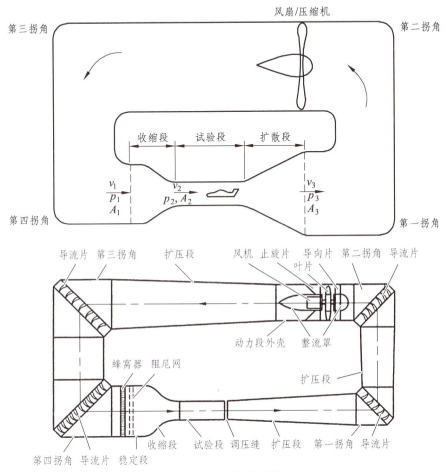

图 6.8　回流式风洞

可以看出，风洞实验段是进行模型实验的部件，也是整个风洞的中心。扩压段又称扩散段，是把气流的动能转变为压力能，以减小风洞的损失。稳定段是使气流保持均匀稳定，稳定段内安装的蜂窝器主要是对气流起导直的作用。导向片的作用是消除经过风扇的气流带有旋转。拐角导流片保证气流经过拐角时改变流动方向不出现分离，四个拐角都必须安装导流片。

风洞实验毕竟与真实飞行不同，所以风洞实验所得的结果，必须加以矫正才能应用。除了采用风洞进行实验外，还应采用飞行试验的方法，即用原型机进行试飞，在飞机上安装必要的仪器设备，以获得所需要的实验数据。

为了保证实验结果尽量与飞行真实情况相符，使实验结果准确，实验时的流动必须与实际流动状态相似，即必须满足相似律的要求。为了保证模型流场与真实流场之间的相似，即除保证模型与实物几何相似以外，还应使两个流场有关的相似准数，如雷诺数、马赫数、普朗特数等对应相等（见相似准则）。

6.2　相似准则

风洞实验的理论基础是相似理论。根据相似理论，风洞实验流场与其实飞行流场之间完全相似的条件，除了模型与实物几何相似以外，还必须使所有相似准则全部相等。前面已经提到，要在风洞的条件下完全满足这些要求是非常困难的，有时甚至是不可能的。事实上，在一定的速度范围内，对于一定的研究对象，影响风洞实验的一般只有一两个主要的相似准则。而对于这些主要的相似准则，有的情况也并不需要完至满足，只要达到一定程度，再通过必要的修正，就可以得到相当可靠的数据。其他一些相似准则，对实验数据的影响很小，小于实验本身的误差范围，有些则根本看不出影响。

6.2.1　相似理论

流动相似理论主要是从实验中发展而来的，在空气动力分析中，有一些实验不允许在真实的环境下进行，或者需要消耗大量的人力、物力和财力，或者部分实验在真实环境下，反而难以测得所需要的信息，那么，这些时候，就需要通过一定的模型实验，采用合理的相似理论，抓住问题的本质，来进行分析研究。流动相似理论也成为流体分析中的一个重要概念。

相似理论也是空气动力学实验的理论基础，它是研究如何保证模型实验与真实现象相似并且将实验结果转换到实物上去的理论。

相似理论主要应用于指导模型实验，确定"模型"与"原型"的相似程度、等级等。相似是指组成模型的每个要素必须与原型的对应要素相似，包括几何要素和物理要素，其具体表现为由一系列物理量组成的场对应相似。对于同一个物理过程，若两个物理现象的各个物理量在各对应点上以及各对应瞬间大小成比例，且各矢量的对应方向一致，则称这两个物理现象相似。在流动现象中若两种流动相似，一般应满足几何相似、运动相似和动力相似。

相似理论有三个基本定理：

1. 相似第一定理

彼此相似的现象，其同名相似准则的数值相同。

这一定理指明了相似现象的一个重要的基本性质。相似第一定理说明相似现象的基本性质，相似判据相等是模型和原型相似的必要条件。

相似判据将两个相似现象中的物理量关系确定下来，并可将在模型研究的结果推广到原型结构上去。由此定理可知，为了应用模型实验的结果，实验中应测量相似准则或相似准则中所包含的物理量。当模型流场与原型流场相似时，只要求出模型流场的相似准则，即获得原型流场的相似准则。

两个相似的流动现象都属于同一类物理现象，它们都应为同一的数学物理方程所描述。流动现象的几何条件（流场的边界形状和尺寸）、物性条件（流体密度、黏性等）、边界条件（流场边界上物理量的分布，如速度分布、压强分布等），对非定常流动还有初始条件（选定研究的初始时刻流场中各点的物理量分布）都必定是相似的。这些条件又统称为单值条件。

彼此相似的物理现象必须服从同样的客观规律，若该规律能用方程表示，则物理方程式必须完全相同，而且对应的相似准则必定数值相等。这就是相似第一定理。值得指出，一个物理现象中在不同的时刻和不同的空间位置相似准则具有不同的数值，而彼此相似的物理现象在对应时间和对应点则有数值相等的相似准则，因此，相似准则不是常数。

2. 相似第二定理

现象的各物理量之间的关系，可以化为各相似准则之间的关系。

相似第二定理回答相似准数之间的关系问题：描述相似现象的物理量组成的相似准数，相互间存在函数关系。相似第二定理解决了实验数据的整理方法和实验结果的应用问题。对如何安排实验同样有指导作用。

3. 相似第三定理

如两个现象的单值条件相似，而且由单值量组成的同名相似准则数值相同，则这两个现象相似。

第三定理是相似现象的充分和必要条件。要使两个现象相似，除了要求它们满足几何相似、有相同的物理关系表达式及由物理关系表达式求得的相同判据相等外，还要求能唯一地确定这一现象的（如边界条件，初始条件等）条件也必须相似。这些能从同类性质的现象中区分具体现象的条件称为单值条件，可以将相似第三定理表述为在几何相似系统中如两个现象由文字结构相同的物理方程描述，且它们的单值条件相似（单值量对应成比例，且单值量的判据相等），则两个现象相似。

在各种相似准则中，由单值量组成的相似准则对于现象相似来说是决定性的相似准则，其他相似准则是非决定性的相似准则。当单值条件相似、同名决定性相似准则数值相同时，就足以使现象相似了。而现象相似了，非决定性相似准则的数值自然会相同。

在安排实验，使两个现象相似时，要求所有的相似准则数值相同是没有必要的，是多余的。要求那些需由实验确定的相似准则，在实验前满足数值相同，更是不可能的。安排实验时，只要决定性相似准则数值相同，即可判定两个现象相似了。这是判定两个现象是否相似的可行的检查标准。由此可见，相似第三定理对于实验具有重要的指导意义。

进行模型实验时，首先要使模型流场与原型流场相似，应根据相似的充分必要条件来安排实验。实验中应测量各相似准则或各相似准则中所包含的物理量。实验数据按相似准则进行整理，即可用到原型流场上去。

一般情况下，模型总比实物小得多，实验条件和实物运动的条件也不完全相同。因此就会产生两个问题：如何设计模型以及保证模型实验的条件，才能有效地比拟实物的实际情况；由模型测得的数据怎样换算回实物中。

相似理论就为这些问题的解决提供了理论依据。该理论指出，若要实物流动与模型流动可以比拟，它们必须是力学相似，并且还得使两个流动的边界条件和初始条件相似。

相似原理与量纲分析方法解决了模型试验中的一系列问题。要进行模型试验，首先遇到如何设计模型，如何选择模型流动中的介质，才能保证与原型（实物）流动相似。根据相似定理，设计模型和选择介质必须使单值条件相似，而且由单值条件中的物理量组成的相似准则在数值上相等。

实验过程中需要测定哪些物理量，实验数据如何处理，才能反映客观实质？相似第一定理表明，彼此相似的现象必定具有数值相等的相似准则。因此，在实验中应测定各相似准则中所包含的一些物理量，并把它们整理成相似准则。

模型实验结果如何整理才能找到规律性，以便推广应用到原型流动中去？由Ⅱ定理可知，描述某物理现象的各种变量的关系可以表示成数目较少的无量纲Ⅱ表示的关系式，各无量纲Ⅱ各种不同的相似准则，它们之间的函数关系式亦称为准则方程式。彼此相似的现象，它们的准则方程式也相同。因此，试验结果应当整理成相似准则之间的关系式，便可推广应用到原型中去。

6.2.2 流动相似

无人机以一定的缩小比例，做成缩比模型或全尺寸模型，将其固定在风洞进行吹风实验，并用仪器测量出模型所受的空气动力和力矩，找出其变化规律。风洞实验结果是否与实际飞行情形相符，这与实验条件密切相关。为了使两者相符，低速风洞实验必须满足三个条件：几何相似、运动相似、动力相似。

几何相似是指缩比模型必须与原型相似，即几何尺寸按同一比例缩小；运动相似是指空气流过缩比模型与流过原型的情形必须相似，两者的气流速度大小成同一比例，而且流速方向相同，甚至包括气流扰动；动力相似是保证作用在模型上的气动力同作用在实际情况大小成比例，方向相同。

1. 几何相似

模型的边界形状与原型的边界形状相似，包括尺度大小比例；对应的角度必须相等。令 l 和 l' 是两个物体的对应长度，如展长、弦长、最大厚度、最大弯度、最大厚度位置等，则

$$\frac{l}{l'} = c \tag{6.1}$$

几何相似是指模型与其原型形状相同，但尺寸可以不同，而一切对应的线性尺寸成比例，这里的线性尺寸可以是直径、长度及粗糙度等。同时，如缩比模型机翼与真实飞机机翼几何相似的话，还要求两者机翼任一点的切线与翼弦的夹角相等。

2. 运动相似

模型与原型的运动情形应相同，即两者间气流流动的形式，如速度、加速度之比均为一常数，方向相同。若 v 和 v' 是两个流场对应点的速度，则

$$\frac{v}{v'} = c \tag{6.2}$$

速度相似也就决定了两个几何相似的流场对应点的加速度相似。运动相似，即速度矢量场和加速度矢量场均保持相似，对应流线谱经均匀形变后可相互重合。

也就是说，在流场中的所有对应点处对应的速度和加速度的方向一致，且比值相等。空气流过缩比模型和流过原型的流线谱相似，流线和流线谱是几何相似的，那么就满足运动相似了。

3. 动力相似

动力相似即对不同的流动现象，作用在流体上相应位置处的各种力大小的比值相等，且方向对应相同。

在低速气流中，如果不考虑空气的重力，那么作用在物面上的力只有黏性力和惯性力。空气压力是惯性力。根据前面章节提及，雷诺数等于流体微团所受的惯性力与黏性力之比。如果风洞实验的雷诺数与原型的雷诺数相等，代表着作用在两流场中相应位置的惯性力与黏性力成比例，则认为是动力相似。

为了保证动力相似，必须使模型实验时的雷诺数同原型的一样。雷诺数可以表示为摩擦系数在模型或原型的总阻力中所占比例大小的一个系数。雷诺数与摩擦阻力在总阻力中所占的比例大小成反比。

进行低速风洞实验，做到动力相似是比较困难的，保证雷诺数相等的难点在于阻力的变化。因为速度增加，压差阻力增加，而摩擦阻力增加缓慢。再者，模型尺寸小，而且风洞风速小得多，反而造成摩擦阻力占的比例很大。

值得一提的是，缩比模型的特征长度比原型小得多，为了保证雷诺数相等，必须提高空气密度、气流速度，或者减小黏性系数。但增加气流速度是有限的；或者增加模型尺度；或者对风洞增压来增加空气密度；或者液氮注入法进行降温，从而降低黏性系数，提高雷诺数。

满足以上相似条件时，两个流动现象（或流场）在力学上就是相似的。例如，实验所得到缩比模型上的压力系数就是原型在相同条件下所对应的压力系数；模型的空气动力曲线（升力系数曲线、阻力系数曲线、测力系数曲线）和力矩系数曲线就是原型的空气动力系数曲线和力矩系数曲线。

在这三种相似条件中，几何相似是运动相似和动力相似的前提和依据，动力相似则是流动相似的主导因素，而运动相似只是几何相似和动力相似的表征；三者密切相关，缺一不可。

实际上，在一般模型实验（如风洞实验）条件下，很难保证这些相似准则全部满足，只能根据具体情况使主要相似准数相等或达到自准范围。例如，涉及黏性或阻力的实验应使雷诺数相等；对于可压缩流动的实验，必须保证马赫数相等，等等。空气动力学实验主要测量气流参数，观测流动现象和状态，测定作用在模型上的气动力等。实验结果一般都整理成无量纲的相似准数，以便从模型推广到实物。

6.2.3 无量纲数

理论上，任意一个流动由控制该流动的基本微分方程和相应的定解条件唯一确定。两个相似的流动现象，为了保证它们遵循相同的客观规律，其微分方程就应该相同，这是同类流动的通解；此外，要求得某一具体流动的特解，还要求其单值条件也必须相似。这些单值性条件包括：

（1）初始条件，指非定常流动问题中开始时刻的流速、压力等物理量的分布；对于定常流动不需要这一条件。

（2）边界条件，指所研究系统的边界上（如进口、出口及壁面处等）的流速、压力等物理量的分布。

（3）几何条件，指系统表面的几何形状、位置及表面粗糙度等。

（4）物理条件，指系统内流体的种类及物性，如密度、黏性等。

因此，如果两个流动相似，则作为单值性条件相似，作用在这两个系统上的惯性力与其他各力的比例应对应相等。在流体力学问题中，若存在上述所有这6种力，而且满足动力相似，则必须使下列各力间的比例对应相等。即惯性力与压力（或压差）之比；惯性力与重力之比；惯性力与摩擦力之比；惯性力与弹性力之比；惯性力与表面张力之比。则分别引入了7个无量纲数，它们依次是欧拉数、弗劳德数、雷诺数、马赫数、韦伯数、普朗特和斯特劳哈尔数。

1. 欧拉数（Eu）

物理上，欧拉数表征了惯性力与压强梯度间的量级之比。可以表示为

$$Eu = \frac{\Delta p}{\rho v^2} \qquad (6.3)$$

式中　Δp——压力差；

　　　ρ——物体的体积质量；

　　　v——特征速度。

欧拉数表示了流体的压力与惯性力之比，同时，也是压力系数的另一种表现形式，在不可压缩流动中，欧拉数表示了某两点压差与来流动压头的比例关系。根据伯努利方程，欧拉数也表示了流体的加减速程度。

2. 弗劳德数（Fr）

物理上，弗劳德数表征了惯性力与重力间的量级之比，是一个表征流速高低的无量纲量。可以表示为

$$Fr = \frac{v}{\sqrt{gl}} \qquad (6.4)$$

式中　v——流体流速；

　　　g——重力加速度；

　　　l——特征长度。

英国科学家弗劳德在研究船舶航行时所遇到的水面波阻力时定义了弗劳德数，它表示了流动中惯性力与重力的比值，一般情况下，在处理重力场内液体的自由表面相关的运动时，会考虑该数值。不过，在大多数流体问题中，重力都是可以忽略的。

对于大气中的飞行器而言，如果大气的重力作用可以忽略，则弗劳德数也就无关紧要。但如果空气的重力（即作用于物体的静浮力）与惯性力相比不可忽略时，弗劳德数就是一个必须满足的相似准则。例如，水上飞机的水池实验就要保证模型与实物的弗劳德数相等。

3. 雷诺数（Re）

物理上，雷诺数表征了相似流动中惯性力与黏性力间的量级之比。可以表示为

$$Re = \frac{\rho vl}{\mu} \qquad (6.5)$$

式中　ρ——流体密度；

　　　v——流速；

　　　l——流场中的特征长度；

　　　μ——动力黏性系数。

如果流动的雷诺数小，表示与惯性力的量级相比，黏性摩擦力的量级要大得多，因此可以忽略惯性力的作用；反之，雷诺数大则表示惯性力起主要作用，因此可以当作无黏流体处理。

雷诺数可以说是最著名的无量纲数，决定了大部分的定常、不可压等流体流动形式。例如，附面层流态、气动阻力、气流分离、失速特性等都明显地受雷诺数的影响。

如果要保持与全尺寸状态的相似，雷诺数是主要的相似准则。因为真实飞行时，雷诺数是很高的。当代大型运输机的飞行雷诺数可达 60×10^6。一架中型旅客机，若弦长 3 m，在 10 000 m 高度以 750 km/h 的速度飞行，雷诺数为 17.7×10^6；在海平面高度以 180 km/h 的速度着陆，雷诺数为 10.3×10^6。一架普通的超音速战斗机，在着陆时的雷诺数也可达到 17.4×10^6。而在风洞实验中，由于大都使用缩比模型，雷诺数要比全尺寸飞行小一个量级甚至更多。

根据雷诺数的定义可知，提高实验雷诺数的途径有：增大模型特征尺寸；提高气流速度；提高气体密度和降低空气黏性。可以通过增加空气的压力和采用密度大的气体代替空气两种方法增加实验雷诺数。例如，一个 1.22 m × 0.2 m 的机翼进行低速风洞试验，要求 $Re = 9 \times 10^6$，如果在压力为 21 个大气压的变密度风洞中进行实验，只需要 27.5 m/s 风速。还可以通过降低温度的方法减小黏性系数，同时空气密度也增加，因而雷诺数增加得很快。实验表明，若将驻点温度从大气温度减低到 – 173 ℃，在不增加风洞尺寸和气流动压的情况下，雷诺数可以提高到 6 倍左右。

但是，根据各种变雷诺数实验的结果，当雷诺数达到一定值以后，气动系数的变化变得自规律，或者基本上不变化。这样的雷诺数范围，称为雷诺数自准区。在这个范围内，黏性影响已经不显著了。尽管实验雷诺数比真实飞行雷诺数小很多，实验结果经过必要的修正，仍可外推到真实飞行情况。

4. 马赫数（Ma）

物理上，马赫数表征了惯性力与弹性力间的量级之比，是气体可压缩性的度量，通常用来表示飞行器的飞行速度或者气流的流动速度。可以表示为

$$Ma = \frac{v}{a} \tag{6.6}$$

式中　v——流体流速

　　　a——当地声速。

马赫数也是十分有名的无量纲数，尤其在空气动力学中应用更加广泛，其意义是物体运动速度与当地的声速之比，在力的层次上，其表示了流体中惯性力与弹性力之比，反映了气流宏观运动的动能与微观的分子无规则运动之间的比例关系。由于弹性力反映了空气的压缩性，所以马赫数反映了空气的压缩性。马赫数越大，意味着弹性力的影响就越小，空气会被拉伸或压缩，可以类比固体中的弹簧，当弹性模量很小时，弹簧就可以被强烈地进行拉伸与压缩。

对于可压缩流而言,马赫数是最主要的相似准则,马赫数对气动特性的影响非常明显。为了保持两个可压缩流场之间的相似关系,马赫数是必须满足的相似准则。从马赫数的定义可以看出,提高马赫数可以通过提高气流流速和降低音速两种途径来实现。采用低温风洞进行风洞实验,由于低温风洞气流的总温大大降低了,因而音速也随之降低,这是通过降低音速来提高马赫数的有效方法。

要达到不同的实验马赫数,需要不同的措施。在亚音速阶段,只要增加风洞的功率,即增加实验段上下游的压力比,马赫数就可以提高。在跨音速阶段,不仅要提高功率或压力比,而且要解决模型堵塞、激波反射等问题,因而需要采用两壁或四壁通气的实验段壁板。另外,为了防止空气加速膨胀而降温,引起气流内的水蒸气的凝结,必须对空气进行严格的除油除水。采用氟利昂作为风洞的工作介质,也可以提高马赫数而较节省功率。

5. 韦伯数(We)

物理上,韦伯数表征了惯性力与表面张力间的量级之比。可以表示为

$$We = \frac{\rho v^2 l}{\sigma} \tag{6.7}$$

式中 ρ ——流体密度;

    v ——流体流速;

    l ——特征长度;

    σ ——液体的表面张力系数。

韦伯数表示了惯性力与表面张力的比值。在液体的表面会存在表面张力,当流体的运动速度较小,或者液滴的尺度很小时,表面张力就有可能与当地的惯性力相当或者更大,此时就需要考虑表面张力的作用。韦伯数越小表示表面张力越重要,当韦伯数远大于1时,表面张力的作用就可以忽略。此外,在某些情况,例如液滴在高速气流中的破碎问题,发动机在燃烧室中组织高效燃烧问题等,则和韦伯数密切相关。

6. 普朗特数(Pr)

普朗特数反映了气流的黏性作用和热传导之间的关系。由于黏性的存在,气流在物面形成附面层。在附面层内,气流的分子或微团之间有动量交换,在高速流动时,由于气体的热传导,气流在物面还形成了一个温度附面层。在温度附面层内,气体的分子或微团之间有热交换;如果物面是绝热的,则物面温度等于等于底层温度,反映这两种现象的相对关系的相似准就是普朗特数。在亚音速实验中,普朗特数是自动满足的。

7. 斯特劳哈尔数(St)

斯特劳哈尔数在物理上表示了当地惯性力与对流惯性力的比值。当流体绕物体流动时,经常会在其后面形成周期性的涡脱落,称为卡门涡街,对于比较标准的圆柱扰流来说,这种涡脱落现象存在很强的周期性,产生的声音就像在"唱歌",斯特劳哈尔正是在研究这种现象时定义了这个无量纲数。当流体做周期性非定常运动时,可以用该量来描述振荡的程度,斯特劳哈尔数值越大,则振荡强度越大。对于螺旋桨或装有螺旋桨的飞机模型实验来说,它是必须满足的相似准则。

可以看出，Eu、Fr、Re、Ma、We、Pr 和 St 都是无量纲数，在相似理论中称作相似准则或者相似判据，它们是判断两个现象是否相似的依据。因而，彼此相似的现象，其同名相似准则的数值一定相等。反之，如果两个流动的单值条件相似，而且由单值条件组成的同名相似准则的数值相等，则这两个现象一定相似。

总而言之，无量纲数大多为某两种力之比，这是因为流动运动状态的改变决定于其所受到的力，而哪种作用力占主导因素，流动就主要由该作用力决定。

6.3　风洞实验

近年来各类航天器的性能越来越先进，技术越来越复杂，因而对试验的要求越来越高，试验项目和试验时数越来越多，最主要的是风洞实验，虽然可以利用各种其他方法，但远不如风洞实验普及。

风洞实验时用支架把模型固定在试验段中，当气流吹过模型时，作用在模型上的气动力通过与支架相连的测力机构传给测量仪器，从而获得模型在各种状态下的气动力。由于实验模型和观测仪器都是固定不动的，这对流动现象的观测和数据测量都很方便安全，测试的精度也比较高。

风洞实验具有以下优点：

（1）能比较准确地控制实验条件，如风洞中的气流参数：速度、压力、密度、温度等，且随时可以改变。

（2）实验在室内进行，受气候条件和时间的影响小，模型和测试仪器的安装、操作、使用比较方便。可以连续进行实验，因而风洞的利用率可以很高。

（3）风洞实验时，模型大都是静止不动的。这给测量数据带来很大力便，并且容易测量准确。模型不动也使得实验比较安全。

（4）风洞中不仅能测量整机的数据，而且还可以分别测量各部件（如单独机翼、机身等）和组合体的数据。这对于分析飞行器各部件的贡献和相互下扰是非常必要的。而在其他某些实验方法（如自由飞行模型实验）中是不可能的。

（5）较之其他实验手段，风洞实验的成本要低廉得多。随着风洞自动化程度或效率提高，实验成本还可下降。

因此，风洞实验在空气动力学的研究、各种飞行器的研制方面，以及在工业空气动力学和其他同气流或风有关的领域中，都有广泛应用。

但是，风洞实验也有它的不足之处，主要是很难保证实验流场与真实飞行流场之间的完全相似，包括以下两方面。

第一，风洞实验不能同时满足相似律所提出的所有相似准则，如马赫数、雷诺数等。如果要想做到这一点，风洞建设成本和动力消耗都巨大，有时甚至是不可能的。

第二，在风洞实验中，气流是有边界的，不可避免地存在洞壁的影响，称为洞壁干扰。另外，模型支持系统也会影响模型流场，称为支架干扰。这些都影响流场的几何相似。

但是，根据实践经验，这两条都不会影响风洞实验的可靠性。在风洞实验中，如果能满足甚至基本满足主要的相似准则（在不同的速度范围或不同类型的实验中，主要的相似准则是不同的），那么所测定的数据并不会因为没有满足其他相似准则而引起很大的误差。即使有一些误差，也可以设法修正。洞壁干扰、支架干扰以及其他因素的干扰，在一定限度内，也是可以经过修正而消除的。

6.3.1 测力实验

测力实验是利用风洞天平测量作用在模型上的空气动力和力矩的风洞实验，它是风洞实验中最重要的实验项目之一。目前，风洞实验仍是获取飞机阻力特性数据的主要手段。

测量时，将缩比模型安装在风洞（装有应变天平）的角度机构上，如图 6.9 所示。试验段的风速、空气密度、模型的参考面积事先求出。当模型迎角一定时，风洞稳定气流流过模型，则应变天平就可以测出此迎角下的升力大小，如果将升力代入升力公式，就可以求得该迎角下的升力系数。按照一定规律改变迎角，可以求出相应迎角对应的升力和升力系数。

图 6.9 　无人机测力实验（NASA）

测力实验主要包括全模型和部件的纵向和横向测力实验、喷流实验、静气动弹性实验、外挂物测力和投放轨迹实验等。全模型和部件的纵向和横向测力实验是测量沿模型上 3 个互相垂直轴的力和绕 3 个轴的力矩的实验。

风洞测力实验离不开天平测量装置。空气动力天平，又称风洞天平，是风洞中用以测量气流作用在模型上的空气动力和力矩的测量设备。天平能将空气动力和力矩沿 3 个相互垂直的坐标轴系分解并进行测量。

风洞天平按测力的性质分为静态测力天平和动态测力天平两类，分别测量定常飞行和非定常飞行时模型受到的空气动力。静态测力天平有内式和外式等多种形式，按结构和测量原理分为机械式、应变式、压电式和磁悬挂等形式。机械式天平主要用于低速风洞，常见的有张线式和硬架式两种，如图 6.10 所示。其中，杆式天平是最常用的应变天平结构形式。

（a）单分量应变天平 　　　　　　　　（b）五分量杆式高频应变天平

（c）六分量杆式应变天平　　　　　　　　　（d）六分量杆式应变天平

图 6.10　测力实验用的应变天平

与机械式天平相比，应变天平质量轻、响应快、体积小、设计加工简单、成本较低。应变天平是一种应用于风洞中的单分量或多分量的应变式测力传感器，是高、低速风洞中使用最广泛的空气动力测量装置。

应变天平由天平元件（弹性元件）、应变计和测量电路（测量电桥）组成。进行风洞测力试验时，应变天平可以在体轴系中同时测量作用在模型上的空气动力载荷，即 3 个力（法向力、轴向力与横向力）与 3 个力矩（俯仰力矩、偏航力矩与俯仰力矩）。风洞试验时，应变天平承受作用在模型上的空气动力载荷，并且把它传递到支撑系统上。

天平元件在载荷作用下产生变形，其应变与外力大小成正比。粘贴在天平弹性元件表面的应变计也同时产生变形，使其电阻值产生变化。这个电阻增量与应变天平所承受的空气动力载荷值成正比。电阻变化通过惠斯通电桥的放大后表现为电压的改变，将电压信号 A/D 转换后，输入计算机进行处理，即可得到模型上的力与力矩。

为研究各部件的贡献和干扰，除采用全模和部件实验外，更精确的方法是在模型内安装多台天平，同时测量全机和部件的气动力。对于有对称面的飞行器，在绕流对称的条件下，可以洞壁或反射平板为对称面，取模型的一半做实验。这种实验称为半模实验，其优点是模型可做得大些，雷诺数可以高些，无尾支杆干扰，制造方便和经济。缺点是存在洞壁边界层和缝隙的影响以及仅能进行纵向实验。

20 世纪 60 年代以来，发展出一种双天平测量系统，母机模型和外挂物分别支撑在各自的天平上。实验时首先测量外挂物和母机的气动力，输入计算机，由运动方程和给定的时间间隔算出外挂物在气动力作用下运动的下一个位置，然后操纵外挂物运动到计算位置再进行测量。一直到所要求的轨迹测出为止。这时，母机和外挂物所有瞬间的气动力也同时测出。这种方法不要求模型动力相似，模型可多次使用。

1. 全模测力实验

全模测力实验是低速风洞中最常见的实验，如图 6.11 所示。测力实验中，当模型侧滑角为 0°，在一系列迎角下进行测量称为纵向测力实验；对模型给定某一迎角，在一系列侧滑角下进行测量称为横向测力实验；对模型给定某一非零侧滑角，在一系列迎角下进行测量称为准纵向测力实验；在不同的动压条件下，对同一模型状态测力称为变雷诺数实验；在相同的试验条件下，对同一模型状态的多次重复测量称为重复性实验。

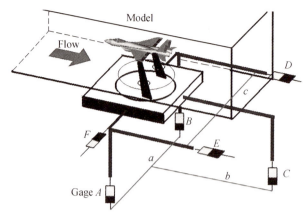

图 6.11　全模测力实验

全模测力实验的方法是在给定的动压条件下，采用六分量天平测量模型在一系列姿态角下的气动力。六分量天平可以测量升力、阻力、侧力、俯仰力矩、滚转力矩和偏航力矩 6 个分量的力/力矩。进行全模测力实验，要保持试验动压稳定，按实验要求自动改变模型姿态，对模型的气动力实现精确、高效的测量。

2. 型阻测量实验

翼型阻力的测量主要有风洞实验和飞行实验两种手段。在风洞实验中，翼型阻力的测量主要有动量法、天平测力法、激光多普勒测速法等测试方法，其中应用得最成熟和最普遍的方法就是尾迹法。在飞行实验中，至今仍采用尾迹法。

在空气动力学风洞实验中，常用一种尾迹流场测量翼型扰流阻力系数，称为尾迹方法。气流流过翼型，会在翼型后面形成尾流，翼型所受的阻力越大，尾流区内气流的机械能就越小。如果能测出尾流内的流场参数，就可以用动量定理算出模型所受的阻力。

取一控制体（图 6.12），其中 0 截面取在翼型远前方，此处气流未受到翼型扰动，故气流参数为来流静压 p_∞，密度 ρ，来流速度 v_∞，来流总压 p_0。Ⅰ 截面在模型的远后方，此处气流的静压已恢复到 p_∞，密度为 ρ，速度为 v_1，总压为 p_{01}。上、下控制面离翼型无穷远，其上的静压为 p_∞。根据动量定理便可推导出模型所受阻力 D 的积分表达式。

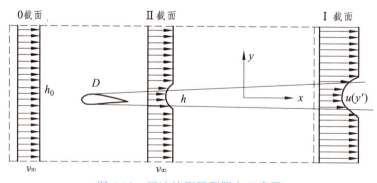

图 6.12　尾迹法测翼型阻力示意图

但因 Ⅰ 截面在离翼型无穷远处，尾流区为无穷大，所以积分限也是无穷大。这样做实际上是不可能的。为此，在翼型后适当位置取截面Ⅱ，假设在这个截面上尾流内的静压已保持为常数，并且气流在Ⅰ-Ⅱ截面之间没有能量损失，因此Ⅱ截面上尾流内的总压也是 p_{01}。而在尾流外，认为气流没有能量损失，总压 p_0 保持不变。令在Ⅱ截面处气流的参数为 p_2、ρ、v_2、p_{01}（尾流内）、p_0（尾流外）。且将 p_2 的下标省略而用 p 表示尾流内的平均静压。

则在低速下（$Ma<0.3$）阻力系数的计算公式为

$$C_{D} = \frac{2}{c} \int_w \sqrt{\frac{p_{01}-p}{p_0-p_\infty}} \left(1 - \sqrt{\frac{p_{01}-p_\infty}{p_0-p_\infty}}\right) dy \tag{6.8}$$

式中　c ——翼弦弦长；

　　　y ——位于Ⅱ截面与来流垂直在翼型厚度 y 方向坐标；

　　　w ——积分范围，即尾迹区（由于在Ⅱ截面处尾流外的总压等于 p_0，故积分只需在尾流内进行）。

3. 升力系数测定实验

此实验目的是掌握不同迎角模型（包括缩比飞机）升力系数，绘制升力系数随迎角变化的曲线[图 6.13（b）]，理解升力系数随迎角的变化规律。根据升力特性曲线，确定升力特性参数：零升迎角、临界迎角、最大升力系数、升力系数斜率。天平是必需的实验设备。

实验原理是根据所测量模型各迎角下升力的大小，利用升力公式，求出对应迎角的升力系数，即

$$C_{L} = \frac{2L}{\rho v_\infty^2 S} \tag{6.9}$$

式中　ρ_∞ ——空气密度，kg/m^3；可以计算实际空气密度，也可以近似取 ISA 标准值，即 1.225 kg/m^3；

　　　v_∞ ——风洞风速，m/s；

　　　S ——模型面积，m^2。

实验步骤：第一步，做好实验前准备，包括计算出必备数据（风洞风速、空气密度、模型面积）；第二步，将模型安装到风洞实验段的天平上，并进行校准，调节迎角。第三步，开车，等待风速稳定后，记录该迎角的升力。第四步，根据实验测量结果，利用升力公式，计算出对应迎角的升力系数。第四步，根据实验数据矩阵，进行数据处理，绘制模型的升力系数特征曲线。第五步，确定升力特征参数：零升迎角、临界迎角、最大升力系数、升力系数斜率。

4. 阻力系数测定实验

此实验目的是掌握不同迎角模型（包括缩比飞机）阻力系数，绘制阻力系数随迎角变化的曲线[图 6.13（c）]，理解升力系数随迎角的变化规律。根据阻力特性曲线，确定阻力特性参数：零升阻力系数、最小阻力迎角。

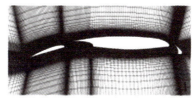

（a）计算风格

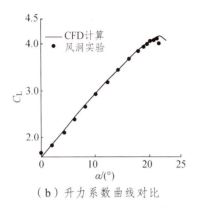

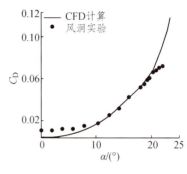

（b）升力系数曲线对比　　　　　　　　　　（c）阻力系数曲线对比

图 6.13　升阻力系数曲线图

实验原理是根据所测量模型各迎角下阻力的大小，利用阻力公式，求出对应迎角的阻力系数，即

$$C_D = \frac{2D}{\rho v_\infty^2 S} \qquad\qquad (6.10)$$

式中　ρ_∞——空气密度（kg/m³），可以计算实际空气密度，也可以近似取 ISA 标准值，即 1.225 kg/m³；

v_∞——风洞风速，m/s；

S——模型面积，m²。

实验步骤：第一步，做好实验前准备，包括计算出必备数据（风洞风速、空气密度、模型面积）；第二步，将模型安装到风洞实验段的天平上，并进行校准，调节迎角。第三步，开车，等待风速稳定后，记录该迎角的阻力。第四步，根据实验测量结果，利用阻力公式，计算出对应迎角的阻力系数。第四步，根据实验数据矩阵，进行数据处理，绘制模型的阻力系数特征曲线。第五步，确定阻力特性参数：零升阻力系数、最小阻力迎角。

在无人机研发过程中，外挂物风洞实验是必不可少的。外挂物测力和投放轨迹实验是测量飞行器外挂油箱或其他物体的气动力和外挂物投放轨迹的实验。为了扣除支架干扰，还要进行支架干扰试验，如腹撑模型正装测力时，为了测量腹撑支架干扰量，就必须进行模型反装加镜像支架的测力实验。

除上述实验外，还有一些专门的测力实验，如铰链力矩测量、摩阻测量、进气道阻力测量、马格努斯力和力矩（见马格努斯效应）测量等，这些都要有专门设计的天平。

6.3.2　测压实验

测压实验是测量风洞洞壁、模型表面上各点和气流中各点的当地压力参数测量。对应于流场的每一点，有一个总压和一个静压。总压是假想气流等熵绝热地滞止，最后流速降为零时所能达到的压力。静压是气流内部相互作用的流层之间的法向力。在不可压缩流体中，总压和静压之差，即该流动点上由于气流动力效应引起的压力增高，称为动压或速压。气流压力的测量，是空气动力实验中最基本的测量项目之一。

1738 年，伯努利确立了无黏性不可压缩流体中压力与速度之间的关系，后称为伯努利定理。这个定理后来被推广到可压缩流体。因为测量气流压力比较容易，故风洞实验中常借助测量气流的压力来推求速度。

风洞中最常见的测压实验是模型表面压力分布测量。通过实验，可以了解局部流动特性并积分出总的气动特性。模型表面上直接开有测压孔。风洞中气流总压、静压测量用总压、静压探测管和压力计或压力传感器。但管与管之间的相互影响要小。模型表面压力测量孔要求垂直当地物面，孔缘处平滑不得有毛刺。静压探测管上静压孔位置的选择特别重要，应使它受静压管头部和支柄的综合影响最小。测压设备中压力传输的管路不能太长，否则管内压力达到平衡要用很长时间。

风洞测压实验在工程设计和研究工作中得到广泛应用。风洞流场校测中速度场、压力场、方向场的测量也是通过测压进行的。此外，边界层压力测量也是经常进行的实验项目。有时还通过二元物体尾流压力测量来推算物体的阻力。

测压实验的目的主要是为飞行器及其各部件结构强度计算提供气动载荷分布的原始数据，为研究飞行器及其各部件的性能，以及绕模型的流动特性提供依据。通过压力分布测量可以确定机翼上最小压力点位置、气流分离特性以及作用在模型上的升力、压差阻力和压力中心等。因此，压力分布测量是研究飞行器气动特性、进行强度校核、验证数值计算方法是否准确的一个重要手段。

这里介绍以飞行器模型为代表的模型表面的压力分布测量实验。

1. 测压实验方法

测压实验使用测压模型。测压模型除在模型表面的适当位置布置了测压孔并在模型内留有传压导管布管槽和一定空间外，其他要求与测力模型基本相同。

全机和机身的压力分布测量实验，模型可用腹撑或尾撑。

测压模型的每个测压孔通过传压导管分别与多管压力计或扫描阀及压力传感器相连。传压导管由模型内部沿支杆引出风洞。若模型内有足够的空间，最好将压力扫描阀和传感器安置在模型内，以尽可能缩短传压导管，减少导管内的压力平衡时间。如果测压的同时还要进行测力，则应考虑天平的安装与使用，且要避免或尽可能减小传压导管对天平的干扰。

为了增加模型表面测压点数目，提高试验的雷诺数，要加大模型尺寸，也可采用半模实验。通常采用靠近洞壁安装的半模进行测压试验模型内的传压导管，可以很方便地连接到风洞外。

对机翼而言，测压孔通常布置在机翼上下表面的 0、1.25%、2.5%、5.0%、10%、15%、20%、30%、40%、50%、60%、70%、80%、90%、95%、100%的弦长位置上，并分布在展向的若干个剖面上。每个剖面上、下沿弦长测压孔不少于 15 个，压力变化较剧烈处（如机翼前缘附近）应适当增多。测压孔内径一般取 0.4～0.8 mm，测压孔轴线应垂直于模型当地型面。

目前，风洞测压实验尤其是有大量测点的测压实验，大都采用压力扫描阀（机械扫描或电子扫描阀）和压力传感器。众多的测点可能对传感器的量程要求不尽一致，这就需要选用不同量程的传感器和仔细地布置管路，要选用重复性好、线性好、温漂小、滞后小的传感器。

对模型底部压力、模型表面压力分布测量，最好选用压差传感器，用试验段静压作压差传感器的参考压力，可明显提高压力测量精度。压力传感器的灵敏度，通常随环境的温度、湿度及输入电桥电压值的大小等发生变化，不同时间的校准结果也会不一样。

因此，风洞实验时，最好能实时校准和重复校准，使用传感器工作时的实际校准曲线。采用压力扫描阀系统进行测压实验的数据采集流程通常为：传感器感受压力，将其转换为电信号，经放大器放大，送采集系统进行则 A/D 转换，输入计算机进行处理。

在有大量测点的测压实验中，经常遇到如何正确判别与测压孔口表面状态不良，或传压导管的堵塞，或漏气直接有关的不正常结果数据。对模型压力分布实验结果也应进行洞壁干扰修正，如阻塞修正等。但是用常规洞壁干扰修正方法往往有困难，因为修正时需要用到模型的阻力等数据。如有可能，可结合测力实验结果进行修正，也可用壁压信息法进行压力分布实验的洞壁干扰修正。

2. 机翼压力分布实验

飞机机翼的升力是由上下翼面的压力差产生的，想要了解机翼各部分在产生升力时的贡献多少，就要弄清楚机翼表面的压力分布状态，绘制机翼上下表面压力分布图。

采用如图 6.14 所示的实验设备。取中空的一段翼型，并在翼型上表面的前缘、中前部、中部、中后部和后缘的位置处开 8 个小孔，标记为 1～8 号；同时在下翼面与其相对应的位置处也开 8 个小孔，记作 9～16 号。并将 16 根软管的一头分别连接在这 16 个小孔上（为了不破坏翼型表面的气流运动，此 16 根软管是在中空机翼内部与 16 个小孔相连）。另外，取两组连通器，每组连通器具有 9 个试管，其中第　组连通器的前 8 个试管通过软管与机翼上翼面 8 个小孔相连，相应地将此 9 个试管记作 1～8 号和 0 号；第二组连通器也用相同的方式与下翼面的 8 个小孔相连，相应记作 9～16 号和 0 号；两组连通器的 0 号试管都与大气相接。最后，向两组连通器中注水，在实验开始前，每一组连通器中各试管的水面高度是相等的。

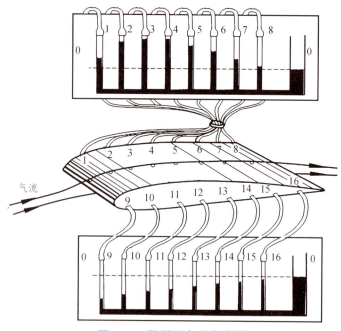

图 6.14　翼型压力分布实验

实验开始后，让空气相对翼型流动，这样就会在翼型上产生升力，即上下翼面产生压力差。观察每一组连通器各试管中的水面高度变化，如图 6.14 所示，与上翼面开孔相连的第一组连通器中，0 号试管水面下降，其余 8 个试管的水面高度都有所上升，但高度变化有所差异，对应上翼面中前部开孔的 2~4 号试管水面高度上升最多；与下翼面开孔相连的第二组连通器中，0 号试管水面上升，其余 8 个试管的水面高度都有所下降，高度变化同样存在差异，对应下翼面前缘位置开孔的 9~11 号试管水面高度下降最多。

每组连通器的 0 号试管是分析实验现象的关键。这两个试管与大气相连，感受大气压力。第一组连通器的 0 号试管水面下降，1~8 号试管水面上升，说明机翼上表面产生的压力小于空气压力，称为负压或吸力；第二组连通器的 0 号试管水面上升，9~16 号试管水面均下降，说明机翼下表面产生的压力大于空气压力，称作正压，简称压力。试管中水面高度变化得越多，则与其相连接的翼面小孔处的压力与空气压力差异越大。

这样就可以通过矢量表示法将机翼上下表面的压力分布表示出来。正负压均可通过矢量表示。矢量的方向垂直于机翼表面，矢量箭头从机翼表面出发指向外，表示吸力，矢量箭头指向机翼表面，表示正压力。矢量箭头的长度表示正压或负压的大小。吸力或正压用矢量来表示，矢量线段长度为力的大小，方向为力的方向。将各矢量外端用光滑曲线相连得到压力分布图，如图 6.15 所示。

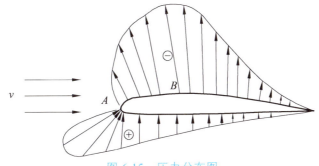

图 6.15　压力分布图

在机翼上翼面有一个负压最大的点，叫作最低压力点，在该点处气流流速最快；在机翼前缘有一个点，气流在此处受到阻碍减速到零，使得正压最大，该点被称作驻点。

机翼产生升力是通过上下表面的压力差，即"下顶上吸"的作用实现的。通过机翼的压力分布图可以发现，机翼上翼面气流的吸力区明显大于下翼面气流的正压区，所以机翼产生升力主要是利用上翼面的吸力作用，特别是在上翼面的中前部产生了总升力的 60%~80%，而下翼面的正压只产生了总升力的 20%~40%。

采用理论研究和整理试验数据的方法表示压力分布时，通常使用坐标表示法。表示压力分布引入压力系数 C_p，将其按下式定义：

$$C_p = \frac{p - p_\infty}{\frac{1}{2}\rho v^2} = \frac{\frac{1}{2}\rho_\infty v_\infty^2 - \frac{1}{2}\rho v^2}{\frac{1}{2}\rho v_\infty^2} \tag{6.11}$$

式中　p_∞，v_∞——远前方气流的压强和速度。

将 C_p 作为纵坐标，正方向为负；横坐标为弦向位置，即机翼剖面上各点对应机翼前缘的位置情况，如图 6.16 所示。

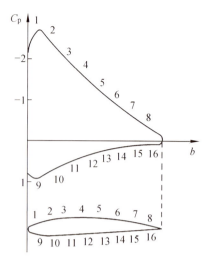

图 6.16　坐标表示的压力分布

根据伯努利方程，则

$$\frac{1}{2}\rho v^2 + p = \frac{1}{2}\rho v_\infty^2 + p_\infty \tag{6.12}$$

于是机翼表面各点的静压为

$$p = \frac{1}{2}\rho v_\infty^2 + p_\infty - \frac{1}{2}\rho_\infty v^2 \tag{6.13}$$

压力系数就可以写成

$$C_p = \frac{\left(\frac{1}{2}\rho v_\infty^2 + p_\infty - \frac{1}{2}\rho v^2\right) - p_\infty}{\frac{1}{2}\rho v_\infty^2} = 1 - \left(\frac{v}{v_\infty}\right)^2 \tag{6.14}$$

当迎角和翼型的形状一定的时候，翼型的流线谱不再发生改变，那么机翼表面某点的流速就是一个确定值，则各点的压力系数 C_p 也是一个确定值。这就说明，翼面各点的压力系数主要取决于迎角和翼型的形状，而与气流流速和动压无关。

3. 压力系数测定实验

实验目的是掌握模型压力系数的测定方法；然后绘制各迎角下的压力系数分布图；根据压力系数分布图，了解机翼各部分对升力贡献的大小。

实验设备中，需要准备提前打有测压孔的模型、多管气压计或压力传感器、数据处理器、红色乙醇液等。

实验原理为根据测量各点的压力，计算剩余压力：$\Delta p_i = p_i - p_\infty$，根据式（6.15）计算各点的压力系数为

$$C_{pi} = \frac{2\Delta p_i}{\rho_\infty v_\infty^2} = 1 - \frac{v_i}{v_\infty} \tag{6.15}$$

式中　ρ_∞——空气密度（kg/m^3），可以计算实际空气密度，也可以近似取 ISA 标准值，即 1.225 kg/m^3；

v_{∞}——风洞流速（m/s）；

v_i——测量点的流速（m/s）。

实验步骤为：第一步，实验前记录数据，包括空气密度、相对气流速度、各测量点距离模型前缘的距离，计算相对距离。第二步，将模型安装到风洞实验段内，以及在各测量点安装压力传感器或多管气压计，调好模型迎角。第三步，开车，等待风速稳定后，记录测量结果。第四步，数据处理，根据各测量点的剩余压力，计算模型上下侧的压力系数。第五步，根据测量点的压力系数，绘制坐标表示法的压力系数分布图，相对位置为横坐标，而压力系数为纵坐标。第六步，根据模型压力系数分布图，说明各部分对压力的贡献大小。

6.3.3 PIV 风洞实验

风洞实验是流体力学研究的主要手段之一，20 世纪 80 年代，随着计算机技术、光学技术和图像分析技术的发展，风洞测试技术也在飞速地发展，出现了一种新的流场测量技术——粒子图像测速技术（Particle Image Velocimetry，PIV）。它不仅能显示流场流动的物理形态，而且能够提供瞬时全场流动的定量信息，使流动可视化研究产生从定性到定量的飞跃。

PIV 是利用图像处理技术发展起来的一种流动测量技术。测量时激光器以相隔一定的、较短的时间间隔发出两次或多次脉冲片光，相应地相机曝光捕获不同时刻的多张粒子图片，通过图像处理技术采用互相关/自相关算法获得整个测量平面的流场信息，从而得到瞬时平面速度场、脉动速度场和涡量场等。它集测量和显示为一体，能够在流场中一个平面上非接触地、即时地测量和显示速度矢量的分布，因此 PIV 技术是一种观测复杂流场的有效工具。

PIV 的突出优点表现在：① 突破了空间单点测量（如 LDV）的局限性，实现了全流场瞬态测量；② 实现了无干扰测量，而用皮托管或热线热膜流速计等仪器测量时对流场都有一定的干扰；③ 容易求得流场的其他物理量，由于得到的是全场的速度信息，可方便地运用流体运动方程求解诸如压涡量场等物理信息。因此，该技术在流体测量中占有重要的地位，随着流场显示和测量技术的进步，粒子图像测速系统（PIV）逐渐应用在流体试验研究中。

1. PIV 原理

PIV 系统主要由激光发生与发射、粒子发生、成像和图像处理等部分组成（图 6.17）。激光发生发射部分主要包括连续或脉冲激光发生器、光传输系统和片光源光学系统；成像系统包括图像捕捉装置和同步器等。粒子主要采用有较强的光散射特性和较高的信噪比的粒子。图像处理部分包括帧采集卡和分析显示软件。帧采集卡将粒子图像数字化，并将连续图像存储在计算机中。分析显示软件分析图像，实时显示采样的图像数据，显示速度矢量场。

激光粒子测速仪包括高速照相机、激光发射器、激光发生器以及控制与相机同步的同步器。PIV 技术的原理很简单，就是通过测量示踪粒子的瞬时平均速度来实现对二维流场的测量。

2. PIV 风洞应用

在利用 PIV 技术测量流速时，需要在流场中均匀散布跟随性、反光性良好且比重与流体相当的示踪粒子。如图 6.18 所示将激光发生器产生的光束经透镜散射后形成厚度约 1 mm 的片光源入射到流场待测区域，CCD 相机以垂直于片光源的方向对准该区域。利用示踪对光的散射作用，记录下两次脉冲激光曝光时粒子的图像，形成两幅 PIV 底片（即一对相同待测区域、不同时刻的图片），底片上记录的是整个待测区域的粒子图像。

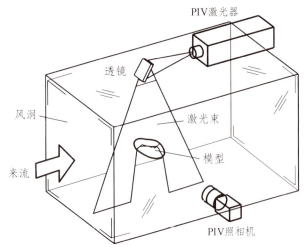

图 6.17 PIV 风洞实验原理示意图

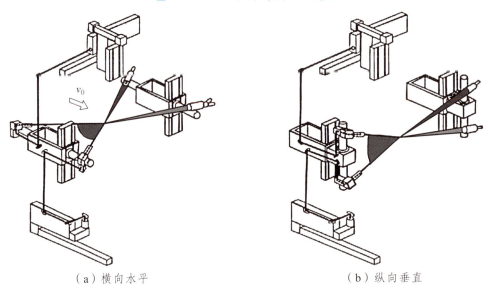

（a）横向水平 　　　　　　　　（b）纵向垂直

图 6.18 两张 PIV 底片的获取示意图

采用图像处理技术将所得图像分成许多很小的区域，采用自相关或互相关统计技术求取域内粒子位移的大小和方向，脉冲时间间隔已设定，粒子的速度矢量即可求出。对域中所有粒子的数据进行统计平均可得该域的速度矢量，对所有域进行上述判定和统计可得出整个速度矢量场。在实测时，对同一位置可拍摄多对曝光图片，这样能够更全面、更准确地反映出整个流场内部的流动状态。

PIV 测速是基于最基本的流体速度测量方法。在已知的时间间隔 Δt 内，流场中某一示踪粒子在二维平面上运动，它在 x、y 两个方向上的位移是时间 t 的函数。该示踪粒子所在流体质点的二维速度可表示为

$$
\begin{aligned}
V_x &= \frac{\mathrm{d}x(t)}{\mathrm{d}t} = \frac{x(t+\Delta t) - x(t)}{\Delta t} = v_x \\
V_y &= \frac{\mathrm{d}y(t)}{\mathrm{d}t} = \frac{y(t+\Delta t) - y(t)}{\Delta t} = v_y
\end{aligned}
\tag{6.16}
$$

式中 V_x、V_y——流体质点沿 x、y 方向的瞬时速度；

v_x、v_y——流体质点沿 x、y 方向的平均速度；

Δt——测量时间间隔，当 Δt 足够小时，V_x、V_y 的大小可以精确地反映 v_x、v_y。

PIV 通过连续获得两张被激光照亮流场的底片，再对照片进行交叉对比，可以生成二维速度矢量分布，再利用相应软件计算出速度场强度、压力系数、涡强度和湍流情况等。

6.3.4　冰风洞实验

飞行器在低于冰点的温度下飞行时，如果遇到含有过冷水滴的云层，云层中的水滴撞击在机体表面上，就会导致结冰。飞行器结冰是飞行实践中广泛存在的一种现象，也是造成飞行安全事故的主要隐患之一。实践表明，飞机结冰是飞机安全飞行的致命弱点之一，在世界军、民用飞机失事案例中占 60% 以上。自飞机发明以来，由于结冰而导致的空难时有发生，飞机结冰及其防护问题也一直是航空领域重要的研究内容。

无人机在高原或寒冷的天气运行，更容易发生结冰结霜情况。无人机在空气湿度很高的情况下，即使在 –2 ~ –3 ℃ 时，无人机桨叶高速旋转也会造成桨叶表面结霜的现象；如果温度在 –10 ℃ 或更低时，甚至会造成桨叶结冰。

当发生桨叶结霜或者结冰现象时，可能会出现提示电机动力饱和或者触发自动降落，严重时会因为动力不足造成坠机事故；如果桨叶结冰破坏了桨叶原有的气动外形，使旋翼飞行效率降低，需要更大的电流维持飞行，但当电流过大时，飞行器将触发自动降落的保护机制。

由于结冰会改变机翼、桨叶等气动部件的几何形状，影响绕流流场，导致升力和阻力发生变化，从而破坏空气动力学性能，影响飞行器的操纵性和稳定性，危及飞行安全。因此，必须了解结冰的物理机理，以便设计防冰和除冰装置，此时冰风洞至关紧要，甚至可以进行适航认证和符合性验证。

这种实验一般在冰风洞中进行，冰风洞（Icing Wind Tunnel）是一种性能复杂的大型特种风洞，是研究飞行器在结冰气象条件下飞行时，不同部件迎风表面和探测仪器的机外传感部分的结冰形态、结冰容限及其防（除）冰技术的地面试验设备，如图 6.19 所示。冰风洞和普通三元风洞没有明显区别，只是增加了一套结冰系统和风洞部件的防冰装置。

图 6.19　无人机冰风洞实验

在冰风洞中，风洞稳定段前装有冷却器，稳定段中装有喷雾器，以便在实验段中模拟真实飞行时的结冰条件。为了维持风洞的正常工作，风洞的某些部件及仪表要进行防冰处理。例如，风扇上游设置防护网，防止冰块打坏叶片。

6.3.5 其他风洞实验

动态模型实验是确定模型对气流的相对运动和模型上的气动力随时间变化的实验，包括颤振实验、抖振实验等。颤振是飞行器在气动力、结构弹性力和惯性力相互作用下从气流中吸取能量而引起的自激振动。它一旦发生，就很可能造成结构的破坏。进行风洞颤振试验，旨在选择对防颤振有利的结构方案。

抖振是气流分离所激起的飞行器结构振动。低速大迎角飞行时，升力面上气流分离达一定程度后就会出现抖振，这类抖振称为升力型抖振。跨声速飞行时，由于激波的诱导作用，使抖振起始迎角明显减小。此外，还有由于气流分离造成的非升力型抖振。抖振影响飞机的结构强度和疲劳寿命，会使武器系统和电子仪器的工作不正常，使乘员不舒适。抖振起始迎角所对应的升力系数随马赫数的变化曲线，称为抖振边界。抖振边界越高，飞机的最小平飞速度越低，飞行中的机动性和安全性越好。抖振实验是要测定抖振边界和抖振载荷。

6.4 风洞实验的干扰及修正

风洞实验既然是一种模拟实验，不可能完全准确。然而，由于风洞实验条件的限制使得模型尺寸太小，使用的模型为缩比模型，故不能完全模拟真实飞机在实际飞行中的情况。

对于飞行器模型风洞实验存在的洞壁干扰、支架干扰和雷诺数影响。任何尺度的风洞都做不出与真实情况完全相似的实验结果，尤其在亚跨音速情况，洞壁干扰等因素的影响是消除不了的。所以，在使用风洞实验数据之前，需要进行必要的修正。风洞无论大小，都只能在一定条件下得到相似的实验结果。

通常，飞机的阻力特性风洞实验数据的修正内容包括：雷诺数修正、进排气效应修正、外形不模拟部分修正、粗糙带阻力修正、静气动弹性修正以及在模型上所不能模拟的鼓包、操纵面间隙等各项修正

风洞实验的不足之处在于不能保证和实际流场完全相似，在实验时只能满足某些主要的相似参数。模型流动和实物流动的差别主要有：由风洞和模型造成的模拟失真，如雷诺数的差别、进气和喷流的模拟失真等；风洞洞壁和模型支架的干扰影响；风洞流场的非均匀性、湍流度和噪声影响等。与飞行器在无限空间中的自由飞行不同，实验数据需要适当的修正，所以也相应发展了许多克服这些不足或修正其影响的方法，其中有些可以通过计算或者实验进行修正，更重要的是要注意积累使用风洞实验结果的经验。

概括地说，风洞实验固有的模拟不足主要有以下 3 个方面。

6.4.1 边界干扰

真实飞行时，静止大气是无边界的。而在风洞中，气流是有边界的，边界的存在限制了边界附近的流线弯曲，使风洞流场有别于真实飞行的流场（图 6.20）。其影响统称为边界效应或边界干扰。

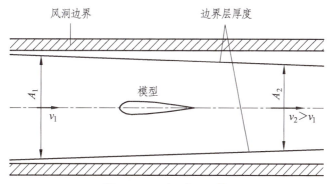

图 6.20　风洞边界干扰

克服的方法是尽量把风洞试验段做得大一些（风洞总尺寸也相应增大），并限制或缩小模型尺度，减小边界干扰的影响。但这将导致风洞造价和驱动功率的大幅度增加，而模型尺度太小会使雷诺数变小。

为了提高风洞实验的雷诺数（模拟尺度或黏性效应的相似准则），1980 年，美国将一座旧的低速风洞改造成为世界最大的全尺寸风洞（可以直接把原形飞机放进试验段中吹风），试验段面积 24.4 m × 12.2 m，风速 150 m/s，功率 $10 × 10^4$ kW，如图 6.21 所示。

图 6.21　大尺寸风洞

6.4.2　支架干扰

在风洞实验中，需要用支架把模型支撑在气流中。支架的存在，产生对模型流场的干扰，称为支架干扰。特别是小尺寸风洞（图 6.22），支架干扰更明显。

图 6.22　小尺寸风洞

虽然可以通过试验方法修正支架的影响，但很难修正干净。支架干扰修正在风洞试验数据修正体系中是很重要的环节，支撑系统对整个风洞流场的干扰是不可避免的，有些气动数据的测量值甚至会严重偏离真实结果，所以支架干扰修正方法一直是风洞数据处理的关键。常规的低速风洞试验一般采用腹撑支杆，对于支架干扰的修正一般采用试验映像两步法。

6.4.3　相似准则不满足的影响

由于风洞尺寸、结构、材料、模型、实验气体等方面的限制，风洞实验要做到与真实条件完全相似是不可能的。风洞实验的理论基础是相似原理。相似原理要求风洞流场与真实飞行流场之间满足所有的相似准则，或两个流场对应的所有相似准数相等。

应该满足而未能满足相似准数相等而导致的实验误差，有时也可通过数据修正予以消除，如雷诺数修正。洞壁和模型支架对流场的干扰也应修正。

风洞试验最常见的不满足相似准则是亚跨声速风洞的雷诺数不够。以波音 737 型飞机为例，它在巡航高度（9 000 m）上，以巡航速度（927 km/h）飞行，雷诺数为 2.4×10^7，而在 3 m 亚声速风洞中以风速 100 m/s 试验，雷诺数仅约为 1.4×10^6，两者相距甚远。

由于风洞实验只是一种部分相似的模拟实验。因此，在实验前应根据实际内容确定模拟参数和实验方案，并选用合适的风洞和模型。模型的设计和制造是风洞实验的一个关键。模型应满足如下要求：

（1）形状同实物几何相似或符合所研究问题的需要（如内部流动的模拟等）。

（2）大小能保证在模型周围获得所需的气流条件。

（3）表面状态（如光洁或粗糙程度、温度、人工边界层过渡措施等）与所研究的问题相适应。

（4）有足够的强度和刚度，支撑模型的方式对实验结果的影响可忽略或可作修正。

（5）能满足使用测试仪器的要求。

（6）此外，某些实验还对刚度、质量分布有特殊要求。

实验模型通常都是缩尺的，也有全尺寸的，有时还可以按一定要求局部放大。对于几何对称的实物，还可以利用其对称性做成模拟半个实物的模型。

对风洞实验结果通常须进行处理和分析，其主要内容如下：

（1）将测量值换算成所需的空气动力学特性数据。

（2）分析综合各个实验环节可能引入的误差。

（3）对实验结果做出物理解释和数学说明。

（4）根据模型流动和实物流动的差别，修正实验结果。

6.4.4　误差及数据处理

在所有工程实验中，数据测量及由基本测值计算出来的数据结果都存在误差。基于统计学原理及工程实际结合起来的数据不确定度分析可以对实验结果的误差做出科学的评估。将这种评估结果用于工程设计可以最大限度地发挥工程效能减少风险。风洞实验是一个多环节的复杂过程。每一环节所产生的数据测量量都会受到各种误差源的影响，并影响到最终试验结果。正确评估这些实验结果和不断提高风洞实验质量历来都十分引人关注。

由于风洞试验环节多、技术复杂、要求高、数据量大，因此涉及的误差源很多，主要来源于如下几个方面：

（1）试验技术方面的误差。如试验装置、模型尺寸选定、边界层模拟、模型弹性变形及选择什么形式的天平等都会带来误差，其中最突出的误差源来自支撑干扰、洞壁干扰、边界层转捩的影响，雷诺数影响和弹性变形影响。

（2）风洞设备和试验环境方面的影响。如迎角机构的控制精度、流场控制精度及流场品质等。

（3）模型设计和加工方面的误差。如尺寸偏差、角度偏差、外形失真、表面台阶及粗糙度、测压孔的表面质量及垂直度等。

（4）测示仪器方面的误差。如天平的误差、压力测量系统的误差等。

（5）试验操作方面的误差。如试验流场是否达到稳定、模型与天平的安装质量、迎角机构调整偏差、喷管安装接差、天平校心到模型质心距离的测量偏差、测压管安装质量及某些人工读数误差等。

（6）数据处理方面的误差。如数据处理中近似公式的误差、数据修正的误差、数据插值与曲线拟合的误差及数据截断误差等。

以上列举一些可能的误差源对于不同试验项目也不尽相同。一般说，试验测量的基本参数越多，涉及的误差源也就越多。认真识别这些误差源、判断这些误差源的相对重要性并对它们的不确定度做出定量的估算是本项工作的关键之处，也是难度最大的工作。在这方面以往的工作经验是非常重要的。

严格地说，一个物理量的测量误差是指其测值与真值之差。但真值通常是不知道的。因此对物理量的测量误差只能在某种置信度下做出某种估算。这种估算值就是不确定度。和误差一样，不确定度也有两个分量：精度分量（随机误差）和偏离分量（系统误差）。

为了估算不确定度的这两个分量，定义具有 95% 置信度的精度分量和偏离分量分别为精度极限 P 和偏离极限 B。由此给出的不确定度 $U = (B^2 + P^2)^2$ 也具有 95% 置信度。对于一个有多变量 x_i 的复杂试验，每一 x_i 的测量都会受到各种基本误差源的影响。这些基本误差源都有影响变量测量的偏离极限 Bx_i 和精度极限 Px_i，并通过数据处理方程向最终结果传递，形成最终结果 R 的偏离极限 B_R 和精度极限 P_R 及其不确定度 U_R。用人工推导这些系数的表达式是一项很烦琐的工作，通常可以用有限差分法或别的方法由计算机自动处理。

6.5　数值模拟方法

计算流体力学（Computational Fluid Dynamics，CFD）是 21 世纪流体力学领域的重要技术之一，使用数值方法在计算机中对流体流体力学的控制方程进行求解，从而可预测流场的流动。计算机性能的飞速提升和流体力学数值计算方法的迅速发展，为计算流体力学的发展提供了必要的前提条件，计算流体力学已经发展成为解决多领域流体力学问题的强有力工具，尤其在航空、航天领域。计算空气动力学已经与实验空气动力学一起被视作空气动力学两大并列的分支，它们互相补充，互相验证，共同发展进步。

风洞实验目前虽然仍是飞行器气动设计的主要手段，但是风洞实验模拟的参数范围有限，往往不能完全模拟真实的飞行状态。通过计算机和数值方法来求解流体力学的控制方程，对流体力学问题进行模拟和分析，已经可以像实验一样十分逼真地模拟真实的流动过程，从而部分取代了实验研究，在工程应用领域中有着不可替代的作用。

图 6.23 给出了飞机风洞测试和 CFD 仿真时间的评估，图中两条虚线之间差值代表利用 CFD 技术代替风洞进行数值模拟的时间，可以看出利用 CFD 技术进行气动特性仿真的时长正在增加。

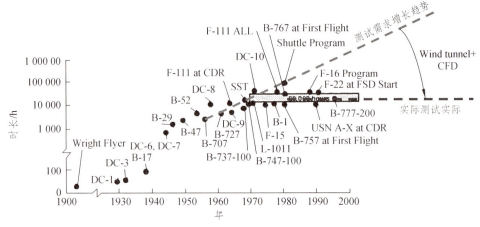

图 6.23　风洞测试与 CFD 仿真时间的需求趋势

自 20 世纪 60 年代以来，计算流体力学得到了迅猛发展。如果从控制方程角度和飞行器研制中工程实用程度出发，可以将 CFD 划分为五个层次：

第一个层次约在 20 世纪 60 年代，主要求解无黏、线性位势流模型。

第二个层次约从 20 世纪 70 年代起，求解非线性位势流模型。20 世纪 80 年代以后，计算机软硬件技术发展迅速，尤其是巨型计算机和并行算法的出现，使得求解三维纳维-斯托克斯方程（简称 N-S 方程）成为可能。

第三个层次约在 20 世纪 90 年代，CFD 从求解层流 N-S 方程发展到雷诺（Reynolds）平均 N-S 方程（RANS），并在西方发达国家进入实用阶段，进而成为当前飞行器设计的主力工具之一。

第四个层次是求解大涡模拟方程（LES），获得小尺度的流动细节。

第五个层次是在极密网格下开展 N-S 方程直接数值模拟（DNS），获得所有尺度的流动细节。

目前，第四五层次尤其是第五层次尚无法达到工程实用；近年来迅速发展的以脱体涡模拟（DES）为代表的 RANS/LES 混合模拟位于第三四层次之间，在西方发达国家已开始工业和军事应用。目前，有多种商业 CFD 软件问世，如 FLUENT、CFD-ACE+（CFDRC）、Phoenics、CFX、Star-cd 等。无人机网络划分与流场模拟如图 6.24 所示。

可见，CFD 在飞行器设计中的作用越来越重要，其已贯穿于飞行器设计的全过程，从最初的概念设计、初样设计，到最终的详细设计和优化设计，CFD 均已发挥重要的作用。

CFD 的地位和作用主要体现在如下几个方面：

（1）由 CFD 软件和高性能计算机相结合而形成的"数值风洞"能够快速提供飞行器气动性能分析、结构/飞控设计所需的基础数据，进而节省研究费用，缩短设计周期。

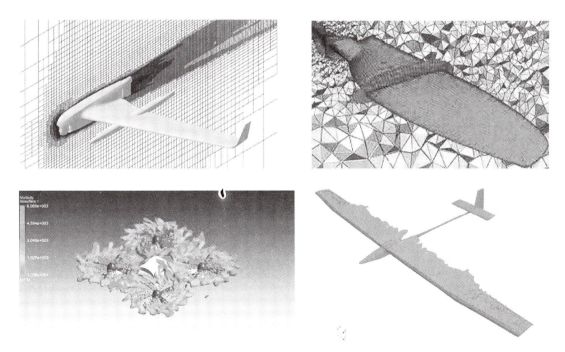

图 6.24　无人机网格划分与流场模拟

（2）高精度 CFD 软件可以提供流场细节数据，便于流动机理分析，在空气动力学基础研究及飞行器关键气动技术研究方面可以发挥重要作用。

（3）精细的 CFD 数值模拟可以为风洞试验及试验技术发展提供支撑，如为天平和支架设计提供载荷估计，研究更加精细的洞壁和支架干扰修正方法，对风洞实验结果进行天地换算等。

（4）以 CFD 为核心的飞行器多学科多目标优化设计是未来飞行器设计的重要发展方向，"数值优化设计"的实现将全面提升飞行器综合设计能力和水平。

（5）CFD 与飞行力学和飞行控制等学科的耦合，将可以实现基于 CFD 的"虚拟飞行试验"，或又称为"数值虚拟飞行"，有利于在设计初期即对控制系统进行一体化优化设计。

CFD 最基本的考虑是如何把连续流体在计算机上用离散的方式处理。一种方法是把空间区域离散化成小胞腔，以形成一个立体网格，然后应用合适的算法来求解控制方程（对于无黏流体用欧拉方程，对于黏性流体用纳维-斯托克斯方程）。另外，其他不使用基于网格方法，如平滑粒子流体力学等。

6.5.1　控制方程

当前人们对流体流动和传热问题已经有了比较深刻的认识。尽管理论上还有一些不完善之处，但绝大多数流动和传热问题都可以用数学公式来描述。例如，一般认为下面一组笛卡儿坐标系下的方程可以用来表述绝大部分流体流动和传热问题。

1. 连续方程

任何流体流动过程中都要满足质量守恒，可以将其表述为：单位时间内流体微元体中质量的增加，等于同一时间间隔内流入微元体的净质量。根据这一定律，能够得到质量守恒方程：

$$\frac{d}{dt}\int_V \rho dV = -\int_V \rho \vec{v} \cdot n ds \qquad (6.17)$$

引入散度符号 $\nabla \cdot$ 则有

$$\frac{\partial \rho}{\partial t} + \nabla \cdot (\rho \vec{v}) = 0 \qquad (6.18)$$

在直角坐标系下可以表示为

$$\frac{\partial \rho}{\partial t} + \frac{\partial(\rho u)}{\partial t} + \frac{\partial(\rho v)}{\partial t} + \frac{\partial(\rho w)}{\partial t} = 0 \qquad (6.19)$$

2. 动量方程

流动系统在满足质量守恒外还需满足动量守恒定律。该定律可表述为：微元体中流体的动量对时间的变化率等于外界作用在该微元体上的各种外力之和。该定律实际上是牛顿第二定律。

$$\left.\begin{array}{l}\frac{\partial(\rho u)}{\partial t} + \text{div}(\rho u\boldsymbol{u}) = -\frac{\partial p}{\partial x} + \frac{\partial \tau_{xx}}{\partial x} + \frac{\partial \tau_{yx}}{\partial y} + \frac{\partial \tau_{zx}}{\partial z} + F_x \\[3mm] \frac{\partial(\rho v)}{\partial t} + \text{div}(\rho v\boldsymbol{u}) = -\frac{\partial p}{\partial y} + \frac{\partial \tau_{xy}}{\partial x} + \frac{\partial \iota_{yy}}{\partial y} + \frac{\partial \iota_{zy}}{\partial z} + F_y \\[3mm] \frac{\partial(\rho w)}{\partial t} + \text{div}(\rho w\boldsymbol{u}) = -\frac{\partial p}{\partial z} + \frac{\partial \tau_{xz}}{\partial x} + \frac{\partial \tau_{yz}}{\partial y} + \frac{\partial \tau_{zx}}{\partial z} + F_z\end{array}\right\} \qquad (6.20)$$

式中　p ——流体微元体上的压力；

τ_{xx}，τ_{xy}，τ_{xz}——黏性应力 τ 的分量，是作用在微元体表面上的，因分子黏性作用而产生的；

F_x，F_y，F_z——微元体上的体力。

上式为对任何类型流体均成立的动量守恒方程。对于牛顿流体黏性应力 τ 与流体应变率成比例，有：

$$\left.\begin{array}{l}\tau_{xx} = 2\mu\frac{\partial u}{\partial x} + \lambda\text{div}(\boldsymbol{u}) \\[3mm] \tau_{yy} = 2\mu\frac{\partial v}{\partial y} + \lambda\text{div}(\boldsymbol{u}) \\[3mm] \tau_{zz} = 2\mu\frac{\partial w}{\partial z} + \lambda\text{div}(\boldsymbol{u}) \\[3mm] \tau_{xy} = \tau_{yx} = \mu\left(\frac{\partial u}{\partial y} + \frac{\partial v}{\partial x}\right) \\[3mm] \tau_{xz} = \tau_{zx} = \mu\left(\frac{\partial u}{\partial z} + \frac{\partial w}{\partial x}\right) \\[3mm] \tau_{yz} = \tau_{zy} = \mu\left(\frac{\partial v}{\partial z} + \frac{\partial w}{\partial y}\right)\end{array}\right\} \qquad (6.21)$$

式中　μ——动力黏度；

λ——第二黏度。

一般可取 $\lambda = -2/3\mu$，进而可得

$$\left.\begin{aligned}
\frac{\partial(\rho u)}{\partial t} + \mathrm{div}(\rho u\boldsymbol{u}) &= \mathrm{div}(\mu \cdot \mathrm{grad}u) - \frac{\partial p}{\partial x} + S_u \\
\frac{\partial(\rho v)}{\partial t} + \mathrm{div}(\rho u\boldsymbol{u}) &= \mathrm{div}(\mu \cdot \mathrm{grad}v) - \frac{\partial p}{\partial y} + S_v \\
\frac{\partial(\rho w)}{\partial t} + \mathrm{div}(\rho u\boldsymbol{u}) &= \mathrm{div}(\mu \cdot \mathrm{grad}w) - \frac{\partial p}{\partial z} + S_w
\end{aligned}\right\}$$

（6.22）

式中　S_u，S_v，S_z——动量守恒方程的广义源项。

3. 能量方程

能量守恒定律是对于所有含有能量交换的系统一定要满足的基本定律。该定律可表示为：微元体中能量的增加率等于进入微元体的净热流量加上体力与面力对微元体所做的功。流体的能量 E 通常是内能、动能和势能之和，可以针对总能 E 建立能量守恒方程，得到下式：

$$\rho\frac{\mathrm{d}E}{\mathrm{d}t} = \rho\dot{q} + \rho\boldsymbol{f}\cdot\boldsymbol{u} + \frac{\partial}{\partial x}(\sigma_x u + \tau_{xy}v + \tau_{xz}w) + \frac{\partial}{\partial y}(\tau_{yx}u + \sigma_y v + \tau_{yz}w) +$$
$$\frac{\partial}{\partial z}(\tau_{zx}u + \tau_{zy}v + \sigma_z w) + \nabla\cdot(k\nabla T)$$

（6.23）

式中　$\rho\dfrac{\mathrm{d}E}{\mathrm{d}t}$——流体微团的总能量变化；

　　　$\rho\dot{q}$——其他方式能量的输入；

　　　$\rho\boldsymbol{f}\cdot\boldsymbol{u}$——质量力所做的功，其中 $\dfrac{\partial}{\partial x}(\sigma_x u + \tau_{xy}v + \tau_{xz}w) + \dfrac{\partial}{\partial y}(\tau_{yx}u + \sigma_y v + \tau_{yz}w) + \dfrac{\partial}{\partial z}(\tau_{zx}u + \tau_{zy}v + \sigma_z w)$ 为面力所做的功；

　　　$\nabla\cdot(k\nabla T)$——热传导输入的能量。

对于不可压流动，可以用以温度 T 为变量的能量守恒方程：

$$\frac{\partial(\rho T)}{\partial t} + \mathrm{div}(\rho\vec{V}T) = \mathrm{div}\left(\frac{k}{c_p}\mathrm{grad}T\right) + S_{\mathrm{T}}$$

（6.24）

该式可写成展开形式：

$$\frac{\partial(\rho T)}{\partial t} + \frac{\partial(\rho uT)}{\partial x} + \frac{\partial(\rho vT)}{\partial y} + \frac{\partial(\rho wT)}{\partial z}$$
$$= \frac{\partial}{\partial x}\left(\frac{k}{c_p}\frac{\partial T}{\partial x}\right) + \frac{\partial}{\partial y}\left(\frac{k}{c_p}\frac{\partial T}{\partial y}\right) + \frac{\partial}{\partial z}\left(\frac{k}{c_p}\frac{\partial T}{\partial z}\right) + S_{\mathrm{T}}$$

式中　T——温度；

　　　c_p——比热容；

　　　k——流体的传热系数；

　　　S_{T}——流体的内热源及由于黏性作用流体机械能转换为热能的部分，简称耗散项。

根据以上的质量守恒方程（连续性方程）、动量方程与能量方程，整理成统一形式，可得

$$\frac{\partial \boldsymbol{U}}{\partial t} + \frac{\partial (\boldsymbol{E} + \boldsymbol{E}_v)}{\partial x} + \frac{\partial (\boldsymbol{F} + \boldsymbol{F}_v)}{\partial y} + \frac{\partial (\boldsymbol{G} + \boldsymbol{G}_v)}{\partial z} = 0 \tag{6.25}$$

式中

$$\boldsymbol{U} = \begin{pmatrix} \rho \\ \rho u \\ \rho v \\ \rho w \\ E_t \end{pmatrix}, \quad \boldsymbol{E} = \begin{pmatrix} \rho u \\ \rho u^2 + p \\ \rho uv \\ \rho uw \\ (E_t + p)u \end{pmatrix}, \quad \boldsymbol{F} = \begin{pmatrix} \rho v \\ \rho vu \\ \rho v^2 + p \\ \rho vw \\ (E_t + p)v \end{pmatrix}, \quad \boldsymbol{G} = \begin{pmatrix} \rho v \\ \rho uw \\ \rho vw \\ \rho w^2 + p \\ (E_t + p)w \end{pmatrix},$$

$$\boldsymbol{E}_v = \begin{pmatrix} 0 \\ -\tau_{xx} \\ -\tau_{xy} \\ -\tau_{xz} \\ -u\tau_{xx} - v\tau_{xy} - w\tau_{xz} - k\dfrac{\partial T}{\partial x} \end{pmatrix}, \quad \boldsymbol{F}_v = \begin{pmatrix} 0 \\ -\tau_{xy} \\ -\tau_{yy} \\ -\tau_{yz} \\ -u\tau_{xy} - v\tau_{yy} - w\tau_{yz} - k\dfrac{\partial T}{\partial y} \end{pmatrix},$$

$$\boldsymbol{G}_v = \begin{pmatrix} 0 \\ -\tau_{xz} \\ -\tau_{yz} \\ -\tau_{zz} \\ -u\tau_{xz} - v\tau_{yz} - w\tau_{zz} - k\dfrac{\partial T}{\partial z} \end{pmatrix}$$

上式即为计算流体力学的控制方程的守恒形式,即 N-S 方程。

现代飞行器设计要求采用的数值方法尽可能精确的模拟流场的黏性效应,以准确地预测各种外形飞行器的气动力特性。引入湍流模型计算雷诺平均的 N-S 方程(RANS),是目前数值模拟复杂黏性流场的主要方法,加入湍流模型后的 RANS 方程在计算升力、阻力、力矩方面的精度能得到极大提高。

流体黏性早在 100 多年前就被牛顿基于实验验证,但是欧拉方程局限于三维空间无法体现黏性,因此欧拉方程也称为无黏流体方程。法国科学家纳维(Navier)在 1827 年首先提出黏性流体的运动方程,只考虑了不可压缩流体的流动。后来,泊松在 1831 年提出可压缩流体的运动方程。英国物理学家斯托克斯(Stockes)在 1845 年提出黏性系数为一常数的形式,都称为 Navier-Stokes 方程,简称 N-S 方程,描述黏性不可压缩流体动量守恒的运动方程。纳维和斯托克斯首次将黏性植入到流体方程中。从此流体力学方程终于包含了黏性的本性。

N-S 方程概括了黏性不可压缩流体流动的普遍规律,因而在流体力学中具有特殊意义。N-S 方程的矢量形式为

$$\frac{\partial \boldsymbol{V}}{\partial t} + (\boldsymbol{V} \cdot \nabla)\boldsymbol{V} = \boldsymbol{f} - \frac{1}{\rho}\nabla p + \frac{\mu}{\rho}\nabla^2 \boldsymbol{V} \tag{6.26}$$

N-S 方程是一组描述流体物质的方程组,这些方程建立了流体的微团动量改变率和作用在流体内部压力的变化和耗散黏滞力以及引力之间的关系。N-S 方程依赖微分方程来描述流

体的运动，与代数方程不同，不寻求建立所研究变量（如速度和压力）的关系，而是建立在这些变量的变化率和通量之间的关系。

在直角坐标中，N-S 方程的分量形式由下式给出：

$$\left.\begin{array}{l}\rho\left(\dfrac{\partial u}{\partial t}+u\dfrac{\partial u}{\partial x}+v\dfrac{\partial u}{\partial y}+w\dfrac{\partial u}{\partial z}\right)=f_x-\dfrac{\partial p}{\partial x}+u\left(\dfrac{\partial^2 u}{\partial x^2}+\dfrac{\partial^2 u}{\partial y^2}+\dfrac{\partial^2 u}{\partial z^2}\right) \\[3mm] \rho\left(\dfrac{\partial v}{\partial t}+u\dfrac{\partial v}{\partial x}+v\dfrac{\partial v}{\partial y}+w\dfrac{\partial v}{\partial z}\right)=f_y-\dfrac{\partial p}{\partial y}+u\left(\dfrac{\partial^2 v}{\partial x^2}+\dfrac{\partial^2 v}{\partial y^2}+\dfrac{\partial^2 v}{\partial z^2}\right) \\[3mm] \rho\left(\dfrac{\partial w}{\partial t}+u\dfrac{\partial w}{\partial x}+v\dfrac{\partial w}{\partial y}+w\dfrac{\partial w}{\partial z}\right)=f_z-\dfrac{\partial p}{\partial z}+u\left(\dfrac{\partial^2 w}{\partial x^2}+\dfrac{\partial^2 w}{\partial y^2}+\dfrac{\partial^2 w}{\partial z^2}\right)\end{array}\right\} \quad (6.27)$$

式中　ρ——流体密度；

　　　V——速度矢量；

　　　u，v，w——流体在 t 时刻，在点（x，y，z）处的速度分量；

　　　p——压力；

　　　f——单位体积流体受的外力，若只考虑重力，则 $f=\rho g$；

　　　μ——动力黏度。

从 N-S 方程出发对湍流进行直接数值模拟（DNS），难以解决工程中遇到的复杂湍流问题，依靠实验取得经验数据，不仅耗资巨大，周期很长，而且对于某些实际工程问题，完全相似的实验室模拟不可能实现。在这种情况下，求解雷诺平均的 N-S 方程（RANS）方法成为解决工程问题比较有效、切实可行的手段。

4. SIMPLE 算法

SIMPLE 算法，全名为压力耦合方程组的半隐式方法（Semi-Implicit Method for Pressure Linked Equations），是计算流体力学中一种被广泛使用的求解流场的数值方法，于 1972 年由苏哈斯·帕坦卡与布莱恩·斯波尔丁提出。

SIMPLE 算法自 1972 年问世以来在世界各国计算流体力学及计算传热学界得到了广泛的应用，这种算法提出不久很快就成为计算不可压流场的主要方法，随后这一算法以及其后的各种改进方案被成功地推广到可压缩流场计算中，已成为一种可以计算任何流速的流动的数值方法。其中，比较知名的包括 SIMPLER 算法（SIMPLE Revised，苏哈斯·帕坦卡提出）、SIMPLEC 算法（SIMPLE Consistent，J. P. Van Doormaal 与 G. D. Raithby 提出）、PISO 算法（Pressure Implicit with Splitting of Operators，压力的隐式算子分割算法，由 R. I. Issa 提出）等。

SIMPLE 算法是一种压力修正法，通过"先猜想后修正"的方法得到压力场，并求解离散化的动量方程（纳维-斯托克斯方程）。SIMPLE 算法通过压力校正将压力偏值达到最小以此来获得物理量的收敛解。

SIMPLE 算法是目前在飞行器流场计算当中应用比较广泛的一种算法，它属于压力计算方法的一种，其基本思想是：对于给定的压力场求解一个离散的动量方程并得出速度场，由于其本身不精确性，得出的速度场一般也不准确，难以满足连续方程，所以必须对压力场修正并满足一迭代层次的连续方程，经过一系列的压力修正方程迭代后得出压力修正值，并得出新的速度场，反复迭代直到收敛为止。从压力修正值到得到正确的速度是 SIMPLE 算法当中两个关键问题。

基本假设：速度场的假定与压力场的假定各自独立进行，二者无任何联系。对假定压力场的修正通过已求解的速度场的质量守恒条件得到。中间速度通过求解当前压力得到，如果求解速度不能满足质量守恒条件，对压力添加一个修正量修正，速度场也随之得以修正。

速度修正方程：

$$\left.\begin{array}{l} a_{ij}u_{ij}^* = \sum a_{nb}u_{nb}^* + (p_{i-1,j}^* - p_{i,j}^*)A_{ij} + b_{ij} \\ a_{ij}v_{ij}^* = \sum a_{nb}v_{nb}^* + (p_{i,j-1}^* - p_{i,j}^*)A_{ij} + b_{ij} \end{array}\right\} \tag{6.28}$$

对于给定的压力修正值 p' 与正确的压力值和猜想的压力值 p^* 之差有

$$p = p^* + p'$$

对于速度场的修正，定义 u'，v' 为速度场的修正值，设定正确的速度场为（u，v），假定正确的速度为（u^*，v^*）有

$$\left.\begin{array}{l} u = u^* + u' \\ v = v^* + v' \end{array}\right\}$$

将正确的场代入到动量离散方程中有得到正确的速度场（u，v），假定源项不变，有

$$\left.\begin{array}{l} a_{i,j}(u_{i,j} - u_{i,j}^*) = \sum a_{nb}(u_{nb} - u_{nb}^*) + [(p_{i-1,j} - p_{i-1,j}^*) - (p_{i,j} - p_{i,j}^*)]A_{ij} \\ a_{i,j}(v_{i,j} - v_{i,j}^*) = \sum a_{nb}(v_{nb} - v_{nb}^*) + [(p_{i,j-1} - p_{i,j-1}^*) - (p_{i,j} - p_{i,j}^*)]A_{ij} \end{array}\right\}$$

引入压力修正值与速度修正值可得

$$\left.\begin{array}{l} a_{i,j}u_{ij}' = \sum a_{nb}u_{nb}' + (p_{i-1,j}' - p_{ij}')A_{i,j} \\ a_{i,j}v_{ij}' = \sum a_{nb}v_{nb}' + (p_{i,j-1}' - p_{ij}')A_{i,j} \end{array}\right\} \tag{6.29}$$

所以，SIMPLE 算法基本思路基本如下：

（1）假定初始速度分布。

（2）假定压力场。

（3）根据速度场与压力场计算动量离散方程的系数、常数项。

（4）解出动量离散方程。

（5）求得压力修正方程。

（6）对压力和速度进行修正。

（7）根据情况求解其他离散化方程。

（8）判断是否收敛，不收敛的话则继续下一次迭代。

由于 SIMPLE 算法易于控制离散化，对复杂的计算模型具有较强的适应能力，在固定壁面加密的网格位置，适应参数变化较为剧烈的求解要求，能够使网格线与流体的流动方向接近，可以减小差分格式带来的数值扩散误差。

6.5.2 有限元方法

流体的控制方程组一般都是偏微分方程,当前求解流体流动方程的数值计算方法比较多,如有限差分法、有限元法、有限体积法、边界元法、特征线法、谱方法、有限分析法、格子类方法等。每种数值计算方法各有其特点和适用范围,其中通用性比较好,应用比较广泛的是前 4 种。

1. 有限差分法

有限差分方法(Finite Difference Method,FDM)是计算机数值模拟最早采用的方法,至今仍被广泛运用。该方法是一种直接将微分问题变为代数问题的近似数值解法,数学概念直观,表达简单,是发展较早且比较成熟的数值方法。

有限差分法是以差分原理为基础的一种数值计算法,将求解域划分为差分网格,用有限个网格节点代替连续的求解域。有限差分法以 Taylor 级数展开等方法,把控制方程中的导数用网格节点上的函数值的差商代替进行离散,从而建立以网格节点上的值为未知数的代数方程组。

对于有限差分格式,从格式的精度来划分,有一阶格式、二阶格式和高阶格式。从差分的空间形式来考虑,可分为中心格式和逆风格式。考虑时间因子的影响,差分格式还可以分为显格式、隐格式、显隐交替格式等。目前常见的差分格式,主要是上述几种形式的组合,不同的组合构成不同的差分格式。差分方法主要适用于有结构网格,网格的步长一般根据实际地形的情况和柯朗稳定条件来决定。

FDM 的基本思路:按时间步长和空间步长将时间和空间区域剖分成若干网格,用未知函数在网格结(节)点上的值所构成的差分近似代替所用偏微分方程中出现的各阶导数,从而把表示变量连续变化关系的偏微分方程离散为有限个代数方程,然后解此线性代数方程组,以求出溶质在各网格结(节)点上不同时刻的浓度。

有限差分法用差商代替微商,用计算区域网格节点值构成差商,近似表示微分方程中各阶导数。例如

$$\left(\frac{\partial u}{\partial t}\right)_{i,n} \approx \frac{u_i^{n+1} - u_i^n}{\Delta t} \tag{6.30}$$

节点 i 处速度对时间的一阶导数用一阶向前差分来表示,类似的可以有一阶向后差分,如

$$\left(\frac{\partial u}{\partial t}\right)_{i,n} \approx \frac{u_i^n - u_i^{n-1}}{\Delta t}$$

节点 i 处速度在 x 方向的一阶导数用一阶向前差分和向后后差分来表示

$$\left(\frac{\partial u}{\partial x}\right)_{i,n} \approx \frac{u_{i+1}^n - u_i^n}{\Delta x}, \quad \left(\frac{\partial u}{\partial x}\right)_{i,n} \approx \frac{u_i^n - u_{i-1}^n}{\Delta x}$$

中心差分表示为

$$\left(\frac{\partial u}{\partial t}\right)_{i,n} \approx \frac{u_i^{n+1} - u_i^{n-1}}{2\Delta t}, \quad \left(\frac{\partial u}{\partial x}\right)_{i,n} \approx \frac{u_{i+1}^n - u_{i-1}^n}{2\Delta x} \tag{6.31}$$

二阶导数的差分格式为

$$\left(\frac{\partial^2 u}{\partial t^2}\right)_{i,n} \approx \frac{u_{i+1}^n - 2u_i^n + u_{i-1}^n}{\Delta x^2} \tag{6.32}$$

当然也可以用二阶差分（三点差分）来表示差商。将表示场变量一阶导数和二阶导数的差商近似取代微分方程，就可以得到关于各网格点处的差分方程。求解这一组代数方程，可得各节点处的场变量数值解。

事实上，上述近似式是通过对求解域中某点进行 Taylor 展开得到的。例如，欲求点 (x_j, t_{n+1}) 处的未知函数值 u_j^{n+1}，由参考点 (x_j, t_n) 进行 Taylor 展开，有

$$u_j^{n+1} = u_j^n + \Delta t\left(\frac{\partial u}{\partial t}\right)_{j,n} + \frac{\Delta t^2}{2!}\left(\frac{\partial^2 u}{\partial t^2}\right)_{j,n} + \frac{\Delta t^3}{3!}\left(\frac{\partial^3 u}{\partial t^3}\right)_{j,n} + \cdots \tag{6.33}$$

即

$$\left(\frac{\partial u}{\partial t}\right)_{j,n} = \frac{u_j^{n+1} - u_j^n}{\Delta t} - \frac{\Delta t}{2!}\left(\frac{\partial^2 u}{\partial t^2}\right)_{j,n} - \frac{\Delta t^2}{3!}\left(\frac{\partial^3 u}{\partial t^3}\right)_{j,n} + \cdots \tag{6.34}$$

忽略掉二阶导数项及其更高阶导数项，就可得到关于时间向前差分的一阶导数近似表达式：

$$\left(\frac{\partial u}{\partial t}\right)_{j,n} = \frac{u_j^{n+1} - u_j^n}{\Delta t} \tag{6.35}$$

忽略掉各项之和引起的误差叫作截断误差，所忽略掉的最低阶导数前系数中 Δt 或 Δx 的次数表示了截断误差的阶数，阶数越高表明截断误差越小。如前述向前差分格式的截断误差为一阶，而中心差分格式的截断误差为二阶。因此中心差分格式的计算精度比向前差分格式的计算精度要高。

有限差分形式简单，对任意复杂的偏微分方程都可以写出其对应的差分方程但是有限差分方程的获得只是用差商代替微分方程中的微商（导数），而微分方程中各项的物理意义和微分方程所反映的物理定律（如守恒定律）在差分方程中并没有体现。因此，具有不同流动或传热特征的实际问题在微分方程中所表现的特点，在差分方程中没有得到体现。所以，差分方程只能认为是对微分方程的数学近似，基本上没有反映其物理特征。差分方程的计算结果有可能表现出某些不合理现象。

2. 有限元法

有限元法（Finite Element Method，FEM）是一种求解偏微分方程边值问题近似解的数值技术。求解时对整个问题区域进行分解，每个子区域都成为简单的部分，这种简单部分就称作有限元。可以使用有限元软件 ANSYS、COMSOL 等进行有限元模拟，在预研设计阶段代替实验测试，节省成本。

有限元法是 20 世纪 60 年代出现的一种数值计算方法。它最初用于固体力学问题的数值计算，如杆系结构，梁系结构，板、壳、体结构的受力和变形问题。20 世纪 70 年代，在英国科学家 Zienkiewicz O. C.等人的努力下，将它推广到各类场问题的数值求解，如温度场、电磁场，也包括流场。

直接刚度法是直接从问题的物理定律、物理公式中得到有限元离散方程。它只适用于比较简单的问题，如梁单元受力变形的有限元离散方程。虚功原理一般只用于推导弹性力学中物体受力和变形问题的计算过程。变分原理是将微分方程求解问题转换为某泛函求极值问题，再对泛函的表达式进行一定的运算得到有限元离散方程。它可以被用于各类场问题的有限元离散方程的推导，但是首先要找到与所求解问题的微分方程对应的泛函，这不是一件容易的事情，在许多情况下所要求解的微分方程没有对应的泛函。例如，流体流动和传热的控制微分方程组就没有对应的泛函，因此变分原理推导法不能应用。这时一般采用加权余量法推导。

有限元法的优点是解题能力强，可以比较精确地模拟各种复杂的曲线或曲面边界，网格的划分比较随意，可以统一处理多种边界条件，离散方程的形式规范，便于编制通用的计算机程序。

因此，有限元法在固体力学方程的数值计算方面取得了巨大的成功。但是在应用于流体流动和传热方程求解过程中却遇到了一些困难。其原因仍可归结为按加权余量法推导出的有限元离散方程也只是对原微分方程的数学近似。当处理流动和传热问题的守恒性、强对流不可压缩条件等方面的要求时，有限元离散方程中各项还无法给出合理的物理解释，对计算机中出现的一些误差也难以进行改进。因此，有限元法在流体力学和传热学中的应用还存在一些问题。

FEM 的基本思路：把计算域划分为有限个互不重叠的单元，在每个单元内，选择一些合适的节点作为求解函数的插值点，将微分方程中的变量改写成由各变量或其导数的节点值与所选用的插值函数组成的线性表达式，借助变分原理或加权余量法，将微分方程离散求解。采用不同的权函数和插值函数形式，便构成不同的有限元方法。

就离散方法而言，有限体积法可视作有限单元法和有限差分法的中间物。有限单元法必须假定值在网格点之间的变化规律（插值函数），并将其作为近似解。有限差分法只考虑网格点上的数值而不考虑值在网格点之间如何变化。有限体积法只寻求结点值，这与有限差分法相类似；但有限体积法在寻求控制体积的积分时，必须假定值在网格点之间的分布，这又与有限单元法相类似。在有限体积法中，插值函数只用于计算控制体积的积分，得出离散方程之后，便可忘掉插值函数；如果需要的话，可以对微分方程中不同的项采取不同的插值函数。

3. 有限体积法

有限体积法（Finite Volume Method）是求解流体流动和传热问题偏微分方程的数值方法之一。在流体流动和传热问题诸多数值计算方法中，有限体积法较好地保持了原微分方程的守恒性，此外其各项物理意义明确、方程形式规范。主要的流体流动计算软件，如 STARCD、FLUENT、FLOW3D、PHOENICS、CFX 都采用有限体积法作为其核心算法。

目前，CFD 领域最成熟的算法是利用有限体积法将流体的 Euler 控制方程在单元控制体内进行积分后离散求解，其特点不仅表现在对控制方程的离散结果上，还表现在所使用的网格上。

有限体积法是在有限差分法的基础上发展起来的，同时它又吸收了有限元法的一些优点。有限体积法生成离散方程的方法很简单，可以看成有限元法加权余量法推导方程中令加权函数 $\delta W = 1$ 而得到的积分方程。但是方程的物理意义完全不同。首先，积分的区域是与某节点相关的控制容积；其次，积分方程表示的物理意义是控制容积的通量平衡。有限体积法推导其离散方程时以控制容积中的积分方程作为出发点，这一点与有限差分法直接从微分方程推导完全不同。另外，有限体积法获得的离散方程，物理上表示的是控制容积的通量平衡，方程中各项有明确的物理意义，这也是有限体积法与有限差分法和有限元法相比更具优势的地方。据此，有限体积法是目前在流体流动和传热问题求解中最有效的数值计算方法，已经得到了广泛的应用。

有限体积法又称为控制体积法（Control Volume Method），其基本思路是：将计算区域划分为网格，并使每一个网格点周围有一个互不重复的控制体积；将待解微分方程（控制方程）对每一个控制体积积分，从而得出一组离散方程。其中的未知数是网格点上的因变量。为了求出控制体体积的积分，必须假定因变量的值在网格点之间的变化规律。从积分区域的选取方法看来，有限体积法属于加权余量法中的子域法，从未知解的近似方法来看，有限体积法属于采用局部近似的离散方法。简言之，子域法加离散，就是有限体积法的基本方法。有限体积法得出的离散方程，要求因变量的积分守恒对任意一组控制体积都得到满足，对整个计算区域，自然也得到满足，这就是有限体积法的优点。而有限差分法仅当网格极其细密时，离散方程才满足积分守恒；而有限体积法即使在粗网格情况下，也显示出准确的积分守恒。

有限体积法的核心体现在区域离散方式上，区域离散化的实质就是用有限个离散点来代替原来的连续空间。有限体积法的区域离散实施过程是：把所计算的区域划分为多个互不重叠的子区域，即计算网格（grid），然后确定每个子区域中的节点位置及该节点所代表的控制体积。区域离散化过程结束后，可以得到以下 4 种几何要素：

（1）节点（node）：需要求解的未知物理量的几何位置。

（2）控制体积（control volume）：应用控制方程或守恒定律的最小几何单位。

（3）界面（face）：它规定了与各节点相对应的控制体积的分界面位置。

（4）网格线（grid line）：连接相邻两节点而形成的曲线簇。

把节点看成是控制体积的代表，在离散过程中，将一个控制体积上的物理量定义并存储在该节点处。图 6.25 和图 6.26 所示分别为一维和二维有限体积法计算网格。

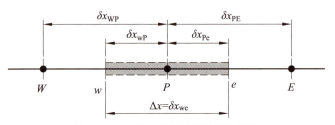

图 6.25　一维有限体积法计算网格

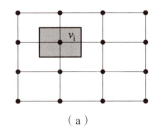

（a）

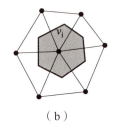

（b）

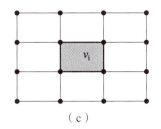
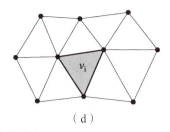

（ c ）   （ d ）

图 6.26 二维有限体积法计算网格

在上面两图中，节点排列有序，即当给出一个节点的编号后，立即可以得出其相邻节点的编号。这种网格称为结构网格（structured grid）。非结构网格（unstructured grid）的节点以一种不规则的方式布置在流程中，虽然生成较复杂，却有着极大的适应性。

应用有限体积法求解空气动力学控制方程，主要步骤如下：

（1）在计算区域内生成计算网格，包括节点及其控制体积。

（2）将守恒型的控制方程在每个控制体积上做积分（积分时要用到界面处未知量及其导数的插值计算公式，即离散格式），得到离散后的关于节点未知量的代数方程组。

（3）求解代数方程式，得到个计算节点的未知量的值。为了求解所给出的流体流动问题，必须在整个计算域的每个节点上建立离散方程，从而每个节点有一个对应的方程，这些方程组成一个含有节点未知量的线性代数方程组，求解这个方程组就可以得到物理量在各节点处的值。理论上，任何可用于求解代数方程组的方法（如 Gauss 消去法）都可以完成上述任务。

4. 无网格法

无网格方法诞生于 1977 年。Lucy L. B.，Gingold R. A.，Monaghan J. J. 等使用光滑粒子流体动力学（Smoothed Particles Hydrodynamics，SPH）方法模拟无边界的天体现象，这是最早的无网格方法。在 SPH 方法中，近似函数使用核（kernel）近似，方程离散使用配点法，其精度比较低，并且容易出现不稳定性。

直到 1992 年，Nayroles 使用移动最小二乘法（MLS）进行节点近似，并使用 Galerkin 方法进行边值问题求解，这种方法称为 Diffuse Element Method（DEM）。在 DEM 中，只需要分布的节点和边界描述，不需要进行网格划分，这也正是"无网格"的由来。1994 年，西北大学的 Belytschko 教授同样使用 MLS 进行节点近似，但考虑了在 DEM 中忽略的形函数导数的某些项，并使用 Lagrange 乘子施加本质边条，称其为无单元伽辽金方法（EFG）。EFG 比 DEM 精确，在许多领域获得广泛的应用，特别是在裂缝生长、晶体生长、大变形等问题中。

此后，无网格方法迅猛发展，目前不同的无网格方法有十多种：SPH，DEM，EFG，RKPM（再生核质子法），FPM（有限点方法），BNM（边界节点方法），PU（单位分解），PUFEM（单位分解有限元），HP-Cloud（HP 云，或 HP 覆盖），MLPG（无网格局部 Petrov-Galerkin 方法），LBIE（局部边界积分方程方法），MFS（有限球方法），FMM（Free Mesh Method），NEM（自然元）等。

如果选择不使用基于网格的方法，也有一些可选的替代，比较突出的有：

（1）光滑粒子流体动力学，求解流体问题的拉格朗日方法。

（2）谱方法，把方程映射到像球谐函数和切比雪夫多项式等正交函数上的技术。

（3）格子波尔兹曼方法（Lattice Boltzmann Methods），它在直角正交格点上模拟一个等价的中尺度系统，而不是求解宏观系统（也不是真正的微观物理）。

粒子法是近 20 多年来逐步发展起来的一种无网格方法。它利用核函数对物理问题进行近似处理，用离散的粒子来描述宏观连续分布微观仍为粒子的流体，而每个粒子则携带了其所在位置的流体的各种性质，如质量、密度、速度、能量等。

基本思路：将视作连续的流体（或固体）用相互作用的质点组来描述，各个物质点上承载各种物理量，包括质量、速度等，通过求解质点组的动力学方程和跟踪每个质点的运动轨道，求得整个系统的力学行为。从原理上说，只要质点的数目足够多，就能精确地描述力学过程。

粒子法可以分为光滑粒子法（Smoothed Particles Hydrodyanamics，SPH）、半隐式运动粒子法（Moving Particle Simulation，MPS）和有限体积粒子法（Finite Volume Particles，FVP）三类。

第一种 SPH 光滑粒子法，该算法最早由 Gingold and Monaghan（1977）和 Lucy（1977）提出，该方法对流体压力采用显示求解，特点是计算快速，弱点是压力场计算不准确。光滑质点流体动力学（SPH）是一种纯拉格朗日方法，它允许通过插值性质直接离散化一个给定的连续性方程组而无须定义空间网格。

SPH 的主要优势是无固定网格，对于流体流动、结构大变形和自由表面等难题，该方法处理得相对自然恰当。SPH 的核心并非基于在压缩中彼此碰撞或在张力作用下表现出黏性行为的离散颗粒（球）。相反，它是将连续偏微分方程组巧妙离散化的一种方法，这一点与有限元法非常相似。SPH 利用插值来近似域中任意点的场变量值，粒子某个变量值通过对相邻粒子对应的值叠加求和来近似。SPH 的核心是核函数，它可以被理解为一种在一定光滑长度 h 范围内其他临近粒子对研究粒子影响程度的权函数，如图 6.27 所示。

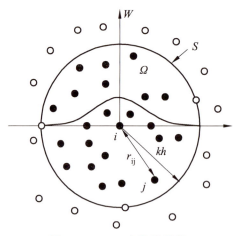

图 6.27　SPH 光滑核函数

其中，光滑长度 h 决定了对某个点的插值产生影响的粒子数目。SPH 分析对涉及极端变形的问题非常有效。例如，液体晃动，波浪工程，弹道学，喷涂，气体流动，二次撞击造成的闭塞和破碎等。

第二种移动粒子半隐式法（Moving Particle Semi-implicit Method，MPS）是由 Koshizuka 教授于 1995 年提出，该算法通过求解压力泊松方程获得流体的压力场，并通过压力梯度修正预测的流体速度。MPS 法是完全采用 Lagrange 描述的，因此不需要离散对流项，避免了由于离散对流项而引起的数值扩散。

控制方程中微分算子是通过引入权函数转化为粒子间相互作用模型。该方法粒子包含了流体的性质，可以在外力和内部粒子相互作用下运动，在模拟强非线性自由面流动时具有更灵活、方便的特点，从理论上来讲可处理任意变形的流动计算且容易实施。MPS 法采用半隐式计算过程来求解动量方程：除压力项隐式求解外，其他项都显式求解。MPS 方法在提出后的很长时间内都存在很多底层的数值稳定性问题，主要体现在压力场不符合物理实际的波动。后来很多学者对该方法提出了修正和改进。

最后一种 FVP 粒子法，相对比 MPS 的区别将控制方程在假想的粒子体积空间内进行积分，获得新的梯度和 Laplacian 算子，该算法与 MPS 无太大本质区别。

SPH 方法虽然快，但是有失准确度，适合于追求视觉效果的场景，如某些电影里的海啸场景，就采用该算法。MPS 和 FVP 方法虽然计算速度较慢，但物理量计算更加准确，适合于工程场景。

Lattice Boltzmann Method（LBM），即离散格子玻尔兹曼方法，是一种基于介观（mesoscopic）模拟尺度的计算流体力学方法。该方法相比于其他传统 CFD 计算方法，具有介于微观分子动力学模型和宏观连续模型的介观模型特点，因此具备流体相互作用描述简单、复杂边界易于设置、易于并行计算、程序易于实施等优势。LBM 已经广泛地被认为是描述流体运动与处理工程问题的有效手段。当前，已有若干 LBM 开源软件如 OpenLB、MESO 等能够并行处理不同尺度下的计算流体力学问题。它主要用来模拟处于 Maxwell 或近 Maxwell 平衡态的连续流区或近连续滑移区低速槽道流。

近年，国际上许多学者提出发展将宏观流体力学与微观分子动力学连接起来的介观理论，通过发展基于分子运动论（气体动理学理论）Boltzmann 方程的介观数值模型来再现特征尺度达微、纳米量级的气体流动问题，LBM 就是其一。

格子 Boltzmann 方法是一种不同于传统数值方法的流体计算和建模方法。与传统的计算流体力学方法（如有限单元法、有限差分法等）相比，格子 Boltzmann 方法主要有以下优点：

（1）算法简单，简单的线性运算加上一个松弛过程，就能模拟各种复杂的非线性宏观现象。

（2）能够处理复杂的边界条件。

（3）格子 Boltzmann 方法中的压力可由状态方程直接求解。

（4）编程容易，计算的前后处理也非常简单。

（5）具有很高的并行性。

（6）能直接模拟有复杂几何边界的诸如多孔介质等连通域流场，无须作计算网格的转换。

该方法并没有像前其他 CFD 方法那样求解流体的 Navier-Stokes 方程，而是通过计算微观粒子间的 streaming 和 collision 两个过程，从而模拟整体流体的运动行为。该算法最大的特点是并行计算效率非常高，主要是因为算法过程相对简单容易并行。

目前，除了在一般的流体力学问题中得到了成功的应用外，格子 Boftzmann 方法在多相（元）流、化学反应扩散、渗流、粒子悬浮流、磁流体力学等相关领域也得到了比较成功的应用。LBM 正处于不断的发展之中，近年来在基本理论、基本模型和应用等各方面都有所发展。

对于层流情况和对于所有相关的长度尺度都可以包含在格点中的湍流的情形，直接求解纳维-斯托克斯方程是可能的（通过直接数值模拟）。但一般情况下，适合于问题的尺度的范围甚至大于今天的大型并行计算机可以建模的范围。

在这些情况下，湍流模拟需要引入湍流模型。大涡流模拟和 RANS 表述（雷诺平均纳维-斯托克斯方程）和 k-ε 模型或者雷诺应力模型一起，是处理这些尺度的两种技术。

很多实例中，其他方程和纳维-斯托克斯方程要同时被求解。这些其他的方程可能包括描述种类浓度、化学反应、热传导等。很多高级的模拟软件允许更复杂的情形的模拟，涉及到多相流（如液/气、固/气、液/固）或者非牛顿流体（如血液）。

5. 数值求解过程

对于一般的 CFD 计算而言，其计算过程可以分为如下几步：

第一步：建立控制方程。首先要建立反映问题（工程问题、物理问题等）本质的数学模型，通过分析直接写出其控制方程。在没有热量交换的前提下，连续方程和动量方程可以直接作为控制方程使用，对于处于湍流范围的流动则需要增加湍流方程。具体说就是要建立反映问题各量之间的微分方程及相应的定解条件。这些特定的模型通常包含一些合理的简化和理想化。牛顿型流体流动的数学模型就是著名的纳维-斯托克斯方程及其相应的定解条件。

在建立控制方程后，确定边界条件是确定控制方程有解的必要条件，控制方程和它相对应的初始条件，以及边界条件组成了整个流场求解的完整的数学描述，其给定的是整个流场开始时的各个求解变量的空间分布情况。

第二步：建立坐标系。流体力学的基本方程是与坐标无关的，但是其具体形式在不同的坐标系下有不同的表达形式，因此在进行数值模拟时必须选择一个合适的坐标系，此外，矢量在该坐标系下的表达形式也必须事先给予定义。

第三步：划分数值网格。数值网格定义了所求物理量在空间的位置。在对空间流场进行数值模拟就是对控制方程进行离散，然后对方程进行求解。数值网格是求解域的离散化表达，它将求解域划分成若干个小的子域。

第四步：建立离散化方程。数学模型建立之后，需要解决的问题是寻求高效率、高准确度的计算方法。计算方法不仅包括微分方程的离散化方法及求解方法，还包括贴体坐标的建立，边界条件的处理等。数值离散过程中的近似方法，如有限差分法必须选择节点处导数的近似公式，有限体积法必须选择面积分和体积分的近似方法，有限元法必须选择单元函数和权函数。

用数值方法对偏微分方程进行求解时，必须将方程组离散化，其具体做法是将有限个空间位置上的因变量作为未知量来处理，建立一组关于未知量的方程组，通过求解方程组上的节点值达到计算要求。在对初始条件和边界条件进行网格生成时就是将初始条件和边界条件转化为特征节点上的值的过程。

通常高精度格式的方程中包含了更多网格节点数，因此求解的工作量和难度也相应地增加。因此必须在两者之间找到平衡点。

第五步：求解离散方程。偏微分方程离散化后生成的非线性代数方程组的求解方法是多种多样的，不同的问题会有不同的解法。由于 CFD 的代数方程组系数矩阵为大型稀疏矩阵，通常采用迭代方法求解。

第六步：判断解的收敛性。通常采用迭代法求解代数方程组，因此必须给出迭代终止条件，即收敛判据。除此之外，在求解过程中通常要注意数值方法的相容性，也就是截断误差，以及稳定性和收敛性。由于误差的存在，有时会出现求解域内不守恒现象；有时还需要注意非负物理量的计算结果不应出现负值等。当解的收敛性达到计算精度后，完成迭代过程。

综上所述，其求解过程如图 6.28 所示。

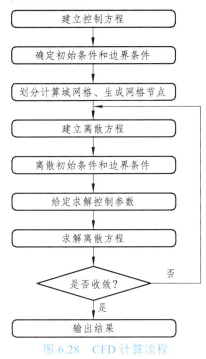

图 6.28　CFD 计算流程

6.5.3　网格生成技术

网格技术是进行 CFD 模拟的前提，由于在大多数工程上的计算问题都是在比较复杂的区域内，所以对不规则区域进行网格划分是计算流体力学的一项重要内容，在 CFD 实际应用中网格生成占去整个工作量的 70%，在进行流体计算时其计算结果与计算精度取决于划分网格的质量和使用的算法。

网格生成技术的基本思想是对计算模型的特征进行合理的网格划分，将模型的物理特征坐标的基本方程换算到计算流域坐标进行网格求解以提高精度。现有的网格生成方法可以分为结构网格和非结构网格。

结构网格发展较早，优势在于其按顺序存储，可按数组的（i, j, k）下标方便地索引和查找，且其计算精度高，问题简单时网格生成方便快捷。常用的二维结构网格单元为四边形，三维结构单元为六面体单元，分别如图 6.29 和图 6.30 所示。但是随着研究对象越复杂，结构网格的生成愈发困难，即使生成全结构网格，其质量也不易保证。

在结构网格的划分方法有可划分正交曲线坐标中的常规网格对角直坐标法和适体坐标法。结构化网格的生成方法主要分为单块结构网格和多块结构网格，其中多块结构网格又分为嵌套网格、搭接网格和组合网格。对于单块结构网格的生成方法有代数方法、保角变换方法、微分方程方法、变分原理方法。

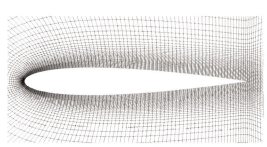
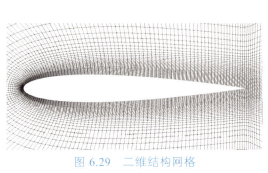

图 6.29　二维结构网格　　　　　　　　　图 6.30　三维结构网格

结构化网格在应用到计算模型比较简单的流场时可以对其划分精确的网格，并得出精确的求解，而在一些物理特征比较复杂的计算模型时应用结构化网格对整个流场区域进行网格划分需要浪费大量的人力和时间，对于这种情况采用非结构网格划分时一种比较合适的选择。

非结构网格在对空间流场区域进行网格划分时，由于不受网格节点的限制，可以对任何形状外形的空间流场区域进行划分，对计算模型的外形没有太大的要求，并可以通过调节网格单元大小来对计算模型曲率较大和需要数据捕捉节点多的地方进行网格加密，非结构网格节点和单元是随机分布的，对于复杂外形的模型具有更强的适应力，基于非结构网格的优点发展出了很多种生成非结构网格的方法来生成复杂外形非结构网格。

非结构网格中常用的二维单元为三角形单元，三维非结构常见的为四面体和五面体单元，分别如图 6.31 和图 6.32 所示。同结构网格不同，非结构网格没有方便的索引结构，需要人工生成数据结构以便查找和索引。但由于其可以方便快捷地生成复杂外形的网格，因而从 20 世纪 70 年代以来得到了快速发展。

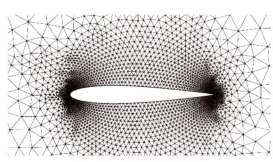
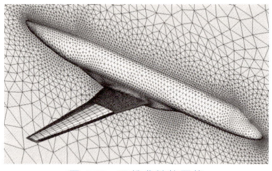

图 6.31　二维非结构网格　　　　　　　　图 6.32　三维非结构网格

由于非结构网格在计算区域内部点不具有相邻的毗邻单元区域，即网格划分区域不同点相连的网格数目不同，从定义上来看出，结构化网格和非结构化网格有相互重叠的部分，也就是非结构化网格可以包含结构化网格。鉴于非结构网格优越的几何适应性特点，在进行复杂流场区域网格划分时采用非结构化网格，其中非结构化网格的方法有有限叉树法、Delaunay方法和推进波前法。

除此之外，还存在混合网格技术，混合网格因存在结构网格到非结构网格的过渡而经常使用三棱柱及金字塔单元，如图 6.33 和图 6.34 所示。该技术结合结构网格和非结构网格的优点。可以通过层推进等方式快速生成复杂外形的网格，而且能够有效的控制网格数量并保证计算精度，因而是当前重要的发展方向。

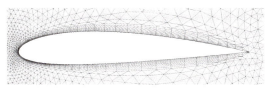

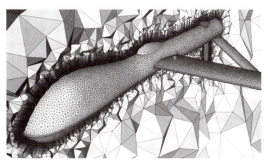

图 6.33　二维混合网格　　　　　　　图 6.34　无人机的网格生成

6.5.4　湍流模型

对于大气层内飞行的飞行器而言，N-S 方程是解释一切流动现象的终极求解手段，目前工程应用中均对 N-S 方程进行了一定程度的简化，以期在有限时间内获得满足工程需求精度的分析结果。

从物理结构上看，湍流是由各种不同尺度的带有旋转结构的涡叠合而成的流动，这些涡的大小及旋转轴的方向分布是随机的。大尺度的涡主要由流动的边界条件决定，其尺寸可以与流场的大小相比拟，它主要受惯性影响而存在，是引起低频脉动的原因；小尺度的涡主要是由黏性力决定，其尺寸可能只有流场尺度的千分之一的量级，是引起高频脉动的原因。

无论湍流运动多么复杂，非稳态的连续方程和 N-S 方程对于湍流的瞬时运动仍然是适用的，能够准确地描述湍流运动的细节。从理论上讲，有了包括 N-S 方程在内的基本方程组，再加上一定的初始条件和边界条件，就可以确定流体的流动。但是，由于 N-S 方程比欧拉方程多了一个二阶导数项 $\mu\Delta v$，因此，除在一些特定条件下，很难求出方程的精确解。通常是对方程各项作量级分析，从中确定出解的特性并进一步获得方程的近似解，或者利用计算机数值计算获取方程的数值解。

湍流所具有的强烈瞬态性和非线性使得与湍流三维时间相关的全部细节无法用解析法进行精确描述，况且湍流流动的全部细节对于工程实际来说意义不大，因为人们所关心的经常是湍流所引起的平均流场变化。这样，就出现了对湍流进行不同简化处理的数学计算方法。

实际上，往往采用平均 N-S 方程来描述工程和物理学问题中遇到的湍流运动。当对三维非定常随机不规则的有旋湍流流动的 N-S 方程平均后，得到相应的平均方程，此时平均方程中增加了 6 个未知的雷诺应力项，从而形成了湍流基本方程的不封闭问题。根据湍流运动规律以寻找附加条件和关系式从而使方程封闭就促使了几年来各种湍流模型的发展，而且在平均过程中失去了很多流动的细节信息，为了找回这些失去的流动信息，也必须引入湍流模型。

其中，最原始的方法是基于统计平均或其他平均方法建立起来的时均化模拟方法。但这种基于平均方程与湍流模型的研究方法只适用于模拟小尺度的湍流运动，不能从根本上解决湍流计算问题。

为了使湍流模型计算更能反映不同尺度的旋涡运动，后来又发展了大涡模拟（LES）、分离涡模拟（DES）与直接数值模拟（DNS）等方法。图 6.35 所示为螺旋桨桨尖涡的数值模拟。

直接数值模拟方法（Direct numerical simulation，DNS）是直接用瞬态 Navier-Stokes 方程对湍流进行计算，理论上可以得到准确的计算结果。但是，在高雷诺数的湍流中包含尺度为 $10 \sim 100\ \mu\text{m}$ 的涡，湍流脉动的频率常大于 $10\ \text{kHz}$，只有在非常微小的空间网格长度和时间步长下，才能分辨出湍流中详细的空间结构及变化剧烈的时间特性。对于这样的计算要求，现有的计算机能力还是比较困难的，DNS 目前还无法用于真正意义上的工程计算。

图 6.35 螺旋桨桨尖涡的数值模拟

但是，局部时均化模型为开展 DNS 模拟提供了一种间接方法。该模型是一种桥接模型，通过控制模型参数可以实现从雷诺时均模拟到接近 DNS 的数值计算，是一种有着发展潜力的计算模型。

湍流模式理论假定湍流中的流场变量由一个时均量和一个脉动量组成，以此观点处理 N-S 方程可以得出雷诺平均 N-S 方程（Reynolds-averaged Navier-Stokes，RANS），简称 RANS 方程。雷诺平均 N-S 方程是流场平均变量的控制方程，其相关的模拟理论被称为湍流模式理论。雷诺平均模拟方法是指在时间域上对流场物理量进行雷诺平均化处理，然后求解所得到的时均化控制方程。

雷诺平均模拟方法再引入 Boussinesq 假设，即认为湍流雷诺应力与应变成正比之后，湍流计算就归结为对雷诺应力与应变之间的比例系数（即湍流黏性系数）的计算。正是由于将控制方程进行了统计平均，使得其无需计算各尺度的湍流脉动，只需计算出平均运动，从而降低了空间与时间分辨率，减少计算工作量。

空气的可压缩 RANS 方程可以写成采用求和约定的笛卡儿张量形式。

连续方程：

$$\frac{\partial \rho}{\partial t} + \frac{\partial}{\partial x_i}(\rho u_i) = 0 \tag{6.36}$$

动量方程：

$$\frac{\partial}{\partial t}(\rho u_i) + \frac{\partial}{\partial x_j}(\rho u_j u_i) = -\frac{\partial p}{\partial x_i} + \frac{\partial \sigma_{ij}}{\partial x_j} + \frac{\partial}{\partial x_j}(-\rho u_i' u_j') \tag{6.37}$$

式中　u_i——略去平均符号的雷诺平均速度分量；

　　　ρ——密度；

　　　p——压强；

　　　u_i'——脉动速度；

　　　σ_{ij}——应力张量分量。

雷诺平均模拟方法计算效率较高，解的精度也基本可以满足工程实际需要，是流体机械领域使用最为广泛的湍流数值模拟方法。根据计算中使用的变量数目和方程数目的不同，湍流模式理论中所包含的湍流模型又被分为二方程模型、一方程模型和零方程模型（代数模型）等大类。这里所说的微分方程是指除了平均 N-S 方程外，还要增加其他方程才能使方程封闭，增加多少个方程，则该模型就被分成多少个模型。对于简单流动而言，一般随着方程数的增多，精度也越高，计算量也越大、收敛性也越差。但是，对于复杂的湍流运动，则不一定。

比较常用的模型包括 Spalart-Allmaras 模型（S-A 模型）、k-ε 模型、k-ω 模型和雷诺应力模型（RSM）等。湍流模型选取的准则：流体是否可压、建立特殊的可行的问题、精度的要求、计算机的能力、时间的限制。为了选择最好的模型，需要了解不同条件的适用范围和限制。

1. Spalart-Allmaras 模型（S-A 模型）

S-A 模型是一个相对简单的单方程模型，解决了湍流运动学黏度输运方程模型。S-A 模型是专门为涉及壁面有界流动的航空、航天应用而设计的，并把被证明对承受逆压力梯度的边界层有很好的效果。

S-A 模型针对空气动力流动而建立的，涉及 wall 边界内的流动。S-A 模型在其原始形式下是一个有效的低雷诺数模型，要求边界层黏滞影响区域得到适当的解析，通过求解中间变量的输运方程获得湍流运动黏性系数。由于 S-A 模型没有考虑长度尺度的变化，这对一些流动尺度变换比较大的流动问题不太适合；比如平板射流问题。而且，S-A 模型中的输运变量在近壁处的梯度要比 k-ε 中的小，这使得该模型对网格粗糙带来数值误差不太敏感。

2. k-ε 模型

（1）标准的 k-ε 模型（SKE 模型）。

最简单的完整湍流模型是两个方程的模型，要解两个变量，速度和长度尺度。标准 k-ε 模型自从被 Launder and Spalding 提出之后，就变成工程流场计算中主要的工具，适用范围广、经济、合理的精度。它是个半经验的公式，在方程的基础上引入一个关于耗散率 ε 的方程，这是从实验现象中总结出来的。

由于模型假设流动为完全湍流，分子黏性的影响可以忽略，此标准 k-ε 模型只适合完全湍流的流动过程模拟。

（2）RNG k-ε 模型。

RNG k-ε 模型来源于严格的统计技术，其 k-ε 方程中的常数是通过重整化群理论分析得到的，而不是通过实验得到的，修正了耗散率方程。

它和标准 k-ε 模型很相似，但是有以下改进：

① RNG 模型在 ε 方程中加了一个条件，有效地改善了精度，提高高速流动的准确性。

② 考虑到了涡流对湍流的影响，提高了旋涡流动的精度。

③ RNG 理论为湍流普朗特数提供了一个解析公式，而标准 k-ε 模型使用的是用户指定的常数值。

④ 标准 k-ε 模型是一种高雷诺数的模型，RNG 理论提供了一个考虑低雷诺数流动黏性的解析公式。这个特性的有效使用取决于对近壁区域的适当处理。

这些特点使得 RNG k-ε 模型比标准 k-ε 模型在更广泛的流动中有更高的可信度和精度。

（3）可实现的 k-ε 模型（Realizable k-ε，RKE 模型）。

此模型的耗散率 ε 方程是由漩涡运动的均方差导出的，这是和标准 k-ε 根本的不同。可实现的 k-ε 模型与标准 k-ε 模型有两个主要的不同点：

① 可实现的 $k\text{-}\varepsilon$ 模型为湍流黏性增加了一个公式。

② 为耗散率增加了新的传输方程，这个方程来源于一个为层流速度波动而作的精确方程。

可实现的 $k\text{-}\varepsilon$ 模型直接的好处是对于平板和圆柱射流的发散比率的更精确的预测。而且它对于旋转流动、强逆压梯度的边界层流动、流动分离和二次流有很好的表现。

可实现的 $k\text{-}\varepsilon$ 模型和 RNG $k\text{-}\varepsilon$ 模型都显现出比标准 $k\text{-}\varepsilon$ 模型在强流线弯曲、旋涡和旋转有更好的表现。最初的研究表明可实现的 $k\text{-}\varepsilon$ 模型在所有 $k\text{-}\varepsilon$ 模型中流动分离和复杂二次流有很好的作用。该模型适合的流动类型比较广泛，包括有旋均匀剪切流，自由流（射流和混合层），腔道流动和边界层流动。

3. $k\text{-}\omega$ 模型

（1）标准的 $k\text{-}\omega$ 模型（SKW）。

标准的 $k\text{-}\omega$ 模型是基于 Wilcox $k\text{-}\omega$ 模型的，它是为考虑低雷诺数、可压缩性和剪切流传播而修改的。标准的 $k\text{-}\varepsilon$ 模型的一个变形就是 SST $k\text{-}\omega$ 模型。

Wilcox $k\text{-}\omega$ 模型预测了自由剪切流传播速率，像尾流、混合流动、平板绕流、圆柱绕流和放射状喷射，因而可以应用于墙壁束缚流动和自由剪切流动。

（2）SST $k\text{-}\omega$ 模型。

SST $k\text{-}\omega$ 模型由 Menter 发展，以便使得在广泛的领域中可以独立于 $k\text{-}\varepsilon$ 模型，使得在近壁自由流中 $k\text{-}\omega$ 模型有广泛的应用范围和精度。为了达到此目的，$k\text{-}\varepsilon$ 模型变成了 $k\text{-}\omega$ 公式。SST $k\text{-}\omega$ 模型和标准的 $k\text{-}\omega$ 模型相似，但有以下改进：

① SST $k\text{-}\omega$ 模型和 $k\text{-}\varepsilon$ 模型的变形增长与混合功能和双模型加在一起。混合功能是为近壁区域设计的，这个区域对标准的 $k\text{-}\omega$ 模型有效，还有自由表面，这对 $k\text{-}\varepsilon$ 模型的变形有效。

② SST $k\text{-}\omega$ 模型合并了来源于 ω 方程中的交叉扩散。

③ 湍流黏度考虑到了湍流剪应力的传播。

④ 模型常量不同。

这些改进使得 SST $k\text{-}\omega$ 模型比标准 $k\text{-}\omega$ 模型在广泛的流动领域中有更高的精度和可信度。

4. 雷诺应力模型（RSM 模型）

雷诺应力模型在三维湍流流场计算中有着重要作用，可以有效地计算各向异性的湍流流场。流体作湍流运动时所产生的应力，除了黏性应力外尚有附加的应力，包括法向附加应力和切向附加应力，这些附加的应力都是湍流所特有的，是由于流体质点的脉动产生的，称为雷诺应力。

对于不可压缩黏性流动，在不考虑质量力的情况下，N-S 方程具有下列形式：

$$\left.\begin{aligned}
\frac{\partial v_x}{\partial t} + v_x\frac{\partial v_x}{\partial x} + v_y\frac{\partial v_x}{\partial y} + v_x\frac{\partial v_x}{\partial z} &= -\frac{1}{\rho}\frac{\partial p}{\partial x} + \nu\left(\frac{\partial^2 v_x}{\partial x^2} + \frac{\partial^2 v_x}{\partial y^2} + \frac{\partial^2 v_x}{\partial z^2}\right) \\
\frac{\partial v_y}{\partial t} + v_x\frac{\partial v_y}{\partial x} + v_y\frac{\partial v_y}{\partial y} + v_x\frac{\partial v_y}{\partial z} &= -\frac{1}{\rho}\frac{\partial p}{\partial x} + \nu\left(\frac{\partial^2 v_y}{\partial x^2} + \frac{\partial^2 v_y}{\partial y^2} + \frac{\partial^2 v_y}{\partial z^2}\right) \\
\frac{\partial v_z}{\partial t} + v_x\frac{\partial v_z}{\partial x} + v_y\frac{\partial v_z}{\partial y} + v_x\frac{\partial v_z}{\partial z} &= -\frac{1}{\rho}\frac{\partial p}{\partial x} + \nu\left(\frac{\partial^2 v_z}{\partial x^2} + \frac{\partial^2 v_z}{\partial y^2} + \frac{\partial^2 v_z}{\partial z^2}\right)
\end{aligned}\right\} \tag{6.38}$$

著名的不可压缩流体作湍流运动时的时均运动方程，即雷诺方程：

$$\rho\left(\frac{\partial \overline{v_x}}{\partial t}+\overline{v_x}\frac{\partial \overline{v_x}}{\partial x}+\overline{v_y}\frac{\partial \overline{v_x}}{\partial y}+\overline{v_z}\frac{\partial \overline{v_x}}{\partial z}\right)$$
$$=-\frac{\partial \overline{p}}{\partial x}+\mu\left(\frac{\partial^2 \overline{v_x}}{\partial x^2}+\frac{\partial^2 \overline{v_x}}{\partial y^2}+\frac{\partial^2 \overline{v_x}}{\partial z^2}\right)+\frac{\partial -\rho\overline{v_x'v_x'}}{\partial x}+\frac{\partial -\rho\overline{v_x'v_y'}}{\partial y}+\frac{\partial -\rho\overline{v_x'v_z'}}{\partial z}$$

$$\rho\left(\frac{\partial \overline{v_y}}{\partial t}+\overline{v_x}\frac{\partial \overline{v_y}}{\partial x}+\overline{v_y}\frac{\partial \overline{v_y}}{\partial y}+\overline{v_z}\frac{\partial \overline{v_y}}{\partial z}\right) \qquad (6.39)$$
$$=-\frac{\partial \overline{p}}{\partial y}+\mu\left(\frac{\partial^2 \overline{v_y}}{\partial x^2}+\frac{\partial^2 \overline{v_y}}{\partial y^2}+\frac{\partial^2 \overline{v_y}}{\partial z^2}\right)+\frac{\partial -\rho\overline{v_x'v_y'}}{\partial x}+\frac{\partial -\rho\overline{v_y'v_y'}}{\partial y}+\frac{\partial -\rho\overline{v_y'v_z'}}{\partial z}$$

$$\rho\left(\frac{\partial \overline{v_z}}{\partial t}+\overline{v_x}\frac{\partial \overline{v_z}}{\partial x}+\overline{v_y}\frac{\partial \overline{v_z}}{\partial y}+\overline{v_z}\frac{\partial \overline{v_z}}{\partial z}\right)$$
$$=-\frac{\partial \overline{p}}{\partial z}+\mu\left(\frac{\partial^2 \overline{v_z}}{\partial x^2}+\frac{\partial^2 \overline{v_z}}{\partial y^2}+\frac{\partial^2 \overline{v_z}}{\partial z^2}\right)+\frac{\partial -\rho\overline{v_x'v_z'}}{\partial x}+\frac{\partial -\rho\overline{v_y'v_z'}}{\partial y}+\frac{\partial -\rho\overline{v_z'v_z'}}{\partial z}$$

将时均运动方程和 N-S 方程相比可以看出，湍流中的应力，除了由于黏性所产生的应力外，还有由于湍流脉动运动所形成的附加应力，这些附加应力称为雷诺应力。雷诺方程与 N-S 方程在形式上是相同的，只不过在黏性应力项中多出了附加的湍流应力项。

将雷诺方程与黏性流体应力形式的动量方程进行比较，由上式可以看出，在湍流的时均运动中，除了原有的黏性应力分量外，还多出了由脉动速度乘积的时均值 $-\rho\overline{v_x'v_x'}$、$-\rho\overline{v_x'v_y'}$ 等构成的附加项，这些附加项构成了一个对称的二阶张量，即

$$\begin{bmatrix} -\rho\overline{v_x'v_x'} & -\rho\overline{v_x'v_y'} & -\rho\overline{v_x'v_z'} \\ -\rho\overline{v_x'v_y'} & -\rho\overline{v_y'v_y'} & -\rho\overline{v_y'v_z'} \\ -\rho\overline{v_x'v_z'} & -\rho\overline{v_y'v_z'} & -\rho\overline{v_z'v_z'} \end{bmatrix}$$

式中的各项构成了所谓的雷诺应力。

总而言之，基于 N-S 方程的数值计算就是在一定的网格系统内离散，用网格节点处的场变量值近似描述微分方程中各项所表示的数学关系，按一定的物理定律或数学原理构造与微分方程相关的离散代数方程组。引入边界条件后求解离散代数方程组，得到各网格节点处的场变量分布，用这一离散的场变量分布近似代替原微分方程的解析解。

6.6　气动模型分析

按照薄翼理论，翼型（无限翼展机翼）的升力决定于翼型的迎角和弯度，可以在翼型上表面、中弧线或弦线上布置分布涡系（附着涡）代替翼型。翼型的总升力与附着涡的总强度 Γ 成正比。在已知机翼的平面形状和翼型气动数据后，就可以求出环量分布，由库塔-茹科夫斯基升力环量定理，可知：

$$L = \rho v_\infty \Gamma \qquad (6.40)$$

在三维机翼上，除了考虑机翼上的附着涡之外，还有考虑因展向流动引起的自由涡面，这是三维机翼扰流与二维机翼扰流的主要区别。

6.6.1　升力线理论

升力线理论是由 L. 普朗特和哥廷根大学的同事在 1911—1918 年提出的，可以计算三维平直机翼的气动力和确定气动特性。升力线理论方法不仅适用于对机翼气动特性的分析，对于结构、稳定性和控制也适用。此理论为大展弦比平直翼气动设计参数选择和性能计算提供了理论指导。

由于升力线理论是用线涡代替机翼、模拟机翼升力作用的一种机翼理论，将机翼用若干等强度的涡替代，此时机翼的气动力问题转换为对这些涡的强度的求解问题，一旦求解出涡的强度，就能得到一系列的气动特性。

对于三维机翼气动分析，可以将气动力分解为纵向流动（弦向）和展向流动两种情况。对于纵向流动的气动力，可以按照翼型扰流进行分析，属于无限翼展机翼的气动力模型问题；对于展向流动的气动力，就要考虑翼尖涡的诱导问题，即考虑自由涡的影响。

前面章节提及，对于无限翼展机翼展向任一剖面均保持二维翼型的特性，所以称之为二维机翼。对于二维机翼，可以近似在翼弦上分布其轴线与展向平行的漩涡来代替翼型的作用，这个涡称为附着涡。

而对于有限翼展机翼，由于翼尖的存在而产生翼尖涡，具有三维气动特性，称之为三维机翼。对于三维机翼，必须考虑机翼的展向流动。此时，上下翼面气流流线偏斜，在机翼后缘汇合旋转而拖出轴线几乎与来流方向平行的漩涡，即自由涡（尾涡）。机翼的翼尖效应是产生自由涡的主要原因。

气流绕过机翼流动是一个整体，机翼扰流所出现的附着涡、自由涡和起动涡组成封闭的涡环，由于起动涡被机翼远远甩到后面，对机翼气动力无影响，因此在气动力建模时，只考虑附着涡和自由涡。附着涡和自由涡组合为涡系模型，机翼气动力分析以这个组合涡系模型作为基础。

为了简化起见，早期人们用单一Π形马蹄涡模型来代替机翼，即用等强度的附着涡和自由涡模型，如图 6.36 所示。升力线模型就是直匀流叠加单翼Π形马蹄涡气动模型。

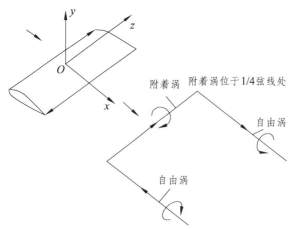

图 6.36　机翼的附着涡和自由涡组合

1918 年，普朗特升力线模型是将机翼上的附着涡面用机翼上的一条附着涡系进行代替。附着涡系由弦向一系列涡线合并而成，在涡线上的附着涡的强度沿展向是变化的，这条涡系称为附着涡线，在这条涡线上各点的涡强决定了各剖面的升力大小。所以，普朗特升力线模型为直匀流叠加附着涡线和自由涡面的气动模型，称为升力线模型，如图 6.37 所示。

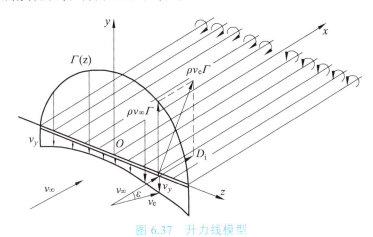

图 6.37　升力线模型

因为低速翼型的升力增量位于 25%弦长位置（焦点位置），因此附着涡线可放在展向各剖面的 25%弦长位置的连线上，此线即为升力线。

升力线理论的适用条件如下：

（1）迎角不太大（＜10°），升力线理论没有考虑空气黏性。

（2）展弦比不能太小（≥5）。

（3）后掠角不能太大（≤20°）。

展弦比较小或后掠角较大时，升力线模型和剖面假设已不再适用。对大后掠角和小展弦比的势流气动特性，应采用升力面或其他方法计算。

6.6.2　升力面理论

机翼升力是由一系列连续的翼剖面贡献的升力组成，因此也可以采用旋涡来代替。对于大展弦比平直翼，自由涡的卷起主要发生在远离机翼的地方（大约距机翼后缘一个翼展），所以，大展弦比平直翼扰流可以采用直匀流叠加附着涡面和自由涡面的气动模型，此模型也称为升力面模型。

升力面模型不再采用附着涡线来代替机翼附着涡系的假设，而是采用分布与展向平行的旋涡来代替翼型在均匀流中产生的扰动作用，即采用附着涡面。也就是说，升力面模型仍然采用 Ⅱ 形马蹄涡作为基本解与直匀流叠加，采用附着涡面代替机翼（图 6.38）。此时，涡密度为面涡密度，单位是速度的单位。在理论上，求出涡面的强度分布，就可以求出机翼所受的气动力和力矩。

为了计算翼面上的涡强度，涡格法是目前常用的一种数值计算方法。涡格法的中心思想是将升力面设置在翼面上，然后在升力面上进行涡格划分，并在每个涡格上布置马蹄涡和控制点，机翼展向和弦向分布的离散马蹄涡可以布置多层。Weissinger 把附着涡集中在机翼的 1/4 弦线上，并取 3/4 弦线上的点满足边界条件（称为控制点），如图 6.39 所示。

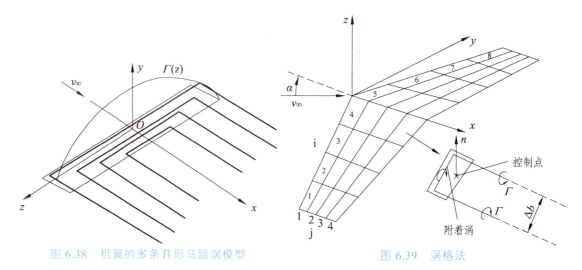

图 6.38　机翼的多条 Π 形马蹄涡模型　　　　图 6.39　涡格法

具体做法是把机翼按照一定规则分割成有限个微面元，称为网格。在每个网格上布置一个马蹄涡，其附着涡与该网格面元的 1/4 弦线重合，两条自由涡从 1/4 弦线的两个端点沿着 x 轴伸向下游无限远处。机翼上不仅在展向布置离散的马蹄涡，沿弦向也布置了马蹄涡，所以整个机翼用有限多个离散马蹄涡系来代替。假设每个马蹄涡的强度（环量）为常值，但不同网格上的涡强不同。布涡的网格称为涡格，相应的气动模型称为涡格模型。

由于每个微元马蹄涡的自由涡都是与相邻微元的自由涡重合，但方向相反，因此相互抵消了一部分，所以从机翼后缘拖出的自由涡线的强度应收相邻两微元机翼环量之差。

每个涡格的控制点选取在 3/4 弦线的中点，在这些点上计算全部离散马蹄涡引起的诱导速度，并满足翼面不穿透条件。原因在于：对于二维翼型而言，如在 1/4 弦线上放一强度为 Γ 的旋涡来代替翼型，则证明 3/4 弦点处满足物面不穿透条件。三维机翼的控制点位置是把二维翼型得到的结论加以推广，选取 3/4 弦点作为控制点。

涡格法数值求解过程如下：

第一步，划分面元，布置马蹄涡和控制点。

设有 N 个面元，N 个控制点。N 个涡格上的马蹄涡分布用 γ_1，γ_2，$\cdots$，γ_N 表示。位于第 j 个涡格上的涡强 γ_j 对第 i 个涡格上的控制点诱导的速度 v_{ij}，按照毕奥-萨伐尔公式计算得到：

$$v_{ij} = v_\infty C_{ij} \gamma_j \tag{6.41}$$

式中　C_{ij}——影响系数。

对 j 求和，得到所有涡格对 i 点的诱导速度为

$$v_i = \sum_{j=1}^{N} C_{ij} \gamma_j \tag{6.42}$$

第二步，确定涡格强度的线性代数方程组。

在物面边界上，第 i 控制点处的边界条件为

$$v_i = v_\infty \sum_{j=1}^{N} C_{ij} \gamma_j = v_\infty \left. \frac{\partial y}{\partial x} \right|_i = v_\infty \beta_i \tag{6.43}$$

由此得到关于 γ_j 的线性方程组为

$$\sum_{j=1}^{N}C_{ij}\gamma_{j}=\beta_{i}, \quad \beta_{i}=\left.\frac{\partial y}{\partial x}\right|_{i} \qquad (i=1,2,\cdots,N) \tag{6.44}$$

第三步，求微元的气动力。

先求出所有涡系对第 j 个涡格面元上附着涡线中点的诱导速度 v_j，然后根据库塔-茹科夫斯基升力环量定理，求出该面元上所受到的气动力 ΔL_j，即

$$\Delta L_{j}=\rho(v_{\infty}+v_{j})\times\Delta\varGamma_{j}, \quad \Delta\varGamma_{j}=\gamma_{j}\Delta\xi\Delta\zeta \tag{6.45}$$

式中　$\Delta\xi\Delta\zeta$ ——微元面积；

　　$\gamma_{j}\Delta\xi$ ——第 j 涡格的强度。

第四步，最后求解气动合力，以及气动系数。

$$L=\sum_{j=1}^{N}\Delta L_{j}=\sum_{j=1}^{N}\rho(v_{\infty}+v_{j})\times\Delta\varGamma_{j}=\rho v_{\infty}\varGamma \tag{6.46}$$

总之，对于小展弦比、大后掠角的机翼，采用升力面理论代替升力线理论进行分析，即用一个附着涡面和自由涡面代替机翼的作用。还有，由于采用简单升力线理论不可能求出沿弦向的升力分布，因此也不可能得到翼剖面的准确位置，也只能用升力面理论求出焦点位置。

6.6.3　数值仿真案例

1. 基于 CFD 的二维模型数值计算

这里选择对低雷诺数 E387（E）翼型进行流场数值仿真。这一翼型自 20 世纪 60 年代被设计出来以后在滑翔机上取得了成功，其后渐渐成为一种经典的低雷诺数风洞测试翼型，先后在德国的 Stuttgart 及 NASA 的 Langley 和 UIUC 均做过翼型吹风试验。

雷诺数选取与实验相同的雷诺数即 3×10^{5}，计算对象为 E387（E）翼型，使用 Pointwise 前处理软件对翼型进行 "C" 形拓扑结构网格划分。边界条件采用速度入口边界及压力出口边界条件。利用 SIMPLEC 算法求解流场，采用二阶精度空间离散格式，湍流模型分别选用程中得到广泛应用的 Spalart-Allmaras，SST $k\text{-}\omega$，Realizable $k\text{-}\varepsilon$ 湍流模型，结合 RANS 方法进行数值模拟流场，得到翼型的时升阻力特性曲线。计算结果如图 6.40 所示。

2. 基于升力面模型的某无人机数值分析

在进行无人机气动布局分析中，气动特性分析是十分重要的，通过对全机气动特性进行详细的分析，可以获取飞机的基本的气动数据，可以为分析飞行性能、操稳特性及为机体强度计算和飞行控制系统的设计提供重要依据。

这里基于升力面理论的涡格法对某无人机进行无黏流场的气动数据估算，由于涡格法本身基于无黏势流理论，因而其自身并不考虑雷诺数等相似准则。三维全机黏性流场的仿真需要对全机及流域进行网格划分，计算网格划分采用多块分区网格，机身附近采用结构网格，靠近壁面的第一层网格保证 $y+=1$，采用球型域非结构网格对接，作为刚性运动部分，外流场为圆柱形外流域。网格数量控制在 330×10^{4}，网格从外部流场到壁面附近细节如图 6.41 所示，边界条件在图中也一并给出，采用速度入口压力出口边界条件，飞行时雷诺数为 3.3×10^{5}。气动系数计算结果如图 6.42 所示。

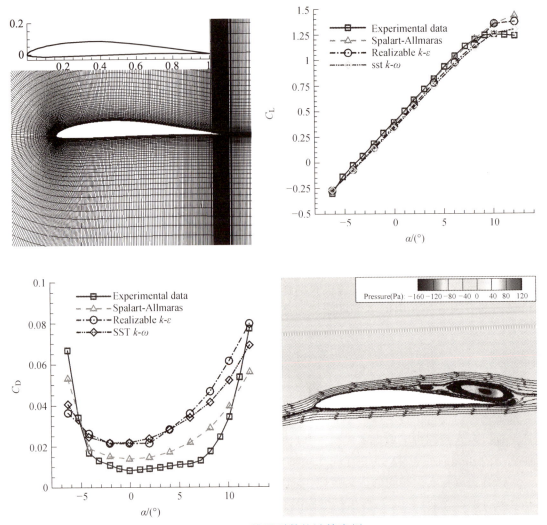

图 6.40　二维翼型数值计算案例

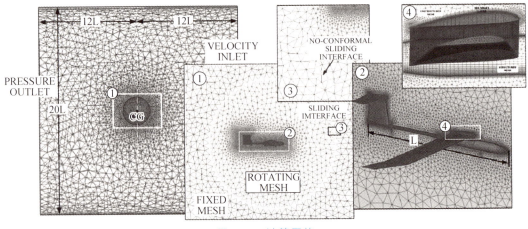

图 6.41　计算网格

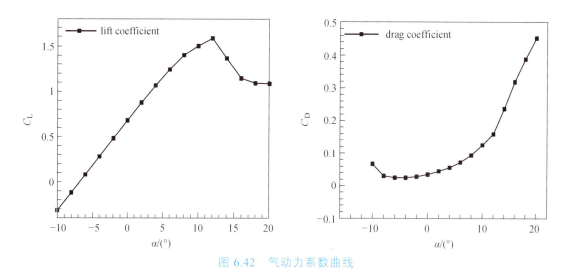

图 6.42　气动力系数曲线

从升力随迎角变化曲线可以看出，在 −10°～8°升力系数随攻角的变化几乎是线性的，随着迎角进一步增大升力系数增加速度变缓，至 12°时可以看到飞行器发生了失速，此后升力系数随迎角增加迅速减小。而阻力系数则经历了一个先减小再增大的过程。在平飞时阻力系数 0.034 7，飞行器在平飞时升阻比接近 20。

机体的压力云图及流线图，以大迎角的流动作一个典型流场的分析，为了使流场表现得简洁，流线图仅给出了机翼两端翼梢的流线，从图 6.43 中可以看出，由于机翼的三维效应，下翼表面的气流经过翼梢流至上表面，流速加快的同时在翼梢处产生一个更为明显的低压区，气流上翻的过程也在翼梢处产生了明显的翼尖涡。机翼前缘处就已经发生了流动分离，在分离区有较大的分离涡结构，在根弦处，机翼表面也有一个不规则的低压区，这主要由于翼身干扰造成的。

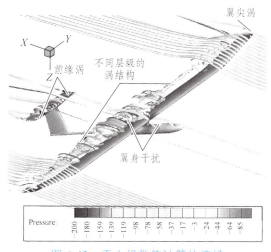

图 6.43　无人机数值计算的流场

3. 某无人机气动批量分析案例

首先，采用 XFLR5 软件利用面元法结合黏性边界层可以求解二维翼型亚音速气动力。XFLR5 软件可以采用三种不同方法对飞机气动力进行分析，包括非线性升力线理论、涡格法和面元法。在升力线理论方面，XFLR5 软件通过下洗计算并应用相应算法实现展向不同二维截面气动力求解。在进行单独机翼气动力求解时，XFLR5 软件可选择薄翼假设下的涡格法进行分析，或者使用偶极子加点源的方式处理带厚度机翼。

这里选择雷诺数为 4.4×10^6，翼型为 NACA 0012，迎角为 16°，计算结果如图 6.44 所示。

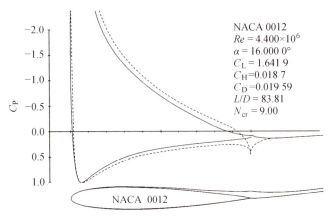

图 6.44　NACA 0012 翼型的压力分布计算结果

为了将 XFLR5 软件的二维计算结果应用到三维机翼上，进行翼身组合或稳定性分析，还可以使用软件的批量分析功能，通过"XFoil Direct Analysis"对翼型进行批量分析，构建一个计算结果矩阵供气动分析使用。例如，针对 NACA 64-210 翼型、雷诺数 $10 \times 10^4 \sim 600 \times 10^4$、迎角：$-4° \sim 16°$，批量计算得到的低速情况的气动力结果，如图 6.45 所示。

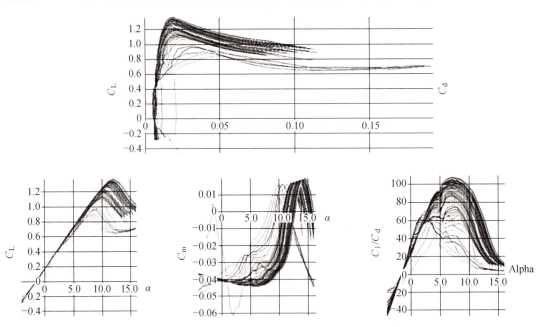

图 6.45　NACA 64-201 翼型的气动力批量分析结果

其中，从中单独给出雷诺数为 4.4×10^4 的计算结果如图 6.46 所示。

4. 其他数值分析案例

其他数值分析案例如图 6.47 ~ 图 6.50 所示。

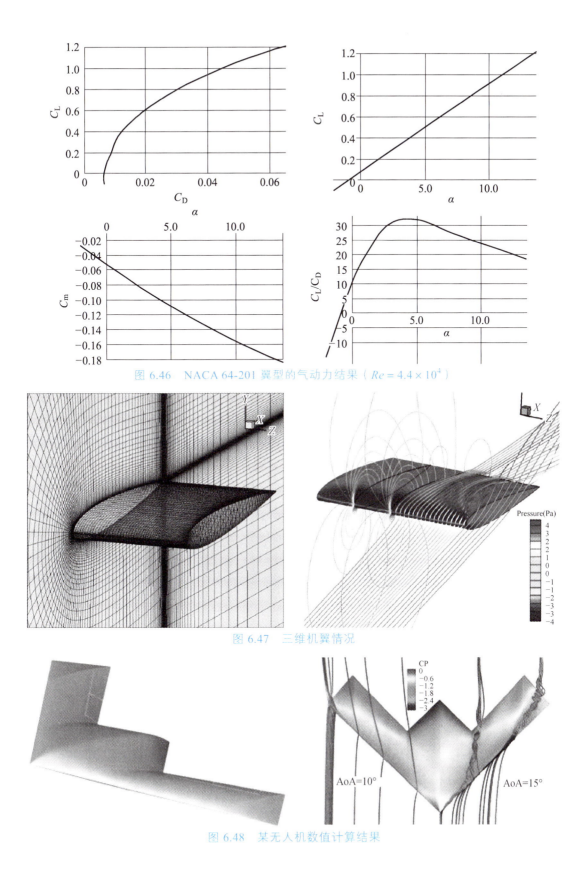

图 6.46　NACA 64-201 翼型的气动力结果（$Re = 4.4 \times 10^4$）

图 6.47　三维机翼情况

图 6.48　某无人机数值计算结果

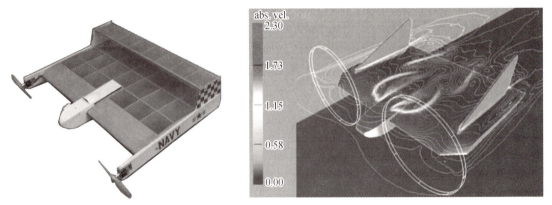

图 6.49　某电动无人机数值计算结果

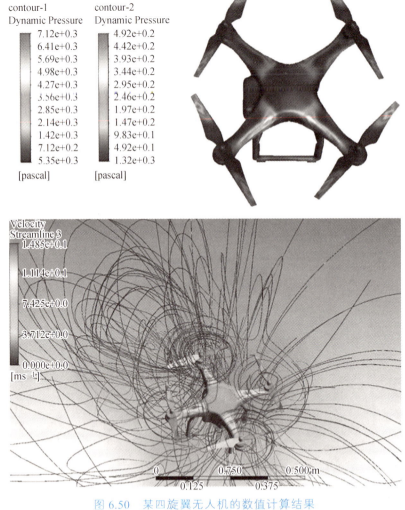

图 6.50　某四旋翼无人机的数值计算结果

以上列举了多种数值模拟计算方式。可以看出，升力面理论可以很好地应用到低速无人机上，很容易得到机翼升力分布，可以满足大多数气动问题分析的要求。但是，数值分析结果很容易误导设计人员，因为利用软件可以生成效果很好的曲线，但是与实际还有一定的误差。

例如，采用 XFOIL 软件和涡格法（SURFACE 程序）计算结果与实验结果的对比，如图 6.51 所示。由于涡格法（VLM）针对无黏条件进行气动力分析，不能预测气流分离现象，只在线性段可以很好地吻合，但是 VLM 运算速度快。而 XFOIL 软件计算结果中可以看出，失速特性较为缓和，对升力线斜率的计算误差较大。而且最大升力系数和临界迎角的预测偏大。如果设计人员使用此数据进行飞行器设计，会大大低估机翼的面积。

再如，图 6.52 给出求解 N-S 预测机翼失速的翼面流线（迎角为 18°），左侧机翼为结构网格，而右侧为非结构网格。可见，两侧机翼的流线有较大的差异。因此，若没有试验数据，难以判断哪一侧更接近实际情况。

NACA 4415, $R_e = 3\,000\,000$, $M_a = 0.15$, Source NACA R-824

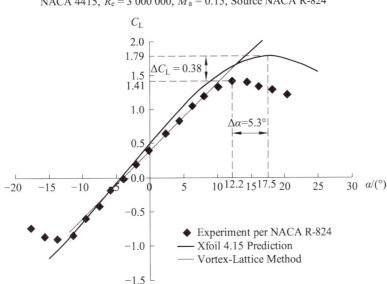

图 6.51　各种数值计算结果与实验结果的对比

图 6.52　结构网格与非结构网格的数值计算对比

所以，建议充分了解各种数值计算方法的优缺点和局限性，在保证可信度的前提下，合理使用数值计算结果。要将计算结果与试验数据对比验证，只有数值分析结果与风洞试验值相符合时，才能用于飞行器设计和运行分析。

从民航大国向民航强国迈进

民航强国的内涵很丰富，概括地讲，是指我国民航业综合实力位居世界前列，具体表现为民航业在国家经济社会发展中发挥战略作用，安全好，贡献大，运行品质高，具有很强的国际竞争力、影响力和创新能力。具体而言，包括要有国际竞争力的大型网络型航空公司，布局合理的机场网络体系，安全高效的空中交通管理体系，安全、高效、经济的技术服务保障体系，功能完善的通用航空体系。

建设民航强国，既是更好地服务国家发展战略、满足人民美好生活需求的客观需要，又是支撑交通强国建设的内在要求。12 月 10 日，民航局举行新闻发布会，发布《新时代民航强国建设行动纲要》（以下简称《纲要》），并对我国民航强国的建设蓝图进行了解读。

民航业发展成绩喜人

"改革开放以来，经过几代民航人的艰苦奋斗，我国民航发展在安全水平、行业规模、服务能力等方面取得了巨大成就，奠定了我国建设民航强国的坚实基础。"民航局发展计划司副司长包毅表示。

据统计，近年来我国运输航空百万小时重大事故和亿客公里死亡人数保持双"零"记录。截至目前，全行业累计实现连续安全飞行 99 个月，保持了 16 年零 7 个月的空防安全零责任事故记录，我国的民航安全保障走在了国际民航业前列。

"此外，自 2005 年我国成为全球第二大航空运输系统以来，我们与第一位的差距不断减小。截至目前，全行业共有航空运输公司 60 家、运输机场 234 个。"包毅介绍说，2017 年中国民航对世界民航增长贡献率超过 25%，对亚太民航增长贡献率超过 55%。

虽然发展成绩喜人，但是我国民航业仍面临着基础保障能力不足、资源环境约束增大、发展不平衡不充分现象突出等问题。如今，大众对出行的安全、高效、便捷、品质等方面的关注不断提高，对民航业服务提出了更高要求。"民航业是重要的战略产业，国家对民航业增强动力功能、更好地服务国家战略的要求进一步提高，这就要求民航发展不断丰富内涵和外延，承担起国家赋予的历史使命。"包毅说。

构建"空铁联运"服务体系

"改革开放 40 年来，中国民航总周转量持续保持年均 16.3% 的高速增长，远高于其他运输方式和国民经济增长速度。"民航局发展计划司副司长董法鑫介绍，2017 年，我国航线网络通达 60 个国家和地区，完成旅客运输量 5.52 亿人次、货邮运输量 705.8 万吨，较好地满足了民航市场的需求。

"但是，作为交通运输的重要组成部分，我国航空、高铁的'空铁联运'发展还略显稚嫩，没有充分利用我国交通运输行业的集成发展优势，实现'人享其行'的发展目标。"董法鑫说。

《纲要》指出，民航强国建设要以需求特征为导向，充分发挥航空、高铁的比较优势和集成发展优势，推进基础设施一体化、运输服务一体化、技术标准一体化、信息平台一体化，打造"无缝衔接、中转高效"的"空地联运"服务产品，构建具有中国特色的"航空+高铁"

的大容量、高效率、现代化的快速交通运输服务体系，为全球航空运输发展提供新实践、新理论、新方案。

"此外，我们还要紧密围绕人民群众的交通圈、工作圈和生活圈，提供全流程、多元化、个性化和高品质的航空服务产品新供给，着力打造'民航+'生态圈，以航班正常为核心，积极回应人民群众对航空服务质量的关切，提升旅客的出行品质。"董法鑫说。

实现"人便其行、货畅其流"

近年来，我国民航业的影响力、竞争力与日俱增。"中国是国际民航组织一类理事国，由中国政府提名的候选人成功连任国际民航组织秘书长；在国际市场上，中国航空企业竞争力也大幅提升，三大航空集团盈利能力进入全国前十。"民航局发展计划司副巡视员张清强调，这说明我国具备从"民航大国"向"民航强国"跨越的基础。

《纲要》要求，从 2021 年到 2035 年，实现从单一航空运输强国向多领域民航强国的跨越。我国民航综合实力大幅提升，形成全球领先的航空公司、辐射力强的国际航空枢纽、一流的航空服务体系、发达的通用航空体系、现代化空中交通管理体系、完备的安全保障体系和高效的民航治理体系。

到 21 世纪中叶，将实现由多领域的民航强国向全方位的民航强国的跨越，全面建成保障有力、人民满意、竞争力强的民航强国。民航的综合实力、国际竞争力、创新能力、治理能力和可持续发展能力领跑全球，形成辐射功能强大的现代民航产业，全方位参与新型国际民航治理体系建设。机场网、航线网和信息网深度融合发展，网络化、数字化、智能化民航全面实现"人便其行、货畅其流"。

"在发展过程中，我们要积极践行'发展为了人民'的理念，将绿色发展始终融入民航发展的全领域、全流程和全周期，深入推进民航信息化，打造智慧民航的运行、服务和管理体系。"张清说。

结语：民航强国是我国由大国走向强国的重要一步。为了实现这一梦想，青年一代必须付出巨大的努力。习近平总书记强调，青年是祖国的未来、民族的希望，也是我们党的未来和希望；青年工作抓住的是当下，传承的是根脉，面向的是未来，攸关党和国家前途命运。探索浩瀚宇宙，发展航空事业，建设航空强国，是我们不懈追求的航空梦。牢记习近平总书记嘱托，做敢于有梦、勇于追梦、勤于圆梦的新时代航空青年，进一步增强使命感、责任感、紧迫感，努力成大才、担大任，在建设航空强国新征程中贡献青春力量。

http://www.gov.cn/zhengce/2018-12/12/content_5347879.htm
訾谦.从民航大国向民航强国迈进.光明日报.2018.12.12

7 无人机操控气动力学

前面章节分析了固定翼无人机飞行时空气动力产生的原因及变化规律，这里重点分析无人机操纵空气动力学涉及的基本知识点。当无人机空中飞行时产生空气动力，如果这些力彼此之间没有取得平衡，那么无人机的运动状态就会发生改变。另外，由于作用于无人机上的各空气动力的作用线不通过无人机重心，就会形成绕无人机重心的力矩。所以，无人机飞行状态的变化是力和力矩作用的结果。

7.1 基本知识

7.1.1 无人机的平衡

在研究飞行力学时，可以将无人机作为一个刚体，所有运动都可以分解成随机体重心的移动与绕机体重心的转动。跟随重心的移动主要来源于作用在机体上的合外力，而绕重心的转动则取决于这些力对重心的力矩。

当无人机所受合外力为零时，无人机处于"作用力平衡"状态。当无人机合外力相对重心的力矩之和为零时，无人机则处于"力矩平衡"状态。"作用力平衡"和"力矩平衡"是飞机平衡的两个方面。

无人机的平衡是指作用于无人机上的所有合外力和合外力矩均为零，即作用于无人机的拉力（P）或推力（T）、阻力（D）、升力（L）、重力（W）之和为零，各力对重心所构成的力矩之和也为零。当作用力不平衡时，会产生加速度，从而改变机体重心的移动速度；当力矩不平衡时，则会产生角加速度，从而改变机体绕重心旋转的速度。这里只分析有关力矩平衡问题，分为俯仰（纵向）平衡、方向平衡和横侧平衡三类。

这里特别指出，为了使无尾布局无人机平衡，因为不能像常规布局无人机一样，通常要使机翼不产生无俯仰力矩。这种机翼一般是采用对称翼型，因为这种翼型除了失速外不会产生俯仰力矩，或采用具有后缘反弯度或称为"三次曲线"弯度线的翼型（图 7.1）。

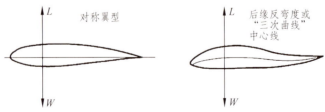

图 7.1 无尾布局无人机的机翼受力情况

为了进一步达到机体平衡，无尾布局无人机还可以通过后掠结合翼尖外洗可达平衡，如图7.2所示，这种布局有助于克服稳定性问题。

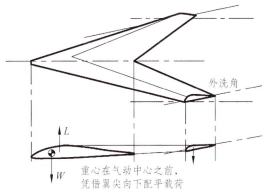

外洗角

L

W

重心在气动中心之前，
凭借翼尖向下配平载荷

图7.2　无尾布局无人机的平衡

7.1.2　无人机的稳定性

为了说明无人机运动稳定性的概念，先讨论处于物体的静稳定性问题。通过研究圆球的稳定性问题，来说明物体稳定性的概念和条件。

1. 静稳定性

假设圆球原本处于平衡状态，如图7.3所示，现在给它一个瞬时小扰动，使其偏离原平衡状态。最终会出现以下三种情况：

第一种情况，最左侧的小球，在扰动取消后，其在圆弧槽中经过若干次来回摆动，最后自动回到原来的平衡位置，这种情况称为稳定状态。

第二种情况，中间的小球，在扰动取消后，既不偏离原来平衡位置，也不自动恢复原有位置，而是在新的位置达到平衡，这种情况称为随遇稳定或中立稳定。

第三种情况，最右侧的小球，在扰动取消后，其会沿弧形坡道滚下，离原来的平衡位置越来越远，这种情况称为不稳定状态。

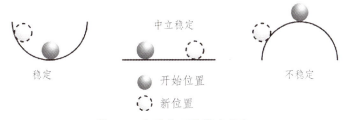

中立稳定

稳定　　　　　　　开始位置　　　　　　　不稳定

新位置

图7.3　小球的三种稳定状态

由上可见，物体静稳定性的判断标准，就是物体偏离其平衡的扰动作用停止后，物体能否自动恢复到原来的平衡位置。

物体在静止平衡状态的位置是否稳定，尚与扰动的大小，扰动作用的时间长短有密切关系。对于稳定平衡的物体，如果外界扰动很大，作用时间很长，也可以变为不稳定的。所以，在稳定性问题的讨论中，扰动是小扰动，作用时间是瞬时。

2. 无人机的静稳定性

为了进一步说明静稳定性概念，在研究无人机的稳定性和操纵性时，一般采用的是机体坐标系。机体坐标轴系规定无人机的重心作为坐标原点 O，Ox_t 轴在无人机的对称面与翼弦平行，称为无人机的纵轴，以指向机头为正。Oy_t 轴在无人机的对称面内，垂直于 Ox_t 称为立轴，以指向无人机正上方为正。Oz_t 垂直于飞机对称平面 Ox_ty_t，指向右翼为正，称为无人机的横轴，如图 7.4 所示。

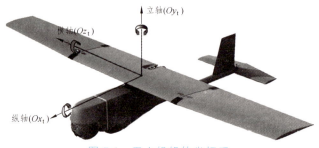

图 7.4　无人机机体坐标系

无人机在空间有三个转动自由度，即绕 Ox_t、Oy_t 和 Oz_t 三轴的转动。把一架模型无人机装在风洞实验段中。将通过无人机重心 CG 的横轴 Oz_t 固定起来。无人机能绕此轴旋转，即只有一个自由度。利用力矩天平可测得不同迎角 α 时绕无人机重心的气动力矩 M_z，从而获得如图 7.5 所示力矩曲线，图中规定上仰力矩为正，下俯为负。

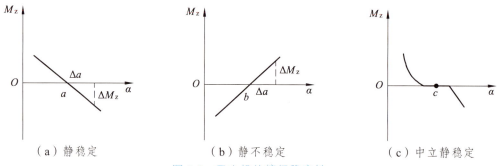

（a）静稳定　　　　　　　（b）静不稳定　　　　　　（c）中立静稳定

图 7.5　无人机的俯仰稳定性

当迎角分别等于图 7.5 中 a、b、c 值时，作用在整个模型无人机上的力矩等于零，即 $M_z = 0$，这时模型处于平衡状态。如果我们把迎角增大 $\Delta\alpha$，使无人机抬头，则可能出现三种情况：

第一种情况是如图 7.5（a）所示的力矩曲线，所产生的不平衡力矩 ΔM_z 为负值。此力矩会使无人机低头，也就是说 ΔM_z 有使无人机恢复到原来迎角的趋势。图中 a 点为力矩平衡点，代表无人机必须由正迎角产生正升力，同时对应的零升力矩系数为正值，即 $C_{M0} > 0$，说明这种平衡状态是静稳定的。

第二种情况如图 7.5（b）所示，$\Delta\alpha$ 所产生的 ΔM_z 为正值。即产生使无人机抬头的力矩，这将使得无人机的迎角继续增大，因此平衡状态 b 是不稳定的。

第三种情况如图 7.5（c），在平衡点附近，力矩曲线与横轴重合。即迎角稍有变化时不产生力矩变化，无人机可在新的迎角下仍保持 $M_z = 0$，故 c 点平衡状态是中立静稳定的。

可见，上述无人机具有静稳定性的条件是经过无人机平衡点（$M_z = 0$）上的 $M_z = f(\alpha)$ 曲线的斜率为负值，即 $\dfrac{\partial M_z}{\partial \alpha} < 0$。

一般，常规布局的固定翼无人机通过两种方式实现静稳定性的要求，即保证所谓的静稳定条件。例如，为了保证无人机的俯仰稳定性。第一种方式是布置尾翼，如利用水平尾翼产生抬头的零升力矩，以配平机翼产生的低头力矩（尾翼的安装角为负值时一般可以产生正的零升力矩）。第二种方式是让无人机的重心位于焦点之前，此时可以让力矩的气动导数为负值，即力矩系数斜率为负，如图 7.5（a）所示。

进一步理解，无人机设计和安装时需要准确配载，以获得合适的重心位置，因为重心位置对无人机稳定有很大影响。这里分为 4 种情况进行分析：

第一种情况，如果具有正稳定性的无人机，升力产生的低头力矩（稳定力矩）与平尾产生的抬头力矩平衡，如图 7.6（a）所示。说明机体重量分配合适，重心位置合理，符合平衡要求。

第二种情况，如果机体重心后移，这会引起升力产生的稳定力矩减小，无人机的稳定性减弱，如图 7.6（b）所示。由于升力减小，气流的下洗减弱，流经平尾的气流产生的气动力也减小，导致抬头力矩减小，虽然也符合平衡要求，但是，无人机稳定性比第一种情况弱。

第三种情况，如果机体重心后移到压力中心位置，升力产生不了低头力矩，如图 7.6（c）所示。无人机受到扰动后，在气动阻力产生的额外力矩会与平尾产生的力矩重新达到平衡状态，类似图 7.3 中小球在平面上。此时，无人机处在中立稳定状态。

可以看出，当无人机的重心后移到某个位置，无人机处在中立稳定状态，此时，当迎角增加机翼升力对重心力矩和尾翼升力对重心力矩相等时，重心位置对应全机的焦点，这个位置又称为中性点（Neutral Point，NP）。如果以中性点 NP 作为参考点的俯仰力矩与迎角无关，而仅与无人机外形有关。也可以说，中性点是无人机静稳定度的临界点，即为重心 CG 的后限，重心在该点之前为静稳定，在后无人机则为静不稳定。

第四种情况，如果机体重心再继续后移到压力中心后侧，此时升力不但不会产生低头力矩，反而产生抬头力矩，同时水平尾翼也产生让机头上仰的气动力矩，此时无人机受到扰动之后，没有立即让机体恢复到原来平衡状态，则无人机为不稳定状态，如图 7.6（d）所示。

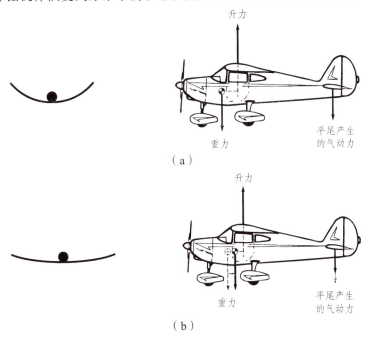

（a）

（b）

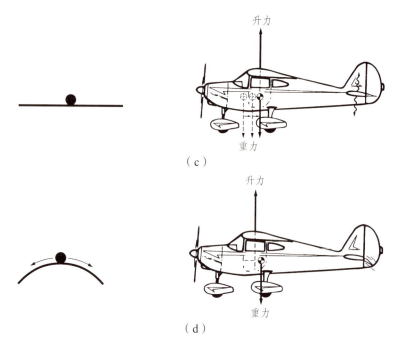

（c）

（d）

图 7.6　无人机的三种平衡状态

静稳定性虽然只表示无人机受扰动后运动的最初趋势，但它对无人机的平衡性、稳定性、操纵性都有重大影响，是无人机设计的重要参数之一。

3. 无人机的动稳定性

无人机动稳定性指的是无人机受到外界干扰作用时，当干扰停止后，无人机的扰动运动能否自动恢复到基本运动状态的特性，也指无人机自动地保持原先飞行状态的能力。

假定无人机原先的基本运动处于平衡状态，当无人机受到外界的瞬时干扰后，无人机的平衡被破坏，进入扰动运动（干扰停止后偏离基本运动不大的小扰动运动）。在干扰停止后，无人机自主回复到原来的状态，则称为未扰前的运动状态是稳定的，否则为不稳定或中立稳定。

根据运动参数偏离随时间变化的情况。扰动运动大致有两种方式：指数方式和振动方式。每种方式都可以有三种稳定情况，如图 7.7 所示。

研究无人机受扰后运动的整个过程的情况，称为动稳定性问题。不讨论运动的全过程，只注意当外界干扰作用停止后，最初瞬时无人机在某一自由度范围内是否具有恢复到原来飞行状态的趋势，这类问题叫作静稳定性问题。

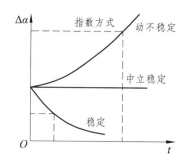

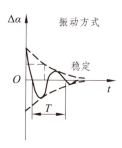

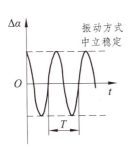
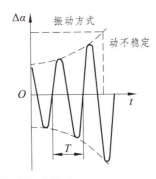

图 7.7　指数方式和振动方式扰动

无人机的静稳定性只表示无人机某一个运动自由度受扰动（离开平衡状态）后的最初瞬间有无恢复至原先飞行状态的趋势，并不讨论无人机最后能否回到原先的飞行状态。而动稳定性是研究无人机受扰动质运动的全部过程。这是静稳定性与动稳定性在概念上的区别。

具有稳定性的系统前提是系统是平衡的，包括两个方面：静稳定性和动稳定性。静稳定性是指系统受扰后出现稳定力矩，具有回到原平衡状态的趋势。静稳定性是研究物体受扰后的最初响应问题。动稳定性是指系统受扰运动过程中出现阻尼力矩，最终使物体回到原平衡状态。动稳定性是研究物体受扰运动的时间响应历程问题。系统是动稳定的一定是静稳定的，但系统是静稳定的并不代表系统是动稳定的。

当系统偏离平衡状态时，如果能有一个力或力矩使系统回到平衡状态，那么这个系统就具有静稳定性，那个让系统回到平衡状态的力或力矩就叫作稳定力或稳定力矩；而当一个系统不仅可以回到平衡状态，并且可以逐渐消除绕平衡状态的震荡最终停下时，系统就具有动稳定性，而让系统的震荡消除最终停下的力或力矩就叫作阻尼力或阻尼力矩。

总而言之，动稳定性系统要具备稳定力矩和阻尼力矩。稳定力矩和阻尼力矩是飞机具有稳定性的两个必要条件。

7.1.3　无人机的操纵性

要使无人机从一个运动状态变到另一个运动状态，或者保持某一特定的平衡状态飞行，需要进行操纵，改变无人机飞行状态的能力称为无人机的操纵性。

稳定性是无人机保持给定飞行状态的能力，而操纵性则是改变这种状态的能力，因此无人机的稳定性和操纵性在一定意义上是有矛盾的。对一架稳定度过高的无人机来说，为了改变飞行状态，必须加大操纵舵面的偏转，而舵面的偏转度是有限制的，因此也限制了无人机的操纵范围。但过分降低无人机的稳定性，使无人机的操纵变得敏感且复杂，也使操纵性变坏。

可见，操纵性的好坏与无人机的稳定性很有关系，因此要考虑到对无人机的操纵性要求，使无人机具有合适的稳定度。

按运动方向的不同，将无人机的操纵性分为无人机的俯仰操纵性、方向操纵性和横侧操纵性。操纵性包括无人机的静操纵性和无人机的动操纵性。无人机的静操纵性分析无人机从一个平衡状态到另一个新的平衡状态时所需舵偏角（杆位移）或杆力；而无人机的动操纵性分析飞机从一个飞行状态到另一个飞行状态的过渡过程的操纵问题(反应快慢、时间长短等)。

7.1.4　无人机的运动状态

采用上述的机体轴系，可以把无人机的运动分解为 3 个移动和 3 个转动，共 6 个自由度，分别为：① 沿 Ox_t 方向的移动；② 沿 Oy_t 方向的移动；③ 沿 Oz_t 方向的移动；④ 绕 Ox_t 轴的转动（又称滚转）；⑤ 绕 Oy_t 轴的转动（对称偏航）；⑥ 绕 Oz_t 轴的转动（又称俯仰）。

通常将无人机做①、②、⑥三种运动中的一种以上的运动，称为无人机的纵向运动（对称平面的运动）。将无人机作③、④、⑤三种运动中的一种以上的运动者称为横侧运动（非对称运动）。无人机的一般运动是由纵向运动和横侧运动组合而成的。当无人机没有侧滑和倾斜时，即无人机的对称面与无人机平面重合，且又在铅垂面内，无人机只有纵向运动。横侧运动与纵向运动的差别在于横侧运动只能与纵向运动同时存在。

飞行中有横侧运动时，如果横侧运动参数不大，具有对称面的无人机在给定纵向运动参数情况下，它的横侧运动参数对纵向气动力和力矩影响可忽略不计，这时可以单独研究横侧运动。

在讨论无人机的扰动运动时，限于无人机的基本运动为纵向（对称）定常直线运动，扰动为小扰动的情况下，无人机的扰动运动可以分为互不相关的纵向扰动运动和横侧扰动运动，则无人机的稳定性（和操纵性）问题通常可分为纵向运动和横侧运动单独进行研究。

7.2　无人机的俯仰操稳性

7.2.1　各部件的纵向力矩和静稳定性

为了研究无人机的平衡、静稳定性问题，首先必须研究和确定作用在无人机上的力矩和各种参数对它的影响。初步分析时，可以认为，纵向定直飞行中，作用在无人机上的力矩是由各个部件（机翼、机身、尾翼等）的力矩线性叠加而得。下面就分别讨论各个部件的力矩。

1. 机翼的纵向力矩

（1）矩形机翼的纵向力矩。

如果略去阻力对重心的俯仰力矩，则翼型对无人机重心（本节讨论的情况是重心布置在机翼焦点的后面）的俯仰力矩，根据图 7.8 可得

$$M_z = M_{z0} + (x_G - x_F)\ Y \tag{7.1}$$

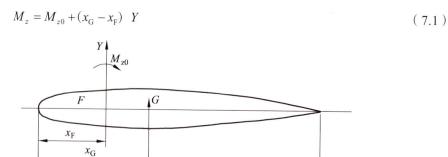

图 7.8　翼型中心与焦点位置示意图

对于大展弦比的矩形机翼，略去翼尖效应，则其力矩表达式与翼型相似，则上式可表示为

$$M_{z翼} = M_{z0翼} + (x_G - x_F)Y_翼 \tag{7.2}$$

将式（7.2）两端除以 $\frac{1}{2}\rho v^2 Sb$，得出机翼纵向力矩系数的表达式

$$m_{z翼} = \frac{M_{z翼}}{\frac{1}{2}\rho v^2 Sb} = m_{z0翼} + (\overline{x}_G - \overline{x}_F)C_{y翼} \tag{7.3}$$

其中，$m_{z0翼} = \dfrac{M_{z0翼}}{\frac{1}{2}\rho v^2 Sb}$，$\overline{x}_G = \dfrac{x_G}{b}$，$\overline{x}_F = \dfrac{x_F}{b}$。

（2）任意平面形状机翼的纵向力矩。

确定任意机翼的力矩可简化为确定当量矩形机翼的力矩，而后者可按式（7.3）计算。

$$m_{z翼} = m_{z0翼} + \left(\frac{x_G}{MAC} - \frac{x_F}{MAC}\right)C_y = m_{z0翼} + (\overline{x}_G - \overline{x}_F)C_y \tag{7.4}$$

式中 $m_{z0翼}$，$\overline{x}_F$——当量矩形机翼的零升力力矩系数和相对焦点位置。

将式（7.4）写成

$$m_{z翼} = m_{z0翼} + \frac{\partial m_{z翼}}{\partial C_y}C_y \tag{7.5}$$

其中，$\dfrac{\partial m_{z翼}}{\partial C_y}$ 称为机翼的纵向静稳定度，即

$$m_{a翼}^{C_y} = \frac{\partial m_{z翼}}{\partial C_y} = (\overline{x}_G - \overline{x}_F) \tag{7.6}$$

由于无人机重心布置在机翼焦点之后，所以 $m_{a翼}^{C_y} = (\overline{x}_G - \overline{x}_F) > 0$，由此可知，单独机翼是起静不稳定作用的。

2. 机身翼身组合体的纵向力矩

现代无人机的机身接近于细长旋成体，在它以较小的迎角在气流中运动时，引起的气动力不大，其作用点靠近机身的头部，产生一部分力矩。另外，当机翼与机身组合在一起时，由于两者之间的相互干扰，会产生一部分力矩。

$$M_{z翼-身} = M_{z0翼-身} + (x_G - x_{F翼-身})Y \tag{7.7}$$

或

$$m_{z翼-身} = m_{z0翼-身} + (x_G - x_{F翼-身})C_y \tag{7.8}$$

其中，$m_{z0翼-身} = m_{z0翼} + \Delta m_{z0身}$，$\overline{x}_{F翼-身} = \overline{x}_{F翼} - \Delta\overline{x}_身$，$m_{z0翼-身}$ 又称无尾无人机的零升力力矩系数，$\overline{x}_{F翼-身}$ 又称无尾无人机的焦点。

由于机身焦点靠近头部，致使组合体的升力增量作用点，即组合体的焦点前移了一个 $\Delta \bar{x}_{\text{F身}}$，如图 7.9 所示。一般情况下，机身头部愈长，则 $\Delta \bar{x}_{\text{F身}}$ 愈大。对于现代无人机，$\Delta \bar{x}_{\text{F身}}$ 可达（5% ~ 8%）MAC。$\Delta m_{z0\text{翼}}$ 一般情况下为负值，取决于机翼的安装角 $\varphi_{\text{翼}}$ 和机翼零升力迎角。$\Delta \bar{x}_{\text{F身}}$ 和 $\Delta m_{z0\text{翼}}$ 的具体数值可根据机身外形、机身和机翼相对位置查有关资料。

由式（7.8）可知

$$m_{z\text{翼·身}}^{C_y} = \frac{\partial m_{z\text{翼·身}}}{\partial C_{y\text{翼·身}}} = \bar{x}_{\text{G}} - \bar{x}_{\text{F翼·身}} \tag{7.9}$$

无人机在低速飞行时，焦点位置与迎角无关，从（7.9）式可知，当无人机重心的位置确定以后，$m_{z\text{翼·身}}^{C_y}$ 就不随迎角（或 C_y）而变化。表明翼身组合体即无尾无人机的力矩系数与 $C'_{y\text{翼·身}}$ 成线性关系，如图 7.10 所示。因为无尾无人机的重心在焦点之后，所以是起静不稳定作用的。

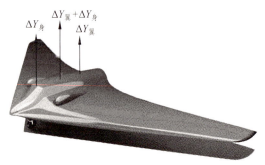

图 7.9　翼身融合体的焦点位置示意图

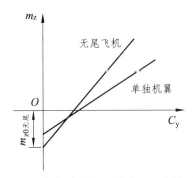

图 7.10　翼身组合力矩系数与 C_y 的关系曲线

从图 7.11 可以看出，机翼或翼身组合体的纵向静不稳定的，而具有平尾的整机是纵向静稳定的，所以，水平尾翼对保证全机纵向静稳定及可配平性起着重要作用。

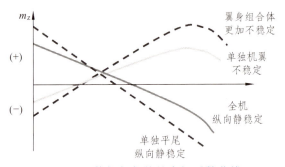

图 7.11　整机与部件的力矩系数曲线

3. 水平尾翼的纵向力矩

正常式无人机的水平尾翼放在机翼之后，处在翼身洗流及速度阻滞区域内，流场较为复杂。水平尾翼所采用的翼型通常都是对称的，因此，压力中心和焦点重合。作用在平尾上的升力 $Y_{\text{平尾}}$ 和阻力 $X_{\text{平尾}}$ 位于翼型的焦点上，而绕焦点的 $\Delta m_{z0\text{平尾}}$ 为零，如图 7.12 所示。

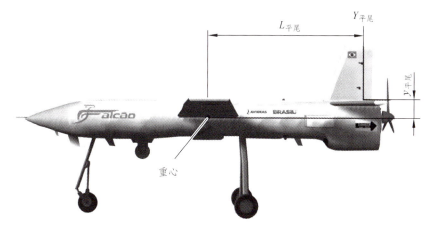

图 7.12　无人机平尾焦点示意图

设由平尾焦点至无人机重心的水平和垂直距离分别为 $L_{平尾}$ 和 $y_{平尾}$，则平尾绕重心的纵向力矩为

$$M_{z平尾} = -Y_{平尾}L_{平尾} + X_{平尾}y_{平尾} \tag{7.10}$$

但，一般 $X_{平尾} \ll Y_{平尾}$ 而 $Y_{平尾} \ll L_{平尾}$，故在初步计算时可近似认为

$$M_{z平尾} = -Y_{平尾}L_{平尾} \tag{7.11}$$

平尾升力可以表示为

$$Y_{平尾} = C_{y平尾}q_{平尾}S_{平尾} \tag{7.12}$$

式中　$C_{y平尾}$，$S_{平尾}$——平尾的升力系数与平尾面积；

$q_{平尾}$——平尾处的动压，$q_{平尾} = \dfrac{1}{2}\rho v_{平尾}^2$，因为前方来流经过机翼的阻滞作用（黏性及激波阻滞等），流到平尾时 $q_{平尾}$ 要略低于 $q_{机翼}$，$q_{平尾} = kq_{机翼}$，k 称为速度阻滞系数。

$C_{y平尾}$ 可表示为

$$C_{y平尾} = a_{平尾}(\alpha_{平尾} + n\delta_{舵}) \tag{7.13}$$

式中　$\alpha_{平尾}$——平尾的实际迎角；

$\delta_{舵}$——升降舵偏度；

n——系数，称为"升降舵效率"，可以用实验估算或理论方法确定，如 $n = 0.4$，表示升降舵下偏 1°所增加的平尾升力相当于平尾实际迎角增加 0.4°时所增加的平尾升力；

$a_{平尾}$——平尾升力系数的斜率。

将式（7.13）代入式（7.12），得

$$Y_{平尾} = a_{平尾}(\alpha_{平尾} + n\delta_{舵})q_{平尾}S_{平尾} \tag{7.14}$$

将式（7.14）代入式（7.11）

$$M_{z平尾} = -a_{平尾}(\alpha_{平尾} + n\delta_{舵})q_{平尾}S_{平尾}L_{平尾} \tag{7.15}$$

初步计算中，可假定 $L_{平尾}$ 为由无人机重心至升降舵铰链轴之间的距离，是一常值。平尾力矩系数为

$$m_{z平尾} = \frac{M_{z平尾}}{qS \cdot MAC} = -kAa_{平尾}(\alpha_{平尾} + n\delta_{舵}) \qquad (7.16)$$

式中　$A = S_{平尾}L_{平尾}/(S \cdot MAC)$——平尾对重心的静矩系数，$MAC$ 是机翼的平均空气动力弦。

平尾的迎角 $\alpha_{平尾}$ 一般和机翼的迎角 α 不相等。按照图 7.13，$\alpha_{平尾}$ 可表示为

$$\alpha_{平尾} = \alpha + \varphi - \varepsilon \qquad (7.17)$$

式中　φ——平尾翼弦相对于机翼翼弦的安装角；

ε——平尾处的气流平均下洗角。

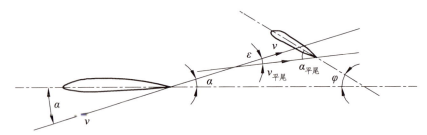

图 7.13　平尾的迎角 $\alpha_{平尾}$ 一般和机翼的迎角 α 关系

平尾处气流的下洗，主要是由于机翼涡系，尤其是机翼的自由涡所产生的，而机翼涡系的强度是和机翼的升力系数成正比的。用 $\varepsilon_{机翼}$ 表示机翼对平尾的下洗角，近似认为和 C_y 成正比，即

$$\varepsilon_{机翼} = DC_y \qquad (7.18)$$

式中，D 是一比例系数，它和平尾与机翼间的水平距离、高低位置、机翼平面形状及飞行马赫数等有关。此外机身对平尾下洗也有一定影响，用 $\varepsilon_{机身}$ 表示机身的下洗角，因数值较小，近似当作常数，因此

$$\varepsilon = \varepsilon_{机翼} + \varepsilon_{机身} = DC_y + \varepsilon_{机身} \qquad (7.19)$$

将上式及 $\alpha = \alpha_0 + \dfrac{C_y}{a}$ 代入式（7.17）中，得

$$\alpha_{平尾} = \alpha_0 + \varphi - \varepsilon_{机身} + \left(\frac{1}{a} - D\right)C_y \qquad (7.20)$$

将（7.20）代入式（7.16）中

$$m_{z平尾} = -kAa_{平尾}(\alpha_0 + \varphi - \varepsilon_{机身} + n\delta_{舵}) - kAa_{平尾}\left(\frac{1}{a} - D\right)C_y \qquad (7.21)$$

把式（7.21）写成如下形式，即

$$m_{z平尾} = m_{z0平尾} + m_{z平尾}^{C_y}C_y \qquad (7.22)$$

$$m_{z0\text{平尾}} = -kAa_{\text{平尾}}(\alpha_0 + \varphi - \varepsilon_{\text{身}} + n\delta_{\text{舵}}) \qquad (7.23)$$

$$m_{z\text{平尾}}^{C_y} = -kAa_{\text{平尾}}\left(\frac{1}{a} - D\right) \qquad (7.24)$$

在一定马赫数时，$m_z^{C_y}$ 是一个常数，因为 $\frac{1}{a} = \partial\alpha / \partial C_y$，表示产生单位 C_y 所需的迎角；

$D = \partial\varepsilon / \partial C_y$ 表示单位 C_y 引起平尾处的下洗角。显然 $\frac{1}{a} > D$，所以 $m_{z\text{平尾}}^{C_y} < 0$。可见 $m_z = f(C_y)$ 曲线为一直线，且斜率是负的。说明平尾是起静稳定作用的。当平尾装在翼身组合体之后，翼身组合体和平尾组成的无人机焦点将后移一段距离，该距离的大小将决定无人机是否具有静稳定性。可见平尾对无人机的焦点后移到重心之后起了决定性作用，从而保证无人机具有静稳定性。

当平尾的升降舵向下偏动时，平尾升力增加，产生下俯力矩，故曲线向左下方平移；当升降舵向上偏动时，平尾升力减少产生上仰力矩，曲线向上方平移。

规定升降舵下偏，$\delta_{\text{舵}}$ 为正；升降舵上偏，$\delta_{\text{舵}}$ 为负，如图 7.14 所示。

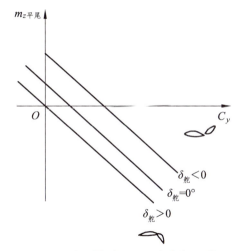

图 7.14　平尾升降舵对平尾纵向力矩系数的影响

4. 全机的纵向力矩即静稳定度

在纵向定常直线飞行时，整个无人机绕重心的纵向力矩系数为

$$m_z = m_{z\text{翼}-\text{身}} + m_{z\text{平尾}} \qquad (7.25)$$

根据式（7.8）及式（7.21），无人机纵向力矩系数为

$$m_z = m_{z0\text{翼}-\text{身}} - kAa_{\text{平尾}}(\alpha_0 + \varphi - \varepsilon_{\text{身}} + n\delta_{\text{舵}}) + \left[x_G - x_{F\text{翼}-\text{身}} - kAa_{\text{平尾}}\left(\frac{1}{a} - D\right)\right]C_y \qquad (7.26)$$

或写成

$$m_z = m_{z0} + (\bar{x}_G - \bar{x}_F)C_y \qquad (7.27)$$

式中，m_{z0} 为全机零升力力矩系数，表达式为

$$m_{z0} = m_{z0翼-身} + m_{z0平尾} = m_{z0翼-身} - kAa_{平尾}(\alpha_0 + \varphi - \varepsilon_身 + n\delta_舵) \qquad (7.28)$$

以及，$\bar{x}_F$ 为全机焦点的相对位置，它和机翼焦点的概念相似，即绕全机焦点的无人机纵向力矩系数与 C_y 无关，等于一个常数力矩系数 m_{z0}。

$$\bar{x}_F = \bar{x}_{F翼-身} + kAa_{平尾}\left(\frac{1}{a} - D\right) \qquad (7.29)$$

因此，全机的静稳定度为

$$m_z^{C_y} = \frac{\partial m_z}{\partial C_y} = \bar{x}_G - \bar{x}_{F翼-身} - kAa_{平尾}\left(\frac{1}{a} - D\right) = \bar{x}_G - \bar{x}_F \qquad (7.30)$$

无人机的静稳定度就是全机重心与全机焦点的距离与 MAC 的比值。有些资料将其写成：

$$SM = \bar{x}_G - \bar{x}_F = \frac{x_G - x_F}{MAC}$$

正的静稳定度代表全机稳定。稳定度越大，无人机越稳定。在无人机设计阶段，一般是根据 NP 和需要的 SM，利用上面的公式求出重心位置 CG。

前已指出，m_{z0} 一般为负值，如果在 $\delta_舵 = 0$ 情况下适当选择平尾安装角 φ 以使 $-kAa_{平尾}(\alpha_0 + \varphi - \varepsilon_身 + n\delta_舵)$ 成正值，且其绝对值大于 $|m_{z0翼-身}|$，则全机零升力力矩系数 m_{z0} 将变为正值，这是无人机设计中所要求的。否则（m_{z0} 为负值）在升降舵处在中立位置时，不可能在力矩曲线上获得正迎角范围平衡点，也就是说不能获得无人机的平衡飞行状态，而这是不允许的。这就是平尾的第一个作用——改变无人机零升力矩系数的大小，使无人机在正迎角范围内获得平衡飞行状态。

如果焦点后移到无人机重心之后，则全机便具有纵向静稳定性。而平尾起到了使翼身组合体焦点后移的作用，这是平尾的第二个作用。因此，全机焦点和无人机重心的相对位置，常用以判别无人机是否具有静稳定性；

当无人机焦点位于重心之后 $\bar{x}_F > \bar{x}_G$，即 $m_z^{C_y} < 0$，无人机静稳定。

当无人机焦点位于重心之前 $\bar{x}_F < \bar{x}_G$，即 $m_z^{C_y} > 0$，无人机静不稳定。

当无人机焦点位于重心处 $\bar{x}_F = \bar{x}_G$，即 $m_z^{C_y} = 0$，人机中立稳定。

无人机静稳定度或静不稳定度的大小由无人机焦点和重心之间距离决定。要求无人机为静稳定的，则无人机焦点应位于重心之后，且保持一定的距离，这可以通过调整结构参数 $S_{平尾}$ 和 $L_{平尾}$ 办到。

$m_z^{C_y}{}_{平尾} = -kAa_{平尾}\left(\frac{1}{a} - D\right)$，因为 $\frac{1}{a}$ 经常大于 D，故 $m_z^{C_y}{}_{平尾} < 0$，$S_{平尾}$ 和 $L_{平尾}$ 大小就影响 $|m_z^{C_y}{}_{平尾}|$ 的大小。

全机纵向力矩系数曲线如图 7.15 所示，它由 $m_{z翼-身}$ 和 $m_{z平尾}$ 两条曲线相加而得。由图可见 $m_{z0} > 0$，曲线斜率为负。如果改变 $\delta_舵$，则由于 $\delta_舵$ 在式（7.26）中的作用，将使曲线作平行移动，而斜率不变。但此时平衡点的位置改变了，

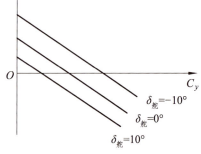

图 7.15　全机纵向力矩系数曲线

即无人机的平衡状态随 $\delta_{舵}$ 的改变而改变。我们已规定，舵面后缘下偏为正，上偏为负。因此平尾的第三个作用是通过偏转舵面，使无人机在不同 C_y（迎角）下，取得力矩平衡 $m_z = 0$。

由式（7.26），取 m_z 对 $\delta_{舵}$ 的偏导数，则得

$$m_z^{\delta_{舵}} = \frac{\partial m_Z}{\partial \delta_{舵}} = -kAna_{平尾} \qquad (7.31)$$

式中　$m_z^{\delta_{舵}}$——升降能操纵效率，表示升降舵改变 1° 时纵向力矩系数的改变量。

在整机稳定性和操纵性分析中，还会用到尾容量这个概念，尾容量的公式为

$$V_{\mathrm{T}} = \frac{S_{平尾}L_{平尾}}{S \cdot MAC} \qquad (7.32)$$

此式与上面提及的参数 A，此时 $V_{\mathrm{T}} = A$。通过增加尾力臂或尾翼面积，可以增加尾容量，此时整机的静稳定性就会得到提高。合适的尾容量是无人机静稳定性的充分条件。再者，机翼的俯仰力矩系数正比于尾翼面积和尾翼力臂，反比于机翼面积和平均空气动力弦。所以，尾容量是表征平尾平衡机翼的俯仰力矩的能力。

7.2.2　纵向静稳定性的影响因素

影响纵向静稳定性的因素主要有飞机的重心和飞行状态变化等方面。飞机内部装载的变化如乘员的移动和燃油的消耗，主要表现为重心位置的变化。飞行状态变化主要受高度、速度等影响。

1. 重心位置

当马赫数不变而飞机重心前移时，重心与飞机焦点之间的距离加大。这意味着当迎角增加时，作用于焦点的升力增量对重心的力臂加大，因而消除迎角增加的下俯力矩增大，即纵向静稳定度增加，力矩曲线斜率亦增大（图 7.16）。相反，若重心后移，则重心与焦点的距离减小，纵向静稳定度和力矩曲线斜率亦都减小，力矩曲线上平衡点的位置亦随之改变。

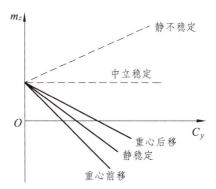

图 7.16　重心改变对无人机纵向俯仰力矩的影响

飞机重心与飞机焦点重合的位置，称为中立重心位置，即中性点。实际飞行中，纵向静稳定度不能等于零。为了保证静稳定性，飞机重心位置应该在中立点（即全机焦点位置）之前，并留有一定距离。飞机中性点成为重心后移的限制位置之一。

机体重心相对中性点的距离可以用稳定裕度表示，单位为平均气动弦长百分比（%MAC）。为了保证无人机的安全性，无人机需要保持一定的纵向静稳定性，因此重心的范围将被限制在中性点之前的某个位置，该位置称为重心后限。重心后限对应的裕度称为最小静稳定裕度。全机重心前限由最小操纵性约束决定，因为升降舵最大偏角产生的额外操纵力矩满足不了由于重心前移产生的低头力矩，但是升降舵偏角不影响无人机的静稳定性。

2. 飞行高度

（1）不考虑空气压缩性。

给定无人机外形、重量（W）、舵偏角（$\delta_{舵}$），对无人机重心的俯仰力矩曲线 m_z-C_y 和升降舵偏角转平衡曲线 $\delta_{舵}$-C_y 不会随高度（H）的变化而变化（图7.17）。但是，对于同一个平衡点如"b"点，在不同 H 下对应的平飞速度 v_∞ 却不相同。当 $H_2>H_1$，则平飞速度 $v_b'>v_b$，如果仍想在 H 高度上以 v_b 平飞，因空气密度 ρ 下降，无人机必须用较大迎角才能保持平飞。如图7.17（c）所示，在同一重量（W）下，巡航高度 H 增加，该无人机的升降舵偏转角平衡曲线 $\delta_{舵}$-C_y 将向右下方移动。

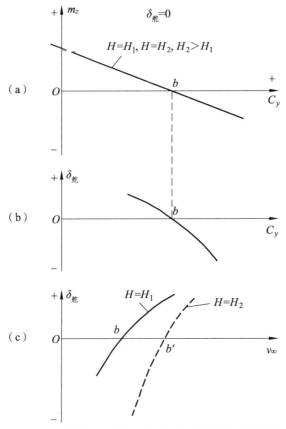

图 7.17　不计空气压缩性飞行高度对纵向稳定性的影响

（2）考虑空气压缩性。

以同一空速在不同高度上平飞，飞行马赫数是变化的，H 增加，Ma_∞ 增大。这时，不仅飞机的零升力矩系数 M_{z0} 会变化，而且飞机的空气动力中心位置 x_{ac} 也会变化（图7.18）。

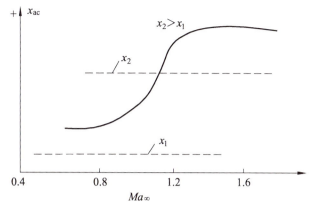

图 7.18 无人机的空气动力中心位置随飞行高度变化曲线

由于飞行马赫数变化范围较大，无人机的操控性将变坏（图 7.19）。不考虑空气压缩性影响时，平衡曲线如图中虚线所示，在平衡曲线 Ⅰ ~ Ⅱ 段飞行时，操纵是不符合操作人员生理习惯的。当飞行速度 $v_{临}$ 增至 v_A 时，速度增加，为了保证升力等于重力，则 C_y 要减少，即 α 要减少，舵面偏角 δ_E 下偏为 δ_D，这是符合操作人员的生理习惯的。在考虑空气压缩性影响后，如图中实线所示，速度由 $v_{临}$ 增至 v_A，舵面偏角不是下偏，而是由 δ_I 上偏至 δ_A。这显然是不符合操作人员生理习惯的，所以 Ⅰ ~ Ⅱ 段，称为不正常操纵区。另外我们还可以看到在 Ⅰ ~ Ⅱ 段，还会出现"自动俯冲"现象。如无人机原在 $v_{临}$ 处飞行，由于偶然的原因使飞机加速到 v_A，由图可知，在 A 点处飞行时，只需用下偏 δ_A 就可平衡力矩，而此时舵的实际位置在 δ_I，此多余的下偏量将形成使飞机低头的力矩。如果此多余的下偏量数值较大（曲线"勺形"的深度很大），可能导致飞机进入俯冲而失事。这就是早期高速飞机出现的"自动俯冲"现象。

为了减小不正常操纵区的宽度和"勺形"的深度，从根本上说，应减少跨音速区 m_{z0}、$\overline{x}_F$、$m_z^{\delta_舵}$ 随马赫数的变化，为此可以采取减小剖面的弯度和相对厚度等措施。

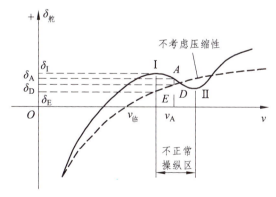

图 7.19 无人机不同飞行速度下舵偏角的变化曲线

7.2.3 纵向动稳定性

前面讨论了无人机的纵向静稳定性，无人机具有纵向静稳定性仅说明扰动停止瞬时无人机具有恢复原来运动状态的趋势。分析无人机在受瞬时扰动后的整个过程，以判定无人机是否自动地回到原来的运动状态，这是动稳定性研究内容。

如图 7.20 所示，无人机以迎角为 1°做等速平飞（处于平衡状态），受扰动后迎角增加到 3°（破坏了平衡），无人机产生了下俯的稳定力矩，使其迎角减小。当迎角减小到 1°时，下俯力矩为零。这时无人机的下俯角速度却达到最大值，由于无人机具有下俯角速度，机头还要继续向下转动，迎角继续减小。当迎角小于 1°时，无人机的稳定力矩转为抬头力矩，才使下俯角速度开始减小。如果没有阻止无人机转动的力矩存在，那么要到迎角为 – 1°时，下俯角速度才会为零。以后迎角 α 开始增大，并重新回到 3°。这样下去，无人机和真空中摆锤一样，往复摆动，永远回不到原来的飞行迎角状态。

$\alpha = -1°$ $\alpha = 3°$ $\alpha = 1°$

图 7.20　纵向动稳定性示意图

但是，在上述运动中，无人机同时绕横轴转动，无人机转动与空气相互作用的结果，便在无人机上产生了一个新的附加俯仰力矩。由于这个附加俯仰力矩力图阻止无人机的转动，称为纵向阻尼力矩。在此力矩的作用下，俯仰摆动逐渐减弱，乃至消失。无人机又重新取得平衡。下面分别讨论无人机各部件对纵向阻尼力矩的贡献。

1. 水平尾翼的阻尼力矩

水平尾翼离重心较远，所以其阻尼作用最大，故首先讨论。

设无人机以速度 v 飞行，同时以角速度 ω_z 绕 z 轴转动，如图 7.21 所示。这时水平尾翼相对于气流有一个向下的运动，相当于水平尾翼各点上的空气都有一个向上的附加速度，使得水平尾翼的局部迎角增大。若取其附加速度的平均值为 $\omega_z L_{平尾}$，则水平尾翼的平均迎角增量为

$$\Delta\alpha_{平尾} \approx \frac{\omega_z L_{平尾}}{v_{平尾}} \tag{7.33}$$

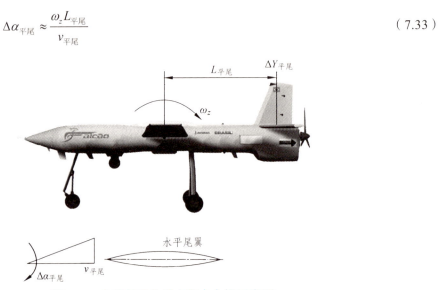

图 7.21　水平尾翼的纵向阻力力矩示意图

升力增量为

$$\Delta Y_{平尾} = a_{平尾}\Delta\alpha_{平尾}kqS_{平尾} = a_{平尾}kqS_{平尾}\cdot\frac{\omega_z L_{平尾}}{v_{平尾}} \tag{7.34}$$

显然，$\Delta Y_{平尾}$ 对重心的力矩是阻止无人机转动的，其大小和方向由下式决定

$$M_{Z平尾}(\omega_z) = -\Delta Y_{平尾}L_{平尾} = -a_{平尾}kqS_{平尾}L_{平尾}^2\frac{\omega^2}{v_{平尾}} \tag{7.35}$$

或者

$$m_{z平尾}(\omega_z) = -a_{平尾}\sqrt{k}A\frac{L_{平尾}}{MAC}\bar{\omega}_z \tag{7.36}$$

式中　$M_{z平尾}(\omega_z)$，$m_{z平尾}(\omega_z)$——水平尾翼产生的纵向阻尼力矩和纵向阻尼力矩系数；

$\bar{\omega}_z = \dfrac{\omega_z}{V}MAC$——无因次量；

$A = \dfrac{S_{平尾}L_{平尾}}{SMAC}$——平尾对重心的静矩系数。

由式（7.35）可见，无人机绕 Oz_t 转动时，水平尾翼产生的纵向力矩，与转动角速度 ω_z 成正比，但方向与 ω_z 方向相反。

通常以阻尼力矩系数对 $\bar{\omega}_z$ 的导数 $m_z^{\bar{\omega}_z}{}_{平尾}$ 形式来表示 $m_{Z平尾}$ 与 $\bar{\omega}_z$ 之间的关系。$m_z^{\bar{\omega}_z}{}_{平尾}$ 表示单位角速度 $\bar{\omega}_z$ 所产生的阻尼力矩系数的大小。将式（7.36）对 $\bar{\omega}_z$ 求导，可得

$$m_z^{\bar{\omega}_z}{}_{平尾} = -\sqrt{k}Aa_{平尾}\frac{L_{平尾}}{MAC} \tag{7.37}$$

可见要增大平尾阻尼力矩，以增大 $L_{平尾}$ 值最有效。

2. 全机的阻尼力矩

无人机机翼及机身的纵向阻尼力矩作用也占一定的百分比。但由于它和外形及马赫数的关系比较复杂，当缺乏合适的估算曲线时，也可用平尾的纵向阻尼导数乘一个放大系数来近似描述全机的纵向阻尼导数：

$$m_z^{\bar{\omega}_z} = (1.1\sim1.25)m_z^{\bar{\omega}_z}{}_{平尾} \tag{7.38}$$

$m_z^{\bar{\omega}_z}$ 随马赫数变化规律如图 7.22 所示。

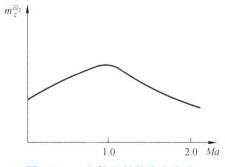

图 7.22　$m_z^{\bar{\omega}_z}$ 随马赫数变化曲线

实验结果表明，如果飞行中 $d\alpha/dt \neq 0$，所得阻尼力矩比上面计算的结果要大。其原因在于上面我们讨论阻尼力矩时只考虑旋转角速度 $\bar{\omega}_z$ 引起的阻尼力矩，而认为旋转过程中无人机的迎角不变。

如果运动过程中 $d\alpha/dt \neq 0$，则在式（7.17）中不仅 α 随时间而变，而且 ε 也随时间而变。同时气流自机翼流到水平尾翼区域要有一段时间 τ，其数值为

$$\tau \approx \frac{L_{平尾}}{v_{平尾}} = \frac{L_{平尾}}{\sqrt{k}v} \tag{7.39}$$

即瞬时 t 的机翼升力系数所对应的下洗角在 $\tau+t$ 时才真正作用于水平尾翼。因此水平尾翼处下洗角的变化比机翼迎角的变化落后一段时间 τ。即这一瞬时水平尾翼的下洗角 ε 是 τ 前的机翼迎角 α 所决定的，这一影响通常称为洗流时差影响。这样，当 $d\alpha/dt>0$ 时，考虑时差影响，水平尾翼的实际迎角要大一些（下洗角小了），这个迎角的修正量 $\Delta\alpha_{平尾}$ 所形成的附加力矩也是起阻尼作用的，称之为洗流时差力矩。

需注意的是，阻尼力矩与静稳定力矩是有本质的区别的，静稳定力矩是当无人机迎角偏离平衡迎角后，产生了附加升力引起的，它的大小直接取决于无人机与气流的相对位置 α 的偏离值，与旋转角速度无关，而阻尼力矩却是在转动过程中产生的，它直接取决于转动角速度的大小，一旦转动停止，阻尼力矩也就消失。

7.3 无人机的横侧操稳性

无人机在实际飞行中还可能出现另一些飞行情况，如侧滑、滚转、偏航。通常把无人机绕 X 轴的运动称为横向运动或称滚转运动，绕 Y 轴的运动称为航向运动。凡出现侧滑、航向和横向这三者之一，或同时具有其中几项运动的都称为横侧运动。

实际飞行中可能遇到的横侧运动是多种多样的，我们选择其中具有代表性的典型情况进行分析，只研究定常侧滑直线飞行时作用在无人机上的力和力矩以及横侧静稳定性，介绍横侧操纵面的作用，讨论实现定常侧滑直线飞行时无人机的平衡和静操纵性问题，介绍动稳定性概念。

7.3.1 横侧静稳定性

侧滑飞行是指无人机的速度矢量不在无人机的对称面内的飞行，速度矢量与其在对称面上投影之间的夹角称为侧滑角 β（图 7.23）。规定从无人机右前方相对来风，β 为正，反之为负。

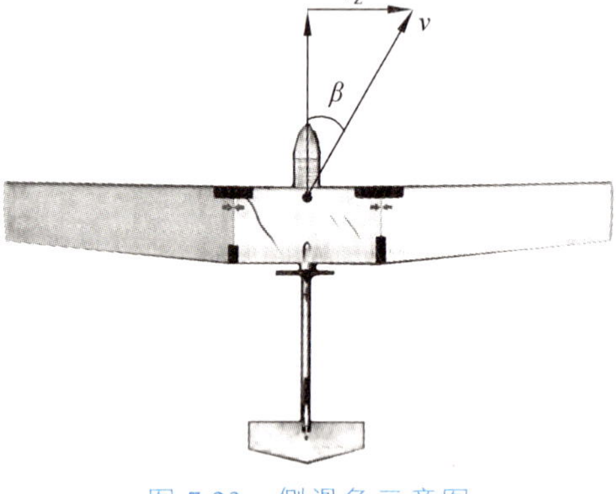

侧滑时，由于气流的非对称性，将在无人机上产生气动侧力 Z 和横侧力矩 M_x（滚转力矩）、M_y（偏航力矩）。规定力和力矩矢量沿机体轴正向为正值。正侧滑时（$\beta>0$），一般引起负的气动侧力和负的横侧力矩。

图 7.23　侧滑角示意图

和纵向类似，侧滑时，无人机的侧力和横侧力矩特性也可以通过风洞试验、工程估算获得。习惯上，气动力和力矩都以系数形式给出。我们规定

$$C_z = \frac{Z}{qS} \qquad (7.40)$$

$$m_x = \frac{M_x}{qSl} \qquad (7.41)$$

$$m_y = \frac{M_y}{qSl} \qquad (7.42)$$

式中　l——机翼的展长。

图 7.24 给出某机 $m_x - \beta$ 和 $m_y - \beta$ 的风洞试验结果。根据一般的处理原则，研究气动力和力矩随某一参数的变化情况时，如不注明，则认为其余有关参数取零值或常值。所以图 7.24 曲线对应 ω_x、ω_y 等于零，且横侧操纵面（副翼和方向舵）处于中立位置。由图可以看出，曲线大体呈线性变化规律。

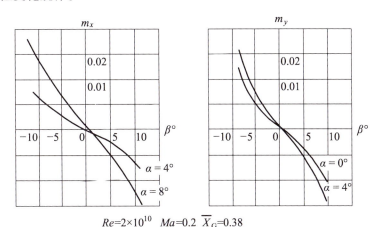

$Re = 2 \times 10^{10}$　$Ma = 0.2$　$\overline{X}_G = 0.38$

图 7.24　某机 m_x-β 和 m_y-β 的风洞试验结果

1. 无人机的横侧静稳定性

和纵向力矩系数曲线的斜率 m_z^α（或 $m_z^{C_y}$）的意义类似，横侧力矩系数曲线的斜率也表示无人机的静稳定性。用 m_x^β 和 m_y^β 来表示无人机的横向静稳定性和航向静稳定性。如果 $m_x^\beta < 0$，则称无人机具有横向静稳定性，反之，则不具有横向静稳定性。同样，如果 $m_y^\beta < 0$，则称无人机具有航向静稳定性，反之，则不具有航向静稳定性。

类似于前面关于纵向静稳定性的讨论，设想无人机原先做纵向定常直线飞行，由于偶然原因（如无人机的一侧受垂直阵风干扰）使无人机倾斜了一个角度 γ（规定右翼下沉，倾斜角 γ 为正）。由于无人机的倾斜，升力 Y 在水平面内产生了分量，在此力的作用下，无人机将向右侧滑，产生正的 β 角（图 7.25）。如果由于右侧滑而引起的横向力矩为负（即 $m_x^\beta < 0$），在此力矩作用下，无人机有减小 γ 到零的趋势；反之，如果横向力矩为正（$m_x^\beta > 0$），则无人机有加大 γ 角的趋势。同时，如果无人机右侧滑的结果，产生负的航向力矩（$m_y^\beta < 0$），则无人机有减小原来侧滑角的趋势；反之，如果航向力矩为正（$m_y^\beta > 0$），则有加大侧滑角的趋势。

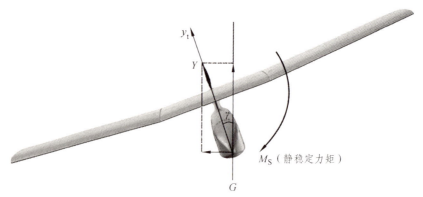

图 7.25　无人机倾斜角示意图

综上所述，当 $m_x^\beta<0$、$m_y^\beta<0$ 时，无人机有恢复到原始飞行状态的趋势，故表明无人机是静稳定的。相应地，当这些导数为零时，表明无人机为中立稳定；导数为正值时，表明无人机静不稳定。

需要指出的是，具有航向静稳定性的无人机，并不意味着无人机有保持航向的趋势，而只表明无人机有减小侧滑的趋势，即无人机有始终迎着相对风方向的趋势。

可见横侧力矩系数曲线斜率为负值时，无人机为横侧静稳定。曲线斜率数值的大小，反映了静稳定的程度。

2. 无人机的侧力

当无人机侧滑时，由于气流不对称地流过无人机，左右两侧的气动力分布发生差异，于是产生了侧力。

侧滑时，产生侧力的主要部件是立尾和机身。机翼产生的侧力很小，可以忽略。

（1）机身的侧力。

无人机的机身接近旋成体，故在定常侧滑直线飞行中，由侧滑引起的侧力类似于机身由于迎角产生的升力。此侧力的大小与机身的头部形状等因素有关，一般应根据实验的结果得出。写成侧力系数导数的形式为

$$C_{z\,身}^\beta = -a_身 \frac{S_身}{S} \tag{7.43}$$

式中　$S_身$——机身的参考面积，可取为机身侧向投影面积；

　　　$a_身 \approx C_{y\,身}^\alpha$——由实验确定出。

式（7.43）中负号是考虑正侧滑，故产生负侧力。

（2）立尾的侧力。

在定常侧滑直线飞行时立尾的侧向力，在飞行侧滑角范围内，可认为与 β 成线性关系，即

$$Z_{立尾} = -a_{立尾}\beta k q S_{立尾} \tag{7.44}$$

化成侧力系数后得

$$C_{z立尾} = \frac{Z_{立尾}}{qS} = -k a_{立尾}\beta \frac{S_{立尾}}{S} \tag{7.45}$$

式中 k——立尾速度阻滞系数，初步近似中可认为等于水平尾翼的速度阻滞系数；

   $a_{立尾}$——立尾的侧力系数曲线的斜率；

   $S_{立尾}$——立尾的面积。

（3）全机的侧力。

全机的侧力近似认为由机身和立尾的侧力叠加而得。

$$C_z = C_{z身} + C_{z立尾} \tag{7.46}$$

或

$$C_z^\beta = C_{z身}^\beta + C_{z立尾}^\beta \tag{7.47}$$

3. 无人机的横侧力矩

初步分析估算时，忽略部件干扰的影响，侧滑时产生的无人机横侧力矩，可看作主要由作用在机翼、立尾的横侧力矩叠加而成。按部件分别讨论如下：

（1）机翼的横侧力矩。

定常侧滑直线飞行中，机翼的上反角，后掠角都对横侧力矩有影响。对于给定的机翼外形，初步分析时可近似地认为上述作用可线性叠加。

机翼的上反角是指机翼各个剖面的焦点连线在垂直于对称面的平面上的投影与通过翼根弦且垂直于对称面的平面之间的夹角，用 ψ 表示。焦点连线在 $Oy_t z_t$ 面上的投影在 Oz_t 轴之上者，$\psi>0$，称为上反角；反之，称为下反角（图 7.26）。

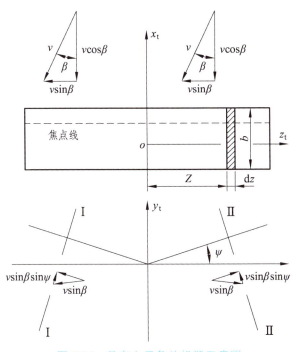

图 7.26　具有上反角的机翼示意图

同时具有后掠角与上反角的机翼，如图 7.27 所示。

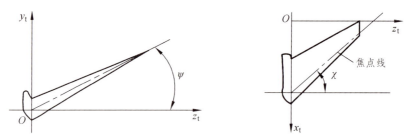

图 7.27　具有后掠角与上反角的机翼示意图

具有上反角的机翼在侧滑时，左右两半翼有效迎角不等，如图 7.26 所示。设机翼向右侧滑，侧滑角为 β。可将气流速度 v 分解为垂直于及平行于对称面的两个分速 $v\sin\beta$ 和 $v\cos\beta$，其中 $v\cos\beta$ 对左右机翼的作用一样。而垂直于对称面的分 $v\sin\beta$ 在有上反角的情况下，又可以进一步分解为垂直于及平行于机翼弦面的两个分速 $v\sin\beta\sin\psi$ 和 $v\sin\beta\cos\psi$，平行分速 $v\sin\beta\cos\psi$ 对机翼压力分布的影响可忽略，而垂直分速对左右机翼来讲，大小相等方向相反，使得右边机翼迎角增加，升力加大，左翼迎角减小，升力减小，产生了负的滚转力矩。两半翼微段的迎角增量分别为

$$\left.\begin{aligned}\Delta\alpha_{右} \approx \tan\Delta\alpha_{右} = \frac{v\sin\beta\sin\psi}{v\cos\beta} = \beta\psi\\[2mm]\Delta\alpha_{左} \approx \tan\Delta\alpha_{左} = \frac{v\sin\beta\sin\psi}{v\cos\beta} = -\beta\psi\end{aligned}\right\} \tag{7.48}$$

因此，在机翼微段上升力增量为

$$\left.\begin{aligned}\Delta Y_{右} = C_y^\alpha\left(\beta\psi\right)\frac{1}{2}\rho v^2\cos^2\beta\Delta S\\[2mm]\Delta Y_{左} = C_y^\alpha\left(-\beta\psi\right)\frac{1}{2}\rho v^2\cos^2\beta\Delta S\end{aligned}\right\} \tag{7.49}$$

由此而引起的滚转力矩

$$\Delta M_x = \Delta Y_{左}z - \Delta Y_{右}z \tag{7.50}$$

代入式（7.49）后，沿半翼展积分并化为力矩系数形式得

$$m_{x\psi} = \frac{M_x}{\frac{1}{2}\rho v^2 Sl} = -2C_y^\alpha\beta\psi\frac{1}{4}\int_0^{\frac{l}{2}}\frac{zb\mathrm{d}z}{\left(\frac{l}{2}\right)\left(\frac{S}{2}\right)} \tag{7.51}$$

上式的积分号内 b 为剖面弦长，$b\mathrm{d}z$ 为机翼微段面积，故此积分表示半个机翼的面积中心离对称面的距离再除以半翼展 $\frac{l}{2}$，用 $z_{形}$ 表示。这样

$$m_{x\psi} = -\frac{1}{2}C_y^\alpha\beta\psi z_{形} \tag{7.52}$$

将式（7.52）对 β 求导数，得

$$m_{x\psi}^\beta = -\frac{1}{2}C_y^\alpha\psi z_{形} \tag{7.53}$$

由上式可见，如果无人机具有上反角（$\psi>0$），则 $m_{xy}^{\beta}<0$。即在定常侧滑直线飞行中，上反角起横向静稳定的作用，叫上反效应。

机翼后掠角对稳定性也有一定的影响。机翼的后掠角是指机翼各个剖面焦点连线在垂直于对称面且通过机翼根弦平面上的投影与 Oz_t 轴之间的夹角，用 χ 表示（图 7.28）。

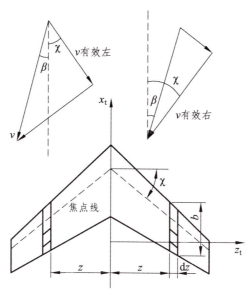

图 7.28　具有后掠角机翼示意图

当后掠机翼做侧滑运动时，左右两半机翼的有效速度和有效迎角不等，使得左右机翼升力不等而产生横向力矩。设机翼向右侧滑，侧滑角为 β，将流过左右两半翼的气流速度 v 分解为垂直于和平行于焦点连线的两个分速，垂直于焦点连线的分速称为有效速度。由图 7.28 可见，若右侧滑时，右翼有效速度大于左翼有效速度，因此右翼的升力比左翼大，产生负横向力矩。左右两半翼的有效速度为

$$\left.\begin{aligned} v_{有效右} &= v\cos(\chi-\beta) \\ v_{有效左} &= v\cos(\chi+\beta) \end{aligned}\right\} \tag{7.54}$$

按照机翼迎角的定义，它为速度 v 在对称面上的投影与对称面翼弦的夹角。

$$\sin\alpha = \frac{v_y}{v\cos\beta} \tag{7.55}$$

所以

$$v_y = v\cos\beta\sin\alpha \tag{7.56}$$

式中　v_y——对称面上 $v\cos\beta$ 在垂直翼弦之分量。

对后掠机翼的有效迎角 $\alpha_{有效}$ 为

$$\sin\alpha_{有效} = \frac{v_y}{v_{有效}} \tag{7.57}$$

在 α 和 β 很小时，$\cos\alpha\approx1$，$\sin\alpha\approx\alpha$，$\cos\beta\approx1$，$\sin\beta\approx\beta$，将式（7.54）、（7.56）代

入（7.57），则后掠机翼的两半翼有效迎角为

$$\left.\begin{array}{l} \alpha_{\text{有效右}} \approx \sin\alpha_{\text{有效右}} = \dfrac{v\cos\beta\sin\alpha}{v\cos(\chi-\beta)} \approx \dfrac{\alpha}{\cos(\chi-\beta)} \\[3mm] \alpha_{\text{有效左}} \approx \sin\alpha_{\text{有效左}} = \dfrac{v\cos\beta\sin\alpha}{v\cos(\chi+\beta)} \approx \dfrac{\alpha}{\cos(\chi+\beta)} \end{array}\right\} \tag{7.58}$$

两边距对称面 Z 的机翼微段升力为

$$\Delta Y_{\text{右}} = \frac{\alpha}{\cos\chi}\frac{\alpha}{\cos(\chi-\beta)}\frac{1}{2}\rho v^2\cos^2(\chi-\beta)\Delta S \tag{7.59}$$

同理

$$\left.\begin{array}{l} \Delta Y_{\text{右}} = \dfrac{C_y}{\cos\chi}\dfrac{1}{2}\rho v^2\cos(\chi-\beta)\Delta S \\[3mm] \Delta Y_{\text{左}} = \dfrac{C_y}{\cos\chi}\dfrac{1}{2}\rho v^2\cos(\chi+\beta)\Delta S \end{array}\right\} \tag{7.60}$$

由于左、右翼升力不等，而产生的横向力矩为

$$\Delta M_x = \Delta Y_{\text{左}}z - \Delta Y_{\text{右}}z \tag{7.61}$$

将式（7.60）代入并沿半翼展积分后，化为力矩系数形式

$$m_{x\chi} = -\frac{1}{2}C_y tg\chi\beta z_{\text{形}} \tag{7.62}$$

将式（7.62）对 β 求导数得

$$m_{x\chi}^{\beta} = -\frac{1}{2}C_y tg\chi z_{\text{形}} \tag{7.63}$$

由上式可见，$m_{x\chi}^{\beta}$ 为负值，所以后掠角起横向静稳定作用，且与 $C_y,\chi,z_{\text{形}}$ 成正比。应当指出，由于 $m_{x\chi}^{\beta}$ 与 C_y 成正比，无人机在不同状态飞行时，后掠角所起的横向静稳定作用不一样。

（2）立尾的横侧力矩。

侧滑时作用于立尾的侧向力 $Z_{\text{立尾}}$ 要产生对 Ox_t 轴的横向力矩和对 Oy_t 轴的航向力矩。侧向力引起的横向力矩为（见图 7.29）

$$M_{x\text{立尾}} = Z_{\text{立尾}}y_{\text{立尾}} \tag{7.64}$$

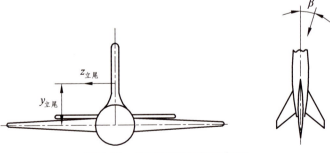

图 7.29　立尾的侧向力示意图

式（7.64）中 $y_{立尾}$ 为侧向力作用点至 Ox_t 轴的垂直距离。将（7.44）式代入上式得

$$m_{x立尾} = -a_{立尾}\beta kqS_{立尾}y_{立尾} \tag{7.65}$$

化成横向力矩系数：

$$m_{x立尾} = \frac{M_{x立尾}}{qSl} \tag{7.66}$$

$$m_{x立尾} = -ka_{立尾}\frac{S_{立尾}}{S}\frac{y_{立尾}}{l}\beta \tag{7.67}$$

将上式对 β 求导数得

$$m_{x立尾}^{\beta} = -ka_{立尾}\frac{S_{立尾}y_{立尾}}{Sl} \tag{7.68}$$

由上式可见，侧滑时立尾是起横向静稳定作用的。

侧向力引起的航向力矩为

$$M_{y立尾} = Z_{立尾}L_{立尾} \tag{7.69}$$

将（7.44）式代入上式得

$$M_{y立尾} = -a_{立尾}\beta kqS_{立尾}L_{立尾} \tag{7.70}$$

化成航向力矩系数：

$$m_{y立尾} = \frac{M_y}{qSl} = -ka_{立尾}\frac{S_{立尾}L_{立尾}}{Sl}\beta = -k\alpha_{立尾}A_{立尾}\beta \tag{7.71}$$

式中　　$A_{立尾}$——立尾静矩系数，$A_{立尾} = \frac{S_{立尾}L_{立尾}}{Sl}$，$L_{立尾}$ 为重心至立尾面积中心的距离。

将（7.71）式对求 β 导数后得

$$m_{y立尾}^{\beta} = -ka_{立尾}A_{立尾} \tag{7.72}$$

出此可见，立尾起航向静稳定作用。$A_{立尾}$ 在保证航向稳定中起着非常重要的作用。

由于无人机的 m_y^{β} 主要由立尾提供，所以调整 m_y^{β} 大小的方法主要是改变结构参数 $S_{立尾}$ 或 $L_{立尾}$。但立尾和平尾有一定的相对位置，立尾不能单独地过分前移或后移，亦即 $L_{立尾}$ 的调整范围是不大的，否则将影响平尾位置安排。因此可以通过改变立尾面积 $S_{立尾}$ 的办法来调整 m_y^{β}。

（3）全机的横侧力矩。

将上述机翼和立尾所产生的横向力矩叠加后即全机力矩。用横向力矩系数对侧滑角 β 导数表示

$$m_x^{\beta} = m_{x机翼}^{\beta} + m_{x立尾}^{\beta} = +m_{x0}^{\beta} + m_{x\psi}^{\beta} + m_{x\chi}^{\beta} + m_{x立尾}^{\beta} \tag{7.73}$$

综合以上对侧力和横侧力矩的分析，在纵向定常直线飞行中，因为侧滑角等于零，气流对称地流过左右机翼、机身和立尾，因此没有侧力和横侧力矩。而在定常侧滑直线飞行中，

主要由于机翼的上反角、后掠角和立尾的作用，使无人机具有横向静稳定性，而航向静稳定性主要是由立尾来保证，侧力主要由机身和立尾产生。

7.3.2　横侧平衡和静操纵

当方向舵和副翼偏转时，将产生绕无人机重心的横侧力矩。在舵面偏转不大的范围内，可认为横侧力矩是舵偏角的线性函数，力矩曲线仅仅做平行的移动（图7.30）。分别讨论如下：

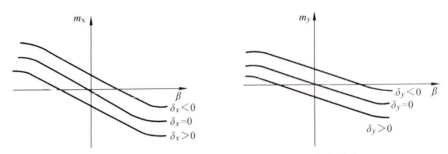

图 7.30　方向舵和副翼偏转时横侧力矩的变化曲线

1. 副翼偏转时所产生的横向力矩

由于副翼的偏转，使机翼的展向气动力载荷分布发生变化。图 7.31 示出左副翼上偏，右副翼下偏后载荷分布变化情况。由图可见，由于右副翼下偏，升力增加，左副翼上偏，升力减小，就构成了横向操纵力矩。副翼偏转 δ_x 时，其作用相当于机翼迎角改变了 $n_x\delta_x^0$，副翼所在剖面升力系数的增量为

$$\Delta C_y = C_y^{\alpha} n_x \delta_x = a n_x \delta_x \tag{7.74}$$

式中　a——剖面的升力系数曲线斜率，按无侧滑时顺气流方向计算；

　　　δ_x——副翼偏角，一般它是在铅垂于副翼铰链轴的平面上测量的，它的正负号规定为，以右副翼为准，下偏为正，上偏为负；

　　　n_x——副翼效率，它表示副翼偏 1°时相当于剖面迎角的增量，一般它由实验得出或按经验公式计算出。

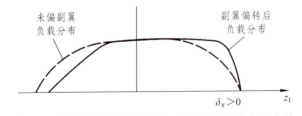

图 7.31　副翼偏转导致机翼展向气动力载荷变化曲线

假如副翼所在的位置上，机翼各个剖面的升力系数曲线斜率都相等，可得出副翼偏转所引起的横向力矩

$$M_{x副} = -a n_x \delta_x \frac{l_x}{2} S_x q \tag{7.75}$$

式中 S_x——副翼所在位置处机翼的面积；

l_x——左右机翼的 $\dfrac{S_x}{2}$ 面积中心之间的距离；

$q = \dfrac{1}{2}\rho V^2$。

上式右端之所以加负号是因为右副翼下偏时 $\delta_x > 0$，它引起负的横向力矩。

将上式化为力矩系数形式并对副翼偏角求导数后得

$$m_x^\delta = -\xi a n_x \frac{S_x}{S}\frac{l_x}{2l} \tag{7.76}$$

式中 ξ——对 a 三元修正系数。副翼偏转后，全翼展升力系数都有变化，同时翼尖处升力系数应为零，由于上述因素故乘以修正系数，此数一般由实验或经验公式给出。

导数 m_x^δ 表示副翼偏转 1° 所产生的横向力矩系数。它说明副翼对无人机滚转的操纵能力，故称为副翼的操纵效能。从上式可见，导数 m_x^δ 与侧滑角无关，对应不同的副翼偏转角，力矩曲线 m_x^δ-β 上下平移。另 m_x^δ 为负值，故 $\delta_x > 0$ 时，$m_x < 0$，产生左滚力矩，m_x^δ-β 曲线下移。

此外，副翼偏转时，不但升力不同，而且阻力也不同，这使得升力和阻力在体轴 Ox_t 轴上的投影也不等，形成了偏航力矩。通常副翼下偏的一方，机翼的阻力大一些，所以右副翼下偏得到负方向的航向力矩。在此力矩作用下，机头右偏产生负的侧滑角，由于无人机具有横向静稳定性，故负的侧滑角引起使无人机向右滚转力矩，这就部分抵消了右副翼下偏的效果。为了减小它，通常采用所谓"差动副翼"，即左右副翼偏角不等（向上偏角大，向下偏角小），相对增加了副翼上偏那一边机翼的阻力，减少了偏航力矩。

选用了差动副翼后，由偏副翼所引起的航向力矩便可忽略不计。此时的 δ_x 应取左、右副翼偏角的平均值。

2. 方向舵产生的侧力和横侧力矩

方向舵偏转时，相当于立尾处的气流侧滑角发生变化，引起了附加的侧向气动力。在此侧力作用下，同时产生横向和航向力矩，如图 7.32 所示。

偏转方向舵所相当的侧滑角变化表达

$$\Delta\beta = n_y \delta_y \tag{7.77}$$

式中 n_y——方向舵效率，它表示方向舵偏转 1° 相当于立尾处侧滑角增加的度数，由实验或经验公式得出；

δ_y——方向舵偏角，规定右偏为正。

从立尾的侧力公式（7.46）导出

$$C_z^\delta y = -k a_{\text{立尾}} n_y \frac{S_{\text{立尾}}}{S} \tag{7.78}$$

从式（7.68）和式（7.78）导出

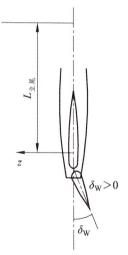

图 7.32　方向舵偏转示意图

$$
\left.
\begin{aligned}
m_x^\delta y &= -k a_{\text{立尾}} n_y \frac{S_{\text{立尾}}}{S} \frac{y_{\text{立尾}}}{l} \\
m_y^\delta y &= -k a_{\text{立尾}} A_{\text{立尾}} n_y
\end{aligned}
\right\}
\tag{7.79}
$$

导数 $m_y^\delta y$ 表示方向舵偏转 1°所产生的航向力矩系数。它说明方向舵对航向的操纵能力，故称为方向舵的操纵效能。从上式可见，$m_y^\delta y$ 与侧滑角无关，故在不同的方向舵偏角下，图 $m_y\text{-}\beta$ 曲线平行移动。另外，此导数为负值，故 $\delta_y>0$（方向舵右偏）时，$m_y<0$，产生使机头右偏的力矩，$m_y\text{-}\beta$ 曲线下移。此下移最与 $m_y^\delta y$ 的数值有关，因此图 7.30 也反映了方向舵的操纵效能。

可见，偏转副翼产生横向力矩，偏转方向舵主要产生航向力矩，同时也产生侧力和横应力矩。说明无人机的横向和航向操纵，是互相关联的。不同的副翼偏角和不同的方向舵偏角下 $m_x\text{-}\beta$、$m_y\text{-}\beta$ 曲线的移动量反映了副翼和方向舵的操纵效能。

7.3.3　横侧动稳定性

无人机突然遇到侧风、多发无人机的一边发动机突然停车等，这些干扰都会使无人机产生初始侧滑角和倾斜角而进入横侧扰动运动。

横侧动稳定性就是研究横侧扰动运动自动恢复到基本运动（定常直线运动）的特性。研究结果表明，无人机具有横侧静稳定性，并不一定能保证它具有横侧动稳定性，还须具有一定的由转动而产生的阻尼力矩以及两个静稳定度（m_x^β 和 m_y^β）的大小配合适当时，才有可能使无人机具有横侧动稳定性。

在横侧运动中，滚转时不仅产生横向阻尼力矩，而且还会产生偏航力矩；偏航时，除产生航向阻尼力矩外，也要产生横向力矩。这种由滚转而产生的偏航力矩和由偏航而产生的横向力矩，称为交叉力矩。横侧运动中，横向运动和航向运动相互影响及交叉力矩的产生，这些是横侧动稳定性与纵向动稳定性不同的特点。

1. 无人机滚转时力矩（由 ω_x 引起力矩）

（1）横向阻尼力矩。

当无人机以速度 v 飞行，同时绕 Ox_t 轴以角速度 ω_x 旋转时，如图 7.33 所示，机翼沿展向有附加速度，从而改变了各个剖面的迎角和速度，在图上所表示的旋转方向中 $\omega_x>0$，使右翼加大迎角和速度，升力加大，左翼升力减小，形成了阻止无人机转动的力矩。这一由旋转角速度 ω_x 而产生的阻止无人机转动的力矩，叫作无人机横向阻尼力矩。

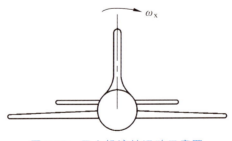

图 7.33　无人机滚转运动示意图

除了机翼以外，由于无人机的旋转，立尾上也有附加速度，它改变了立尾的局部侧滑角，使立尾加大侧滑角，由此所产生的侧力对重心的横向力矩也是阻止无人机转动的，故也是无人机横向阻尼力矩的一部分。

无人机的其他部件中，平尾的作用类似于机翼，但所产生的阻尼力矩远比机翼为小。机身因外形接近旋成体，故产生力矩甚微，可以忽路。

无人机的横向阻尼力矩通常用力矩系数对角速度的导数形式表示，写为

$$m_x^{\bar{\omega}}x = \frac{\partial m_x}{\partial \bar{\omega}_x} \qquad (7.80)$$

式中，$m_x = \dfrac{M_x}{qSl}$，$\bar{\omega}_x = \dfrac{\omega_x l}{2v}$。

$m_x^{\bar{\omega}}x$ 称为横向阻尼导数，它一般为负值。表示当无人机向右滚转时，产生向左滚的阻尼力矩。此导数可通过实验或估算的方法得出。

（2）航向交叉力矩。

无人机以 ω_x 滚转时，除了产生横向阻尼力矩以外，还产生航向交叉力矩。产生此力矩的主要部件是机翼和立尾。当机翼绕 Ox_t 轴旋转时，左右翼各剖面的迎角和速度不等，这不仅使各剖面的升力不等，阻力也不等。因此，升力和阻力的合力在 Ox_t 轴上的投影也不等，形成了航向力矩。

此外，立尾上由于 ω_x 产生的侧力对无人机 Oy_t 轴的力矩使机头向右偏转。

这由于绕 Ox_t 轴旋转而产生的航向力矩叫作航向交叉力矩。类似于横向阻尼力矩导数的作法，它用导数 $m_y^{\bar{\omega}}x$ 表示。一般此导数为负值，表示当无人机向右滚转时，产生向右偏航的力矩。

2. 无人机绕轴旋转产生的力矩

（1）航向阻尼力矩。

当无人机以迎角 α，速度 v 飞行，同时绕 Oy_t 轴以角速度 ω_y 旋转时，无人机的右翼向前运动，左翼向后运动，相对机翼来说，右翼的速度增大，左翼的速度减小，同时右翼的迎角减小了，左翼则相反，加大了迎角。左右翼迎角和速度的变化使得左右翼升力、阻力不等，它们的合力在 Ox_t 轴上的投影也不相等，形成了航向阻尼力矩。对立尾来说，由于旋转而产生的附加速度，它将改变立尾局部侧滑角，使立尾上作用有附加侧力。侧力形成阻止无人机继续绕 Oy_t 轴旋转的航向力矩。平尾的作用类似机翼。机身也有阻尼力矩产生，在全机各部件中，立尾的航向阻尼占主要地位。总之，由于无人机绕 Oy_t 轴旋转将产生阻止旋转的航向力矩，称之为航向阻尼力矩。

航向阻尼力矩通常也用其力矩系数对角速度的导数表示，写为

$$m_y^{\bar{\omega}}y = \frac{\partial m_y}{\partial \bar{\omega}_y} \qquad (7.81)$$

式中，$m_y = \dfrac{M_y}{qSl}$，$\bar{\omega}_y = \dfrac{\omega_y l}{2v}$。

$m_y^{\bar{\omega}}y$ 称为航向阻尼导数，它一般为负值，表示当机头向左偏航时 $\omega_y > 0$，产生使机头向

右转的阻尼力矩 $m_y<0$。此导数可通过实验或估算的方法得出。

（2）横向交叉力矩。

和航向交叉力矩类似，当机翼绕 Oy_t 轴旋转时，左，右翼各剖面迎角和速度不等，使得左、右翼升力和阻力的合力在 Oy_t 轴上的投影不相等，故形成了无人机滚转力矩。此外，立尾由于绕 Oy_t 轴旋转而产生的侧力引起绕 Ox_t 轴的力矩。这一由于无人机绕 Oy_t 轴旋转而产生的横向力矩叫作横向交叉力矩。类似航向交叉力矩，它用导数 $m_x^{\omega}y$ 表示。一般此导数为负值，表示当无人机向左偏航时，产生向左滚转的交叉力矩。

枭龙战机气动布局及其演变过程

2019 年 10 月 1 日，建国 70 周年的阅兵仪式上，一组超燃画面展现在国人面前：160 余架各型飞机陆续飞过天安门上空，中国人期待了几十年的军机蔽日，旋翼遮天的景象终于成为了现实！

无数人因此泪目，回想起 1949 年开国大典的阅兵式上，只有 17 架飞机出现在天安门上空。周总理说：飞机不够，我们就飞两遍。为了凑数，最前面的 6 架飞机绕过一圈之后又飞了一遍。

70 年间，从 17 到 160，在近乎十倍的增长数字背后，是我国航空工业从一穷二白到跻身世界先进行列的事实，是几代航空人的不懈努力。

因为他们的存在，我国航空业的发展才能摆脱看别人脸色，被人卡脖子的尴尬境地，全面实现自主研发，独立制造。壮军威、扬国威，强大祖国的国防，维护祖国的和平与统一。

这一切，离不开一代又一代的国之栋梁，其中就包括我国航空业发展中的代表人物：杨伟。

枭龙腾空不辱使命

2007 年 3 月 23 日，巴基斯坦国庆阅兵式上，两架"枭龙"战斗机低空飞过检阅台，其中一架涂有醒目的中巴两国国旗。检阅台上的杨伟仰望着战斗机呼啸而过，内心充满了自豪。因为枭龙是杨伟带领上千名研制人员不辱使命，以航空史上罕有的奇迹速度艰辛研制出来的。研制过程跌宕起伏，与枭龙的命运一般相似，但几经波折最终修成正果。

时间拉回 6 年前，也就是 2001 年元月，一纸任命书来到成飞所，中航第一集团公司任命杨伟为该所总设计师。随之而来的是两项"重任"：国防科工委任命杨伟为"歼 10 双座型飞机"总设计师，中航第一集团公司任命杨伟为"枭龙"飞机总设计师。

此时的杨伟才 37 岁，是中国最年轻的飞机总设计师，需要同时挑两个大梁。一个是国防重点型号，关乎国家安全；一个是国际签约合同，关乎国家信誉。两者都必须在较短时间内实现首飞，两个型号对时间节点的要求都毫无余地。尤其是"枭龙"，若不能按时交付，不但前功尽弃，而且还将影响到我们的国际信誉。

枭龙战斗机的起源，可以追溯到 20 世纪 80 年代的巴基斯坦"佩刀 2"项目，那时候巴基斯坦急需一款需要替换国内老旧歼 6 的战斗机。

1992 年 2 月，在巴基斯坦首都伊斯兰堡，从中国来的技术人员向巴基斯坦空军展示了"佩刀 2"项目停止之后的工作进展和成果。巴基斯坦人很惊讶，中国人在离开美国人的技术支持之后并没有放弃这个项目，并且他们希望巴基斯坦也不要放弃。而后，经过 7 年的"马拉松式"谈判，在 1999 年 6 月，中巴正式签署合作研制新型战斗机的合同。巴方出资金，中国出技术的"枭龙"计划正式确定。

2001 年 2 月，受巴基斯坦局势的影响，"枭龙"战斗机被要求加速研发。

这一重任，交到了杨伟的手上。严峻的形势告诉杨伟：只能成功，不许失败。

为此，所里召开了枭龙研制动员会，杨伟发出了誓保两型号"发图节点"总动员。

所谓的发图节点，就是按时间节点完成图纸设计，不能按时完成设计任务不但会影响项目进度，损害国家信誉，还会让生产单位人员和设备闲置，给国家造成重大经济损失。此举等于全所上下都立下了军令状，此时所有关于枭龙战斗机的后限都已经被"掐死"。

在动员大会上，杨伟动情地对同事们说："就像一只鹰捉到了一只大鸟，或者吞下去并把它消化掉，自己就强大了，或者被它噎死。"

想让枭龙尽早完成研制交到客户手里，杨伟出了奇招。

杨伟大胆提出"两步走"策略，将原来的先首飞再改进的形式改为：一方面尽快让飞机飞起来，加快平台鉴定;另一方面在利用平台鉴定这段时间，研发更先进的航电武器系统，进一步优化飞机性能，最终达到用户要求。

这好比是盖房子，先把房子盖好，在等待验收的时候把家具电器买好，房子一验收通过，把家具往房子里一搬，这就能住人了。

在确定正确的路线之后，剩下的就是设计人员的辛勤奋斗。上千名设计人员，"不知秦汉，无论魏晋"地生活、工作在实验室，就这样度过了500多个日日夜夜，为的就是保证枭龙战斗机的研制进度。

当时在成飞所流传这样一句话：跟着杨伟干，首先体能要过关。

离最后的节点还有两个月时间，队伍已经极度疲惫了，如果大家稍一懈怠，节点不保，可能造成整个型号研制的夭折。

在一次中层干部动员大会上，素来敢打善拼的结构室主任黄建云首先汇报了自己室里的工作进度，最后动情地说："大家简直是在拼命啊……"杨伟的眼眶当即就红了，座中的很多同志的眼泪都悄悄溢出了眼眶。

听完大家的汇报，杨伟沉重地说："我已不忍心再说什么，我们的同志已经尽了该尽的力。作为总师，我只能拜托大家，再鼓一把劲，再咬咬牙，再撑一撑，一定要守住节点!"

总师的肺腑之言感动了所有人。

结构室主任代表全室立下军令状："以疲惫之师，再鼓余勇，破釜沉舟，背水一战，不获全胜，决不罢休!"

奋战了半年多，能不能守住节点，杨伟心里并没有十分的把握，但是只要有一丝可能，他就要尽全部的力气把"可能"扩大成"现实"。

"跟着杨伟干，首先要过体力关"，现在依然是这样，他最不怕的就是吃苦。

2002年9月16日，是一个航空人创造奇迹的日子。经过研究所全体设计人员日日夜夜的鏖战，以及兄弟参研单位的共同努力，"枭龙"飞机迎来了历史性的一刻——部装开铆，这标志着该型飞机从图纸变为实物。

在开铆仪式上，中航一集团公司领导称赞道：在十个月时间发出数万张生产图，成飞所创造了航空史上的奇迹!

"枭龙"从技术冻结到2003年首飞，只用了23个月。

任重道远

枭龙的成功交付并没有让杨伟闲下来,相反国防建设和出口创汇的需要让他变得更忙了。之后的日子里，杨伟历任歼10B、歼10C、枭龙改进型、枭龙双座型的总设计师。而今歼10各种改进型和衍生型号已经大量列装部队，替换了原来中国空军的那些老旧战斗机，让中国的空中力量大大增强。

2016年珠海航展开幕式上，两架歼20突然飞抵机场上空，虽然只有80秒的惊鸿一瞥，却让在场的所有观众都感觉当天的票买值了。次年在朱日和训练场，解放军建军节阅兵式上，三架歼 20 首次接受检阅，而后国防部发言人在记者会上宣布中国的隐形战斗机正式列装部队！几十年来中国的航空人百折不挠、奋发图强，走过了一条从跟跑到并跑，从测绘仿制到自主创新的道路，实现了重大的历史跨越。

杨伟说："作为一个航空人，有幸参与到我国航空工业跨越式发展和国防现代化建设的伟大事业中，见证了诸多'卡脖子'的困难，体验了许多创新突破的艰辛，也共享了更多攻克难关的喜悦。"

结 语

航空武器装备是衡量一个国家军事实力的重要标志之一。中国自行研制、具有自主知识产权、达到世界先进水平的高性能、多用途第三、四代战斗机，是在国外军事技术封锁的大背景下研制出来的。

通过歼 10、歼 20 等飞机的研制，中国不仅实现了装备的跨代发展，而且建立了涵盖需求分析、设计研发、材料工艺、试验验证和使用保障等的完整研发体系，突破了电传飞控、综合航电、低可探测等一系列先进技术，牵引了材料、微电子、控制等专业的发展，培养了一大批勇于探索、敢于创新的人才队伍，为中国航空事业自主创新发展积累了宝贵财富。

我们从追赶到赶超，现在已经到了"无人区"，没有经验可以借鉴，没有目标可以超越。……

杨伟曾说："我人生的最高理想就是要和同事们一起研制出更多更先进的作战飞机，为壮军威、扬国威，强大祖国的国防，维护祖国的和平与统一作出我们的努力和贡献。"

正如俾斯麦所说："真理，只在大炮射程之内。"实力永远是维护正义的基础，国防才是外交真正的后盾。航空武器装备作为衡量一个国家军事实力的重要标志，经过一代代勇于探索、敢于创新的研究人员的不懈努力，我国航空工业已从一穷二白到跻身世界先进行列。作为我国航空业发展中的代表人物：杨伟，他是中国新一代歼击机电传飞控系统的组织者和开拓者，个人务实认真的工作作风，博学精深的专业知识，丰富雄厚的工程经验，一腔报国的坚定信念，是今后科研工作者学习的典范。

https://baijiahao.baidu.com/s?id=16267969073330858904&wfr=spider&for=pc

歼 20 有多牛？杨伟有多牛？

https://www.zhihu.com/market/paid_column/1330607018600435712/section/1360285624591798272

歼 20 战机总设计师杨伟的传奇开挂人生

1. NACA0012 空气动力特性曲线

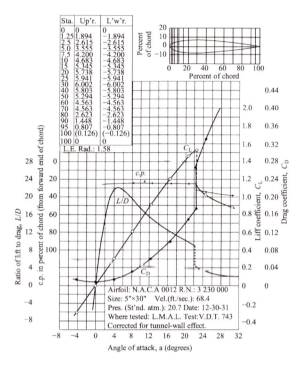

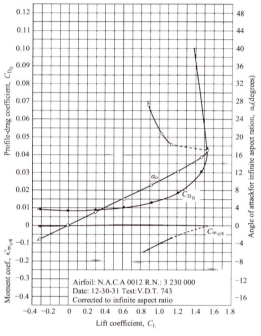

2. NACA0015 空气动力特性曲线

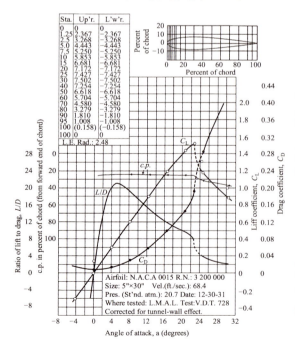

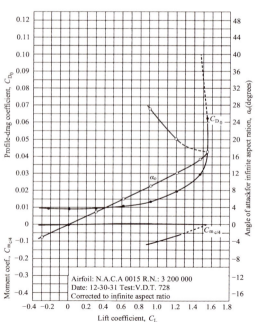

3. NACA2412 空气动力特性曲线

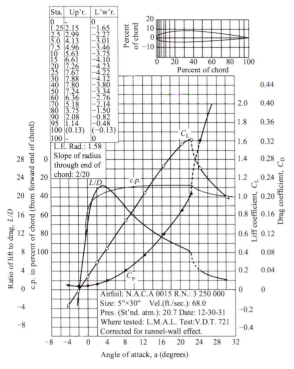

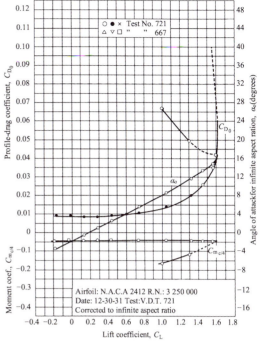

4. NACA4412 空气动力特性曲线

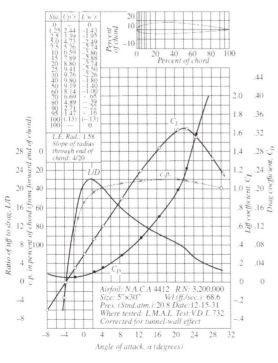

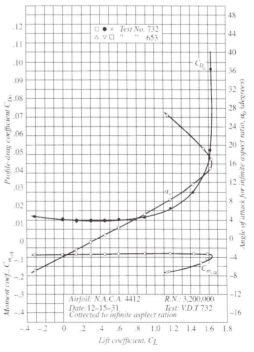

5. NACA6412 空气动力特性曲线

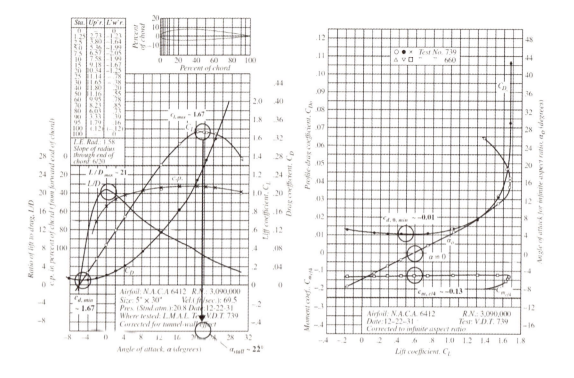

参考文献

[1]　刘沛清. 空气动力学[M]. 北京：科学出版社，2021.

[2]　徐华舫. 空气动力学基础[M]. 北京：北京航空航天大学出版社，1987.

[3]　符长青. 无人机空气动力学与飞行原理[M]. 西安：西北工业大学出版社，2018.

[4]　朱宝鎏. 无人机空气动力学[M]. 北京：航空工业出版社，2006.

[5]　王永虎. 直升机飞行原理[M]. 成都：西南交通大学出版社，2017.

[6]　王秉良，鲁喜华，匡江红，等. 飞机空气动力学[M]. 北京：清华大学出版社，2013.

[7]　符长青，曹兵. 多旋翼无人机技术基础[M]. 北京：清华大学出版社，2016.

[8]　刘虎. 飞机总体设计[M]. 北京：北京航空航天大学出版社，2019.

[9]　李为吉. 飞机总体设计[M]. 西安：西北工业大学出版社，2004.

[10]　李桦，等. 飞行器气动设计[M]. 北京：科学出版社，2017.

[11]　KIMON P. VALAVANIS，et al. Handbook of Unmanned Aerial Vehicles[M]. Springer Dordrecht Heidelberg New York London. 2015.

[12]　PASCUAL MARQUÉS，ANDREA DA RONCH. Advanced UAV Aerodynamics，Flight Stability and Control：Novel Concepts，Theory and Applications[M]. John Wiley & Sons Ltd. 2017.

[13]　SNORRI GUDMUNDSSON. General Aviation Aircraft Design：Applied Methods and Procedures[M]. Elsevier Inc. 2014.

[14]　JOSEPH R，CHAMBERS. Modeling Flight：The Role of Dynamically Scaled Free-Flight Models in Support of NASA's Aerospace Programs，2010.

[15]　JOHN D，ANDERSON JR. The airplane：A History of its Technology[M]. American Institute of Aeronautics and Astronautics，Reston，Virginia，2002.

[16]　闫晓军，黄大伟，王占军，等. 无人机动力[M]. 北京：科学出版社，2021.

[17]　王永虎，张硕. 飞行原理[M]. 北京：中国民航出版社，2020.